U0299791

“十三五”职业教育国家规划教材

物联网开发与应用丛书

物联网识别技术

廖建尚 何丹 程小荣 编著

電子工業出版社
Publishing House of Electronics Industry
北京•BEIJING

内 容 简 介

本书主要介绍常用的物联网识别技术，并利用这些技术进行应用开发。全书先进行理论学习，深入浅出地介绍物联网识别技术的原理和标准；然后进行实践案例的开发，这些案例贴近社会和生活的开发场景，包括详细的软/硬件设计和功能实现过程；最后进行总结拓展，将理论学习和开发实践结合起来。书中的每个案例均附有完整的源代码，读者可以在源代码的基础上快速地进行二次开发。

本书既可作为高等院校相关专业的教材或教学参考书，也可供相关领域的工程技术人员查阅。对于嵌入式开发、物联网系统开发爱好者而言，本书也是一本深入浅出、贴近社会应用的技术读物。

本书提供详尽的源代码和配套 PPT 课件，读者可登录华信教育资源网（www.hxedu.com.cn）免费注册后下载。

图书在版编目（CIP）数据

物联网识别技术 / 廖建尚，何丹，程小荣编著. —北京：电子工业出版社，2019.4
（物联网开发与应用丛书）
ISBN 978-7-121-36265-1

Ⅰ. ①物… Ⅱ. ①廖… ②何… ③程… Ⅲ. ①互联网络－应用②智能技术－应用
Ⅳ. ①TP393.4②TP18

中国版本图书馆 CIP 数据核字（2019）第 064151 号

责任编辑：田宏峰
印　　刷：北京捷迅佳彩印刷有限公司
装　　订：北京捷迅佳彩印刷有限公司
出版发行：电子工业出版社
　　　　　北京市海淀区万寿路 173 信箱　邮编：100036
开　　本：787×1 092　1/16　印张：21.75　字数：553 千字
版　　次：2019 年 4 月第 1 版
印　　次：2024 年 9 月第 24 次印刷
定　　价：88.00 元

凡所购买电子工业出版社图书有缺损问题，请向购买书店调换。若书店售缺，请与本社发行部联系，联系及邮购电话：（010）88254888，88258888。

质量投诉请发邮件至 zlts@phei.com.cn，盗版侵权举报请发邮件至 dbqq@phei.com.cn。

本书咨询联系方式：tianhf@phei.com.cn。

FOREWORD 前言

近年来，物联网、移动互联网、大数据和云计算的迅猛发展，渐渐改变了社会的生产方式，大大提高了生产效率和社会生产力。工业和信息化部《物联网发展规划（2016—2020年）》总结了“十二五”规划中物联网发展所获得的成就，并提出了“十三五”面临的形势，明确了物联网的发展思路和目标，提出了物联网发展的 6 大任务，分别是强化产业生态布局、完善技术创新体系、推动物联网规模应用、构建完善标准体系、完善公共服务体系、提升安全保障能力；提出了 4 大关键技术，分别是传感器技术、体系架构共性技术、操作系统和物联网与移动互联网、大数据融合关键技术；提出了 6 大重点领域应用示范工程，分别是智能制造、智慧农业、智能家居、智能交通和车联网、智慧医疗和健康养老，以及智慧节能环保；指出要健全多层次多类型的物联网人才培养和服务体系，支持高校、科研院所加强跨学科交叉整合，加强物联网学科建设，培养物联网复合型专业人才。该发展规划为物联网发展指出了一条鲜明的道路，这表明了我国在推动物联网应用方面的坚定决心，相信物联网规模会越来越大。

本书结合 CC2530 处理器构建的物联网识别开发平台，详细阐述物联网识别技术，提出了案例式和任务式驱动的开发方法，旨在大力推动物联网人才的培养。

物联网识别技术有很多，如光学字符识别技术、低频 RFID 技术、高频 RFID 技术、超高频 RFID 技术、微波 RFID 技术、NFC 和 CPU 卡片技术。本书将详细地介绍常见的物联网识别技术，首先介绍这些识别技术的理论知识点，然后附有一到两个贴近社会和生活的开发案例，每个案例均有详细的软/硬件设计、功能实现过程及完整的开发代码，最后进行总结拓展。

本书详细介绍常用的物联网识别技术。全书先介绍物联网识别技术的理论知识点，针对每个知识点都给出了一到两个开发案例，采用案例的形式由浅入深地介绍各种物联网识别技术，每个案例均有完整的理论知识、详细的开发过程，并给出了完整的源代码，读者可在源代码的基础上快速地进行二次开发，能方便地将这些案例转化为各种比赛和创新创业的案例，不仅可为高等院校相关专业师生提供教学案例，也可供工程技术和科研人员参考。

第 1 章引导读者初步认识物联网和物联网识别技术，了解物联网的概念和基本特征，学习物联网感知层和常用的识别技术，如指纹识别技术、人脸识别技术、语音识别技术、一维码识别技术、二维码识别技术和射频识别（RFID）技术，并学习 RFID 系统的结构和开发平台。

第 2 章介绍光学字符识别技术及应用，主要介绍条码编码与原理、商品条码原理及应用、二维码编码与识别，并结合二维码知识进行移动支付二维码应用案例的开发。

第 3 章介绍低频 RFID 识别技术及应用，重点介绍低频 RFID 的通信原理，包括阅读器工作原理、标签工作原理、工作工程和协议标准，并介绍常用的阅读器和 ID 卡，通过综合应用开发完成考勤系统的设计与实现，并对本章的知识点进行归纳总结。

第 4 章介绍高频 RFID 识别技术及应用，先结合高频 RFID 介绍非接触式 IC 卡原理，包括高频 RFID 通信原理、协议标准、通信流程、防冲突等，分析 ISO/IEC 14443 两种协议及识别 IC 卡的应用开发，通过综合应用开发完成卡钱包设计与实现，以及公交卡设计与实现两个案例的开发，并对本章的知识点进行归纳总结。

第 5 章介绍超高频 RFID 识别技术及应用，介绍超高频 RFID 技术的通信原理、标签结构、常用的阅读器和超高频 RFID 标签，并完成超高频系统的开发实践，通过综合应用开发完成超高频 RFID 卡钱包的设计与实现，以及城市 ETC 系统应用的开发，并对本章的知识点进行归纳总结。

第 6 章介绍微波 RFID 识别技术及应用，主要介绍微波 2.4 GHz RFID 工作原理和协议标准，并进行微波 RFID 系统的应用开发，通过综合应用开发完成 2.4 GHz 有源 RFID 仓储系统的应用与开发，并对本章的知识点进行归纳总结。

第 7 章介绍其他 RFID 识别技术及应用，详细介绍 NFC 工作原理、通信模式、操作模式和协议标准、结合 NFC 技术实现 NFC 电子名片的应用开发，以 CPU 卡的工作原理、片内操作系统和常用的 CPU 卡片实现 CPU 卡电子消费的应用开发，并对本章的知识点进行归纳总结。

本书的特色如下。

（1）理论知识和案例实践相结合。将常用的物联网识别技术和生活中的实际案例结合起来，边学习理论知识边进行开发，从而帮助读者快速掌握物联网识别技术。

（2）案例开发。抛去传统的理论学习方法，通过生动的案例将理论与实践结合起来，同时进行理论学习和开发实践，快速入门，由浅入深地掌握常见的物联网识别技术。

（3）提供综合性项目。综合性项目为读者提供软/硬件系统的开发方法，包括需求分析、项目架构、软/硬件设计等方法。读者可在提供的案例基础上快速进行二次开发。

在本书的编写过程中，我们借鉴和参考了国内外专家、学者、技术人员的相关研究成果，并尽可能按学术规范予以说明，但难免会有疏漏之处，在此向相关作者表示深深的敬意和谢意，如有疏漏，请及时通过出版社与我们联系。

本书得到了广东省自然科学基金项目（2018A030313195）、广东省高校省级重大科研项目（2017GKTSCX021）、广东省科技计划项目（2017ZC0358）、广州市科技计划项目（201804010262）、广东交通职业技术学院重点科研项目（2017-1-001）和广东省高等职业教育品牌专业建设项目（2016GZPP044）的资助。感谢中智讯（武汉）科技有限公司在本书编写过程中提供的帮助，特别感谢电子工业出版社的编辑在本书出版过程中给予的大力支持。

由于本书涉及的知识面广，时间仓促，限于作者的水平和经验，疏漏之处在所难免，恳请广大专家和读者批评指正。

作　者

2019 年 1 月

CONTENTS 目录

第1章 物联网与识别技术

最早的识别技术源于人类利用自身的感知系统对外界的物理对象进行的识别，包括视觉、听觉、触觉和味觉等系统。人体是一个高度复杂的感知系统，从衡量识别技术性能的指标来看，其在识别准确性、识别速度等方面都达到了很好的性能。然而，其最大的弊端是成本太高，对于大量的识别任务，则需要投入大量的人力来完成。因此，学术界、工业界的研究者、工程师们都在致力研究如何使用机器来代替人类进行自动识别。

识别技术的本质是利用被识别物理对象的一些具有辨识度的特征来对其进行区分和识别。这些具有辨识度的特征可以是物理对象自带的特征，如指纹、人脸、语音等，也可以是通过第三方赋予的特征，如条码中的特征信息等。具体来说，目前的自动识别技术主要包括指纹识别技术、人脸识别技术、语音识别技术、条码识别技术、射频识别技术等。

在不同的历史阶段，以及针对不同的应用领域，物品的识别方式主要有人工识别和自动识别两种，其发展过程和分类如图 1.1 所示。

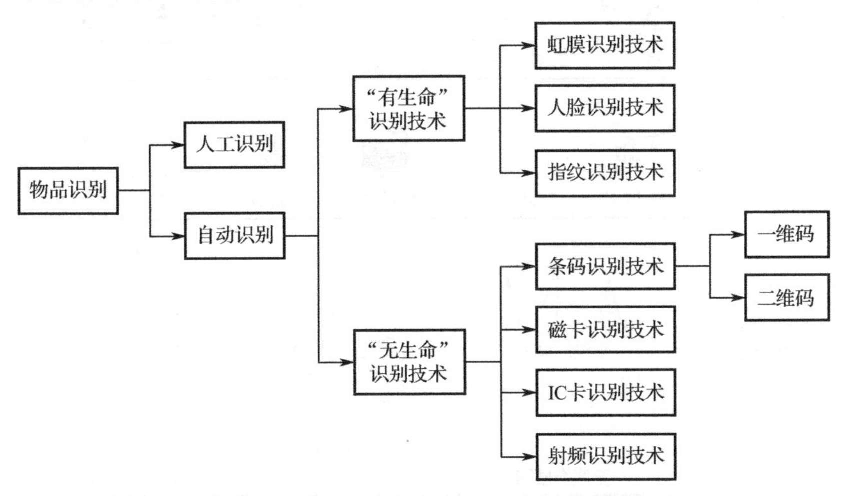

图 1.1　物品的识别方式的发展过程和分类示意图

本章主要讨论目前流行的一些自动识别技术，并对 RFID 技术的主要特点、核心技术、历史现状、发展趋势，以及与物联网的联系进行阐述和探讨，为读者勾勒出一个全局的轮廓来透彻地理解 RFID 技术的“前世今生”。通过对本章的学习，读者能够对 RFID 技术有一个比较全面的认识，并进一步激发对 RFID 技术探索与研究的兴趣。

1.1 物联网识别技术

1.1.1 物联网的概念与基本特征

物联网（Internet of Things）是指利用各种信息传感设备，如射频识别（RFID）装置、无线传感器、红外感应器、全球定位系统、激光扫描器等对现有物品信息进行感知、采集，通过网络支撑下的可靠传输技术，将各种物品的信息汇入互联网，并进行基于海量信息资源的智能决策、安全保障及管理技术与服务的全球公共的信息综合服务平台，如图 1.2 所示。

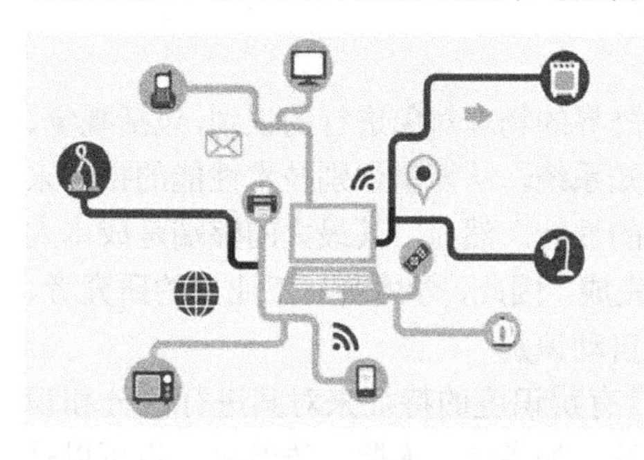

图 1.2 物联网

物联网有两层意思：第一，物联网的核心和基础仍然是互联网，是在互联网的基础上进行延伸和扩展的网络；第二，其用户端延伸和扩展到了任何物品，并在物品之间进行信息交换和通信。因此，物联网是指运用传感器、射频识别、嵌入式等技术，使信息传感设备能感知任何需要的信息，并按照约定的协议，通过可靠的网络（如无线局域网、3G/4G等）接入方式，把物品与互联网连接起来进行信息交换，在物与物、物与人泛在连接的基础上，实现对物体的智能化识别、定位、跟踪、控制和管理。物联网的架构可分为感知层、网络层、处理层和应用层，如图 1.3 所示。

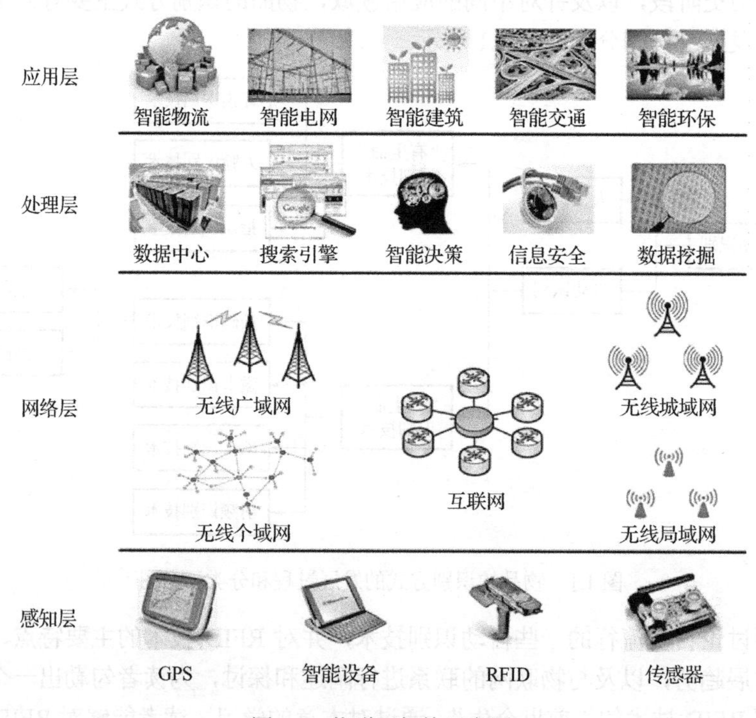

图 1.3 物联网架构示意图

作为新一代信息技术的重要组成部分，物联网技术有三方面的特征：首先，物联网技术具有互联网的特征，对需要用物联网技术联网的物体来说一定要有能够实现互联互通的互联网络来支撑；其次，物联网技术具有识别与通信特征，接入物联网的物体要具备自动识别和物物通信的功能；最后，物联网技术具有智能化特征，使用物联网技术形成的网络应该具有自动化、自我反馈和智能控制的功能。

1.1.2 物联网感知层与识别技术

物联网感知层是由各种传感器网关和传感器构成的，包括温度传感器、CO_2浓度传感器、二维码标签、湿度传感器、摄像头、RFID 标签和阅读器、GPS 等感知终端。感知层的作用就像人的视觉、触觉、味觉、听觉一样，它是物联网获取识别物体、采集信息的基础，主要功能是识别物体并采集信息。

1.1.3 物联网识别技术

物联网识别技术包括指纹识别技术、人脸识别技术、语音识别技术、条码识别技术和RFID技术等。

1. 指纹识别技术

指纹特性的发现可以追溯到19世纪末，Henry等人的研究表明：不同手指的指纹特征不同，指纹特征将保持不变，并会伴随人的一生。指纹的上述两个研究结论逐步得到论证，并于19世纪末在犯罪现场正式使用了指纹。由于早期人们只能凭借肉眼来识别指纹，所以存在时间耗费长和效率低的缺点。

自从第一台电子计算机于1946年在美国问世以来，图像处理技术得到了飞速的发展，指纹识别技术（见图1.4）也有了质的提升，逐渐形成了自动指纹识别系统（Automatic Fingerprint Identification System，AFIS）。AFIS包括指纹信息录入和指纹特征识别两个环节。在指纹信息录入环节，首先要对指纹进行图像采集，通过不同方法得到的指纹图像在形变、模糊程度上存在差异，因此要进行图像增强，除去采集的指纹图像的噪声、重叠等干扰，最终提取出指纹图像的特征并加以存储，以此作为身份识别的依据。在指纹特征识别环节，采集获取的指纹图像同样需要经过增强、特征提取步骤，最后判断所得的特征信息与录入信息是否匹配。指纹识别流程如图1.5所示。

图1.4 指纹识别技术

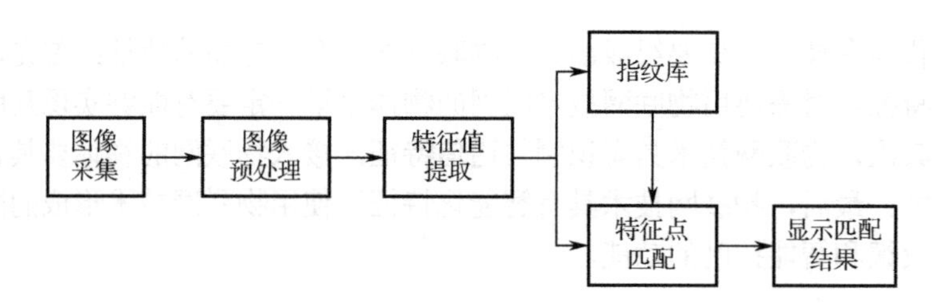

图 1.5　指纹识别流程

目前指纹识别技术占据了我国生物识别市场90%以上的份额，但因其易获得性，造成指纹被盗用、特殊状态指纹（如手指潮湿、受伤破损等）的识别问题屡见不鲜，指纹识别技术在应用过程中的安全性与可靠性仍有待提高。因此，结合其他生物特征，克服单一生物识别技术的不足，推动生物识别技术的多元化发展，将是指纹识别技术未来的一个重要研究方向。

随着可穿戴设备与物联网的持续升温，可穿戴设备具有广阔的应用和产业前景，并有望成为全球的下一个经济增长点。目前，诸如带有指纹解锁功能的移动支付手环、汽车指纹锁等穿戴设备的出现，以及结合基于人体通信的可穿戴式身份识别技术的研究表明，指纹识别技术在可穿戴设备中的应用将更为广泛。

2. 人脸识别技术

图 1.6　人脸识别技术

人脸识别技术是指通过比较人脸的视觉特征信息进行身份鉴别的技术，该技术是一项研究较为热门的计算机技术，如图 1.6 所示。

人脸识别技术主要基于人的面部特征，在图像或者视频中检测否存在人脸，若存在人脸区域，就进一步检测其位置、大小以及面部各个器官的位置等信息，根据上述信息可以得到人脸中的代表每个人身份的特征，将上述特征与现有的人脸库进行比对，从而识别出人的身份。人脸识别技术包含多个方面的内容，从广义角度而言，人脸识别技术包括构建人脸识别系统的一系列相关技术，如人脸图像采集、人脸识别预处理、身份查找和身份确认等；从狭义角度而言，人脸识别技术就是身份查找或身份确认的过程。

近年来，人脸检测和人脸识别技术取得了显著的进步，随着该技术的发展，专家和学者们的研究热点逐渐转向了人脸表情分析、年龄评估等更为前沿和深入的领域。年龄评估在为不同年龄段的人提供不同服务方面的应用，有着巨大的市场潜力。例如，具有年龄评估功能的网页浏览器可以限制用户访问一些网页，具有年龄评估功能的自动售货机可以拒绝向未成年人出售烟酒等。

作为生物特征识别领域中一种基于生理特征的识别技术，人脸识别技术是通过计算机提取人脸特征，并根据这些特征进行身份验证的一种技术。人脸识别技术具以下优越性：①不需要人工操作，是一种非接触式的识别技术；②快速、简便；③直观、准确、可靠；④性价比高，可扩展性好；⑤可跟踪性好；⑥具有自学习功能。总体而言，人脸识别技术是一种精度高、使用方便、鲁棒性好，而且很难假冒、性价比高的生物特征识别技术。

由于人脸识别具有以上优点，因此应用非常广泛，主要的应用范围有：①考勤系统，如某些大型公司和学校都用人脸识别技术来进行考勤打卡；②安全验证系统，如信用卡验证；

③刑事案件侦破；④出入口控制，如“北京奥运会”和“G20 杭州峰会”应用人脸识别技术进行安保；⑤人机交互领域；⑥金融行业，如支付宝推出的刷脸功能，微信推出的身份证人脸认证功能。

人脸识别技术的应用前景广阔，其研究内容主要包括以下 5 个方面。

（1）人脸检测：从不同情形中找出人脸所在坐标与人脸占有的面积区域，这种方法会受到光照强度、图像噪点、头部偏角、脸部大小、情绪、图片成像器材质量和各种装饰物遮挡的影响。

（2）人脸表征：提取出人的面部特征，确定检测的人脸和数据库（人脸库）中已存在的人脸描述方式，方法包括人脸几何特征（如欧氏距离、曲率、角度等）、代数特征（如矩阵特征矢量等）、固定特征模板、特征脸等。

（3）人脸识别：将待测对象与数据库中已存在的人脸图像进行比对并得出结果，关键是选择适当的人脸描述方式与匹配算法。

（4）面部表情、姿态分析：通过计算机识别面部表情的变化，从而分析和理解人的情绪。

（5）生理分类：对人脸生理特征进行仔细分析，得到相关结论，这些生理特征包括人的性别、年龄、种族、职业等信息。

人脸识别应用系统流程如图 1.7 所示，系统有静态图像输入和视频图像输入两种。

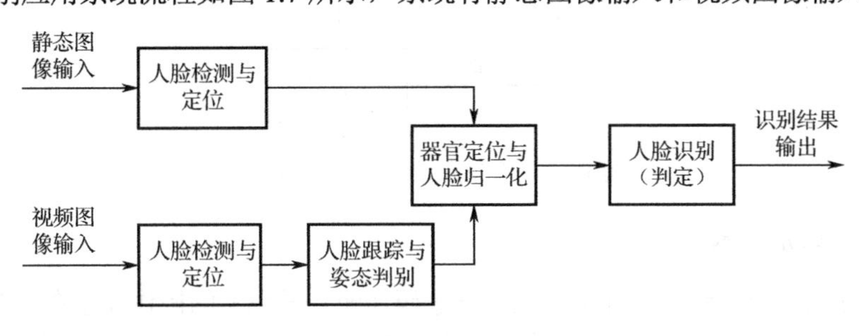

图 1.7　人脸识别应用系统流程

3. 语音识别技术

语言是人类相互交流最常用、最有效、最重要和最方便的形式，语音是语言的声学表现，与机器进行语音交流是人类一直以来的梦想。随着计算机技术的飞速发展，语音识别技术也取得了突破性的进展，人与机器用自然语言进行对话的梦想逐步实现。语音识别技术的应用范围极为广泛，不仅涉及日常生活的方方面面，在军事领域也发挥着极其重要的作用，它是信息社会朝着智能化和自动化发展的关键技术，使人们对信息的处理和获取变得更加便捷，从而提高人们的工作效率。

语音识别技术起始于 20 世纪 50 年代，这一时期的语音识别研究主要集中在对元音、辅音、数字和孤立词的识别。

20 世纪 60 年代，语音识别研究取得了实质性的进展。线性预测分析和动态规划的提出较好地解决了语音信号模型和语音信号不等长两个问题，通过语音信号的线性预测编码，有效地解决了语音信号的特征提取。20 世纪 70 年代，语音识别技术取得了突破性的进展，基于动态规划的动态时间规整技术基本成熟，特别提出了矢量量化和隐马尔可夫模型理论。

20 世纪 80 年代，语音识别的任务开始从对孤立词、连接词的识别转向对大词汇量、非特定人、连续语音的识别，识别算法也从传统的基于标准模板匹配的方法转向基于统计模型的方法。在声学模型方面，由于 HMM 能够很好地描述语音的时变性和平稳性，开始被广泛应用于大词汇量连续语音识别的声学建模；在语言模型方面，以 N 元文法为代表的统计语言模型开始广泛应用于语音识别系统。在这一阶段，基于 HMM/VQ、HMM/高斯混合模型、HMM/人工神经网络的语音建模方法开始广泛应用于 LVCSR 系统，语音识别技术取得了新突破。

20 世纪 90 年代以后，伴随着语音识别系统走向实用化，语音识别在细化模型的设计、参数提取和优化、系统的自适应方面取得了较大的进展。同时，人们更多地关注话者自适应、听觉模型、快速搜索识别算法，以及进一步的语言模型的研究等课题。此外，语音识别技术开始与其他领域相关技术相结合，以提高识别的准确率，便于实现语音识别技术的产品化。

语音识别系统基本原理框图如图 1.8 所示，其中，预处理模块滤除原始语音信号中的次要信息及背景噪音等，包括抗混叠滤波、预加重、模/数转换、自动增益控制等处理过程，将语音信号数字化；特征提取模块对语音的声学参数进行分析后提取出语音特征参数，形成特征矢量序列。语音识别系统常用的特征参数有短时平均幅度、短时平均能量、线性预测编码系数、短时频谱等。特征提取和选择是构建系统的关键，对识别效果极为重要。

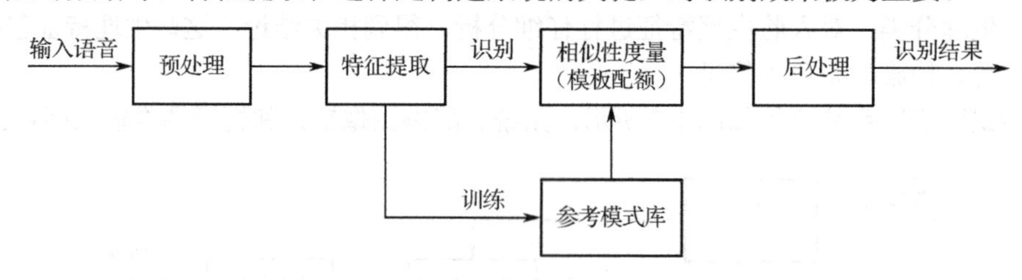

图 1.8　语音识别系统基本原理框图

4. 一维码识别技术

根据 IBM 的资料显示，全球第一次扫描条码（即一维码）的操作发生在 1974 年 6 月 26 日俄亥俄州的特洛伊市。当时，一名收银员为克莱德·道森扫描了黄箭口香糖 10 片装，显示价格为 67 美分。这一操作也正式意味着条码扫描技术的诞生。随着计算机应用的不断普及，一维码识别技术得到了迅猛的发展。一维码与计算机数据库相结合，可表示更多的信息，包括物品的生产日期、类别、生产国、图书分类号、商品名称、邮件起止地点、制造厂家、日期等信息，因而一维码识别技术在银行系统、邮电管理、图书管理、商品流通等领域都得到了发展和推广。一维码是由光反射率不同、宽度不同、密集程度不同的黑条和白条按照一定的规则编成的用以表达一组信息的符号。也可以说，一维码是一组粗细程度不同，按照一定规则安排密集程度、间距的平行黑白线条图形，用以表达一定的信息量。

一般的一维码是由反射率相差甚远的条和空组合而成的。在日常生活中，一维码识别技术已经得到了非常广泛的应用，从食品到书籍等各种各样的商品通常会附带一个一维码，如图 1.9 所示。

图 1.9　一维码

一维码的编码方法简单而高效，码制指的是条和空的排列规则，常用的一维码的码制包含 UPC 码、交叉 25 码、39 码、EAN 码、库德巴码、128 码和 93 码等。

一维码存在下述一些问题，例如存储的信息量少；需要时刻与计算机数据库结合；尺寸相对太大，导致空间利用率较低；遭到损坏后不能恢复信息；容错能力较差。正是由于这些不足促进了二维码的诞生。

5. 二维码识别技术

图 1.10 二维码

二维码识别技术利用在二维平面上黑白相间的图形来记录数据，这些几何图形通过一定规律分布来表述特定的信息。在编码时，二维码巧妙地利用若干个与二进制相对应的几何形体来表示文字和数字信息，通过光电扫描设备能够被自动识别，从而实现信息的自动处理。由于二维码识别技术是从一维码识别技术发展而来的，因此它也具有一维码的一些特性，如每种码制有其特定的字符集、每个字符占有一定的宽度、具有一定的校验功能等。然而，与一维码有所不同，二维码在二维空间的两个维度均记载着数据，如图 1.10 所示。

二维码和一维码一样，在识别时需要无障碍地近距离扫描。相对一维码来说，二维码存在如下特点。

- 存储容量较大。
- 信息密度高，可以存储的信息种类繁多，包括数字、英文、汉字、指纹、声音和图片等。
- 纠错能力强，二维码在 50%污损的情况下，仍然可以被识别。
- 支持加密，具有多重防伪特性。

6. 射频识别（RFID）技术

目前能够实现物与互联网连接功能的技术主要包含红外技术、地磁感应技术、射频识别（RFID）技术、条码识别技术、视频识别技术、无线通信技术等，通过这些技术可以将物以信息的形式连接到互联网中。射频识别（RFID）技术相较于其他识别技术，在准确率、感应距离、信息量等方面具有非常明显的优势。

射频识别（Radio Frequency Identification，RFID）技术是一种非接触式的自动识别技术，通过射频信号的空间耦合实现非接触式的信息传输，从而达到识别的目的。目前 RFID 技术应用很广，如图书馆门禁系统、食品安全溯源等。RFID 技术的应用如图 1.11 所示。

图 1.11 RFID 技术的应用

RFID 在实际应用中，其电子标签（简称标签）附着在待识别物体的表面，其中保存着约定格式的电子数据。阅读器可以非接触式地读取并识别标签中所保存的电子数据，从而达到自动识别物体的目的。阅读器通过天线发送出一定频率的射频信号，当标签进入磁场时会产生感应电流从而获得能量，发送出自身编码信息，阅读器将这些信息解码后送至主机进行相关处理。

RFID 技术应用范围非常广泛，如 ETC 不停车收费系统、物流与供应链管理、集装箱管理、车辆管理、人员管理、图书管理、生产管理、金融押运管理、资产管理、钢铁行业、烟草行业、国家公共安全、证件防伪、食品安全、动物管理等多个领域。

物联网与射频识别（RFID）技术关系紧密，RFID 技术是物联网的关键部分，其飞速发展无疑对物联网的进步具有重要的意义。

1.1.4　小结

物联网使人类在信息与通信领域获得了新的沟通维度，从任何时间、任何地点的人与人之间的沟通和连接，扩展到任何时间、任何地点的人和物、物和物之间的沟通与连接。

自动识别技术是利用机器识别对象的众多技术的总称，指纹识别、人脸识别、语音识别、条码识别和射频识别（RFID）等技术都属于自动识别技术。指纹识别技术是通过采集指纹图像并与指纹库进行特征点比较，从而获取正确信息的一种技术，经历了从低效的人工肉眼识别到高效的计算机识别的过程。人脸识别技术指的是通过比较人脸的视觉特征信息从而进行身份鉴别的技术，该技术是一项研究较为热门的计算机技术。语音识别是通过采集语音并与参考模式库进行特征点比较，从而获取正确信息的一种技术。条码分为一维码和二维码，一维码是由反射率相差较大的、相距一定距离的条和空组成的。二维码是从一维码发展而来的，利用在二维平面上黑白相间的图形来记录数据，这些图形通过一定规律分布来表述特定的信息。在代码编制上，二维码巧妙地利用若干个与二进制相对应的几何形体来表达文字和数字信息，通过光电扫描设备能够自动识别条码，以实现信息自动处理。

RFID 是一种通过无线射频信号获取物体相关数据的自动识别技术。RFID 的标签安全性高、信息容量大、抗污损能力强。RFID 技术可远距离地同时识别多个标签，可方便地新增、更改和删除标签中的信息，是实现物与物互联和人与物互联的一种重要方式。

目前，物联网 RFID 技术的主要应用领域为制造、物流、零售、医疗、身份识别、军事、防伪安全、资产管理、交通、食品、智能家具、环境监测等。

1.1.5　思考与拓展

（1）常见的物联网识别技术有哪些？

（2）物联网感知层有哪些识别技术？

1.2　射频识别（RFID）系统及物联网识别开发平台

射频识别技术与传统的自动识别技术有何共同点和区别？RFID 技术具有什么特点？RFID 与物联网之间的联系是什么？RFID 系统是由哪些组件构成的？每个组件的基本结构和原理是什么？本节将通过系统介绍 RFID 系统来逐一回答上述问题。

1.2.1 射频识别（RFID）系统的架构、功能及通信原理

1. RFID 系统架构

典型的 RFID 系统主要由阅读器、标签、RFID 中间件和应用系统软件四个部分构成。RFID 系统的工作原理如图 1.12 所示。

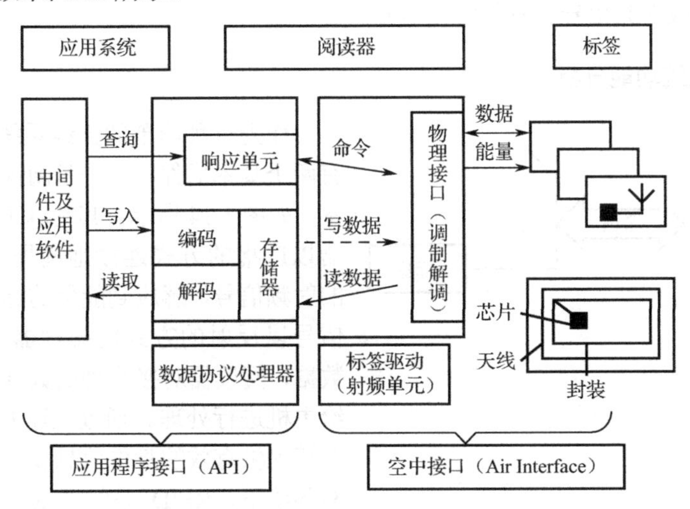

图 1.12 RFID 系统的工作原理

在实际的解决方案中，RFID 系统都包含一些基本组件，这些组件可分为硬件组件和软件组件。

从功能实现的角度来看，可将 RFID 系统分成边沿系统和软件系统两大部分，边沿系统主要是完成信息的感知，属于硬件组件部分；软件系统完成信息的处理和应用；通信设备负责整个 RFID 系统的信息传递。RFID 系统的基本组成如图 1.13 所示。

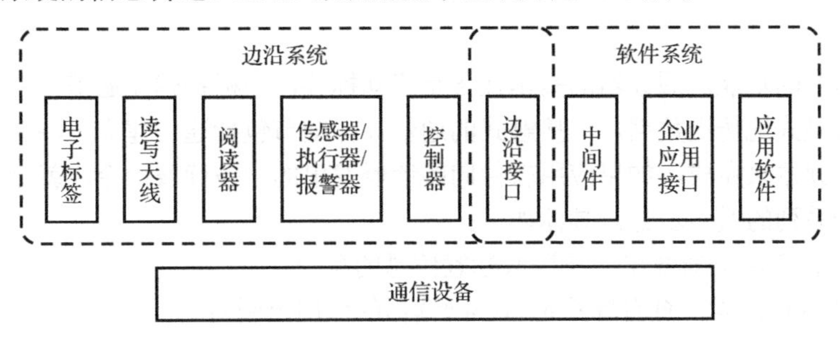

图 1.13 RFID 系统的基本组成

（1）标签。标签（Tag）也称为应答器或智能标签（Smart Label），是一个微型的无线收发装置，主要由内置天线和芯片组成。

（2）阅读器。阅读器是一个捕捉和处理 RFID 标签中数据的设备，它可以是单独的个体，也可以嵌入到其他系统中。阅读器也是构成 RFID 系统的重要部件之一，由于它能够将数据写入 RFID 标签中，因此也称为读写器。

阅读器的硬件部分通常由收发机、微处理器、存储器、外部传感器/执行器、报警器的输入/输出接口、通信接口及电源等部件组成。微处理器是阅读器有序工作的指挥中心，其主要功能是：与应用系统软件进行通信；执行从应用系统软件发来的动作指令；控制阅读器与标签的通信过程。其中，最重要的是对阅读器的控制操作。

天线是一种以电磁波形式接收或发射射频信号的设备，是电路与空间的接口，用来完成导波与自由空间波之间能量的转化。在 RFID 系统中，天线分为标签天线和阅读器天线两大类，分别用于接收射频信号和发射射频信号。

2. RFID 系统功能分析

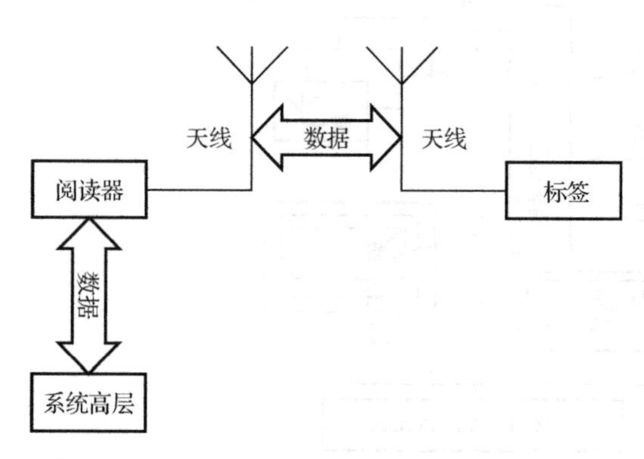

图 1.14　RFID 系统中的阅读器和标签

作为一种简单的无线系统，RFID 系统只有两个基本器件，一个是阅读器，另一个是标签，如图 1.14 所示。其基本工作原理是：阅读器以广播的方式连续地向周围发送携带能量的射频信号，感应到能量的标签通过调制电路信号以反射的方式向阅读器返回自身携带的数据，阅读器对接收到的数据进行解码，并传给主机进行处理。通过上述方式，RFID 系统能够提供有效的身份信息和地址信息。在物联网环境下，RFID 系统可以针对具体的应用需求，对被标识的物理对象进行合理有效的信息收集，为上层应用提供最基本的数据支持。

在 RFID 应用系统中，要从一个标签中读出数据或者向一个标签写入数据，需要非接触式的阅读器作为接口。阅读器与标签的所有动作均由应用软件控制，对一个标签的读写操作是严格按照主从原则进行的。在这个主从原则中，应用软件是主动方，阅读器是从动方，只对应用软件的读写指令做出反应。

1）阅读器

（1）阅读器的功能。阅读器的基本任务是启动标签，与标签建立通信，并在应用软件和标签之间非接触式地传送数据。非接触式的通信具体细节包括通信建立、冲突避免和身份验证等，均由阅读器来完成。如果应用软件向阅读器发出的一条读取命令，就会在阅读器与标签之间触发一系列的通信步骤，具体如下：

- 应用软件向阅读器发出一条读取标签信息的命令。
- 阅读器进行搜索，查看标签是否在阅读器的作用范围内。
- 标签向阅读器发送序列号。
- 阅读器对标签的身份进行验证。
- 阅读器通过对标签的身份验证后，读取该标签的信息。
- 阅读器将标签的信息送往应用软件。

（2）阅读器的分类。RFID 系统的工作原理与其所使用的射频信号频率有关，而射频信号频率的高低对阅读器的工作距离、数据传输速率、天线的方向性等都有直接的影响。通常，阅读器的工作频率越高，可识别标签的最远距离越大、数据传输速率越高，信号在传播过程中的衰减也越严重，对障碍物（如水、金属、电离体等）也越敏感；而阅读器的工作频率越低，可识别电子标签的最远距离越小、数据传输速率越低，信号在传播过程中的衰减越小。按照阅读器所使用的工作频率不同，可以将阅读器分为低频阅读器、高频阅读器、超高频阅读器和特高频阅读器等。我国无线电频率分布表（部分）如表1.1所示。

表1.1　我国无线电频率分布表（部分）

名　称	低　频	中　频	高　频	甚 高 频	超 高 频	特 高 频
符号	LF	MF	HF	VHF	UHF	SHF
频段	30～300 kHz	0.3～3 MHz	3～30 MHz	30～300 MHz	0.3～3 GHz	3～30 GHz
波段	长波	中波	短波	米波	分米波	厘米波
波长	10～1 km	1 km～100 m	100～10 m	10～1 m	1～0.1 m	10～1 cm

低频阅读器和高频阅读器通常采用电感耦合的方式工作，工作距离一般小于1 m。典型的工作频率有125 kHz、135 kHz、13.56 MHz。在我国，13.56 MHz的高频阅读器、标签使用得比较广泛。

超高频阅读器和特高频阅读器的工作利用的是电磁反向散射原理，工作距离一般大于1 m，典型的工作频率有433 MHz、860～960 MHz、2.45 GHz和5.8 GHz。其中860～960 MHz是EPC Global标准规定的阅读器和标签通信的标准频段。

2）标签

（1）标签的组成结构。从外观上看，标签由天线和芯片两部分组成，如图1.15所示。

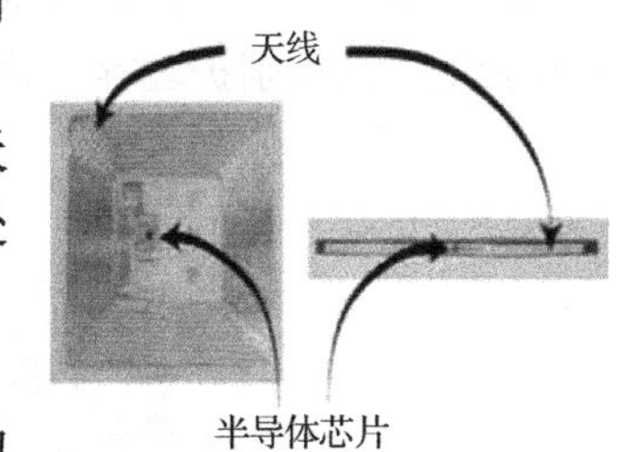

图1.15　标签的组成结构

其中，标签的天线尺寸决定了整个标签的大小。标签的天线主要功能是接收阅读器发送的射频信号并转交给标签进行处理，以及将标签保存的数据发送给阅读器。对无源标签来说，天线还负责为其工作提供能量。

标签最主要的功能就是存储一定量的数据，并以非接触的方式将数据发送给阅读器。为了能够存储数据，标签内部需要包含存储器，存储器的容量通常在几字节到几千字节，通常存储器需要能够提供读写操作。对无源标签来说，它要能够从阅读器的电磁场中吸收能量，所以就需要一个合适的天线。有些标签还提供数据的保护措施，这就要求标签要有访问控制机制。标签的功能可归纳为如下几点：

- 存储数据，即标签内存储了和物品相关的信息，如标识符、生产日期、生产厂家等。
- 非接触式读写，即标签可以在阅读器一定距离的范围内被识别。
- 能量获取，即标签可以从阅读器发射的电磁场中吸收能量，为自身工作供电。
- 安全加密，即标签和阅读器之间的通信遵循一定的安全协议。
- 碰撞退让，即多个标签和多阅读器场景下的响应机制。

（2）标签的分类。

① 按照封装形式分类。

卡形标签：使用卡形标签有很多好处，如便于携带、标签的天线可以得到较好的保护、防潮防水等。各种频段的标签都可以使用这种封装形式，如图1.16所示。

标签形标签：使用标签形标签一般是为了方便附着在其他物体上，如图 1.17 所示。因此，在进行封装的时候，背面一般会有类似黏合剂的物质，黏合剂的外层是一张薄纸膜，撕掉薄纸膜就可以直接将标签贴在物体上。这种标签主要应用在工业生产、物流管理等领域，用于标识物体。

图 1.16　卡形标签

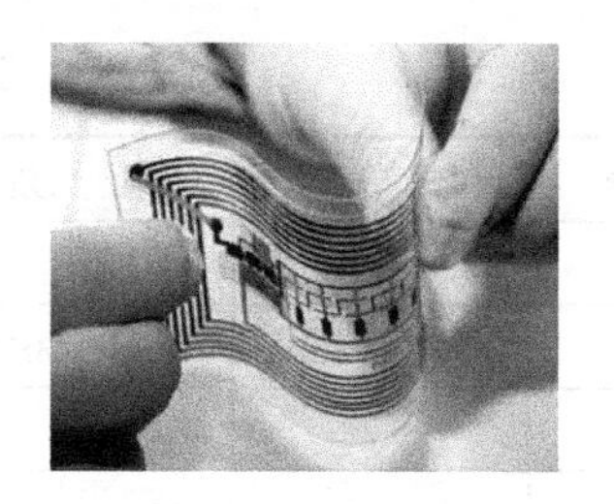

图 1.17　标签形标签

植入型标签：使用植入型标签最普遍的领域是动/植物管理，如图 1.18 所示，该类标签体积小，质量仅为 0.1 g 左右，易于隐蔽，使用寿命超过 20 年，被广泛应用于珍贵鱼类、狗、猫等宠物管理。钉形标签则可被用于城市古树管理、混凝土防伪等；家畜耳标可以被用来追溯猪、羊等家禽的流通环节。

佩件形标签：使用佩件形标签一般是为了携带方便，同时又不影响美观，佩件的外观通常是为了符合人们的活动特点，如图 1.19 所示，RFID 钥匙外观小巧玲珑，坚固耐用，而且还可以防水、防振。RFID 衣扣可用于高档西服的防伪，这种衣扣的寿命可达 10 年以上，可防水、防振、防腐蚀。医用 RFID 腕带可用于电子病历系统，RFID 子/母腕带还可以用于产妇和新生儿的识别护理等。游泳 RFID 手牌的防水性能很好，可用于极为潮湿的环境。

图 1.18　植入型标签

图 1.19　佩件形标签

② 按照能量来源分类。

有源标签：有源标签又称为主动标签。因为有源标签的能量并不是来自阅读器发送的电磁波，而是来自自身携带的电池，所以有源标签可以主动地向阅读器发送数据，但标签的寿命受限于电池的容量。通常，可将有源标签、传感器芯片以及控制电路集成在一起，共同协作完成某些任务。例如，传感器芯片将采集到的数据通过有源标签发送给阅读器，然后有源标签通过控制电路执行阅读器的相应命令。有源标签的工作距离可以达到几十米，甚至上百米。由于有源标签的通信距离远，功能相对复杂，存储容量一般也比无源标签大很多，所以其价格要比无源标签高很多，通常用于贵重资产的管理。

无源标签：无源标签又称为被动标签，自身没有能量，是依靠反射阅读器发射的电磁波来获得能量的。由于获得的能量十分有限，无源标签的通信距离比有源标签小得多，通常只有几米，能够传输的数据量也很有限。无源标签大多应用在物品统计、运输、跟踪以及医疗、防盗领域等。由于无源标签不需要更换电池，结构简单，成本低廉，使得它在某些应用场景下是非常有利的。例如，置于人体表皮组织内的标签，是不允许频繁更换电池的，此时使用无源标签就比较合适。

无源标签和有源标签可以相互结合、取长补短。在资产供应链管理的解决方案中，对物品移动变化较小、安全性、感知、存储要求不高的场景，使用无源标签可以降低成本；而在物品移动变化较大、安全措施要求复杂、数据存储能力要求较强的场景，使用有源标签可保证质量。

半无源标签：半无源标签就是有源标签和无源标签的一种结合，这种标签的集成电路板上也会含有电池，但这些电池只是一种辅助性的能量。与无源标签类似，半无源标签从阅读器发射的电磁波吸收能量来唤醒芯片并将数据传送给读取器。当标签吸收的能量不足以维持其工作的电压时，辅助电池才会提供工作能量，因此，这类标签有时也称为电池辅助型无源标签。

③ 按照工作频率分类。

低频段电子标签：低频段电子标签简称低频标签，其工作频率范围为30～300 kHz，安全保密性差。低频标签一般为无源标签，其工作能量是通过电感耦合的方式从阅读器耦合线圈的辐射近场中获得的。当低频标签与阅读器之间传送数据时，低频标签需位于阅读器天线辐射的近场区内。一般情况下，低频标签的阅读距离小于1 m。低频标签的工作频率不受无线电频率管制约束，非常适合近距离、低速、数据量要求较少的识别应用等，如门禁、考勤以及动物的标识。低频标签的工作频率较低，可以穿透水、有机组织和木材，其外观可以做成耳钉式、项圈式、药丸式或注射式。

高频段电子标签：高频段电子标签（高频标签）的工作频率一般为300 Hz～30 MHz，典型工作频率为13.56 MHz，一般也采用无源方式，其工作能量同低频标签一样，也是通过电感耦合方式从阅读器耦合线圈的辐射近场中获得的。当标签与阅读器进行数据交换时，标签必须位于阅读器天线辐射的近场区内。典型应用包括电子车票、电子身份证、电子闭锁防盗、小区物业管理、大厦门禁系统等。我国第二代身份证内嵌有符合ISO/IEC 14443 Type B协议的13.56 MHz的RFID芯片。

超高频标签与微波标签：这类标签的读写距离大，典型的工作频率为860～960 MHz、2.45 GHz、5.8 GHz。工作时，标签位于阅读器天线辐射场的远场内，标签与阅读器之间的耦合方式为电磁反向散射方式，阅读器天线辐射场为标签提供能量，相应的RFID系统阅读距离一般大于1 m，典型情况为4～7 m，最大可达10 m以上。阅读器天线一般为定向天线，只有在阅读器天线定向波束范围内的标签才可被读写。超高频标签主要用于铁路车辆自动识别、集装箱识别，还可用于公路车辆识别与自动收费系统中。微波标签的典型应用包括移动车辆识别、电子身份证、仓储物流应用等。超高频标签的缺点是信号穿透水、金属等电离物质的能力非常弱。

3. RFID的通信原理

1）射频频谱与电磁波信号传输

电磁波是由同相振荡且互相垂直的电场与磁场在空间中以波的形式传递能量和动量的，其传播方向垂直于电场与磁场构成的平面。例如，收音机或者广播电视的天线中不断流过的电流最终会形成电磁波，电磁波在空间中辐射，最终被其他天线接收，这就是最简单的无线通信。

在现实生活中，手机、GPS 定位、收音机、蓝牙、无线宽带等一系列的应用都在使用无线通信。但是，无线信道并非如同有线信道那样可靠，不同的无线信号之间会产生干扰，解决这一问题的方法就是将各种无线信号调制到不同频率的载波信号中传输，而每个应用只需要关注各自应用所在的载波频率就可以正确获得传输信号，调制在不同载波频率的信号之间根据载波频率的不同而可以被接收器正确区分，因此，为不同应用分配不同的载波频率将直接关系到此类应用是否会与其他应用发生冲突，以及能否满足应用需求。但是，无线频谱是稀缺资源，人们所能提供的频谱分配远远不能满足日益增长的无线通信应用。相关频谱分配如图 1.20 所示。

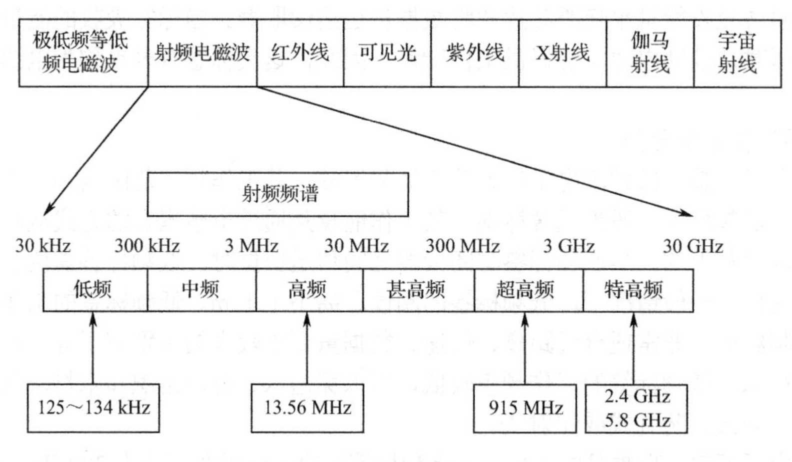

图 1.20　频谱分配图

RFID 使用的射频频谱在 30 kHz 的低频至 30 GHz 的甚高频这个频段内，但是并非遍布整个频段，而是根据具体应用使用特殊的载波频率。根据使用频率的不同，RFID 系统可分为低频（LF）、高频（HF）、超高频（UHF）和微波 RFID 系统。典型的 RFID 系统的工作频率包括低频的 125 kHz、高频的 13.56 MHz、超高频的 915 MHz，以及微波段的 2.4 GHz 和 5.8 GHz。

RFID 系统选取诸多工作频率段主要是因为不同频率信号的传输特性有一定差别。总体而言，由于波长较长，低频信号拥有较好的衍射能力，通常可以绕过大多数的障碍物，不影响传输距离，但低频信号的穿透力却较弱；相反，超高频的信号可以穿透木板、硬纸板等物质，但 1 m 左右的波长导致其衍射能力有限。低频的频率范围为 30～300 kHz，一般采用无源标签，通信距离小于 1 m，并且不受金属外任何材料干扰；高频的频率范围为 3～30 MHz，通信距离一般也小于 1 m，主要指 13.56 MHz；超高频的频率范围为 300 MHz～3 GHz，通信距离一般大于 1 m，典型距离为 4～6 m，但是该频段的电波穿透水、金属等电离体物质的能力非常弱；而工作在 2.45 GHz 和 5.8 GHz 上的一般是微波信号，通信距离最大也能达到 10 m。

2）RFID 的无线通信原理

在一个典型的 RFID 系统中，通常需要包含标签、阅读器，以及与之配套的天线，如图 1.21 所示。阅读器类似于询问机，而标签则充当应答机，天线用于传输射频信号。当阅读器和标签在无线环境下传输数据时，通常都需要一条双向通信信道和一个适当的载波频率。

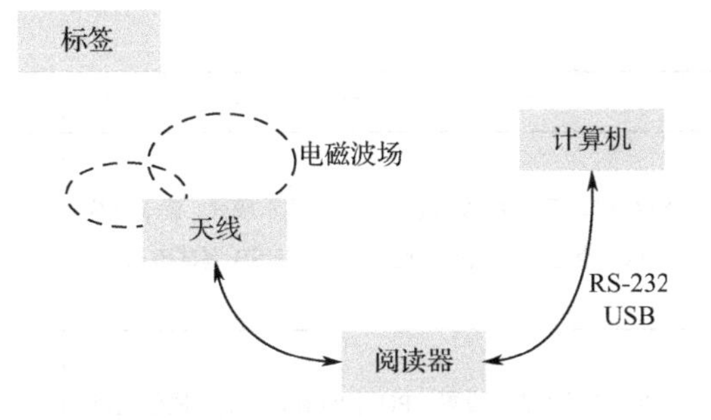

图 1.21　RFID 典型系统

无线信道的通信环境比有线信道复杂许多，能量衰减、标签的解码能力和环境影响等一系列问题都关系到 RFID 系统的性能。

1.2.2　开发平台

RFID 技术是物联网感知层的一个重要组成部分，物联网识别开发平台的物联网 RFID 感知套件涵盖了 RFID 四种频段的硬件：125 kHz（低频）、13.56 MHz（高频）、900 MHz（超高频）、2.4 GHz（微波），支持 Windows 和 Android 环境下开发，可为相关教学内容对应的实践模块。

物联网识别开发平台如图 1.22 所示，条码、二维码的识别和生成可通过网关进行，可完成包括 125 kHz 和 13.56 MHz 频段 RFID、900 MHz 频段 RFID、2.4 GHz 频段 RFID、CPU 卡、NFC 的读取操作。

图 1.22　物联网识别开发平台

物联网识别开发平台的频段和模块详细信息如表 1.2 所示。

表 1.2　物联网识别开发平台的频段和模块详细信息

频　段	特　点	图　示
125 kHz（低频）、13.56 MHz（高频）	125 kHz 和 13.56 MHz 频段传感器支持的卡片有 Mifare、NTAG、MF1xxS20、MF1xxS70、MF1xxS50、EM4100、T5577，提供 USB 调试串口	
900 MHz（超高频）	900 MHz &ETC 射频传感器支持 ISO/IEC 18000-6C 协议，读写距离为 1～5 cm；集成 ETC 栏杆；提供 USB 调试串口	
2.4 GHz（微波）	2.4 GHz 微波 RFID 模块采用 CC2530 芯片，该芯片的无线部件工作在 2.4～2.48 GHz，可实现点对点通信的收发数据，提供 USB 调试串口	

续表

频　段	特　点	图　示
NFC 模块	NFC 模块采用 PN544 芯片，可实现卡模式、读卡器模块、点对点通信模式近场通信，提供 USB 调试串口	
CPU 卡模块	CPU 卡阅读器可设置 CPU 卡的密钥、电子钱包充值/减值功能等，提供 USB 调试串口	
Android 网关	网关采用 ARM Cortex-A9 S5P4418 四核处理器、10.1 寸电容液晶屏、集成 Wi-Fi、蓝牙模块、500 万像素的 MIPI 高清摄像头模块、4G 模块、Android4.4 操作系统，可实现对包括一维码、二维码识别生成，ETC 不停车收费，门禁等 RFID 应用功能	
软件模块 RFIDDemo	RFIDDemo 软件包解压后可直接在 PC 上运行，通过 USB 线连接射频模块后可对标签进行读写，实现 PC 端对各频段射频模块的命令操作	

1.2.3　小结

RFID 系统由标签、阅读器和系统高层构成。在 RFID 系统中，标签用来标识物体，阅读器用来读写物体的信息，标签与阅读器通过射频信号传送信息，系统高层管理标签和阅读器。RFID 系统可以按照频率、供电方式、耦合方式、工作方式等进行分类。

标签一般附着在要识别的物体上，每个标签具有唯一的电子编码，电子编码是 RFID 系统真正的数据载体。一般情况下，标签由芯片和天线组成，芯片用来存储物体的数据，天线用来收发射频信号。为了满足不同应用需求，标签的结构和形式多种多样，有卡片形、环形、纽扣形、条形、盘形等。标签可以工作在低频、高频、超高频和微波等频段上，RFID 技术首先在低频得到应用，高频标签一般做成卡片形状，是目前应用最多的；微波标签近几年来开始推广使用，是实现物联网的关键技术之一。标签的不同工作频段是为了适应不同的应用需求。总体来说，标签具有以下发展趋势：体积更小、成本更低、读写距离更远、无源可读写性能更加完善、适合高速移动物体的识别等。

阅读器是读取和写入标签信息的设备，由射频模块、控制处理模块和天线组成，通过天线与标签进行无线通信。阅读器作为数据交换的一环，其作用是将前端标签所包含的信息传递给后端的系统高层。阅读器具有各种各样的结构和外观形式，常用的技术参数有工作频率、输出功率、输出接口、结构形式、工作方式等。从技术角度上来看，阅读器具有以下发展趋势：兼容性、接口多样化、模块化和标准化。

1.2.4　思考与拓展

（1）被动 RFID 系统与主动 RFID 系统存在哪些差别？

（2）电感耦合型的射频方案和电磁反向散射耦合型的射频方案的区别是什么？
（3）物联网 RFID 的关键技术有哪些？
（4）RFID 技术与其他自动识别技术有哪些区别？
（5）RFID 系统的工作原理是什么？
（6）RFID 系统的基本组成部分，以及各部分的功能是什么？

第2章 光学字符识别技术及应用

光学字符识别（Optical Character Recognition，OCR）技术通过光学机制识别字符，OCR是模式识别（Pattern Recognition，PR）的一种技术。

条码技术是 OCR 的应用，广泛应用于商业、邮政、图书管理、仓储、工业生产过程控制、交通等领域，具有输入速度快、准确度高、成本低、可靠性高等优点。

条码作为一种信息的图形化表示方法，可通过相应的扫描设备识别其中的信息并输入计算机中。条码的典型应用有一维码和二维码。一维码出现得较早，现在比较常见，如日常商品外包装上的条码就是一维码，它的信息存储量小，仅能存储一个代号，使用时通过这个代号调取计算机网络中的数据。除了商品货物流通领域普遍使用条码管理，图书馆系统基本上也实现了条码的计算机管理。作为人机对话的纽带，条码在目前的图书馆管理系统和检索查询中起着重要的作用，广泛用于书刊编目、典藏、流通阅览等自动识别环节。

由于受信息容量的限制，一维码通常只能对物品进行标识，而无法对物品进行描述。为解决一维码信息量小的问题，出现了二维码。二维码能在有限的空间内存储更多的信息，包括文字、图像、指纹、签名等，并可脱离计算机使用，能够在二维空间同时表达信息，因此能在很小的面积内表达大量的信息。近年来，随着移动互联网的发展，二维码已广泛应用于移动支付。

2.1 条码编码与原理

商场里的每件商品几乎都有一个条码，条码枪扫描条码如图 2.1 所示。在柜台结算时，收银员用条码枪扫描条码，就可以把条码中的那串数字读进收银系统中。条码的成本很低。条码技术在当今的自动识别技术中占有重要的地位。如今条码识别技术已相当成熟，其读取的错误率约为百万分之一，首读率大于 98%，是一种可靠性高、输入快速、准确性高、成本低、应用面广的自动识别技术。

图 2.1 条码枪扫描条码

条码可表示的信息很多，包括物品的生产日期、类别、生产国、图书分类号、商品名称、邮件起止地点、制造厂家、日期等信息，因而在银行系统、邮电管理、图书管理、商品流通等领域都得到了发展和推广。

2.1.1 条码

1. 条码概述与应用

一维码是由多个光反射率不同、宽度不同、密集程度不同的黑条（也称为条）和白条（也称为空），按照一定的规则编码成的，用来表达一定的信息。也可以说，一维码是一组粗细程度不同，按照一定规则安排密集程度、间距的平行黑、白线条图形，用来表达一定的信息。一般的一维码是由反射率相差甚远的条和空相互组合而成的。

条码的识别工具是条码阅读器（也称为条码枪）。用条码阅读器扫描条码时，可得到一组反射的光信号，此光信号通过光电转换后变为一组与条、空相对应的电子信号，再通过计算机进行专门解码后就可以恢复原来的信息。目前的条码识别技术已经得到了很大的发展，如手机上的摄像头也可以充当条码阅读器。

现有的一维码技术规范超过 200 种，比较通用的一维码有 Code-128 码、UPC、Code-39 码、EAN 码，以及专门用在图书管理的国际标准书号（ISBN）等。

条码在产品包装、纸箱、罐头或者其他多种产品上都可见到，如图 2.2 所示。

图 2.2 条码

（1）通用产品码（Universal Product Code，UPC）。UPC 通常用于世界各地零售点的商品，用以扫描记录商品的销售信息。UPC 是最原始的条码格式，最先于美国开发使用，目前已被广泛应用于世界各地，适用于相对较小的产品。UPC 仅可用来表示数字，故其码字集为数字 0～9。UPC 有标准版和缩短版两种，标准版由 12 位数字构成，缩短版由 8 位数字构成。UPC 如图 2.3 所示。

（2）欧洲商品码（European Article Number，EAN）。EAN 所能表达的信息只能是数字，无法表达字母，是长度固定、无含意的条码，主要用于对市场上流通的商品进行标识，是一种目前国际通用的编码符号。EAN 在世界各国均适用，包含 EAN-13 码和 EAN-8 码两类，均由公司编号、项目参考以及单个校验数组成。EAN-13 码有 13 位数字，如图 2.4 所示。

图 2.3 UPC

图 2.4 EAN-13 条码

（3）国际标准书号（ISBN）。ISBN 是专为非连续性出版物开发的 13 位数线性条码，适用于小说、非小说以及电子书籍。通过 ISBN，无论实体书店、网上书店还是图书馆，都能够查询某本书的版本，且国际适用。ISBN 如图 2.5 所示。

（4）国际标准刊号（ISSN）。ISSN 形似 ISBN，是为各种内容类型和载体类型的连续出版物（如报纸、期刊、年鉴等）所分配的具有唯一识别性的代码。ISSN 如图 2.6 所示。

图 2.5　ISBN

图 2.6　ISSN

（5）Codabar 码。主要使用在需要实时跟踪管理的物体上，如邮寄公司的包裹、血库的血袋、图书馆的图书等。Codabar 码是于 1972 年开发的一种线性条码符号系统，其数据内容有 21 个字符，即 10 个数字 0～9，以及“+”“-”“*”“/”“$”“.”“:”7 个特殊符号，加上 A、B、C、D 四个英文字母。Codabar 码的主要优点是非常易于打印，如图 2.7 所示，其用途范围为物流行业、医疗行业、教育行业等。

（6）ITF 码（交叉二五条码）。ITF 码由 14 个数字编制而成，是一种连续型、定长、具有自校验功能，并且条、空都表示信息的双向条码。ITF 码由矩形保护框、左侧空白区、条码字符、右侧空白区组成，如图 2.8 所示，适用于全球范围内的商品运输包装。

图 2.7　Codabar 码

图 2.8　ITF 码

（7）Code-128 码。Code-39 码和 Code-128 码的编码可以是字母，也可以是数字，可以根据企业自身的需求来确定条码所包含的信息及其长度，主要应用在图书管理、工业生产流水线等领域。Code-128 码适用于物流行业和运输行业，可用作订购或分销。Code-128 码因能够识别 ASCII 的 128 个字符而得名，目前在全球范围内被广泛使用，可作为运输行业的集装箱识别码，如图 2.9 所示，主要用在物流行业和运输行业。

（8）Code-39 码。Code-39 码被广泛运用于多个行业的产品，而用得最多的是汽车行业和美国国防部。Code-39 码允许使用数字和字符，因起初只能编制 39 个字符而得名，不过现在其字符集已经增加到了 43 个。Code-39 码只接收如下 43 个有效输入字符：26 个大写字母（A～Z）、10 个数字（0～9）、连接号（-）、句号（.）、空格、美元符号（$）、斜扛（/）、加号（+）以及百分号（%）。Code-39 码适用于比较小的商品，如图 2.10 所示。

图 2.9 Code-128 码

图 2.10 Code-39 码

2. 条码编码原理

一个完整的条码是有其严格的组成顺序的，每个条码的组成部分都有其特殊作用。一般来说，一维码的组成顺序从左到右是：前段静空区（左侧空白区）、起始符、数据信息区、中间分割符（有些条码有但不是所有的条码都有，主要用于 EAN）、校验符（如果所用条码编码本身已有校验功能，则不一定需要）、终止码、后段静空区（右侧空白区），如表 2.1 所示。

表 2.1 条码组成

前段静空区	起始符	数据信息区、中间分割符（主要用于 EAN 条码）	校验符	终止符	后段静空区

根据条码中间的黑条、白条的粗细、位置、顺序等结构的不同，数据信息区包含了条码所需要表示的信息，这部分允许双向扫描。起始符和终止符是指条码开始和结束的若干黑条和白条，用于标识条码的开始和结束。同时，起始符和终止符也提供了条码阅读方向的信息及其码制识别的信息。

静空区是指位于条码的左右两端外侧的与白条的反射率一样的区域，其第一个作用是让条码阅读器由空闲状态跳转到准备阅读的状态，做好充分的准备以便正常获取条码中的信息；另一个作用是，如果相邻两个条码距离太近，静空区则可以用于区分两个条码。静空区需要有一定的宽度，一般来说不能小于 6 mm（模块宽度的 10 倍）。

校验符是用来判定译码是否有效的符号，和通信中的检错/纠错的原理相同。条码编码中的校验符一般是所传输信息的一种算术运算结果，计算机先对译码后得到的信息进行运算，然后和校验符进行比较。如果运算结果与校验符相同，那么判定译码有效，否则表示译码出错。

EAN-13 码符号结构如图 2.11 所示。

图 2.11 EAN-13 码符号结构

3. 条码编码的技术规范

简要来说，条码是用来方便人们输入信息的一种方法（很难想象手动输入商品信息的麻烦程度）。这种处理方法使用宽度不一的黑条（Bar）及白条（Space）的组合来表示每组信息所相对应的编码码字（Code），其空白部分也就是白条，不同的一维码规范有不同的黑白条组合方法。

条码的开始及结束的地方是起始符和终止符，如果采用不同规范的条码，则起始符及终止符的样式并不会全部一样。一般来说，每一种条码规范会规定好下列七个方面。

（1）符号类型（Symbology Type）。根据解读条码时所体现的特性，可将条码规范分成分散式条码和连续式条码两大类。

① 分散式条码。对于分散式条码，条码中的字元可以各自进行译码，每个字元之间是由字间距分开的，并且每个字元都是以黑条标志位结束的，但是并不是说条码中每个字间距的宽度都必须完全一样，而是有一定的容错误差，只要相互差距保持在一定水平便可以。这种分散式条码编码方法对条码印表机（Barcode Printer，也称为条码打印机）的机械规格要求不严，正如 Code-128 码和 Code-39 码一样。

② 连续式条码。跟分散式条码不一样的是，连续式条码的字元之间没有字间距，并且每个字元都是以黑条作为开始，以白条作为结束的。下一个字元的开始紧跟在上一个字元的结束之处。因为没有字间距，节省了大量的空间，因此在同样的空间内，可比分散式条码印出更多的字元。但是，因为连续式条码的字元密度很高，而且没有字间距的缓冲，因此连续式条码对精度的要求很高。这类型的条码有 EAN 和 UPC 等。

（2）字元组合。每一种条码规范所表示信息组合的数目和范围不同，有些条码规范只能表示数字，如 EAN、UPC；有些条码规范能同时表示数字和英文，甚至可以表示 ASCII 的所有字符，如 Code-128 码、Code-39 码。

（3）细线条的宽度。细线条的宽度是条码中细线条（黑条）和空白（白条）的宽度，一般是某个条码中所有细线条和空白宽度的总平均值，国际通用的单位是 mil（0.001 英寸）。

（4）粗/细线条的数目。在条码编码中，字元是由许多粗细不同的黑/白条相互组合来表示的。一般的条码只有粗和细两种线条模式，然而在某些情况下，也会使用多种粗细不一的线条，这是根据实际需要来定制的。

（5）不变或可变长度。这是指在条码中包含的信息长度是固定不变的，还是可以动态变化的。在某些条件下，一些条码因为受到本身结构的限制，其信息长度是固定不变的，如 EAN、UPC。

（6）字元密度。这是指在某固定长度内条码所能够表示的字元数目的平均值。如果条码 1 的密度低于条码 2 的密度，那么就表示在同一个固定长度内，条码 1 可容纳的字元要比条码 2 的少。

（7）自我检错能力。这是指条码有无自我检测错误甚至纠正错误的能力，即条码出现一个印刷上的小错误时能否正常译码，字元是否会被误判成为其他字元。如果某个条码本身有检错和纠错的能力，那么该条码就无须硬性规定要使用专门的校验符（如 Code-39 码）。如果没有自我检错能力的话，在使用时一般会专门设置校验符，如 UPC、EAN 等。

4．条码识别系统

（1）条码识别系统。在识别条码时，使用条码阅读器扫描条码时可得到一组反射光信号，该信号经光电转换后变为一组与条、白相对应的电信号后再传入计算机系统，该电子信号经解码后可还原为相应的字符，条码识别系统由软件部分和硬件部分组成，软件部分包括数据采集器程序、后台数据交换服务，以及条码打印程序；硬件部分包括读取条码的条码扫描设备（条码阅读器）和打印条码的条码打印机。

读取条码所代表的信息时需要一套条码识别系统，该系统由条码扫描系统、信号整形电路、译码接口电路和计算机系统等部分组成。

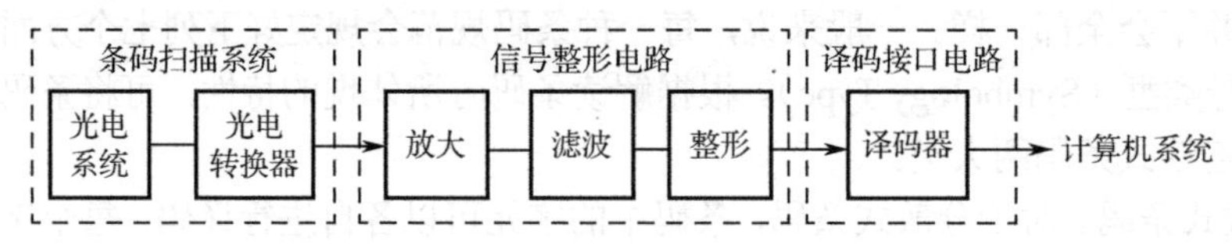

图 2.12　条码识别系统框图

（2）条码识别原理。不同颜色的物体，其反射的可见光的波长是不同的，白色物体能反射各种波长的可见光，黑色物体则可吸收各种波长的可见光。当条码阅读器发出的光照射到黑白相间的条码上时，被条码反射的光聚焦后再反射到光电转换器上，光电转换器将接收到与白条（空）和黑条（条）相对应的强弱不同的反射光信号，并转换成相应的电信号输出到信号整形电路，白条、黑条的宽度不同，相应的电信号持续时间也不同。但是，由光电转换器输出的与条码的条和空对应的电信号一般仅 10 mV 左右，不能直接使用，因而要先将该电信号送放大电路放大。放大后的电信号仍然是一个模拟电信号，为了避免由条码中的疵点和污点导致错误信号，在放大电路后需要加滤波、整形电路，把模拟信号转换成数字信号。

整形电路输出的脉冲数字信号经译码器译成数字、字符信息。译码器通过识别起始符、终止符来判别条码的码制及扫描方向；通过测量数字信号 0、1 的数目来判别条和空的数目；通过测量 0、1 持续的时间来判别条和空的宽度。这样便得到了条码的条和空的数目、相应的宽度，以及所用的码制。根据码制所对应的编码规则，便可将条形换成相应的数字、字符信息，通过译码接口电路送给计算机系统进行数据处理与管理，从而完成条码识别的全过程。

2.1.2　开发实践：条码识别

条码技术最早诞生在西屋（Westinghouse）公司实验室，发明家约翰·科芒德想对邮政单据实现自动分拣，他的想法是在信封上做条码标记，条码中的信息是收信人的地址，如同今天的邮政编码一样。为此，约翰·科芒德发明了最早的条码标记。该套设计方案非常简单，即一个条表示数字 1、两个条表示数字 2，依次类推。然后，约翰·科芒德又发明了由条码阅读器和译码器构成的识别设备，条码阅读器利用当时的光电池收集反射光，空反射回来的是强信号，条反射回来的是弱信号，通过这种方法可以直接分拣信件。

本开发任务将使用相关工具按码制生成条码，并学习用肉眼判断条码类型和利用软件识别条码。

1. 任务分析

任务流程如图 2.13 所示。

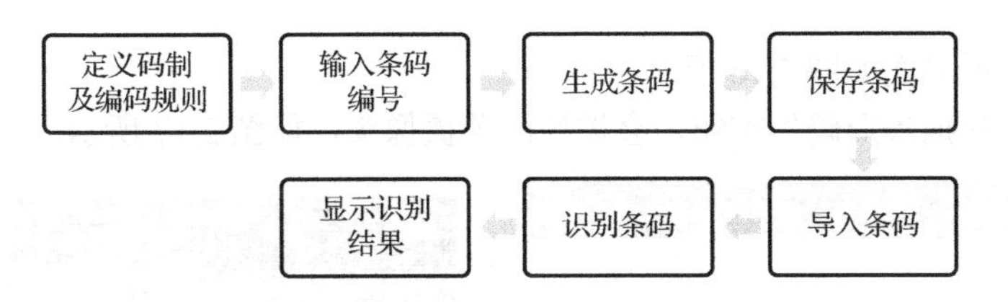

图 2.13 任务流程

条码编码与识别处理主要包括以下三个步骤。

（1）条码制作。要制作条码，首先要定义码制及编码规则，确定包含哪些内容，如产品编码+价格或者产品代码+出厂日期+设备 SN 号等。条码制作一般都由条码制作软件自动生成，填好码制、内容后，由条码打印设备打印出来，常用的条码制作软件有 Bartender、ZD designer pro 等。

（2）条码印刷/打印。印刷方式一般分为热转印、UV、喷码机喷码、激光机等，可以自己购买机器制作，也可以委托印刷厂等批量制作。

（3）条码识别。采用各种条码识别设备，如条码枪、固定扫描器、视觉设备等来读取条码。应根据条码印刷和打印质量选用相应的型号，具体需联系各设备厂家或代理商。

本开发实践的目的是了解条码技术特点，掌握条码编码技术和条码识别技术。

2. 开发实施

1）条码的生成

条码的生成较为简单，可以在网页上在线生成，也可以通过 Office 或 WPS 等软件的工具制作，并且可以选择不同的码制来生成不同的条码，本任务生成的条码为 Code-128 码。

（1）软件的主界面如图 2.14 所示。

（2）输入想要生成的条码编号，如 123456789，输入完成后单击“生成条形码”按钮即可在右侧生成对应的条码，如图 2.15 所示。

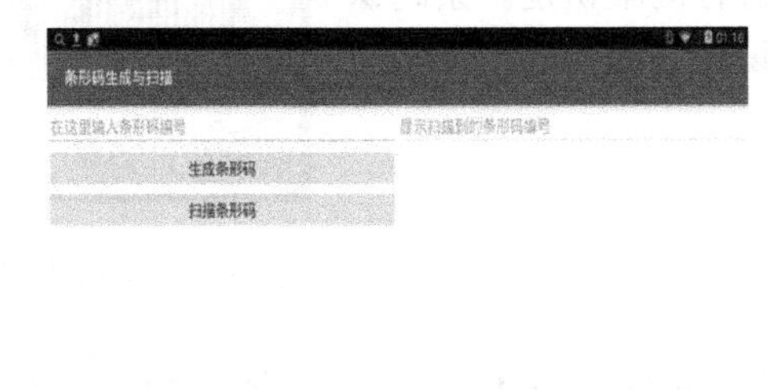

图 2.14 条码生成的软件主界面

图 2.15 生成条码

2）条码的识别

条码的识别就是将条码中的信息解读出来的过程。条码是由空和条组成的，所有的信息都存储在这些空和条中。条码不具备容错机制，当条码受损或者条码部分被遮挡时，就不可能得到正确的信息。因此在识别条码时应该注意：条码不能被遮挡，条码（也不能损坏），条码扫描设备不能与条码距离过远，否则可能得不到正确的信息或读不出信息。

（1）条码扫描界面如图 2.16 所示。

（2）单击"扫描条形码"按钮，会调用网关摄像头，如图 2.17 所示。

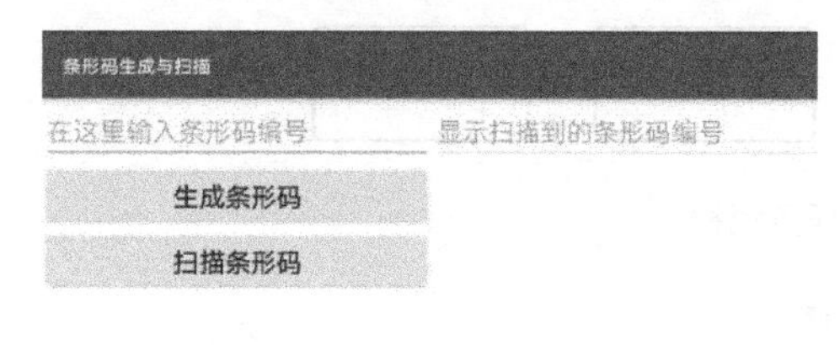

图 2.16　条码扫描界面

图 2.17　调用网关摄像头

（3）对准条码进行扫描，如图 2.18 所示。

（4）扫描结果如图 2.19 所示。

图 2.18　对准条码进行扫描

图 2.19　扫描结果

（5）将结果和原条码对比，无误，如图 2.20 所示。

不同的条码编码机制可以生成不同的条码，其生成的条码的识别也各不相同，根据其特点可以不借助工具对其进行肉眼识别。条码识别过程是将条码中的信息解读出来的过程，在识别过程中要保证条码的完整性。

图 2.20　原条码信息

2.1.3　小结

普通的一维码通常仅作为识别信息使用，常见的包括 Code-25 码、Code-128 码、EAN-13 码、EAN-8 码、ITF 码、库德巴码、Matrix 码和 UPC-A 码等。条码识别系统由条码扫描系统、信号整形电路、译码接口电路和计算机系统等部分组成。

2.1.4　思考与拓展

（1）条码是如何编码的？

（2）简述条码识别的原理？

（3）条码的信息是如何与实物对应的？

（4）如何从商品条码上读取生产国籍的信息？

2.2 商品条码原理及应用

商品条码是由一组按一定规则排列的条、空及其对应字符组成的标识，用来表示一定的商品信息，其中，条为深色、空为白色，其对应字符由一组阿拉伯数字组成，供人们直接识读或通过键盘向计算机输入。这一组条和空表示的信息与对应字符表示的信息是相同的。商品条码的诞生极大地方便了商品的流通，现代社会已离不开商品条码。据统计，目前我国已超过 50 万种商品使用了国际通用的商品条码，如图 2.21 所示。

图 2.21 商品条码

2.2.1 商品条码

1. 条码与商品管理

零售领域是商品条码应用最为广泛的领域之一，几乎所有的零售商品都使用了商品条码。商品条码在零售领域的普及，使收款员仅需扫描条码就可以实现商品的结算，大大提升了结算效率，减少了顾客的等待时间，避免了人为差错造成的经济损失和管理上的混乱。

此外，通过使用商品条码，零售门店可以定时将消费信息传递给总部，使总部及时掌握各零售门店的库存状态，从而制订相应的补货、配送、调货计划。同时，生产企业也可以通过相关信息制订相应的生产计划。

对于所有零售商品，可以用 EAN-13 码表示，以便用于 POS 机扫描，如图 2.22 所示。

对于变量的零售商品（每个包装的重量不同），为了 POS 机扫描，可以采用店内码。店内码中应包含重量、数量或价格信息，如图 2.23 所示。店内码从左到右的顺序为：前缀码 29，左侧数字 51503 为商品种类代码，4 为价格校验位，数字 0144 表示价格，最后一位是校验位。

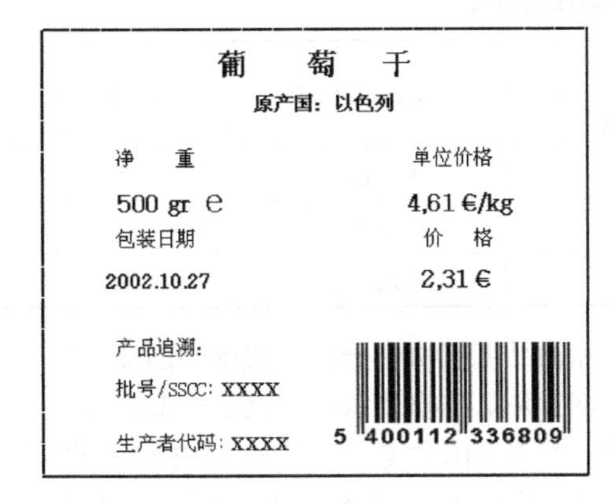

图 2.22 EAN-13 码

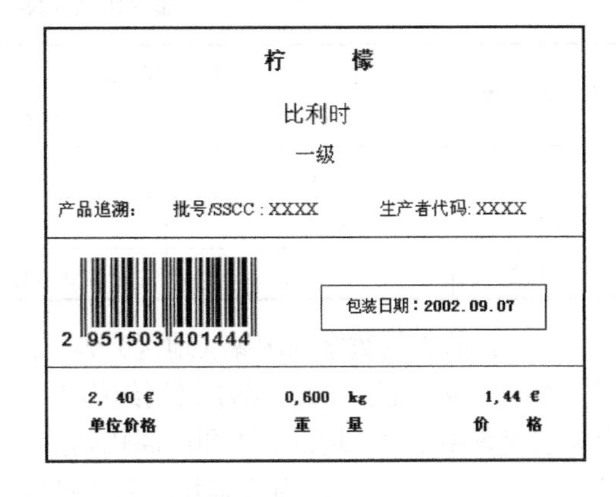

图 2.23 店内码

商品条码尺寸规范如表 2.2 所示，标准尺寸是 37.29 mm×26.26 mm，放大倍率是 0.8～2.0，当印刷面积允许时，应选择放大倍率 1.0 以上的条码，以满足识读要求。尺寸比例比较规范的条码是图书类（ISBN）条码。ISBN 也是 ENA-13 码，采用的放大倍率为 0.8，条码长度为 25.08 mm。

表 2.2　商品条码尺寸规范

放大倍率	条码长度/mm	左边空白宽度/mm	右边空白宽度/mm
0.8	25.08	≥3.0	≥1.9
1.0	31.35	≥3.63	≥2.31

图 2.24 是放大倍率为 1.0 的商品条码尺寸。

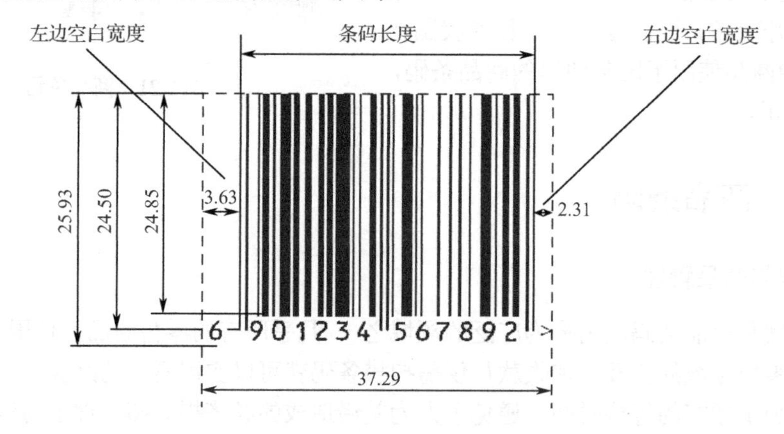

图 2.24　商品条码尺寸（单位为 mm）

2．EAN-13 码分析

1）EAN-13 码的数字含义

目前国际广泛使用的商品条码是 EAN-13 码。一个标准的 EAN-13 码由厂商识别代码、商品项目代码、校验码等共 13 位数字代码组成，分 3 种结构，如表 2.3 所示。

表 2.3　EAN-13 条码结构分配

结构种类	厂商识别代码		商品项目代码	校验码
	国家（地区）码	厂商代码		
结构 1	$X_{13}X_{12}X_{11}$	$X_{10,9}X_8X_7$	$X_6X_5X_4X_3X_2$	X_1
结构 2	$X_{13}X_{12}X_{11}$	$X_{10,9}X_8X_7X_6$	$X_5X_4X_3X_2$	X_1
结构 3	$X_{13}X_{12}X_{11}$	$X_{10,9}X_8X_7X_6X_5$	$X_4X_3X_2$	X_1

其中，前 3 位数字为国家（地区）码，目前国际物品编码协会分配给我国的国家（地区）码为 690～695（注：690、691 采用结构 1；692、693 采用结构 2；694、695 暂未启用）；厂商识别代码由国家（地区）码和厂商代码共同构成，共 7～10 位数字。结构 1、2 和 3 的国家（地区）码都是 3 位，厂商代码和商品项目代码加起来总共 9 位。EAN-13 码的结构如图 2.25 所示。

以条码 6936983800013 为例来分析商品条码中数字的含义（EAN-13 码）。

此条码采用结构 2，分为 4 个部分，从左到右分别为 693 69838 0001 3。

1～3 位：共 3 位，对应该条码的 693，是我国的国家（地区）码之一（690～695 都分配给了我国，由国际物品编码协会分配）。

4～8 位：共 5 位，对应该条码的 69838，代表着生产厂商代码，由厂商申请，国家分配。

图 2.25　EAN-13 码的结构

9～12 位：共 4 位，对应该条码的 0001，代表着厂内商品代码，由厂商自行确定。

第 13 位：共 1 位，对应该条码的 3，是校验码，是依据一定的算法，由前面 12 位数字计算而得到的。

部分国家（地区）码表如表 2.4 所示。

表 2.4　部分国家（地区）码

码　段	国　家	码　段	国　家
000～019	美国	030～039	美国
060～139	美国	300～379	法国
400～440	德国	450～459，490～499	日本
…		…	
690～695	中国	700～709	挪威
729	以色列	730～739	瑞典

2）EAN-13 码的码制格式

为了阅读方便，这里再次给出了 EAN-13 码的符号结构，如图 2.26 所示，包括左侧空白区、前置码、起始符、左侧数据符、中间分隔符、右侧数据符、校验符、终止符、右侧空白区组成。

图 2.26　EAN-13 码的符号结构

（1）左侧空白区。位于条码符号的最左侧，与空的反射率相同，其最小宽度为 11 个条形模块宽。

（2）前置码。不用条码符号表示，是国家代码的第 1 位数字，用于左侧数据符的编码，如果左侧数据符共 6 位（不算前置码），则每一位对应各自的 A 或 B 编码方式。前置码对应的编码方式如表 2.5 所示，左侧数据符对应的 A、B 类编码方式如表 2.6 所示，每个数字对应

7 位二进制逻辑值。

表 2.5　前置码对应的编码方式

前　置　码	编 码 方 式	前　置　码	编 码 方 式
1	AAAAAA	2	AABABB
3	AABBAB	4	ABAABB
5	ABBAAB	6	ABBBAA
7	ABABAB	8	ABABBA
9	ABBABA		

表 2.6　左侧数据符对应的 A、B 类编码方式

左侧数据符	A 类编码逻辑值	B 类编码逻辑值	左侧数据符	A 类编码逻辑值	B 类编码逻辑值
0	0001101	0100111	1	0011001	0110011
2	0010011	0011011	3	0111101	0100001
4	0100011	0011101	5	0110001	0111001
6	0101111	0000101	7	0111011	0010001
8	0110111	0001001	9	0001011	0010111

注：1 对应细黑条模块，0 对应细白条模块，每一个模块的标准宽度是 0.33 mm。

（3）起始符。位于条码符号左侧空白区的右侧，表示条码的开始，由 3 个条形模块组成，逻辑为 101（1 代表细黑条，0 代表细白条），如图 2.27 所示。

（4）左侧数据符。位于起始符右侧和中间分隔符左侧的一组条码字符，表示 6 位数字信息，每个数字对应 7 个条形模块，即对应 7 位二进制逻辑，由 42 个条形模块组成，不同位上数字对应的 7 位逻辑值按 A、B 类编码方式进编码。结合表 2.5 中前置码 6 对应的编码方式为 ABBBAA，可以查出 901234 的编码逻辑值。左侧数据符如图 2.28 所示。

图 2.27　起始符

图 2.28　左侧数据符

图 2.28 中，EAN-13 码确定了 13 位数字为 6901234567892，左侧数据符的二进制逻辑可分两步获得。第一步：根据表 2.5 可知，前置码为 6 的左侧数据字符所选用的编码方式为 ABBBAA。第二步：根据表 2.6 可知，左侧数据符的 901234 的二进制逻辑如表 2.7 所示。

表 2.7　左侧数据符 901234 的二进制逻辑

左侧数据符	9	0	1	2	3	4
编码方式	A	B	B	B	A	A
字符的二进制逻辑	0001011	0100111	0110011	0011011	0111101	0100011

注意：表 2.7 中字符的二进制逻辑，0 对应空（即白色区、白条、细白条模块），1 对应条（即黑色区、黑条、细黑条模块）。例如，9 的字符二进制逻辑 0001011，则条码为 3 个模块宽度的空+1 个宽度的条+1 个宽度的空+2 个宽度的条，如图 2.29 所示。在 A、B 类编码方式中，所有字符都是以 0 开始、以 1 结束的，因此所有的 EAN-13 码都是以空开始、以条结束的，是由 2 个空加 2 个条间隔组合而成的，并且最宽的条或空不超过 4 个模块宽度。

（5）中间分隔符。位于左侧数据符的右侧，是平分条码字符的特殊符号，由 5 个条形模块组成，逻辑方式为 01010（1 代表细黑条模块，0 代表细白条模块），如图 2.30 所示。

图 2.29　左侧数据符单个数字对应条码区域

图 2.30　中间分隔符

（6）右侧数据符。位于中间分隔符右侧、校验符左侧的一组条码字符，表示 5 位数字信息，如图 2.31 所示。

右侧数据符由 35 个条形模块组成，其数据编码遵循右侧数据编码原则，每个数字对应 7 位二进制逻辑，但与左侧数据符编码规则不同，右侧数据符的编码规则如表 2.8 所示。7 位二进制逻辑值对应 7 个条形模块。注意：1 对应细黑条模块，0 对应细白条模块，所以右侧数据符每个数字是以条开头、以空结尾的，最宽的条或空不超过 4 个模块宽度。

表 2.8　右侧数据符编码规则

右侧数据符	逻　辑　值	右侧数据符	逻　辑　值
0	1110010	1	1100110
2	1101100	3	1000010
4	1011100	5	1001110
6	1010000	7	1000100
8	1001000	9	1110100

（7）校验符。位于右侧数据符的右侧，由 7 个条形模块组成，如图 2.32 所示。

图 2.31　右侧数据符

图 2.32　校验符

如何确定校验符呢？以下面的例子进行说明，其中 C 位为校验符。13 位条码序号如表 2.9 所示。

表 2.9　13 位条码序号

N1	N2	N3	N4	N5	N6	N7	N8	N9	N10	N11	N12	C

校验符计算步骤如下：

C1 = N1 + N3 + N5 + N7 + N9 + N11（奇数位的数值相加，校验位本身除外）。

计算 C2 =（N2 + N4 + N6 + N8 + N10 + N12）×3（偶数位的数值相加，再乘以 3）。

计算 CC =（C1 + C2），取个位数。

校验码 C = 10− CC。

如果结果不为 10，则检验符为结果本身；如果结果为 10，则检验符为 0。

（8）终止符。位于校验符的右侧，表示条码的结束，由 3 个条形模块组成，逻辑方式为 101（1 代表细黑条模块，0 代表细白条模块），如图 2.33 所示。

（9）右侧空白区。位于条码符号最右侧，与空的反射率相同，最小宽度为 7 个模块宽度。

图 2.33　终止符

3．条码编解码库接口

使用 QZXing 可以实现一维码、二维码的解析，QZXing 的使用方法比较简单，主要有 3 步：

（1）在 GitHub 上下载 QZXing（https://github.com/zxing/zxing 中的 QZXing）。

（2）新建 QT 工程，在“pro”文件中加入“./QZXing_sourceV2.4/QZXing.pri)”。

（3）调用 QZXing 类进行识别。

下面的例子是打开当前目录下的一维码（ENA-13 码）并进行识别。

```
#include "widget.h"
#include "ui_widget.h"
#include "QZXing.h"                                  //引用 QZXing 库的头文件
Widget::Widget(QWidget *parent) : QWidget(parent), ui(new Ui::Widget)
{
    ui->setupUi(this);
    QImage img;
    qDebug()<<img.load("./TestPics/mm_facetoface_coll.png");//加载需要识别的条码图片
    qDebug()<<img.width()<<img.height();
    QZXing zxing;                                    //创建 QZXing 对象
    zxing.setDecoder(256);                           //设置解码模式，仅支持 ENA-13 码
    qDebug()<<zxing.decodeImage(img);
    //通过 QZXing 对象的 decodeImage 方法对条码进行识别，调试信息中将输出识别结果
}
Widget::~Widget()
{
    delete ui;
}
```

2.2.2 开发实践：商品条码识别

商品条码的具体工作原理：当条码阅读器发射的光束扫描条码时，光照在白色的空上容易反射，而照到黑色的条上则不反射，这样长短不一的条和空能够反射回强弱、长短不同的光线；同时，光电转换器将其转换为相应的电信号，经过处理后变成计算机可接收的数据，从条码上读出的商品信息输入计算机后，计算机就可以自动查阅商品数据库中的价格数据，再反馈给电子收款机，该过程几乎是与扫描条码同步完成的。利用条码，可随时掌握商品的销售信息和库存情况，提高商业运转效率。

1. 商品条码的生成

（1）打开 Barcode 软件，其主界面如图 2.34 所示。

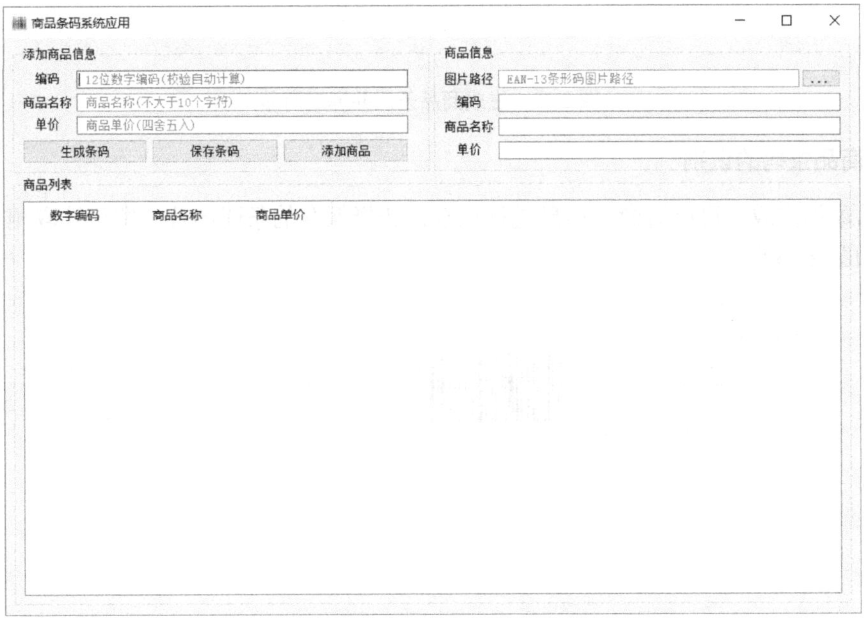

图 2.34　Barcode 软件主界面

Barcode 软件可以制作条码并与商品绑定，也可以将制作的条码保存到本地，还可以对保存的商品条码进行扫描，通过扫描可以获取商品信息（如果没有绑定的商品，则可以读取条码中的数字信息）。

（2）在“编码”框中输入 12 位的商品条码，如 693123456789，最后一位校验位将由 Barcode 软件自动生成，输入商品名称和单价后单击“生成条码”按钮，再单击“保存条码”按钮即可将商品添加到商品列表中，如图 2.35 所示。

添加完商品后可以在商品列表中看到商品的详细数据，包括数字编码、商品名称和商品单价。

图 2.35　生成商品条码并绑定商品

2. 商品条码的识别

商品添加完成后可以对商品信息进行识别，选择保存的条码图片，即可读取相应的商品信息，如图 2.36 所示。

图 2.36　从条码中读取商品信息

对于不在商品列表中的商品，可以读取其中的编码信息，但不能读取商品名称和单价，如图 2.37 所示。EAN-13 码只能保存数字信息，不能保存英文、中文或者符号信息，在上一步骤中可以读出商品的信息，是因为“6931234567899”这个编码在软件中已经与商品名称和单价进行了绑定。

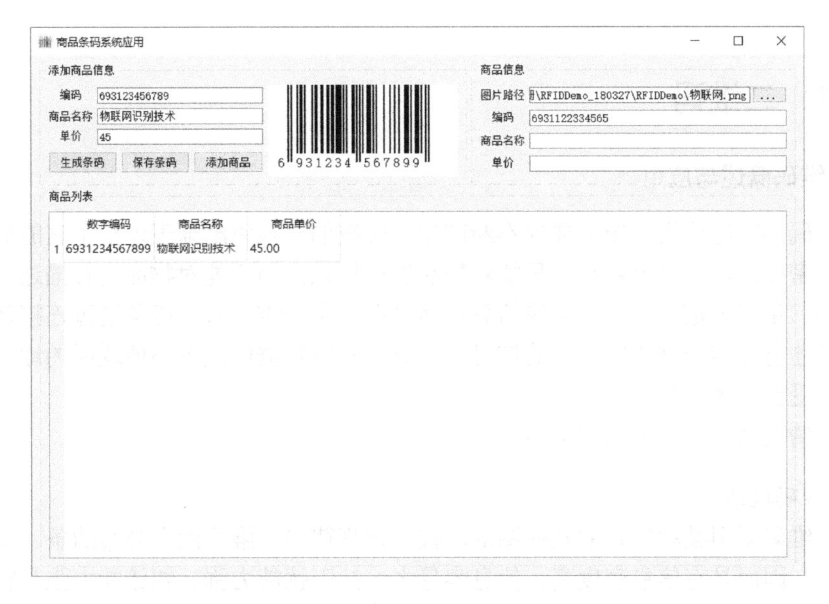

图 2.37 识别非商品列表中的条码

2.2.3 小结

目前，国际广泛使用的商品条码是 EAN-13 码，其代码由 13 位数字组成。一个标准的 EAN-13 码数据由厂商识别代码、商品项目代码、校验码组成，共 13 位数字。目前，国际物品编码协会分配给我国并已启用的国家（地区）码为 690～693。当国家（地区）码为 690 和 691 时，第 4～7 位数字为厂商识别代码，第 8～12 位数字为商品项目代码，第 13 位数字为校验码；当国家（地区）码为 692 和 693 时，第 4～8 位数字为厂商识别代码，第 9～12 位数字为商品项目代码，第 13 位数字为校验码。

2.2.4 思考与拓展

（1）商品条码能记录商品的名称、规格、型号、价格、厂家等信息吗?

（2）EAN-13 码的码制是怎样的?

（3）简述商品条码管理的特点和优势。

2.3 二维码的编码与识别

二维码是一种比一维码更高级的条码格式，一维码只能在一个方向（一般是水平方向）上表达信息，而二维码则可以在水平和垂直两个方向上表达信息。一维码只能由数字和字母组成，而二维码能存储汉字、数字和图片等信息，因此二维码的应用领域要广得多。二维码如图 2.38 所示。

图 2.38 二维码

2.3.1 二维码

1. 二维码概述与应用

随着条码的广泛应用，新的要求不断产生，传统的一维码渐渐表现出了它的局限性。一维码的信息密度低、信息容量小，只能对物品进行标识，而不能对物品进行描述，无法提供物品的名称、生产日期、使用说明等信息，而且在使用一维码时，必须通过连接数据库的方式提取信息才能知道一维码所表达的信息，因此在没有数据库或者不便联网的地方，一维码的应用就会受到很多限制。

在这种情况之下，二维码应运而生。

1）二维码概述

由于二维码采用某种特定的几何图形，按一定规律在二维平面上分布的条、空来表达数据符号信息，因而具有信息密度高、信息容量大、抗干扰能力强、纠错能力强等特点，不仅能标识物品，而且能精确地描述物品，在远离数据库和不便联网的地方也能对数据实现采集。目前，二维码通过压缩技术能对凡是可以数字化的信息，如汉字、照片、指纹、签字、声音等进行编码，实现了信息的携带、传递和防伪。二维码同时还具有信息自动识别及处理图形旋转变化的功能。

二维码可以分为行排式二维码和矩阵式二维码。行排式二维码由多行一维码堆叠在一起构成，但与一维码的排列规则不完全相同；矩阵式二维码是深色方块与浅色方块组成的矩阵，通常呈正方形，在矩阵中深色块和浅色块分别表示二进制中的 1 和 0。

（1）行排式（堆叠式）二维码。行排式二维码又称为堆积式或层排式二维码，其形态类似于一维码，编码原理同一维码的编码原理类似。它在编码设计、识读方式、校验原理等方面与一维码具有相同或类似的特点，甚至可以用相同的设备对其进行扫描识别，只不过识别和译码算法与一维码不同。由于行排式二维码的容量更大，所以校验功能有所增强，但通常仍不具有纠错功能。具有代表性的行排式二维码有 Code-49 码和 PDF-417 码，如图 2.39 所示。

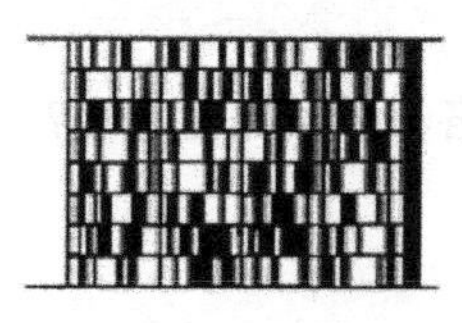

（a）Code-49 码

（b）PDF-417 码

图 2.39 行排式二维码

Code-49 码是由 Intermec 公司推出的行排式二维码，可编码全部 128 个 ASCII 字符，符号高度可变，最低的 2 层符号可以容纳 9 个字母或 15 个数字，而最高的 8 层符号可以容纳 49 个字母或者 81 个数字。Code-49 码只有校验码，无纠错能力。

PDF-417 码是一种高密度、高信息含量的便携式数据文件，可实现证件及卡片等大容量、高可靠性信息的自动存储、携带，并可用机器自动识别。PDF-417 码可编码 ASCII 全部字符及扩展字符，并可编码 8 位二进制数据，层数为 3 层到 90 层，一个符号最多可编码 1850 个文本字符、2710 个数字或者 1108 个字节。PDF-417 码可进行字符自校验，可选安全等级，具有纠错能力。行排式二维码的特点如下：

① 信息量大。这种二维码的编码范围广，可对照片、指纹、掌纹、签字、声音、文字等凡是可数字化的信息进行编码。

② 纠错能力强。可以有效防止译码错误，提高译码的速度及可靠性，还可以将由于条码符号破损、玷污而丢失的信息破译出来，甚至可以将符号受损面积达50%的条码符号所含信息恢复出来。

③ 译码可靠性高。普通条码的译码错误率约为百万分之二，而行排式二维码的误码率不超过千万分之一。

④ 保密、防伪性能好。行排式二维码具有多重防伪特性，可以采用密码防伪、软件加密，以及利用所包含的信息，如指纹、照片等进行防伪。

⑤ 容易制作且成本低。利用现有的点阵、激光、喷墨、热敏、热转印、制卡机等打印技术，可在纸张、卡片甚至金属表面上印出二维码。由此所增加的费用只是油墨的成本，因此人们又称其为“零成本”技术。

（2）矩阵式二维码。矩阵式二维码呈现矩阵的形式，每一个模块的长与宽相同，模块与整个符号通常都以正方形的形式出现。矩阵式二维码是一种图形符号自动识别处理码制，通常都有纠错功能。

矩阵式二维条码是建立在计算机图像处理技术、组合编码原理等基础上的一种新型图形符号自动识读处理码制。具有代表性的矩阵式二维码有Code One码、MaxI码、QR码、Data Matrix码等。

QR（Quick Response）码是最早可以对汉字进行编码的二维码，也是目前应用最广泛的二维码。QR码有40个版本，有4个不同纠错能力的纠错等级，除了可以编码ASCII字符、数字，还可以编码中文和日语中的汉字，而且还具有扩展解释能力，如图2.40所示。

2）二维码特性

下面以常见的QR码为例介绍二维码的特性。

（1）存储大容量信息。传统的条码只能处理20位左右的信息，与此相比，QR码可处理的信息量是普通条码的几十倍到几百倍。另外，QR码还可以支持所有类型的数据，最多可以编码4296个字母、7089个数字、2953个字节、1817个中文或日语中的汉字。

（2）可在小空间内打印。QR码在纵向和横向两个方向上处理数据，对于相同的信息量，QR码所占的空间更小，如图2.41所示。

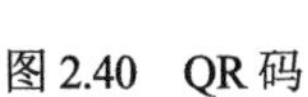

图2.40　QR码

图2.41　相同信息量的条码和QR码

（3）对变脏和破损的适应能力强。QR码具有纠错功能，即使部分编码变脏或破损，也可以恢复数据。数据恢复以码字为单位，最多可以纠错约30%的码字。

（4）可以从任意方向读取。QR码可从任意方向快速被读取。QR码中的3处定位图案，可以让QR码不受背景样式的影响，实现快速稳定被读取，如图2.42所示。

（5）支持数据合并功能。可以将 1 个 QR 码的数据分割为多个 QR 码，最多支持 16 个 QR 码。使用这一功能，还可以在狭长区域内打印 QR 码。另外，也可以把多个 QR 码合并为 1 个 QR 码，如图 2.43 所示。

图 2.42　QR 码的定位图案　　图 2.43　分割和合并 QR 码

（6）容错能力强，具有纠错功能。这使得二维条码在因穿孔、污损而引起局部损坏时，仍然可以正确被识别，损毁面积达 50%时仍可恢复信息。

3）QR 码的信息量和版本

QR 码共有 40 种版本：版本 1 的规格为 21 模块×21 模块，版本 2 的规格为 25 模块×25 模块，如图 2.44 所示，每一版本符号比前一版本的每边增加 4 个模块，直到版本 40，其规格为 177 模块×177 模块。

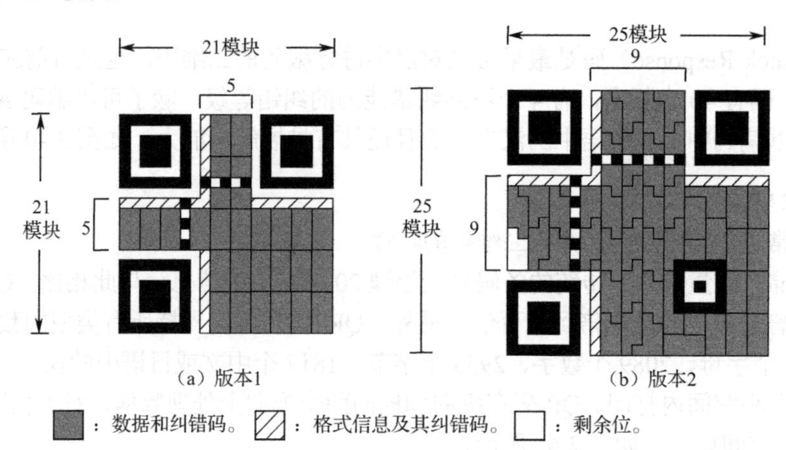

图 2.44　QR 码版本 1 和版本 2

QR 码的 40 个版本的尺寸与版本号存在线性关系，版本 1 是 21×21 的矩阵，版本 2 是 25×25 的矩阵，版本每增大一号，尺寸都会增加 4，故尺寸与版本号的线性关系为：尺寸=（版本号−1）×4+21。例如，版本号的最大值是 40，故尺寸最大值是（40−1）×4+21=177，即 177×177 的矩阵。

4）二维码应用

（1）QR 码。QR 码是近年来在移动设备上常用的一种编码方式。它可以比传统的条码表达更多的信息，也能表达更多的数据类型。QR 码是一种矩阵式二维码，通常用于产品跟踪或营销，如广告、杂志或名片，如图 2.45 所示。QR 码支持四种不同的数据模式：数字、字母/数字、字节/二进制以及汉字。QR 码的尺寸灵活、容错性高、读取速度快，能被智能手机扫描识别。

（2）Data Matrix 码。Data Matrix 码是一种类似于 QR 码的矩阵式二维码，如图 2.46 所示。与 QR 码的不同之处在于，Data Matrix 码的占用空间要比 QR 码小得多，是物流或运营中的小件产品的理想选择，通常打印在产品或营销材料上，智能手机也能扫描识别。

图 2.45　QR 码

图 2.46　Data Matrix 码

（3）Aztec 码。Aztec 码是适用于运输行业的一种矩阵式二维码，如图 2.47 所示，多用于机票和航空公司的登机牌。Aztec 码的可读性极佳，即使分辨率不好也能够被容易读取，因此即便打印不当时也不会造成数据读取的困难。

图 2.47　Aztec 码

2．二维码的编码原理

从本质上来说，二维码是个密码算法，下面以 QR 码为例来分析二维码的编码原理。

1）QR 码的编码流程

国家对 QR 码有标准规定，其编码流程如图 2.48 所示。

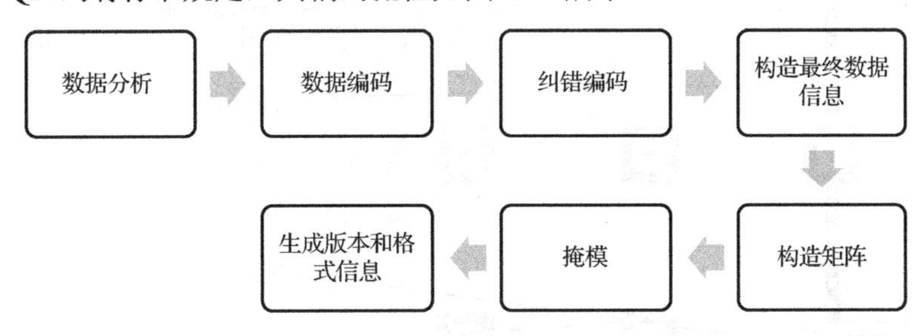

图 2.48　QR 码的编码流程

（1）数据分析：确定编码的字符类型；选择纠错等级，在规格一定的条件下，纠错等级越高，数据的容量越小。

（2）数据编码：在一定的模式下将相应的字符集转换成二进制逻辑值，并将二进制逻辑值排列为位流。对于字母、中文、日语中的汉字等，只是分组方式、模式等内容有所不同，基本方法是一致的。二维码虽然比一维码具有更强大的信息存储能力，但容量也是有限制的。

（3）纠错编码：按照需要将上面的码字序列分块，并根据纠错等级和分块的码字产生纠错码字。

在规格和纠错等级确定的情况下，二维码所能容纳的码字总数和纠错码字数也就确定了。

例如，当版本为10，纠错等级为H时，总共能容纳346个码字，其中有224个纠错码字。这224个纠错码字能够纠正112个替代错误（如条空颠倒）或者224个数据读取错误（无法读到或无法译码），这样纠错容量为112/346=32.4%，也就是说，二维码中大约1/3的码字是冗余的。

（4）构造最终数据信息：在规格确定的条件下，按需要将上面的码字序列分块，并根据纠错等级和分块的码字对每一块进行计算，得出相应的纠错码字区块，把纠错码字区块按顺序构成一个序列，产生纠错码字，并把纠错码字加在数据码字序列后面，形成一个新的序列。

（5）构造矩阵：将探测图形、分隔符、定位图形、校正图形和码字模块放入矩阵中，并把上面的完整序列填充到相应规格的二维码矩阵中。

（6）掩模：将掩模图形用于符号的编码区域，可使二维码图形中的深色和浅色（黑色和白色）区域能够实现最优的分布。

（7）生成版本和格式信息：生成版本和格式信息并放入相应区域内。版本7～40都包含版本信息，没有版本信息的全为0。二维码在两个位置包含版本信息，它们是冗余的。版本信息共18位，为6×3的矩阵，其中6位是数据位，如版本号8，数据位的信息是001000，后面的12位是纠错位。

2）QR码的基本结构

每个QR码都是由正方形模块组成了一个正方形阵列，包括编码区域，以及由位置探测图形、分隔符、定位图形和校正图形等组成的功能图形，功能图形不能用于数据编码。QR码的四周由空白区包围。图2.49所示为QR码版本7符号的结构。

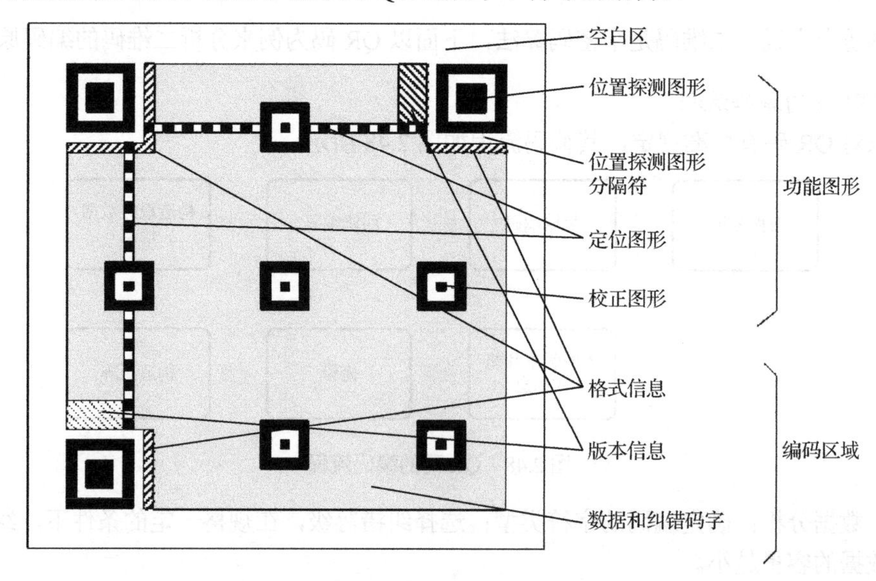

图2.49　QR码版本7符号的结构

（1）功能图形。

① 位置探测图形：用于标记二维码矩形的大小；用3个定位图形即可标识并确定一个二维码矩形的位置和方向。

② 位置探测图形分隔符：用白边框将位置探测图形与其他区域分开。

3 个相同的位置探测图形（定位图形）分别位于QR 码的左上角、右上角和左下角，如 2.49 所示。每个位置探测图形可以看作是由 3 个重叠的同心正方形组成的，它们分别为 7×7 个深色模块、5×5 个浅模块和 3×3 个深色模块。位置探测图形的模块宽度比为1∶1∶3∶1∶1，如图 2.50 所示。在其他地方遇到类似图形的可能性极小，因此可以迅速识别可能的 QR 码，识别 3 个位置探测图形，从而确定 QR 码的位置和方向。

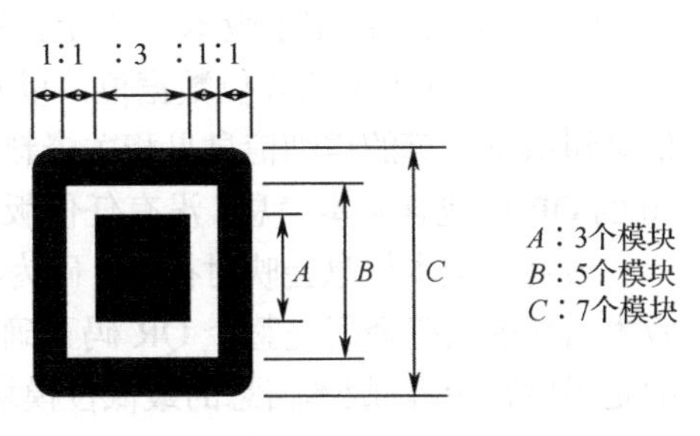

图 2.50　位置探测图形的结构

③ 定位图形：用于定位，二维码如果尺寸过大，扫描时容易畸变，定位图形的作用就是防止扫描时产生畸变。

水平定位图形和垂直定位图形分别为一个模块宽度的一行和一列，由深色和浅色模块交替组成，其开始和结尾都是深色模块。水平定位图形位于上部的两个位置探测图形之间的第 6 列，垂直定位图形位于左侧的两个位置探测图形之间的第 6 行，它们的作用是确定符号的密度和版本，提供决定模块坐标的基准位置。

对每个 QR 码来说，位置探测图形、位置探测图形分隔符、定位图形都是固定存在的，只是大小规格会有所差异。

④ 校正图形（或称为对齐图形）：每个校正图形可看成 3 个重叠的同心正方形，由 5×5 个的深色模块、3×3 个的浅色模块以及位于中心的 1 个深色模块组成。校正图形的数量视符号的版本号而定，在模式 2 的符号中，版本 2 以上（含版本 2）的符号均有校正图形。

（2）编码区域。

① 格式信息：格式信息为 15 位，其中有 5 个数据位，10 个是采用 BCH(15,5)编码计算得到的纠错位。有关格式信息纠错计算的详细内容见相关资料，数据位的前两位是符号的纠错等级指示符，如表 2.10 所示。

表 2.10　纠错等级指示符

纠 错 等 级	二进制指示符	纠 错 等 级	二进制指示符
L	01	M	00
Q	11	H	10

格式信息数据位的第 3～5 位的内容为掩模图形参考。经计算得到的 10 位纠错数据加在这 5 个数据位之后，然后将 15 位的格式信息与掩模图形 101010000010010 进行异或运算，以确保纠错等级和掩模图形合在一起的结果不全是 0。

格式信息掩模后的结果会映射到 QR 码为其保留的区域内。需要注意的是，格式信息会在 QR 码中出现两次(目的是提供冗余)，这是因为它的正确译码对整个符号的译码至关重要，如图 2.51 所示。格式信息的最低位模块编号为 0，最高位模块编号为 14，位置为（$4V$+9,8）的模块总是深色的，不作为格式信息的一部分表示，其中 V 是版本号。例如，假设纠错等级为 M，即 00；掩模图形参考为 101；数据为 00101；BCH 位为 0011011100；掩模前的位序列为 001010011011100；用于异或（XOR）操作的掩模图形为 101010000010010；格式信息模块图形为 100000011001110。

② 版本信息：用于版本 7 以上，需要预留两块 3×6 的区域存放部分版本信息。版本信息为 18 位，其中包括 6 位数据位，以及通过 BCH(18,6)编码计算得出的 12 个纠错位。版本信息纠错位计算的详细信息见相关资料。6 位数据为版本信息，最高位为第 1 位。只有版本 7～40 的 QR 码包含版本信息，没有任何版本信息的结果全为 0，所以不必对版本信息进行掩模。

最终的版本信息会映射在 QR 码为其预留的位置，如图 2.52 所示。需要注意的是，由于版本信息的正确译码是整个 QR 码正确译码的关键，因此版本信息在 QR 码中出现两次（目的是提供冗余）。版本信息的最低位模块放在编号为 0 的位置上，最高位模块放在编号为 17 的位置上，如图 2.53 和图 2.54 所示。例如，版本号为 7，数据为 000111，BCH 位为 110010010100，格式信息模块图形为 000111110010010100。

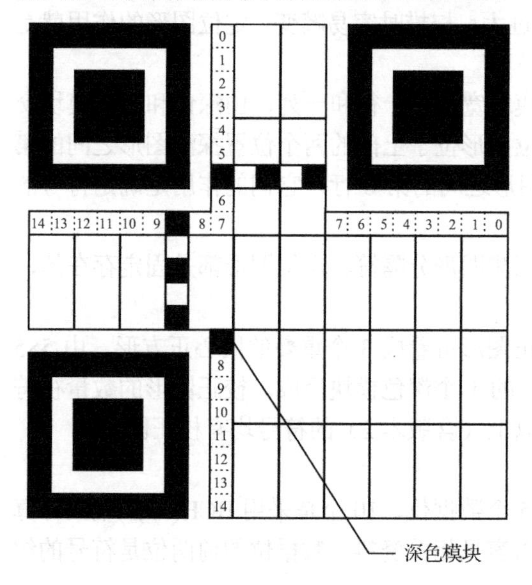

图 2.51　格式信息位置

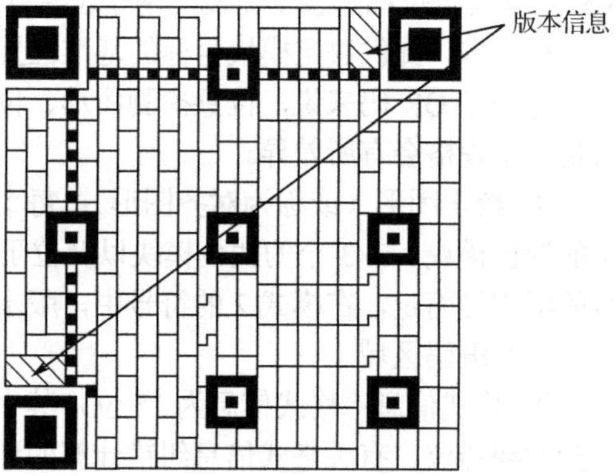

图 2.52　版本信息位置

0	3	6	9	12	15
1	4	7	10	13	16
2	5	8	11	14	17

图 2.53　位于左下角的版本信息

0	1	2
3	4	5
6	7	8
9	10	11
12	13	14
15	16	17

图 2.54　位于右上角的版本信息

由 6 行×3 列模块组成的版本信息块放在定位图形的上面，其右侧紧邻右上角的位置探测图形分隔符；由 3 行×6 列模块组成的版本信息块放在定位图形的左侧，其下边紧邻左下角的位置探测图形分隔符。

QR 码中剩余部分存储的就是数据内容。

3）数据编码

（1）数据编码信息。将输入的数据转变为一个位流，如果最开始的 ECI（Extended Channel Interpretation）不是默认的 ECI，则其前面要有 ECI 标头，接着是一个或多个不同模式的段；如果以默认的 ECI 开始，则位流的开头为第一个模式的指示符。

ECI 标头包含如下内容：模式指示符（4 位）和 ECI 指定符（8、16 或 24 位）。

位流的其余部分的第一段由模式指示符（4 位）、字符计数指示符和数据位流组成。

ECI 标头由模式指示符的最高位开始，以 ECI 指定符的最低位结束。每个模式段以模式指示符的最高位开始，以数据位流的最低位结束。由于段的长度已经由采用模式的规则以及数据字符数明确确定，因此段与段之间没有特定的分隔。

表 2.11 定义了每个模式的模式指示符，表 2.12 定义了采用不同模式和符号版本的字符计数指示符的位数。

表 2.11　模式指示符

模　式	指 示 符	模　式	指 示 符
ECI	0111	数字	0001
字母数字	0010	8 位字节	0100
日语中的汉字	1000	汉字	1101
结构链接	0011	FNC1	0101（第一位置）、1001（第二位置）
终止符（信息结尾）	0000		

表 2.12　字符计数指示符的位数

版　本	数 字 模 式	字母数字模式	8 位字节模式	日语中的汉字模式	汉 字 模 式
1～9	10	9	8	8	8
10～26	12	11	16	10	10
27～40	14	13	16	12	12

整个 QR 码的结束由 4 位终止符“0000”表示，当 QR 码数据位流后所余的容量不足 4 位时，终止符将被截断。注意：终止符本身不是模式指示符。

（2）数据编码形式。

① 数字编码。数字编码的范围为 0～9，对于数字编码，将输入的数据每三位分为一组，将每组数据转换为 10 位二进制数。如果所输入的数据的位数不是 3 的整数倍，则所余的 1 位或 2 位数字应分别转换为 4 位或 7 位二进制数。将得到的二进制数连接起来并在前面加上模式指示符和字符计数指示符。字符计数指示符有 10、12 或 14 位，输入的数据字符的数量转换为 10、12 或 14 位二进制数，放置在模式指示符之后、二进制数据序列之前。

例如，输入的数据为 012345678901234567；每 3 位分为一组，即 012 345 678 901 234 56；将每组转换为二进制数，即 012→0000001100，345→0101011001，678→1010100110，901→1110000101，234→0011101010，56→0000111000；将二进制数连接为一个序列，即 0000001100 0101011001 1010100110 1110000101 0011101010 0000111000。将字符计数指示符转换为二进制（版本 1～H 为 10 位），字符数为 16，即 0000010000。

加入模式指示符 0001 以及字符计数指示符的二进制数据，即 0001 0000010000 0000001100 0101011001 1010100110 1110000101 0011101010 0000111000。

在数字模式中，位流的长度计算公式为：

$$B = 4 + C + 10（D \bmod 3）+ R$$

式中，B 为位流的位数；C 为字符计数指示符的位数；D 为输入的数据字符数；当（$D \bmod 3$）=0 时，R=0；当（$D \bmod 3$）=1 时，R=4；当（$D \bmod 3$）=2 时，R=7。

② 字符编码。字符编码的范围有数字 0～9、大写 A～Z（无小写）mod 符号“$”“%”“*”“+”“-”“.”“/”以及空格。

上面字符映射为一个索引表，如表 2.13 所示，可为每个字符赋予一个数值，值的范围为 0～44。

表 2.13　字母数字模式的编码/译码表

字符	值	字符	值	字符	值	字符	值	字符	值	字符	值	字符	值	字符	值
0	0	6	6	C	12	I	18	O	24	U	30	SP	36	.	42
1	1	7	7	D	13	J	19	P	25	V	31	$	37	/	43
2	2	8	8	E	14	K	20	Q	26	W	32	%	38	:	44
3	3	9	9	F	15	L	21	R	27	X	33	*	39		
4	4	A	10	G	16	M	22	S	28	Y	34	+	40		
5	5	B	11	H	17	N	23	T	29	Z	35	-	41		

将输入的数据的每两个字符分为一组，每组第 1 字符对应的值乘以 45 后与第 2 个字符对应的值相加，将所得的结果转换为 11 位二进制数。如果输入的数据的字符数不是 2 的整数倍，则将最后一个字符编码为 6 位二进制数。将所得的二进制数据连接起来并在前面加上模式指示符和字符计数指示符，按表 2.12 的字母数字模式可知，字符计数指示符的长度为 9、11 或 13 位。将输入的字符数编码为 9、11 或 13 位二进制数，放在模式指示符之后，二进制数据序列之前。例如：

输入的数据为：　　　　　　　　　　BC－43

根据表 2.13 查出字符对应的值：　　AC－42→（10，12，41，4，3）

将两个字符分为一组，可得：　　　　（10，12）（41，4）（3）

将每组数据转换为 11 位二进制数：

（11，12）11×45+12→507→00111111011

（41，4）41×45+4→1849→11100111001

（3）→2→000011

将所得的二进制数据连接起来，有

00111111011 11100111001 000011

将字符计数指示符转换为二进制（版本 1-H 为 9 位），输入的字符数为：

5→000000101

在二进制数据前加上模式指示符（0010）和字符计数指示符（000000101），可得：

0010 000000101 00111111011 11100111001 000011

字母数据模式的二进制位流位数由下式计算：

$$B=4+C+11（D \bmod 2）+6（D \bmod 2）$$

式中，B 为位流的位数；C 为字符计数指示符的位数（见表 2.12）；D 为输入的字符数。

③ 字节编码。可以是 0～255 的 ISO/IEC 8859-1 字符。有些二维码阅读器可以自动检测是否是 UTF-8 的编码。

将二进制数据连接起来并在前面加上模式指示符和字符计数指示符，按表 2.14 的规定，8 位字节模式的字符计数指示符为 8 位或 16 位，将输入字符数转换为 8 位或 16 位二进制数后放在模式指示符之后、二进制数据序列之前。

表 2.14　JIS8 字符集编码/译码表

字符	值	字符	值	字符	值	字符	值	字符	值	字符	值	字符	值	字符	值
NUL	00	SP	20	@	40	`	60		80		A0	タ	C0		E0
SOH	01	!	21	A	41	A	61		81	。	A1	チ	C1		E1
STX	02	"	22	B	42	B	62		82	「	A2	ツ	C2		E2
ETX	03	#	23	C	43	C	63		83	」	A3	テ	C3		E3
EOT	04	$	24	D	44	D	64		84	、	A4	ト	C4		E4
ENQ	05	%	25	E	45	E	65		85	・	A5	ナ	C5		E5
ACK	06	&	26	F	46	F	66		86	ヲ	A6	ニ	C6		E6
BEL	07	'	27	G	47	G	67		87	ァ	A7	ヌ	C7		E7
BS	08	(	28	H	48	h	68		88	ィ	A8	ネ	C8		E8
HT	09	)	29	I	49	I	69		89	ゥ	A9	ノ	C9		E9
LF	0A	*	2A	J	4A	j	6A		8A	ェ	AA	ハ	CA		EA
VT	0B	+	2B	K	4B	k	6B		8B	ォ	AB	ヒ	CB		EB
FF	0C	,	2C	L	4C	l	6C		8C	ャ	AC	フ	CC		EC
CR	0D	-	2D	M	4D	m	6D		8D	ュ	AD	ヘ	CD		ED
SO	0E	.	2E	N	4E	n	6E		8E	ョ	AE	ホ	CE		EE
SI	0F	/	2F	O	4F	o	6F		8F	ッ	AF	マ	CF		EF
DLE	10	0	30	P	50	p	70		90	ー	B0	ミ	D0		F0
DC1	11	1	31	Q	51	q	71		91	ア	B1	ム	D1		F1
DC2	12	2	32	R	52	r	72		92	イ	B2	メ	D2		F2
DC3	13	3	33	S	53	s	73		93	ウ	B3	モ	D3		F3
DC4	14	4	34	T	54	t	74		94	エ	B4	ヤ	D4		F4
NAK	15	5	35	U	55	u	75		95	オ	B5	ユ	D5		F5
SYN	16	6	36	V	56	v	76		96	カ	B6	ヨ	D6		F6
ETB	17	7	37	W	57	w	77		97	キ	B7	ラ	D7		F7
CAN	18	8	38	X	58	x	78		98	ク	B8	リ	D8		F8
EM	19	9	39	Y	59	y	79		99	ケ	B9	ル	D9		F9
SUB	1A	:	3A	Z	5A	z	7A		9A	コ	BA	レ	DA		FA
ESC	1B	;	3B	[	5B	{	7B		9B	サ	BB	ロ	DB		FB
FS	1C	<	3C	¥	5C	|	7C		9C	シ	BC	ワ	DC		FC
GS	1D	=	3D	]	5D	}	7D		9D	ス	BD	ン	DD		FD
RS	1E	>	3E	^	5E	‾	7E		9E	セ	BE	゛	DE		FE
US	1F	?	3F	_	5F	DEL	7F		9F	ソ	BF	゜	DF		FF

注：在 JIS8 字符集中，字节值 80 到 9F，以及 E0 到 FF 没有分配，为保留值。

8 位字节模式的位流的位数计算公式为：

$$B = 4 + C + 8D$$

式中，B 为位流的位数；C 为字符计数指示符的位数；D 为输入数据的字符数。

④ 其他编码。其他类型的编码包括：

特殊字符集：主要用于特殊的字符集，并不是所有的阅读器都支持这种编码。

混合编码：二维码中包含了多种编码格式。

特殊行业编码（FNC1 Mode）：主要是供一些特殊的工业或行业使用的，如 GS1 条码等。

⑤ 结束符与补齐符。对于版本 1 的二维码，纠错级别为 H，对 HAPPEN 进行编码。按照上面字符编码例子进行分析，得到的字符编码如表 2.15 所示。

表 2.15　HAPPEN 字符编码

编　码	字 符 数	HAPPEN 字符编码
0010	000001101	01100000111 10001111110 01010001101

结束符：数据结尾由紧跟在最后一个模式段后面的结束符序列 0000 表示，当数据数量正好填满符号的容量时，它可以省略，或者当符号所余的容量不足 4 位时它可以截断。

对于上述的字符编码，需要在最后加上结束符。结束符为连续 4 个 0。加上结束符后，得到的编码如表 2.16 所示。

表 2.16　加结束符

编　码	字 符 数	HAPPEN 字符编码	结 束 符
0010	000001101	01100000111 10001111110 01010001101	0000

如果所有的编码加起来不是 8 的倍数，则还需要在后面加上足够的 0。例如，上面的例子共有 83 bit，因此需要在最后加上 6 个 0，上表最终的数据变为：0010000001101011000001111000111111001010001101 0000。

补齐符：如果最后还没有达到最大的数据容量限制，则需要在编码最后加上补齐符（Padding Bytes）。补齐符内容是不停重复两个字节，即 11101100 和 00010001，对应的十进制数分别为 236 与 17。版本 1～8 的符号字符数和数据容量如表 2.17 所示。

表 2.17　版本 1～8 的符号字符数和数据容量

版　本	纠 错 等 级	数据码字数	数 据 位 数	数据容量				
				数　字	字 母 数 字	8 位字节	日语中的汉字	汉　字
1	L	19	152	41	25	17	10	
	M	16	128	34	20	14	8	
	Q	13	104	27	16	11	7	
	H	9	72	17	10	7	4	
2	L	34	272	77	47	32	20	
	M	28	224	63	38	26	16	
	Q	22	176	48	29	20	12	
	H	16	128	34	20	14	8	
3	L	55	440	127	77	53	32	
	M	44	352	101	61	42	26	
	Q	34	272	77	47	32	20	
	H	26	208	58	35	24	15	

续表

版　本	纠错等级	数据码字数	数据位数	数据容量				
				数　字	字母数字	8位字节	日语中的汉字	汉　字
4	L	80	640	187	114	78	48	
	M	64	512	149	90	62	38	
	Q	48	384	111	67	46	28	
	H	36	288	82	50	34	21	
5	L	108	864	255	154	106	65	
	M	86	688	202	122	84	52	
	Q	62	496	144	87	60	37	
	H	46	368	106	64	44	27	
6	L	136	1088	322	195	134	82	
	M	108	864	255	154	106	65	
	Q	76	608	178	108	74	45	
	H	60	480	139	84	58	36	
7	L	156	1248	370	224	154	95	
	M	124	992	293	178	122	75	
	Q	88	704	207	125	86	53	
	H	66	528	154	93	64	39	
8	L	194	1552	461	279	192	118	
	M	154	1232	365	221	152	93	
	Q	110	880	259	157	108	66	
	H	86	688	202	122	84	52	

一个码字为一个字节，对于版本 1 的 H 纠错级别，共需要 26 个码字，即 104 bit。现在加上用 0 补全的结束符，已经有了 56 bit，故还需要补上 48 bit。补齐后的编码为 0010000001101011000001111000111111001010001101000011101100000100011110110000010001111011000001000111101100000100 01。

4）纠错编码

QR 码的纠错功能具备 4 个级别，制作 QR 码时可根据使用环境选择相应的级别。级别越高，纠错能力就越强，但数据量会随之增加，编码尺寸也会变大。

QR 码采用纠错算法生成一系列纠错码字并添加在数据码字序列后，使得 QR 码在受到损坏时不致丢失数据。纠错共有 4 个纠错等级，对应四种纠错容量，如表 2.18 所示。

表 2.18　纠错等级

纠错等级	可被纠错的容量
L	7%字码修正
M	15%字码修正
Q	25%字码修正
H	30%字码修正

QR 码可以纠正两种类型的错误：拒读错误（错误码字的位置已知）和替代错误（错误码字位置未知）。一个拒读错误是一个没扫描到或无法译码的符号字符；一个替代错误是一个错

误译码的符号字符。由于QR码是矩阵式二维码，如果一个缺陷使深色模块变成浅色模块或将浅色模块变成深色模块，则会将符号字符错误地译码为表面上有效，实际上却是另一个不同的码字，这种数据替代错误需要两个纠错码字来纠正。可纠正的替代错误和拒读错误的数量为：

$$e + 2t \leqslant d - p \qquad (2\text{-}2)$$

式中，e为拒读错误的数量；t为替代错误的数量；d为纠错码字的数量；p为错误译码保护码字的数量。

例如，版本6-H符号中共有172个码字，即112个纠错码字和60个数据码字，112个纠错码字可纠正56个替代错误或112个拒读错误，即符号纠错容量为56/172（约为32.6%）。

版本1-L的p=3，版本1-M和版本2-L的p=2，版本1-H、版本1-Q和版本3-L的p=1，在其他情况下，p=0，当p>0（1、2或3）时，有p个码字作为错误检测码字，防止从错误超过纠错容量的符号传输数据。e必须小于d/2。例如，在版本2-L中码字总数为44，其中数据码字为34个，纠错码字为10个。从表2.19中可以看出，纠错容量为4个替代错误（e=0），代入式（2-2），有：

$$0 + (2\times4) = 10 - 2$$

纠正4个替代错误需要8个纠错码字，剩余的2个纠错码字可用于检测（不能纠正）其他错误，如果超过4个替代错误，则译码失败。

根据版本和纠错等级，可将数据码字序列分为一个或多个块，并对每个块分别进行纠错运算。表2.19列出了版本1～6、不同纠错等级的码字总数、纠错码字总数以及纠错块的结构和数量。

如果某一符号版本需要剩余位填充符号容量中剩余的模块，剩余位都应为0。

表2.19　版本1～6的纠错特性

版　本	码字总数	纠错等级	纠错码字总数	纠错块的数量	每个块的纠错代码(c,k,r)
1	26	L	7	1	(26,19,2)
		M	10	1	(26,16,4)
		Q	13	1	(26,13,6)
		H	17	1	(26,9,8)
2	44	L	10	1	(44,34,4)
		M	16	1	(44,28,8)
		Q	22	1	(44,22,11)
		H	28	1	(44,16,14)
3	70	L	15	1	(70,55,7)†
		M	26	1	(70,44,13)
		Q	36	2	(35,17,9)
		H	44	2	(35,13,11)
4	100	L	20	1	(100,80,10)
		M	36	2	(50,32,9)
		Q	52	2	(50,24,13)
		H	64	4	(25,9,8)

续表

版　本	码字总数	纠错等级	纠错码字总数	纠错块的数量	每个块的纠错代码(c,k,r)
5	134	L	26	1	(134,108,13)
		M	48	2	(67,43,12)
		Q	72	2 2	(33,15,9) (34,16,9)
		H	88	2 2	(33,11,11) (34,12,11)
6	172	L	36	2	(86,68,9)
		M	64	4	(43,27,8)
		Q	96	4	(43,19,12)
		H	112	4	(43,15,14)

其中，在(c, k, r)中，c为码字总数，k为数据码字数，r为纠错容量。纠错块个数是需要划分纠错块的个数；纠错块码字数是每个块中的码字个数，即有多少个字节。c、k、r的关系为c=k+2×r。纠错码容量小于纠错码个数的一半，以版本5-H为例，共需要4个块（上、下行各一组，每组2个块）。

第一组的属性：

纠错块个数= 2：该组中有两个块。

$(c, k, r) = (33, 11, 11)$：该组中的每个块共有33个码字，其中11个数据码，11×2=22个纠错码。

第二组的属性：

纠错块个数= 2：该组中有两个块。

$(c, k, r) = (34, 12, 11)$：该组中的每个块共有34个码字，其中12个数据码，11×2=22个纠错码。

5）纠错码字的生成

将数据码字（必要时包括填充位）按照表2.19分为相应数量的块，分别计算出每块的纠错码字并添加到数据码字后。

QR码的多项式算法采用位的模2算法和字节的模100011101算法，用100011101表示的主模块多项式为$X^8+X^4+X^3+X^2+1$。

数据码字为多项式各项的系数。第一个数据码字为最高次项的系数；最低次项的系数是第一个纠错码字前的最后一个数据码字；纠错码字是数据码字被纠错码多项式$g(x)$而得到的余数；余数的最高次项系数为第一个纠错码字；最低次项系数为最后一个纠错码字，也是整个块的最后一个码字。

纠错算法可以用如图2.55所示的编码电路（除法电路）来实现，寄存器b_0到b_{k-1}的初始值为0，生成编码的状态有两个，在第一种状态，开关位置向下，数据码字同时经过电路以及输出，第一种状态在n个时钟脉冲后结束；在第二种状态（n+1到n+k个时钟脉冲），开关位置向上，通过保持输入为0来顺序释放寄存器，从而生成纠错码字ξ_{k-1}到ξ_0。

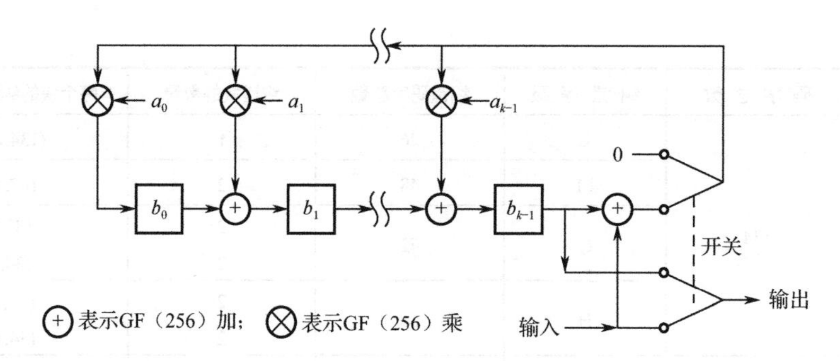

图 2.55　纠错码字编码电路

6）构造最终的编码信息

最终码字序列中的码字数应总是与表 2.19 所列符号能够表示的码字总数相同。可按如下步骤构造最终的码字序列（数据码字加上纠错码字，必要时加上剩余码字）。

（1）根据版本和纠错等级将数据码字序列分为 *n* 块。

（2）对于每个块，计算相应块的纠错码字。

（3）依次将每个块的数据码字和纠错码字组成最终的序列：数据块 1 的码字 1，数据块 2 的码字 1，数据块 3 的码字 1，以此类推，直至数据块 *n*-1 的最后的码字，数据块 *n* 的最后的码字；随后是纠错块 1 的码字 1，纠错块 2 的码字 1，以此类推，直至纠错块 *n*-1 的最后的码字，纠错块 *n* 的最后的码字。QR 码所包含的数据和纠错块通常正好填满符号的码字容量，而在某些版本中，也许需要 3、4 或 7 个剩余位添加在最终的信息位流中，以正好填满编码区域的模块数。

最短的数据块应在序列的最前面，所有的数据码字在第一个纠错码字的前面。例如，版本 5-H 的符号由 4 个块组成，前两个块分别包括 11 个数据码字和 22 个纠错码字，后两个块分别包括 12 个数据码字和 22 个纠错码字。在此符号中，码字序列表如表 2.20 所示。表中的每一行对应一个块的数据码字（表示为 D*n*）和相应块的纠错码字（表示为 E*n*）；符号中字符的布置可以通过由上向下逐列读取表中的各列而得到。

表 2.20　码字序列表

	数据码字					纠错码字			
块 1	D1	D2	…	D11		E1	E2	…	E22
块 2	D12	D13	…	D22		E23	E24	…	E44
块 3	D23	D24	…	D33	D34	E45	E46	…	E66
块 4	D35	D36	…	D45	D46	E67	E68	…	E88

版本 5-H 的最终码字序列为 D1、D12、D23、D35、D2、D13、D24、D36、…、D11、D22、D33、D45、D34、D46、E1、E23、E45、E67、E2、E24、E46、E68、…、E22、E44、E66、E88。如果需要，在最后的码字后面加上剩余位（0）。

得到数据之后，还不能开始画图，因为二维码还需要将数据码与纠错码的各个字节交替放置。

（1）穿插放置。将数据码字穿插放置，上面的数据码字如表 2.21 所示。

表 2.21 数据码字

块 数	位 置									
块 1	67	85	70	134	87	38	85	194	119	50	6
块 2	66	7	118	134	242	7	38	86	22	198	199
块 3	247	119	50	7	118	134	87	38	82	6	134
块 4	194	6	151	50	16	236	17	236	17	236	17

提取每一列数据：第 1 列为 67、66、247、194；第 2 列为 85、7、119、6；…；第 11 列为 6、199、134、17；第 12 列为 151、236。将 12 列的数据拼在一起，即 67、66、247、194、85、7、119、6、…、6、199、134、17、151、236。

纠错码字如表 2.22 所示。

表 2.22 纠错码字

块 数	位 置									
块 1	199	11	45	115	247	241	223	229	248	154	117
块 2	177	212	76	133	75	242	238	76	195	230	189
块 3	96	60	202	182	124	157	200	134	27	129	209
块 4	173	24	147	59	33	106	40	255	172	82	

采用同样的方法，将 22 列数据放在一起，可得 199、177、96、173、11、212、60、24、…、148、117、118、76、235、129、134、40。

（2）剩余位。对于某些版本的二维码，得到上面的数据区结果长度依旧不足，需要加上最后的剩余位。例如，对于版本 5-H 的二维码，剩余位需要加 7 bit，即加 7 个 0。参看表 2.23 即可得到不同版本的剩余位信息。

表 2.23 不同版本的剩余位

版本	模块数量/边（A）	功能模块（B）	格式和版本信息模块（C）	除去数据模块（D）（$D=A^2-B-C$）	数据容量（码字）（E）	剩余位
1	21	202	31	208	26	0
2	25	235	31	359	44	7
3	29	243	31	567	70	7
4	33	251	31	807	100	7
5	37	259	31	1079	134	7
6	41	267	31	1383	172	7
7	45	390	67	1568	196	0
8	49	398	67	1936	242	0

7）码字在矩阵中的布置

（1）符号字符表示。在 QR 码符号中有两种类型的符号字符：规则的和不规则的。它们的使用取决于它们在符号中的位置，以及与其他符号字符和功能图形的关系。

多数码字在符号中是按照规则的 2×4 个模块布置的，其排列有布置方式：垂直布置（2 个模块宽，4 个模块高），如果需要改变方向，可以采用水平布置（4 个模块宽，2 个模块高）。

当改变方向或紧靠校正图形或其他功能图形时，需要使用不规则符号字符。

（2）功能图形的布置。按照与使用的版本相对应的模块数构成空白的正方形矩阵，在寻像图形、分隔符、定位图形及校正图形相应的位置填入适当的深色或浅色模块，格式信息和版本信息的模块位置暂时空置。

（3）符号字符的布置。在 QR 码符号的编码区域中，符号字符以 2 个模块宽的纵列从符号的右下角开始布置，并自右向左，且交替地从下向上或从上向下安排。图 2.56 到图 2.59 给出了符号字符以及字符中位的布置原则。这里采用版本 2 和版本 7。

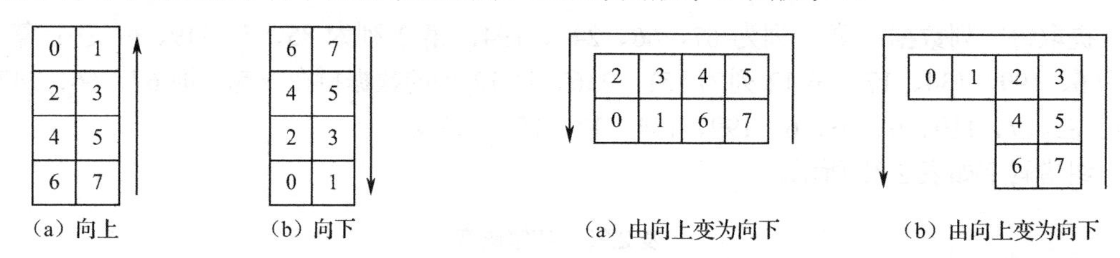

图 2.56 向上或向下的规则字符的布置

图 2.57 布置方向改变的符号字符的布置示例

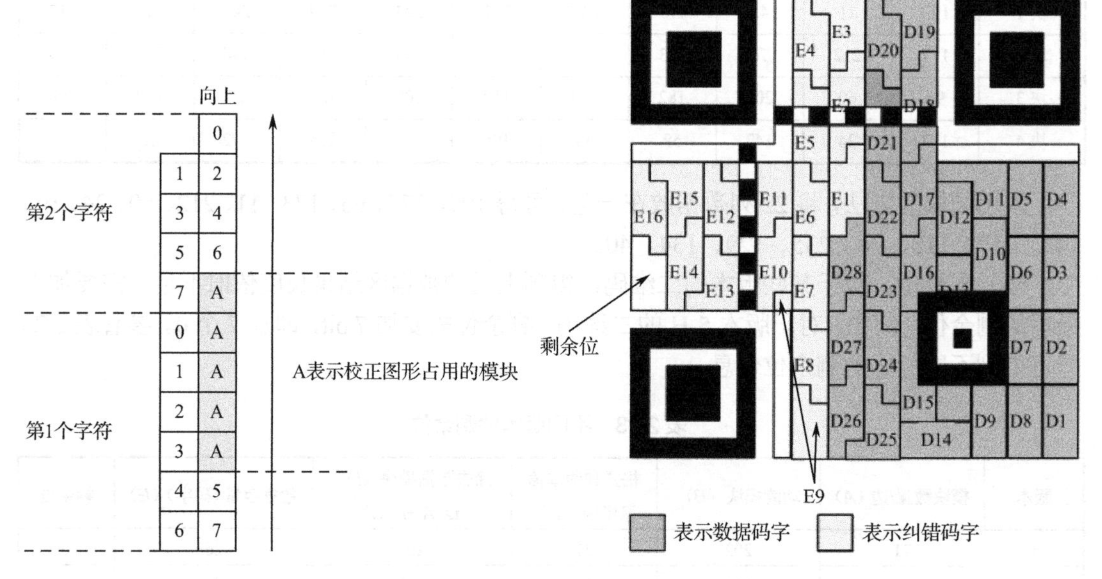

图 2.58 邻近校正图形的布置示例

图 2.59 版本 2-M 的符号字符布置

① 位序列在纵列中的布置为从右到左，向上或向下应与符号字符的布置方向一致。

② 每个码字的最高位（表示为位 7）应放在第一个可用的模块位置，以后的位放在下一个模块的位置。如果布置的方向是向上的，则最高位占用规则模块字符的右下角的模块；如果布置的方向是向下的，则在右上角；如果先前的字符结束于右侧的模块纵列，则最高位可能占据不规则符号字符的左下角模块的位置。

③ 如果符号字符的两个模块纵列同时遇到校正图形或定位图形的水平边界，则可以在图形的上面或下面继续布置，如同编码区域是连续的一样。

④ 如果遇到符号字符区域的上边界或下边界（符号的边缘、格式信息、版本信息或分隔符），则码字中剩余的位应改变方向放在左侧的纵列中。

⑤ 如果符号字符的右侧模块纵列遇到校正图形或版本信息占用的区域，位的布置形成不

规则排列符号字符，则在相邻校正图形或版本信息的单个纵列继续延伸。如果符号字符在可用于下一个符号字符的两个纵列之前结束，则下一个符号字符的首位放在单个纵列中。

还有另一种可供选择的符号字符布置方法可得到相同的结果，即将整个码字序列视为一个单独的位流，将其（最高位开始）按从右向左，按向上和向下的方向交替地布置在两个模块宽的纵列中，并跳过功能图形占用的区域，在纵列的顶部或底部改变方向，每一位应放在第一个可用的位置。当符号的数据容量不能恰好分为整数个 8 位符号字符时，要用相应的剩余位填充符号的容量。在进行掩模以前，这些剩余位的值为 0。

8）掩模

表 2.24 给出了掩模图形的参考和掩模图形生成的条件。掩模图形是通过将编码区域内那些条件为真的模块定义为深色而产生的。在表 2.24 所示的生成条件中，i 表示模块的行位置，j 表示模块的列位置，$(i,j)=(0,0)$代表符号中左上角的位置。

表 2.24　掩模图形的生成条件

掩模图形参考	条　件
000	$(i + j) \bmod 2 = 0$
001	$i \bmod 2 = 0$
010	$j \bmod 3 = 0$
011	$(i + j) \bmod 3 = 0$
100	$[(i \text{ div } 2) + (j \text{ div } 3)] \bmod 2 = 0$
101	$(i j) \bmod 2 + (i j) \bmod 3 = 0$
110	$[(i j) \bmod 2 + (i j) \bmod 3] \bmod 2 = 0$
111	$[(i j) \bmod 3 + (i+j) \bmod 2] \bmod 2 = 0$

图 2.60 给出了版本 1 的掩模图形

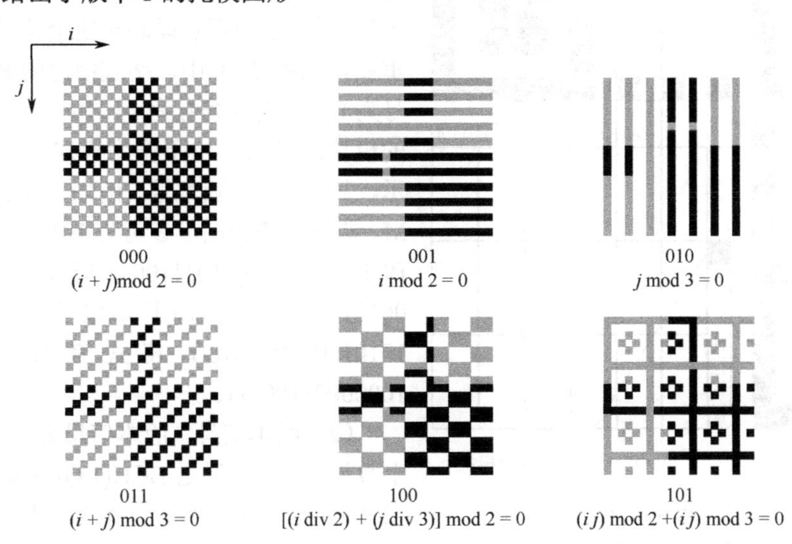

图 2.60　版本 1 的掩模图形

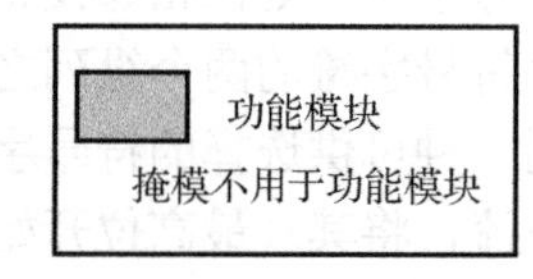

图 2.60　版本 1 的掩模图形（续）

9）生成版本和格式信息

（1）格式信息。格式信息有 15 位，其中有 5 个数据位，10 个是通过 BCH(15,5)编码计算而得到的纠错位。格式信息的第 1、2 位表示符号的纠错等级，如表 2.25 所示。

表 2.25　纠错等级

纠 错 等 级	二进制指示符
L	01
M	00
Q	11
H	10

格式信息的第 3 到第 5 位的内容为掩模图形参考，用于进行图形的选择。计算得到的 10 位纠错数据加在 5 个数据位之后，并将 15 位格式信息与掩模图形 101010000010010 进行异或（XOR）运算，以确保纠错等级和掩模图形合在一起的结果不全是 0。

格式信息掩模后的结果将映射到符号中为其保留的区域内，如图 2.61 所示。需要注意的是，格式信息在符号中出现两次（目的是提供冗余），因为它的正确译码对整个符号的译码至关重要。在图 2.61 中，格式信息的最低位模块编号为 0，最高位编号为 14，位置为（4*V*+9，8）的模块总是深色，不作为格式信息的一部分表示，其中，*V* 是版本号。例如，设定纠错等级为 M，即 00，掩模图形参考为 101，数据为 00101，BCH 位为 0011011100，掩模前的位序列为 001010011011100，用于 XOR 操作的掩模图形为 101010000010010，格式信息模块图形为 100000011001110。

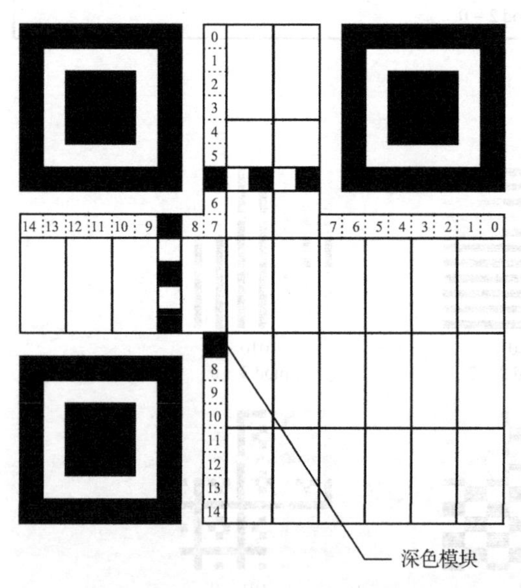

图 2.61　格式信息位置

（2）版本信息。版本信息为 18 位，包括 6 个数据位，以及通过 BCH(18,6)编码计算得出的 12 个纠错位。6 位数据为版本信息，最高位为第 1 位。12 位纠错信息在 6 位数据之后。只有版本 7～40 的符号包含版本信息，没有任何版本信息时，6 位数据全为 0，所以不必对版本信息进行掩模。

最终的版本信息应映射在符号中预留的位置，如图 2.62 所示。版本信息的最低位模块放在编号为 0 的位置上，最高位放在编号为 17 的位置上，如图 2.63 所示。例如，版本号为 7，数据为 000111，BCH 位为 110010010100，格式信息模块图形为 000111110010010100。

由 6 行×3 列模块组成的版本信息块放在定位图形的上面，其右侧紧邻右上角位置探测图形的分隔符；由 3 行×6 列模块组成的版本信息块放在定位图形的左侧，其下边紧邻左下角位置探测图形的分隔符。

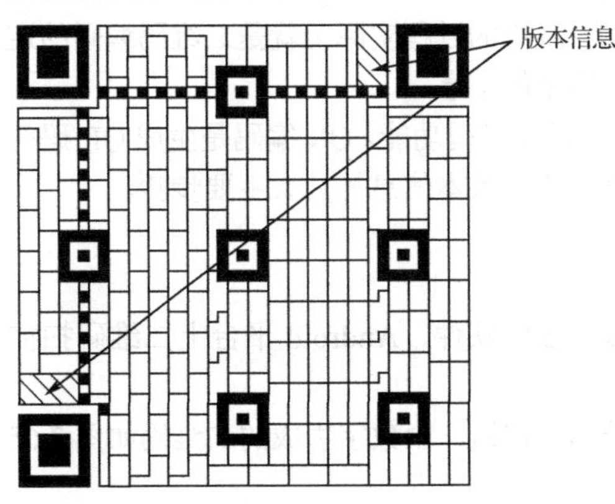

图 2.62　版本信息位置

0	3	6	9	12	15
1	4	7	10	13	16
2	5	8	11	14	17

（a）位于左下角的版本信息

0	1	2
3	4	5
6	7	8
9	10	11
12	13	14
15	16	17

（b）位于右上角的版本信息

图 2.63　版本信息的模块布置

3. 二维码识别过程

二维码识别过程基本上就是二维码生成的逆过程。

通过图像的采集设备得到含有二维码的图像后，主要经过二维码定位（预处理、定位、角度纠正和特征值提取）、分割及解码三个步骤来实现二维码的识别（以矩阵式二维码为例）。

1）二维码的定位

找到二维码符号的图像区域，对有明显二维码特征的区域进行定位后，根据不同码制二维码的定位图形结构特征对不同的二维码符号进行下一步的处理。

实现二维码的定位步骤为：利用点运算的阈值理论将采集到的图像变为二值图像，即对图像进行二值化处理；得到二值化图像后，对其进行膨胀运算；对膨胀后的图像进行边缘检测，得到二维码区域的轮廓；找到二维码区域后，还要进一步区分到底是哪种矩阵式二维码。

2）二维码的分割

如果边缘检测后条码区域的边界不是很完整，则需要进一步修正边界，然后分割出一个完整的二维码区域。

3）二维码的解码

得到标准的二维码图像后进行网格采样，对网格每一个交点上的图像像素进行取样，并根据阈值判断是深色块还是浅色块构造一个位图，用二进制的“1”表示深色像素，“0”表示浅色像素，在得到二维码的原始二进制序列值后，对这些数据进行纠错和译码，并根据二维码的逻辑编码规则把这些原始的数据位流转换成数据码字，即将码字图像符号换成 ASCII 码字符串。

2.3.2 开发实践：二维码的识别

二维码通常可以包含数字、文字、符号，以及图片和 URL。二维码有不同的码制，不同的码制编制出来的二维码的外观明显不同，但编码步骤基本相同。编码过程较为烦琐，一般可以采用 PC 端或者 Android 端软件进行自动编码。

一般是借助软件来识别二维码的信息的。扫描二维码的过程实际上就是二维码编码的逆过程：首先扫描定位图形；再去除掩码，读取二维码中的信息。

本任务的主要目的是实现 QR 的编码、图像采集以及译码功能。QR 编码是生成 QR 码的主要方式，通过对数据进行分析、编码、纠错、确定格式版本信息等几大主要步骤。

1. 二维码的生成

（1）在 Android 平台上安装“二维码扫描.apk”应用软件，Android 平台上二维码扫描程序的主界面如图 2.64 所示。

（2）输入数字“123456789”，单击“生成二维码”按钮，由数字生成的二维码如图 2.65 所示。

图 2.64 Android 平台上二维码扫描程序的主界面　　图 2.65 由数字生成的二维码

（3）输入中文“物联网识别技术”，单击“生成二维码”按钮，由中文生成的二维码如图 2.66 所示。

（4）输入符号和中文的组合，即“今天学习《物联网识别技术》”，单击“生成二维码”按钮，由符号和英文生成的二维码如图 2.67 所示。

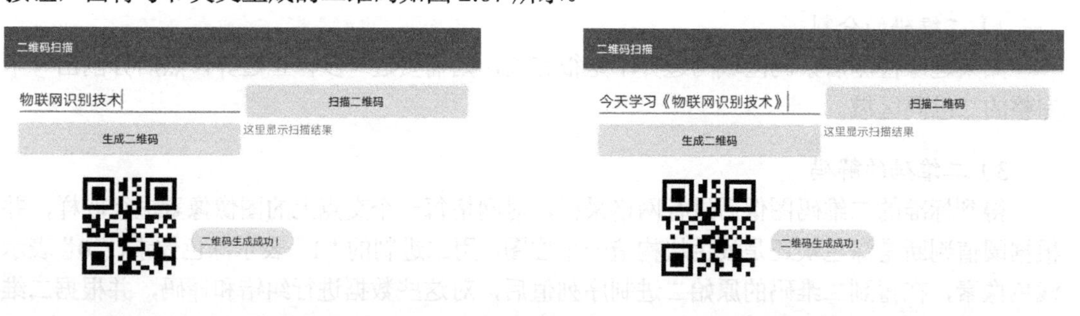

图 2.66 由中文生成的二维码　　图 2.67 由字符和中文生成的二维码

（5）输入符号和英文的组合，即“@UHF RFID”，单击“生成二维码”按钮，由符号和英文生成的二维码如图 2.68 所示。

（6）二维码的信息量大，可以包含一个网址的信息。例如，输入“www.baidu.com”，单击“生成二维码”按钮，由网址生成的二维码如图 2.69 所示。

图 2.68　由符号和英文生成的二维码　　　图 2.69　由网址生成的二维码

这里需要注意的是，由于二维码的信息量大，从而带来了信息安全问题，它可能会被不法分子利用，当人们扫描二维码，单击它对应的链接之后，可能会接入非法网站上。而一维码的信息量非常有限，字符数超过限制时就不能生成一维码，并且一维码局部损毁后就会影响识别，所以相对而言，信息安全方面没有大的问题。

2. 二维码的识别

现在越来越多的手机 APP 软件都具有扫码功能，如扫码支付、扫码登录等。

在 Android 平台上安装的“二维码扫描.apk”就具有扫描二维码的功能，可以对以上生成的二维码及现实生活中的二维码进行识别。

（1）对图 2.70 所示的二维码进行识别，其结果如图 2.71 所示。

图 2.70　二维码（一）

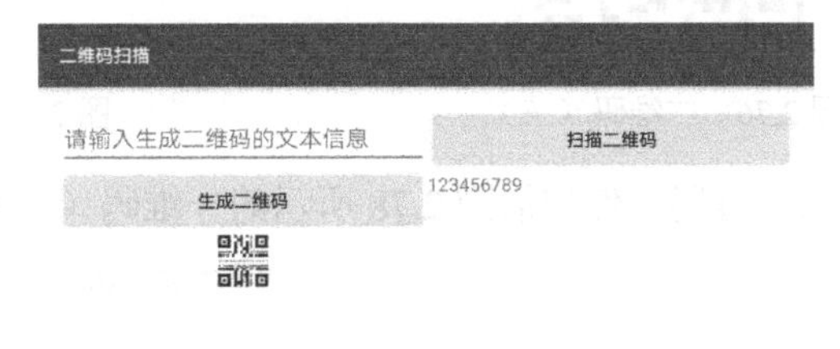

图 2.71　扫描结果为 123456789

（2）对图 2.72 所示的二维码进行识别，其结果图 2.73 所示。

图 2.72　二维码（二）

图 2.73　扫描结果为百度网址

（3）找一个生活中的二维码，如图 2.74 所示，扫描结果如图 2.75 所示。该链接为一个微信公众号的地址。如果用手机的微信客户端扫一扫，就会直接看到该公众号的界面。

图 2.74　生活中的二维码

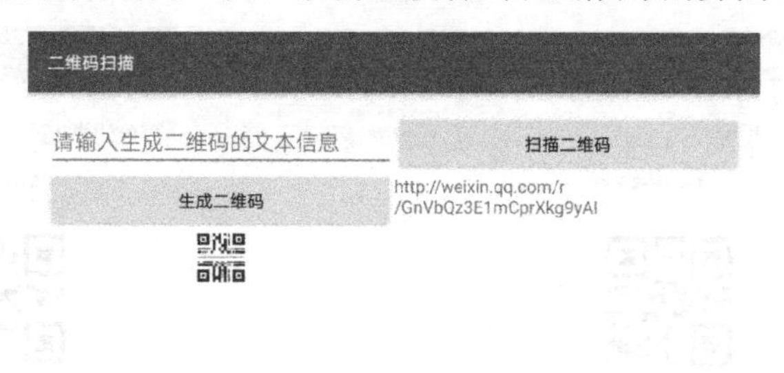

图 2.75　微信公众号的二维码地址

扫描图 2.76 所示的二维码，其结果图 2.77 所示，该链接为物联网云服务平台，用手机扫一扫就会直接打开该网址。

图 2.76　二维码（三）

图 2.77　扫描结果为网址

（4）用二维码软件扫描图 2.78 所示的一维码（ISBN），其结果如图 2.79 所示。

图 2.78　一维码

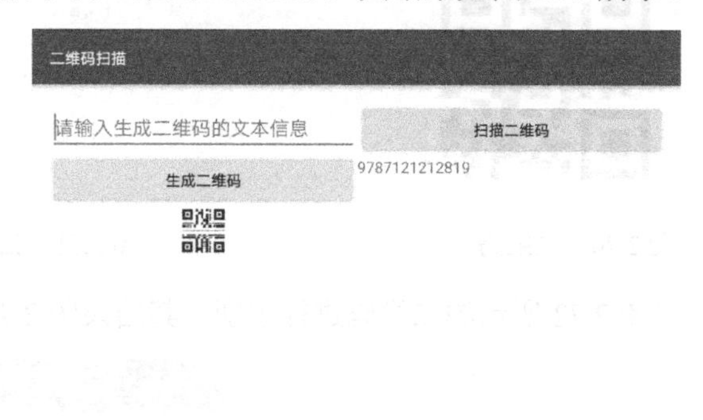

图 2.79　识别一维码

2.3.3　小结

二维码是用某种特定的几何图形，按一定规律在平面（二维空间）上分布的黑白相间的图形。二维条码在编制上巧妙地利用了计算机中的“0”“1”，使用若干个与二进制数相对应的几何图形来表示数值信息，通过识别二维码可实现信息的自动处理。

2.3.4 思考与拓展

（1）计算机或手机病毒是如何通过扫描二维码进行传播的？

（2）二维码的基本原理是什么？

（3）怎样识别二维码？

（4）对同一组信息可以生成不同的二维码吗？

（5）一维码和二维码有哪些不同？

2.4 二维码在移动支付中的应用

随着物联网和移动互联网的发展，二维码支付在商场购物、酒店支付等领域得到了广泛的应用，具有安全、方便等优点。

2.4.1 二维码支付和 QR 码的制作

1. 二维码支付

二维码支付是指将支付信息编制成二维码，通过扫描二维码获取支付信息并完成支付的过程。

（1）二维码支付必要的设备和网络。二维码支付的必要条件包括二维码、智能手机、支付客户端、无线网络和支付系统。

① 二维码是信息的载体。所有的二维码支付都是从扫描二维码开始的，通过扫描二维码，可以看到支付界面商家的名称，所以二维码在这里承担的角色是信息的载体。

② 智能手机及操作系统。智能手机是进行二维码支付时用户身份验证和支付的重要设备，智能手机内存储的用户身份信息、银行账户信息、支付密码等信息的机密性是保证支付安全的重要环节。

③ 支付客户端。支付客户端的 APP 是存储用户账户信息、交易信息、完成支付交易的平台，它的安全要素主要包括可认证性、机密性、完整性。在支付客户端的 APP 中保存了用于支付的敏感信息，非授权使用会破坏这些敏感信息的机密性。二维码支付时的识读、支付指令的发出、支付结果的接收都是在支付客户端的 APP 中完成的，保证支付客户端 APP 的可认证性、机密性和完整性是保证支付安全的基础。

④ 无线网络。无线网络为二维码支付提供了通信通道，是二维码支付过程中必不可少的基础设施。

⑤ 支付系统。当前的二维码支付系统是开放的，允许任何人随时随地地接入，完整性、不可否认性是支付系统需要考虑的主要安全问题。

（2）二维码支付的步骤。下面以支付宝或者微信支付为例来分析二维码支付的步骤。

① 二维码识别 APP 校验及后台解析。二维码携带的信息无法通过肉眼识别，不同的支付机构在二维码中注入的信息规则不一致，需要对应的服务器根据其编码规则来解析。在每

次扫描二维码后，都会提示“正在处理中”，意味着后台服务器正在解析这个二维码的内容，如核对二维码携带的链接是否合法、是否属于支付链接等。

校验的规则很多，就支付链接来说，当服务器校验属于自己公司的支付链接后，会获取支付链接中包含的商户信息，进而判断该商户是否存在、商户状态是否正常等。通过所有校验后，服务器会把商户名称返回到发起支付的APP上，同时告诉APP，服务器校验通过了，APP可以调用收银台了，确定支付后输入支付密码，服务器会继续校验支付密码的正确性，从而完成支付。

② 二维码支付流程的关键步骤。从支付过程来看，要实现二维码支付的流程，最关键的是要定义允许识别哪些类型的二维码以及服务器的校验逻辑。

定义允许识别哪些类型的二维码。也就是说，当APP发现二维码携带的信息是以“https://www.wx.com”开头的，就请求服务器，如果是“https://www.tina.com”，就在APP进行过滤，不去请求服务器。因此，有些正常的网址在解析后看到的是一串纯文本。

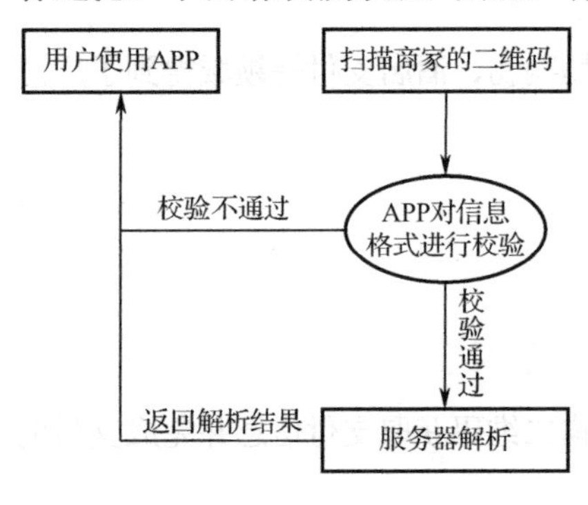

图2.80 二维码支付的步骤

此外，还需要定义平台自有的解析规则，如微信可识别的付款码以“13”开头，微信检测到数字内容是以“13”开头的，服务器首先校验是否符合付款码的规则，然后进行后续的解析，如图2.80所示。

以上说的是主扫，也就是用户扫描商家的二维码；对于商家扫描用户的二维码，原理是一样的，只不过用户的付款码中包含的是识别该用户的专属ID，商家通过收银系统向微信或支付宝提交订单时，会把识别出来的信息传递给微信或支付宝，并根据这个专属ID找到对应的用户并进行支付。

（3）二维码支付的安全。二维码支付与一般的移动支付的主要区别在于二维码的使用、支付指令的生成、传输，一旦支付指令进入支付系统，二维码支付就与一般的移动支付没有本质上的区别了，所以对二维码支付技术安全性的分析重点在支付指令进入支付系统前。

支付是电子商务最重要的环节，直接涉及用户和相关方的资金安全，所以支付安全是核心关键问题之一。在支付中，从交易过程的角度考虑，其基本安全需求包括可认证性、私密性、完整性、不可否认性等。

① 可认证性：由于二维码支付的主要流程在网络环境中进行，交易双方通过支付系统进行资金的转移，对交易各方的身份进行确认是支付中的重要一环。如果在交易过程中缺少认证，那么就很容易通过伪造身份骗取敏感信息、实施资金诈骗。认证就是对人或实体的身份进行鉴别，为身份的真实性提供保证，即交易各方能够确认对方的身份。常见的认证方法有3种。

- 主体使用只有验证者与其共享的密钥加密消息，验证者使用同一密钥解密消息验证主体的身份。
- 主体使用其私钥对消息进行签名，验证者使用主体的公钥验证签名来验证主体的身份。
- 主体通过可信第三方来证明自己的身份。

② 机密性：从二维码支付的流程来看，支付客户端APP和支付系统之间存在多次数据交互，这些数据可能与用户的身份、支付指令、支付凭证有关，属于交易过程中的敏感信息，

一旦泄露就有可能被用于违法交易，造成个人身份信息泄露或资金遭受损失。因此，要防止敏感信息被非法窃取。在二维码支付中，一般是通过用加密的方式来保证敏感数据机密性的。

③ 完整性：二维码支付在带来便捷的同时，也带来了维护交易各方信息完整、统一的问题。例如，交易数据在传输过程中发生了变化，导致交易各方看到的支付信息不同；此外，在支付过程中数据可能丢失、重复或信息传送次序发生变化，都可能导致交易各方看到的信息不同。保持交易各方信息的完整性是移动支付的基础，因此，要通过完整性措施预防对信息的随意生成、修改和删除，同时要防止数据在传送过程中信息的丢失和重复，并保证信息传送次序的统一。

④ 不可否认性：在二维码支付中，所有的支付信息都以数字化的方式存在，与传统的纸质凭证方式相比，数字化的信息更容易被修改与伪造。为防止以数据被修改、被伪造为借口、交易者否认参与了交易活动，就需要在交易信息中增加交易者参与交易的证据，即不可否认性。在二维码支付中主要以数字签名的方式提供不可否认的证据。

2. QR码制作分析

QR码结构如图2.81所示。

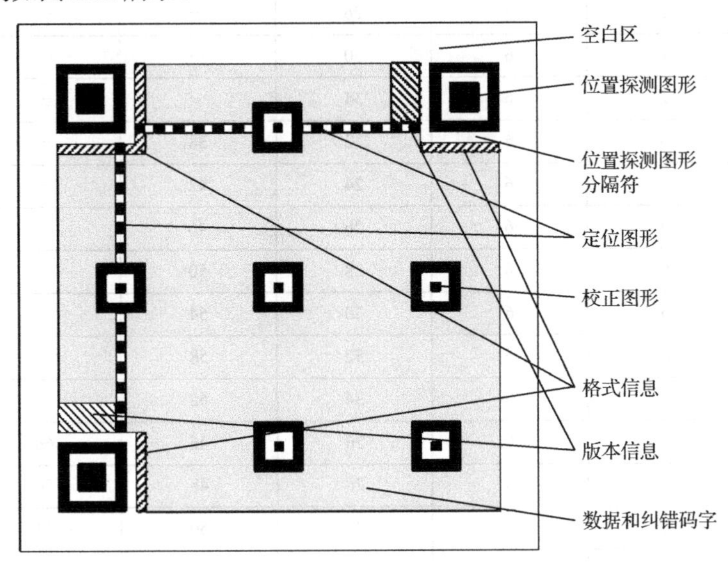

图2.81　QR码结构

下面按照QR码制作的过程对图2.81中各个重要的部分进行讲解。

1）定位图形

首先在二维码的三个角上绘制定位图形。定位图形与尺寸大小无关，一定是一个7×7的矩阵，如图2.82所示。

2）校正图形或对齐图形

校正图形与尺寸大小无关，一定是一个5×5的矩阵，如图2.83所示。

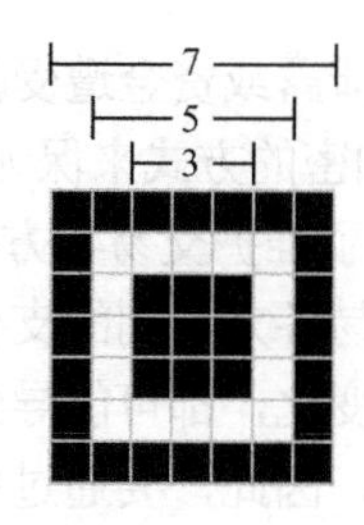

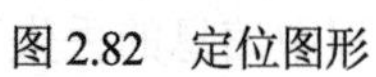
图 2.82　定位图形

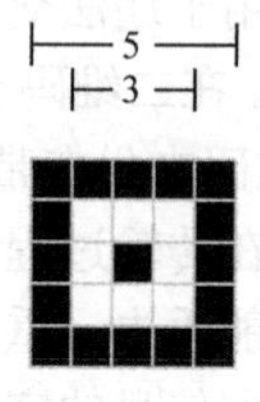

图 2.83　校正图形

校正图形绘制的位置可参看 QR 码的 ISO 标准，部分内容如表 2.26 所示。

表 2.26　校正图案位置索引表

版本	校正图形数量	中心模式的行/列坐标				
1	0	—	—	—	—	—
2	1	6	18	—	—	—
3	1	6	22	—	—	—
4	1	6	26	—	—	—
5	1	6	30	—	—	—
6	1	6	34	—	—	—
7	6	6	22	38	—	—
8	6	6	24	42	—	—
9	6	6	26	46	—	—
10	6	6	28	50	—	—
11	6	6	30	54	—	—
12	6	6	32	58	—	—
13	6	6	34	62	—	—
14	13	6	26	46	66	—
15	13	6	26	48	70	—
16	13	6	26	50	74	—
17	13	6	30	54	78	—
18	13	6	30	56	82	—
19	13	6	30	58	86	—
20	13	6	34	62	90	—
21	22	6	28	50	72	94
22	22	6	26	50	74	98
23	22	6	30	54	78	102
24	22	6	28	54	80	106
25	22	6	32	58	84	110
26	22	6	30	58	86	114

下面以表 2.26 中版本 8 为例进行说明，由于 Size=(V−1)×4+21，V 的值是 8（版本号），故 Size=(8−1)×4+21=49，即 49×49 的矩阵。

查表可知，对于版本 8 的二维码，行列值在 6、24、42 的几个点都会有校正图形，如图 2.84 所示。

图 2.85 所示为使用支付宝抢红包的二维码，在该二维码中只有一个校正图形，故版本应为 2～6。

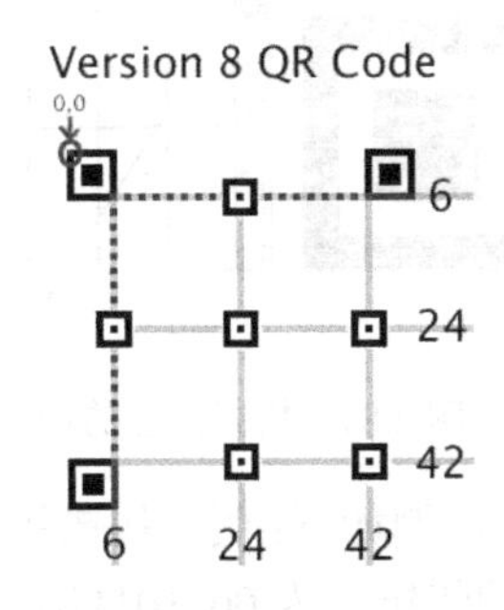

图 2.84　校正图形

图 2.85　支付宝抢红包二维码中的校正图形

3）时序图形（Timing Pattern）

时序图形是两条连接三个定位图形的线，以及黑白模块相间图形，如图 2.86 所示。

继续以支付宝抢红包的二维码为例，其时序图形如图 2.87 所示。

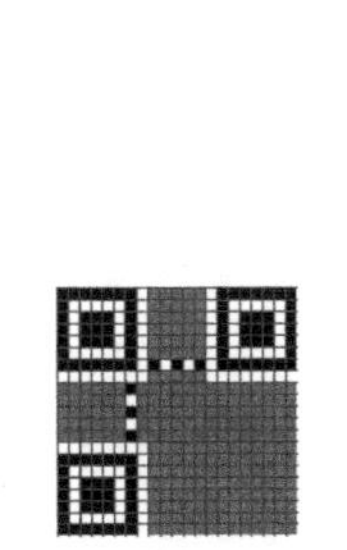
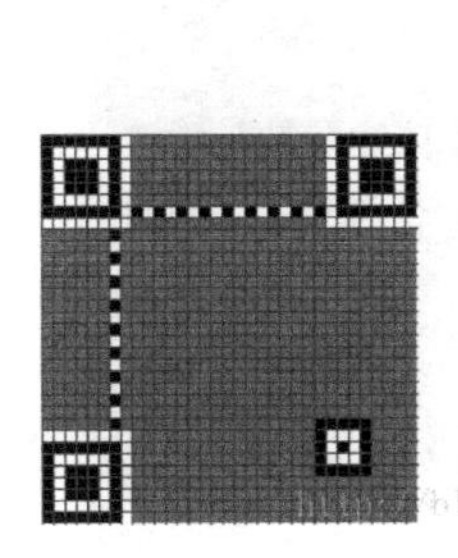
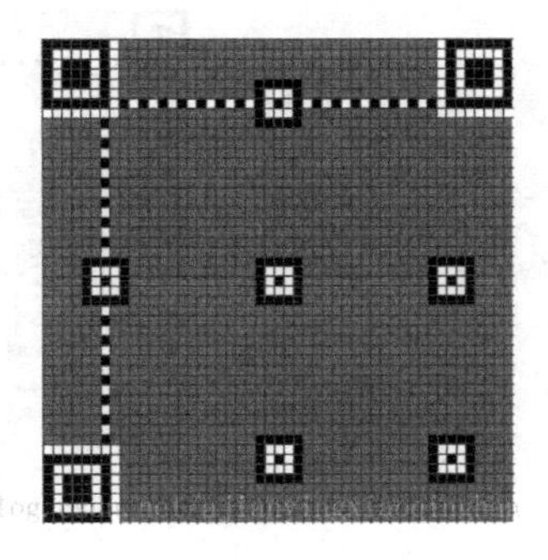

图 2.86　时序图形（一）

图 2.87　时序图形（二）

4）格式信息

格式信息在定位图形周围分布，由于定位图形的个数固定为 3 个，且大小固定，故格式信息也是一个固定 15 位的信息。格式信息如图 2.88 中斜线部分所示。

格式信息的每个位的位置如图 2.89 所示（注：图中的 Dark Module 是固定出现的）。其中，15 位数据是按照 5 位的数据位+10 位纠错位的顺序排列的，数据位占 5 位，2 位用于表示使用的纠错等级，3 位用于表示使用的蒙版（Mask）类别；纠错位占 10 位，是通过 BCH 编码计算得到的。

为了减少扫描后图像识别的难度，最后还需要将 15 位数据与 101010000010010 进行异或操作。因为在原格式信息中可能存在太多的 0 值（如纠错级别为 00，蒙版 Mask 为 000），使得格式信息全部为白色，这将增加分析图像的难度。

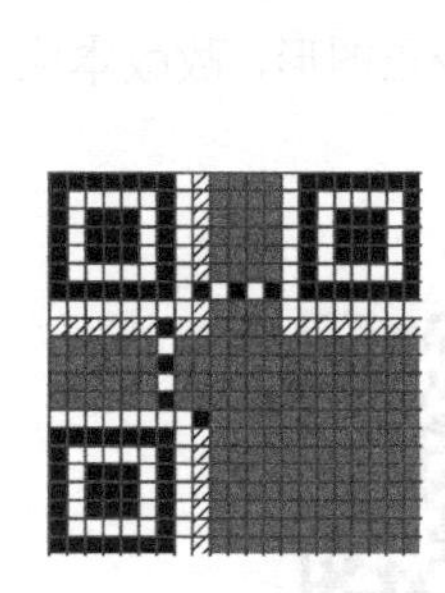
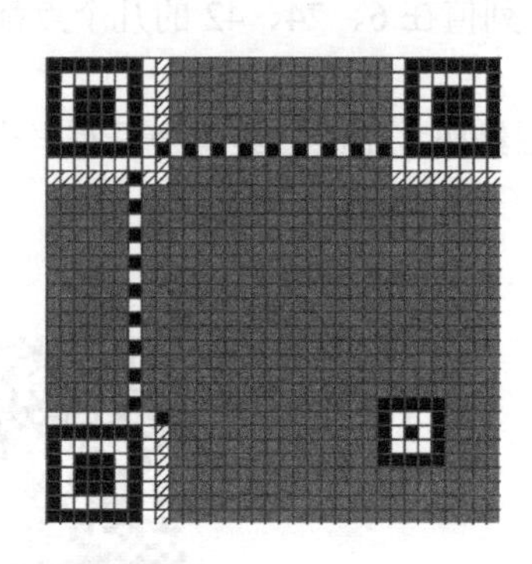

图 2.88　格式信息图形

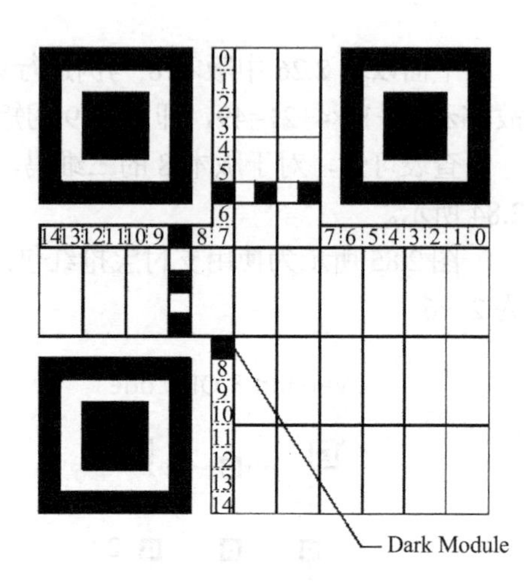

图 2.89　格式信息的每个位的位置

关于蒙形图形的生成将在后文中具体说明。格式信息的示例如下：假设纠错等级为 M（对应 00），蒙版图形对应 101，5 位的数据位为 00101，10 位的纠错位为 0011011100，则生成的序列为 001010011011100，与 101010000010010 进行异或（XOR）操作，即得到最终格式信息 100000011001110。

5）版本信息

对于版本 7 及以上的二维码，需要加入版本信息，如图 2.90 中斜线部分所示。

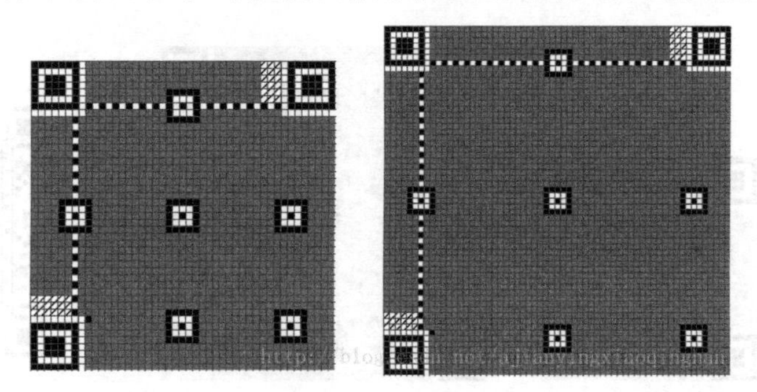

图 2.90　版本信息

版本信息在定位图形周围，大小固定为 18 位。水平/竖直方向的填充方式如图 2.91 所示。

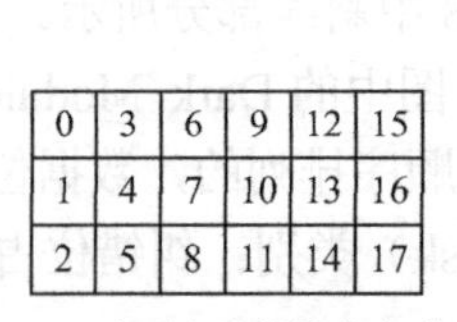

0	3	6	9	12	15
1	4	7	10	13	16
2	5	8	11	14	17

（a）水平方向的填充方式

0	1	2
3	4	5
6	7	8
9	10	11
12	13	14
15	16	17

（b）垂直方向的填充方式

图 2.91　版本信息的填充方式

版本信息共 18 位，前 6 位为版本号（Version Number），后 12 位为纠错位。例如，版本

7 的二维码（对应的 6 位版本号为 000111），其纠错码为 110010010100，在版本信息中应填充的数据为 000111110010010100。

6）数据码字与纠错码字

这里可填充通过编码规则得到的数据码字，如图 2.92 所示的版本 3 二维码，从二维码的右下角开始，沿着红线（细折线）进行填充，遇到非数据区域则绕开或跳过。

也可以这样理解，将二维码分为许多小模块，然后将这些小模块连接在一起，如图 2.93 所示，小模块可以分为规则模块和不规则模块，每个模块的容量都为 8 位。当为规则模块时，小模块都为宽度为 2 的竖直小矩阵，按照方向将 8 bit 的码字填充在内。当为不规则模块时，模块会产生变形。

二维码数据填充方式如图 2.93 所示，图中深色区域（如 D1 区域）填充数据码字，白色区域（如 E15 区域）填充纠错码字。填充顺序从最右下角的 D1 区域开始，按照蛇形方向（D1→D2→…→D28→E1→E2→…→E16→剩余码）进行填充，并从右向左交替上下移动。

图 2.92　从底部右下角开始填充数据

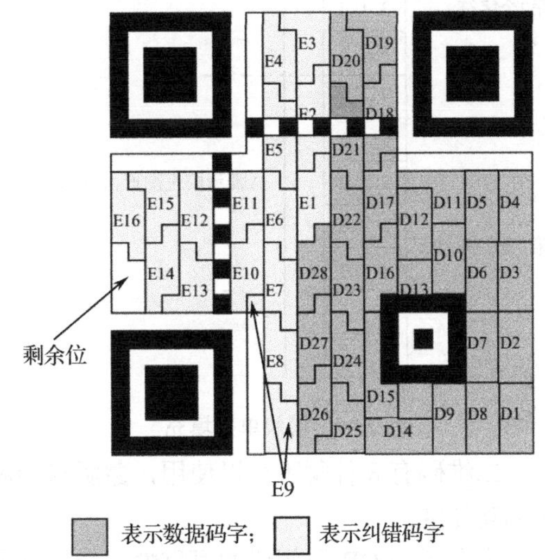

图 2.93　二维码数据填充方式

填充原则如下：

原则 1：无论数据的填充方向是向上还是向下，规则模块（8 位数据全在两列内）的排列顺序是从右向左，如图 2.94 所示。

0	1
2	3
4	5
6	7

（a）向上

6	7
4	5
2	3
0	1

（b）向下

图 2.94　常规模块内的填充方向

原则 2：每个码字的最高有效位（第 7 位）应置于第一个可用位。对于向上的填充方向，最高有效位应该占据模块的右下角；对于向下的填充方向，最高有效位应占据模块的右上方。

注：对于某些模块，如果前一个模块在右边模块的列内部结束，则该模块为不规则模块，且与规则模块相比，原本填充方向向上时，最高位应该在右上角，此时则变为左下角。

原则 3：当一个模块的两列同时遇到校正图形或时序图形的水平边界时，将继续在图形的上方或下方延续。

原则 4：当模块到达区域的上下边界（包括二维码的上下边界、格式信息、版本信息或分隔符）时，码字中任何剩余位将填充在左边的下一列中，且填充方向反转。如图 2.95 所示的两个模块遇到了二维码的上边界，方向发生了变化。

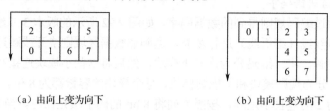

（a）由向上变为向下　（b）由向上变为向下

图 2.95　不规则模块填充方向的改变

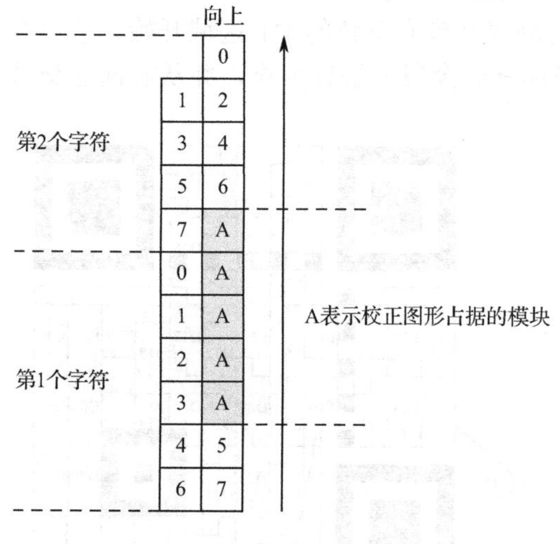

图 2.96　模块单列填充

原则 5：当模块遇到校正图形，或遇到被版本信息占据的区域时，数据位会沿着校正图形或版本信息旁边的一列继续填充，并形成一个不规则模块。如果在当前模块填充结束之前，两列都可用，则下一个码字的最高有效位应该放在单列中，如图 2.96 所示。

7）掩模图形

按照上述思路即可将二维码填充完毕，但是这些小模块并不均衡，如果出现了大面积的空白或黑块，则扫描识别时会十分困难，所以需要按照前文中格式信息的处理思路，对整个图像与蒙版进行掩模操作（Masking）。掩模操作即异或 XOR 操作。

二维码有 8 种蒙版可以使用，蒙版只会和数据区进行异或操作，不会影响与格式信息相关的功能区。

为了提高 QR 码阅读的可靠性，最好均衡地安排深色（黑）与浅色（白）模块，应尽可能地避免位置探测图形中 1011101 出现在符号的其他区域。为了满足上述条件，应按以下步骤进行掩模。

（1）掩模不用于功能图形。

（2）用多个矩阵图形连续地对已知编码区域的模块图形（格式信息和版本信息除外）进行 XOR 操作。XOR 操作将模块图形依次放在每个掩模图形上，并将对应于掩模图形的深色模块的模块取反（浅色变成深色，或相反）。

（3）对每个结果图形中不符合要求的部分记分，以评估这些结果。

（4）选择得分最低的图形。

2.4.2　掩模图形及其评价

1. 掩模图形

表 2.27 给出了掩模图形的参考（放置于格式信息中的二进制参考）和掩模图形的生成条

件。掩模图形是通过将编码区域（不包括为格式信息和版本信息保留的部分）内那些条件为真的模块定义为深色而产生的。在表 2.27 所示的条件中，i 代表模块的行位置，j 代表模块的列位置，$(i,j)=(0,0)$代表符号中左上角的位置。

表 2.27　掩模图形的参考与生成条件

序　　号	掩模图形的参考	生 成 条 件
1	000	$(i+j) \bmod 2 = 0$
2	001	$i \bmod 2 = 0$
3	010	$j \bmod 3 = 0$
4	011	$(i+j) \bmod 3 = 0$
5	100	$[(i \text{ div } 2) + (j \text{ div } 3)] \bmod 2 = 0$
6	101	$(i j) \bmod 2 + (i j) \bmod 3 = 0$
7	110	$[(i j) \bmod 2 + (i j) \bmod 3] \bmod 2 = 0$
8	111	$[(i j) \bmod 3 + (i+j) \bmod 2] \bmod 2 = 0$

图 2.97 给出了版本 1 符号的所有掩模图形，图 2.98 给出了模式 2 符号的掩模过程。

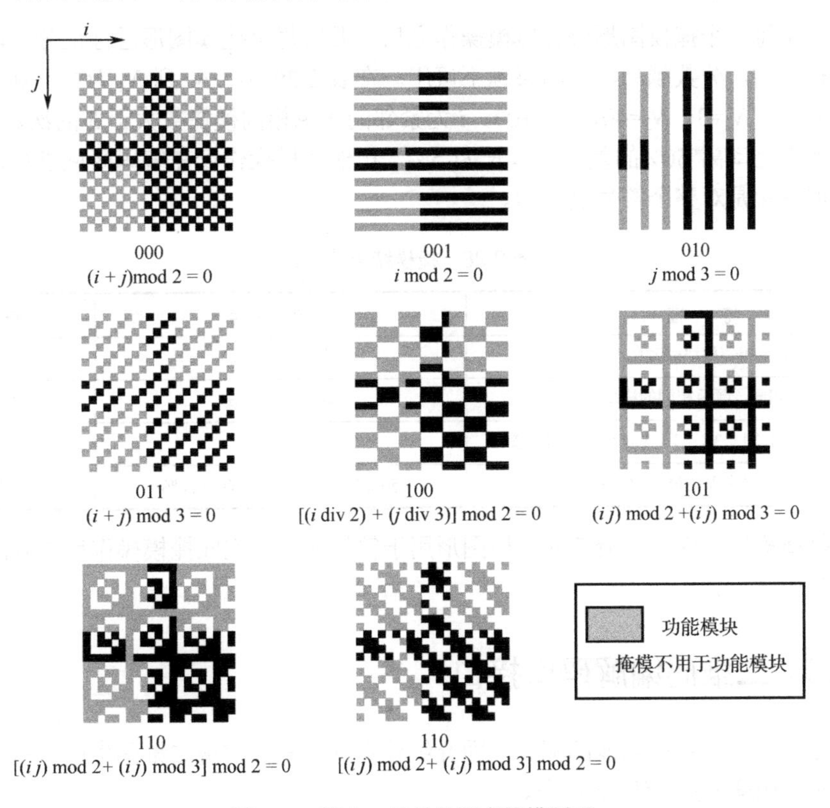

图 2.97　版本 1 符号的所有掩模图形

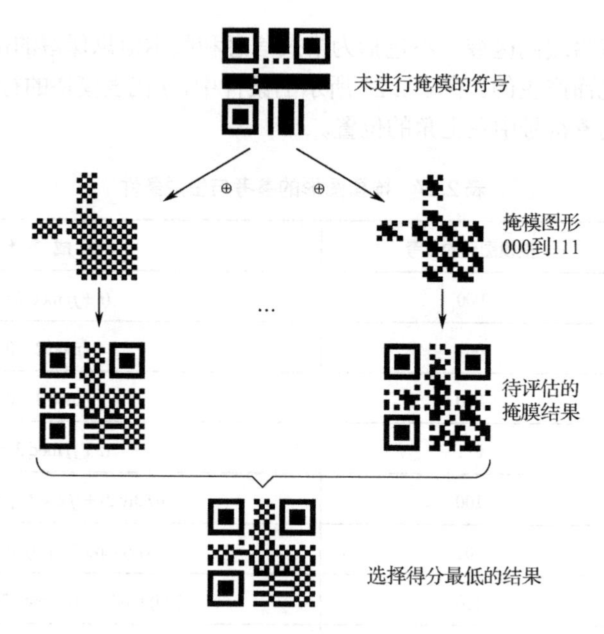

图 2.98　模式 2 符号的掩模过程

2. 掩模结果的评价

在依次用每一个掩模图形进行掩模操作之后，要对每个掩模图形进行记分，以便对每一个结果进行评估，分数越高，其结果越不可用。在表 2.29 中，N_1 到 N_4 为对不好的特征记分的权重（N_1=3，N_2=3，N_3=40，N_4=10），i 为紧邻的颜色相同模块数大于 5 的次数，k 为符号深色模块所占比率离 50%的差距，步长为 5%。虽然掩模操作仅在编码区域进行，不包括格式信息，但评价是对整个符号进行的。

表 2.28　掩模结果的记分

特　征	评 价 条 件	记　分
行/列中相邻模块的颜色相同	模块数= $(5+i)$	N_1+i
模块的颜色相同，颜色相同的模块组成模块	块尺寸= $m\times n$	$N_2\times(m-1)\times(n-1)$
在行/纵列中出现 1∶1∶3∶1∶1（深浅深浅深）图形		N_3
整个符号中深色模块的比率	$50\pm(5\times k)$%到$[50\pm(5\times(k+1))$%	$N_4\times k$

应选择掩模结果中记分最低的掩模图形用于符号掩模。完成掩模操作后得到的二维码就是最终看到的结果。

2.4.3　二维码编解码库接口

APP 是如何实现扫码功能的呢？下面介绍使用开源软件实现二维码生成、识别的方法。常用二维码编码/解码库有以下几个。

（1）ZXing。ZXing 是一个开放源码的，采用 Java 实现的多种格式的一维码和二维码图像处理库，网址为“https://code.google.com/p/zxing”。

（2）Libqrencode。Libqrencode（QRencode）是一个用C语言编写的、用来解析二维码（QR码）的程序库，可通过手机的摄像头来扫描二维码。二维码的容量可达7000个数字或4000个字符，网址为“http://fukuchi.org/works/qrencode/”。

（3）ZBar。ZBar 是一款桌面电脑用条码/二维码扫描工具，支持摄像头及图片扫描及多种平台（包括iPhone手机）。同时，ZBar还提供了二维码扫描的API开发包，网址为“http://zbar.sourceforge.net”。

（4）Open Source QR Code Library。二维码编码/解码的 Java 库（J2SE、J2ME MIDP2.0/CLDC1.0），网址为“http://qrcode.sourceforge.jp/index.html”。

（5）QZXing。QZXing 是采用 Qt 包装的 ZXing 解码库，网址为“http://sourceforge.net/projects/qzxing”。

通常，使用ZXing可生成相应的二维码编码及解码，生成二维码的编码是指基于给定内容生成二维码图片。ZXing 可以对生成的二维码的图片格式、各项参数及二维码类型进行设置，当使用识别设备进行扫描时，能够读出给定的内容。

使用ZXing进行编码的主要步骤如下：首先，将所需的ZXing库中的包导入工程；其次，对需要生成二维码的给定内容进行编码处理，防止在显示时出现乱码问题，并指定所生成二维码图片的路径、名称和文件格式；然后，找到ZXing中QR码所对应的编码类QR-CodeWriter，调用encode方法生成给定内容对应的比特矩阵；最后将比特矩阵转化为指定的图片格式。

ZXing源代码的Github地址为“https://github.com/zxing/zxing”，包含了各个平台的源代码。这里使用的ZXing库下载地址为“https://github.com/azhong1011/libzxing”。

（1）实现二维码扫描。

```
//需要以带返回结果的方式启动扫描界面
Intent intent = new Intent(oneActivity.this, CaptureActivity.class);
startActivityForResult(intent, 0);
```

（2）重写onActivityResult，获取扫描的结果。

```
if (resultCode == RESULT_OK) {
    Bundle bundle = data.getExtras();
    //获取扫描结果
    String result = bundle.getString("result");
    Toast.makeText(this, result, Toast.LENGTH_SHORT).show();
}
```

（3）生成二维码，这里可以选择生成带Logo和不带Logo的二维码样式。

```
Bitmap logo = BitmapFactory.decodeResource(getResources(), R.drawable.azhong);
/* 第一个参数：需要转换成二维码的内容
* 第二个参数：二维码的宽度
* 第三个参数：二维码的高度
* 第四个参数：Logo图片
*/
Bitmap bitmap = EncodingUtils.createQRCode("http://blog.csdn.net/a_zhon/", 500, 500, logo);
```

（4）集成二维码至APP，同时设置权限，如单击“设置→应用→授予APP摄像头权限”。

2.4.4 开发实践：二维码支付

早在 20 世纪 90 年代，二维码支付技术就已经形成。其中，韩国与日本是较早使用二维码支付的国家，二维码支付技术已经普及了 95%以上。随着国内 IT 技术的日渐成熟，推动了智能手机、平板电脑等移动终端的诞生，这使得人们的移动生活变得更加丰富多彩，有了大批的移动设备，也有了大量的移动消费，二维码支付便应运而生了，如图 2.99 所示。

二维码具有非常广泛的应用，如二维码名片、扫码付款、网址（URL），扫描后可自动打开网址。平常人们在购物付款时，使用手机中的微信或支付宝扫一扫即可完成支付，无须像以前那样携带现金，等着商户找零钱。线下扫码支付大大提高了付款的效率。

本节将利用开发平台实现二维码支付场景，掌握二维码支付流程、关键环节。二维码支付流程如图 2.100 所示。

图 2.99　二维码支付

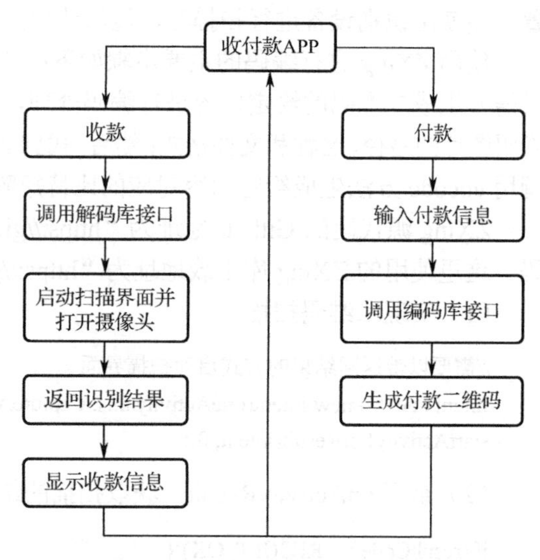

图 2.100　二维码支付流程

二维码的编码方式有很多种，本项目中所使用的二维码为 QR 码，它是目前最流行的二维码。

（1）打开二维码支付应用的 Android 工程，编译并运行在 Android 平台上。打开界面，单击右上角“登录”按钮，在弹出的小窗中填写登录信息，如图 2.101 所示。

（2）登录后的二维码支付界面（二维码收付款界面）如图 2.102 所示。

1．二维码收款

（1）收款时，单击“收款”按钮进入扫描界面，如图 2.103 所示。

（2）扫描到二维码后即可开始收款，收款完成后，可以在收/付款信息展示界面中查看收款信息，如图 2.104 所示。

图 2.101 填写登录信息

图 2.102 二维码收付款界面

图 2.103 扫描收款

图 2.104 查看收款信息

2. 二维码付款

（1）软件默认界面为付款界面，付款界面在登录后需要更新二维码，在二维码下方有“修改付款金额”按钮，单击该按钮可修改付款金额后，然后单击“确定”按钮即可，如图 2.105 所示。

（2）扫描二维码后即可付款。在二维码收付款展示界面中可以查看收付款的详细记录，如图 2.106 所示。

图 2.105 付款界面

图 2.106 查看付款信息

2.4.5　小结

本节主要介绍二维码支付的原理和应用。二维码支付包括二维码、智能手机、支付客户端、无线网络和支付系统；将二维码支付过程中的信息编制成二维码，通过扫描二维码可获取支付信息并完成支付。本项目中所使用的二维码为QR码。

2.4.6　思考与拓展

（1）如何保证二维码支付的安全性？
（2）二维码支付的流程是怎样的？
（3）二维码可以用于哪些领域？
（4）有没有比二维码支付更好用的支付手段？

第3章 低频 RFID 技术应用

RFID 技术是物联网的重要基础，物联网的概念最早就是从 RFID 和传感网发展而来的，物联网的核心是物物相连，RFID 也是其中最为关键的识别技术之一。

RFID 技术产生于 20 世纪 40 年代，最初应用于军事领域，主要用来分辨敌我飞机。50 年代为 RFID 技术的探索阶段，在此期间 D.B.Harris 提出了信号的模式化理论和被动标签的概念，这个时期的 RFID 技术都处于摸索时期。

从 1960 年开始，RFID 技术渐渐应用于一些简单的场景，无线电子技术的发展为 RFID 技术的商业化提供了基础。RFID 技术早期用于物品的防盗，只能简单地将 1 位的标签系统附于物体表面，当物体处于阅读器识别范围时可通过信息的交换识别该物体并报警。到了 70 年代，微电子技术的高速发展，出现了 RFID 集成电路芯片，使 RFID 的信息传送速率更快，并扩大了识别的范围，同时降低了成本。与此同时，由于 RFID 技术的巨大商业前景，使之成为科研人员研究的热点，RFID 技术在这时期进入快速发展时代。到了 1980 年，RFID 技术开始快速进入各种商业领域，方便了和改善了人们的生活水平。从 1990 年开始，基于 RFID 技术的各种收费系统广泛应用于发达国家，1991 年俄克拉荷马（Oklahoma）州出现了世界上第一个开放式公路自动收费系统，这也是无人收费站的由来。

20 世纪 90 年代，RFID 技术开始出现在校园、汽车等领域，主要用于安防。21 世纪初，基于 RFID 技术的产品开始大量进入人们的日常生活，且随着 RFID 技术的不断完善开始逐步建立起了一套标准体系，主要的有 ISO/IEC、EPC Global 和 UID 三种标准体系。2005 年国际电信联盟（ITU）首次将 RFID 应用技术评为物联网的四大关键技术之一，RFID 技术是物联网的核心部分。

RFID 技术的优势源于它的“非接触”特征，也就是信息通过空口来传输。空口是空中接口的简称，通俗讲就是空气。由于采用空口传输，RFID 技术可以工作在各种恶劣环境下，读取方便快捷，而且不存在机械接触，可避免机械磨损，提高产品寿命。另外，RFID 技术支持远距离识别，距离范围为几厘米到几十米，识别速度也很快，可满足多种应用场景。

条码技术一次只能识别一个物体，而 RFID 可以同时识别多个物体，且能自动完成，无须人为干预。除此之外，RFID 技术还可以根据需要存储很多信息，并且能动态修改这些信息，具备更好的安全性，这些都是条码技术无法比拟的。

1. 按照系统采用的不同频率分类

（1）低频 RFID 系统。低频 RFID 系统的工作频率范围是 30～300 kHz，典型的工作频率为 125 kHz 和 225 kHz。低频 RFID 系统应用较多，其特点是电子标签（简称标签）制作成本低、标签所需存储数据少、识别距离短、标签形状多变、天线能力弱等。

（2）高频 RFID 系统。高频 RFID 系统的工作频率范围是 3～30MHz，典型的工作频率为 13.56 MHz。相对于低频 RFID 系统，其标签和阅读器的制作成本较高，但优点是标签存储的信息量大、能识别高速运动的目标、识别范围远、天线性能强。

（3）微波 RFID 系统。超高频 RFID 系统和微波 RFID 系统都可称为微波系统，其工作频率范围超过 300 MHz；超高频（UHF）RFID 系统典型的工作频率为 433 MHz，微波 RFID 系统典型的工作频率为 2.45 GHz 和 5.8 GHz。由于微波系统的功能强大，阅读器可对多标签同时进行操作，相对距离较远，适合高速读写的场合。

2. 按照标签的供电方式分类

（1）无源系统。标签内部没有电池，它利用阅读器发出的射频能量来供电，一般适合距离较近的场合，具有寿命长、对环境要求低等优点。

（2）有源系统。标签内部有电池，其工作能量由电池提供，特点是工作可靠性高、信号传输远；缺点是体积一般较大、成本高，不适合在恶劣的环境下工作。

（3）半有源系统。其内部有电池，仅可维持数据运行的电路工作，在不工作时处于休眠状态，相当无源系统；在被激活时，系统工作的能量主要来自阅读器的射频能量，标签内部的电池主要起到补充射频不强的作用。

此外，还可以按照标签与阅读器工作频率、耦合方式等分为电磁反向散射方式、电感耦合方式；按照阅读器从标签中读取数据的方式可分为主动广播式、被动倍频式等。

应根据实际应用选择不同的工作频率，而且还要符合当地的无线电管理的相关规定，最常用的 RFID 载波频率是低频（LF）的 125 kHz、高频（UF）的 13.56 MHz、超高频（UHF）的 433 MHz 和 900 MHz、微波的 2.45 GHz。通常说来，无线射频识别标签与阅读器之间的通信速率是与其工作频率成正比的。

3.1 ID 卡原理与识别

图 3.1 ID 卡

ID 卡的全称为身份识别卡（Identification Card），是一种不可写入的感应卡（见图 3.1），含固定的编号。ID 卡与磁卡一样，都仅仅使用了卡的号码，无任何保密功能，其卡号是公开的。非接触式 ID 卡又称射频卡，主要用于智能门禁控制器、智能门锁、考勤机系统等。非接触式 ID 卡以其通信速率高、使用方便、成本低廉等而被广泛使用。

3.1.1 低频 RFID 系统

1. 低频 RFID 系统概述

RFID 技术首先在低频得到应用和推广。低频 RFID 系统的工作频率范围为 30～300 kHz，典型的工作频率为 125 kHz 和 134.2 kHz。低频 RFID 系统的特点是标签内保存的信息量较少，阅读距离较短，标签外形多样，天线方向性不强。目前低频 RFID 技术比较成熟，有相应的国际标准，主要用于距离短、信息量低的射频识别系统。

低频 RFID 系统标签一般为无源标签，在与阅读器进行传输数据时，标签位于阅读器天线的近场区，其工作能量通过电感耦合方式从阅读器中获得。在这种工作方式中，阅读器与标签之间的存在变压器耦合作用，标签天线中感应的电压被整流后为标签提供能量。

低频 RFID 系统标签可以应用于动物识别、工具识别、汽车电子防盗、酒店门锁管理、树木管理、资产管理和门禁安全管理等方面，图 3.2 所示为动物脚环；如果用标签管理牛或猪，常采用动物耳环，如图 3.3 所示；图 3.4 所示为汽车钥匙，汽车钥匙常采用 125 kHz 的标签，一般内置有电池；图 3.5 所示为钉状标签，可用于树木管理，也可用于其他资产的管理。

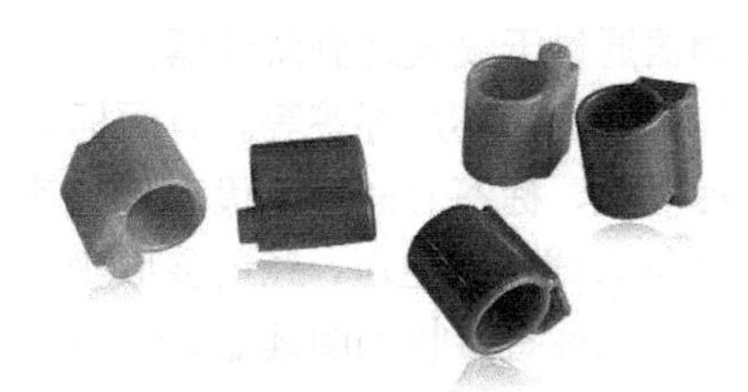

图 3.2 动物脚环

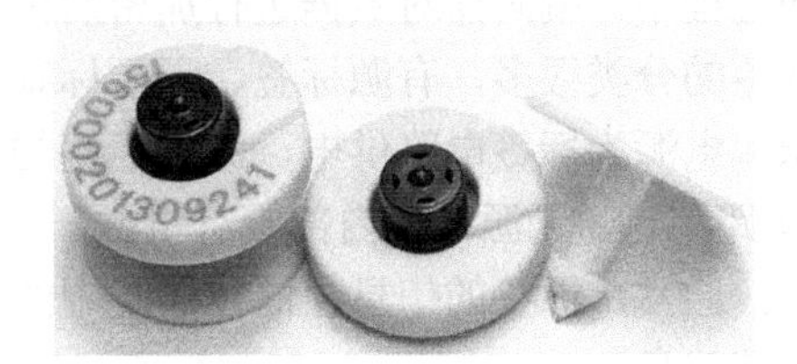

图 3.3 动物耳标

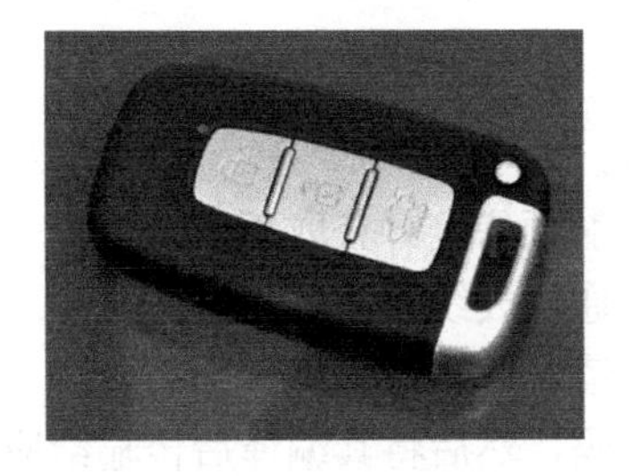

图 3.4 汽车钥匙

图 3.5 钉状标签

2. 低频 RFID 系统的工作原理

RFID 系统主要包含两个部分，阅读器（读卡器）和标签（应答器）。随着应用的不同，系统的组成也不同，但 RFID 系统工作的本质是相同的。阅读器发射信号，标签感应到信号并返回标签信号；阅读器接收到标签返回的信号后，将信号传送到计算机的数据库中。低频 RFID 系统的工作原理如图 3.6 所示。

1）阅读器的工作原理

阅读器可以看成 RFID 系统的中间层，它起着连接应用层和标签的作用；系统的信息交互是通过阅读器实现的。不同阅读器的耦合方式、数据传输方式、通信方式有较大的差异性。阅读器通常内置有天线、控制模块和射频模块，天线的主要作用是对电流信号和电磁波进行双向转换，用于发送阅读器的信号和接收标签的信号。

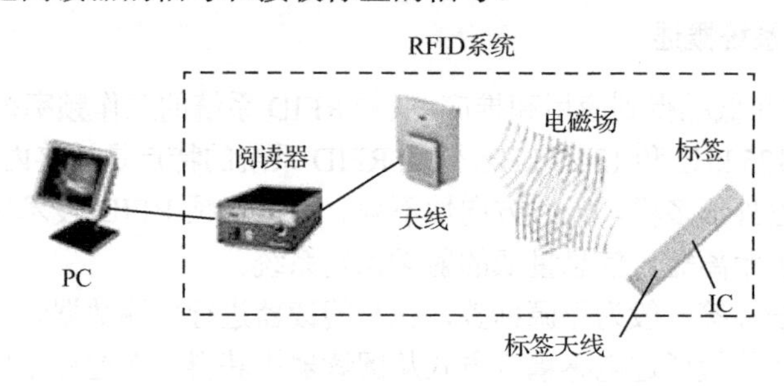

图 3.6　低频 RFID 系统的工作原理

2）标签的工作原理

标签又称为应答器，它在 RFID 系统中充当“触角”，整个系统都是通过标签中的信息进行下一步动作的。标签一般内置有天线、时钟信号、编码器、调制调解器、存储器和控制器等。存储器用于存储数据，天线用于接收和发射含有信息的射频信号，时钟信号使得电路向时序电路转变，从而控制数据的传输。存储器中的数据具有唯一性，保存了标识物体的信息，在传输过程中，编码器对数据进行加密后由调制解调器通过天线发送到阅读器。

标签的分类很多，有源标签、无源标签；有芯片标签，无芯片标签等。有源标签内部带有电源，电源为标签电路供电，此类标签的缺点是耗电快、标签寿命短；优点是标签的识别（读写）距离远。无源标签内部没有电源，工作时靠标签天线感应电压，经过整形变压之后作为电源。通常，标签的信息存储在标签中的存储器，一旦标签接收到阅读器的命令，就会自动返回其信息。

3）RFID 系统的工作过程

RFID 系统的工作流程如下：

（1）阅读器通过天线向周围的标签发射响应信号；

（2）无源标签通过阅读器发射的无线电磁波（即射频信号）获取所需能量；

（3）标签获取能量后解码阅读器发送的消息，并通过天线回应阅读器；

（4）阅读器接收到标签发送的信息，并传输到阅读器的解码区；

（5）阅读器对传输进来的射频信号进行解调和解码，然后将其编译后传输给应用层进行处理；

（6）应用层判断其信息的正确性，确定标签的信号是否有效；

（7）应用层根据接收到的标签信息做出相应指令并对标签进行控制处理。

4）电感耦合方式

低频 RFID 系统和高频 RFID 系统基本都采用电感耦合方式进行工作，在这种工作方式中，阅读器和标签的线圈天线都相当于电感，电感线圈产生交变磁场，使阅读器与标签相互耦合，构成了电感耦合方式的能量和数据传输。同时，线圈天线产生的电感和射频电路中的电容组合在一起，形成谐振电路，阅读器和标签的射频前端都采用谐振电路。

5）低频RFID系统的通信原理

从工程角度来看，RFID技术并不是一种单一技术，它随频率改变而有所变化。RFID系统可以采用许多种载波频率，但其中三种占主导地位。低频RFID系统使用125～135 kHz频段，高频RFID系统工作在13.56 MHz，超高频RFID系统主要使用865～955 MHz频段，虽然它也使用包含2.4 GHz频段。

电感耦合在决定无源标签的读取范围方面发挥着重要的作用。LF RFID系统和HF RFID系统使用电感耦合方式，能量通过共享电磁场从阅读器天线传送到标签天线，如图3.7所示。

LF RFID系统和HF RFID系统中的阅读器天线会在一个被称为近场的电磁场区域中创建一个强大磁场，距天线最多约一个波长。这个电磁场的强度足以唤醒标签，并给标签提供将数据传送给阅读器所需的能量。电感耦合还可以使用相同的能量传送机制用来写标签。

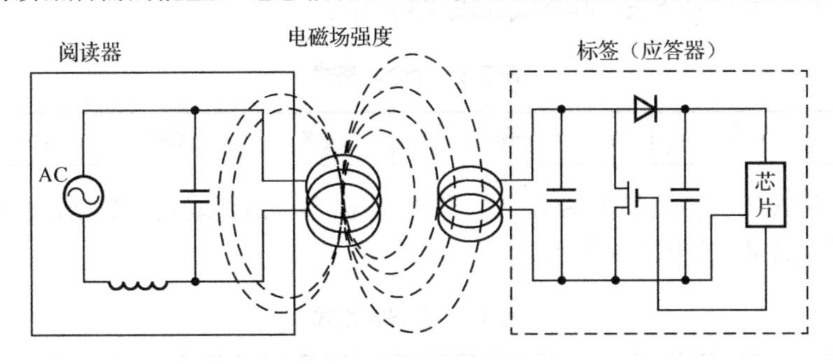

图3.7　电感耦合原理

6）低频RFID系统的协议标准

ISO/IEC 18000-2定义了无线电频率识别设备在低于135 kHz时空中接口（空口）的通信参数，包括前进链接和返回链接，以及阅读器和应答器之间的物理接口、协议、命令和防碰撞机制。ISO/IEC 18000-2包含两种通信模式：Type A（全双工）和Type B（半全双工）。

（1）物理接口。物理接口参数如表3.1所示。

表3.1　物理接口参数

内　容	Type A模式	Type B模式
能量传送	能量传送到标签是通过阅读器和标签中的天线完成的	能量传送到标签是通过阅读器和标签中的天线间射频完成的
工作频率	工作频率（f_c）为125 kHz	工作频率（f_c）为125 kHz
调制	采用ASK调制，调制指数为100%	采用ASK调制，调制指数为100%
数据编码	数据编码采用脉冲间隔编码	数据编码采用脉冲间隔编码
数据通信速率	数据通信速率为5.1 kb/s	数据通信速率：低速时为1 kb/s，高速时为2～3 kb/s
帧格式	帧由帧起始（SOF）和帧结束（EOF）来分隔，使用编码违例来实现此功能	帧由帧起始（SOF）和帧结束（EOF）来分隔，使用编码违例来实现此功能

（2）传输协议。

① 数据元素。标签由一个64位的唯一标识符（UID）来标识，该标识符用于确定每个

标签。唯一标识符（UID）由IC制造商设定，如表3.2所示。

表3.2 唯一标识符

MSB LSB

64 57	56 49	48 1
“E0”	IC Mfg Code（IC制造商编码）	IC Manufacturer Serial Number（IC制造商序列号）

其中，最高位的8位始终是E0，IC制造商编码为8位，IC制造商序列号为48位，由制造商制定。SUID是UID的一部分，由40位组成，高8位是IC制造商编码，低32位是制造商序列号中的低32位，SUID主要用于防碰撞过程。

② 命令帧和应答帧的格式。命令帧包含SOF（帧开始）、标志、命令编码、参数、数据、CRC、EOF（帧结束）七个域，其格式如表3.3所示。

表3.3 命令帧格式

SOF	标志	命令编码	参数	数据	CRC	EOF

应答帧的格式：应答帧包含 SOF（帧开始）、标志、错误编码、数据、CRC、EOF（帧结束）六个域，其格式如表3.4所示。

表3.4 应答帧格式

SOF	标志	错误编码	数据	CRC	EOF

命令：按命令类型的不同，命令可分为强制、可选、定制和专有4类命令。

- 强制命令的编码范围为00～0FH，是所有标签必须支持的；
- 可选命令的编码范围为10H～27H，标签对可选命令的支持不是强制的；
- 定制命令的编码范围为28H～37H，该命令是由制造商定义的，当标签不支持定制命令时可保持沉默；
- 专有命令的编码值为38H～3FH，该命令用于测试和系统信息编程等制造商专用的项目。

标签的状态：标签具有断电、就绪、静默、选择4个状态。

- 断电（Power off）状态：处于断电状态时，无源标签处于无能量状态，有源标签不能接收的射频能量而被唤醒；
- 就绪（Ready）状态：标签获得可正常工作的能量后进入就绪状态，在就绪状态，可以处理阅读器的任何选择标志位为0的命令；
- 静默（Quiet）状态：标签可处理防碰撞过程中标志为0、寻址标志为1的任何命令；
- 选择（Selected）状态：标签可处理选择标志位为1的命令。

3. 常用的ID卡

ID卡的种类多种，下面介绍几种常用的ID卡。

1）EM4100卡

（1）EM4100卡参数。EM4100卡的核心芯片是由EM Microelectronic公司生产的，存储容量为64 bit，工作频率为125 kHz，读写距离为2～15 cm，擦写寿命不限，外形尺寸采用

ISO 标准卡/厚卡。EM4100 卡的芯片电路以一个处于交变磁场内的外部天线线圈为能量驱动，并且经由一个线圈终端得到它的时钟频率，另一线圈终端受芯片内部调制器影响，转变为电流型开关调制，以便向阅读器传送包含制造商预置的 64 bit 信息和命令。

（2）EM4100 卡的数据结构。EM4100 卡有一些被用来定义代码类型和数据通信速率的基本选择项，如每位的数据通信速率可为载波频率的 64、32 和 16 倍，其数据能以曼彻斯特、双相或相位调制格式来编码。EM4100 卡的芯片在多晶硅片连接状态时进行激光烧写编程，以便在每块芯片上存储唯一的代码。连续的输出数据字符串包含 9 个“1”的引导头、40 位数据、14 位奇偶校验以及 1 位停止位。逻辑控制中心的电量消耗非常小，无须提供缓冲电容。仅仅芯片运行的能量需要从外部天线线圈获得，芯片内整合有一个与外部天线线圈并联的电容，可获得谐振所需的能量。EM4100 卡存储了 64 位只读数据，在与 RFID 读卡器的交互过程中，EM4100 卡按照以上数据格式循环传输，连续 9 个“1”表示一次传输的开始，每组的 5 位数据中的最后一位是偶校验（每组 5 位中 1 的个数为偶数，用于行校验），在进行数据校验的同时，确保不会出现连续 9 个“1”，以免与传输开始标志冲突。PC0～PC3 为列校验位，S0 为停止位。

2）T5577 卡

T5577 卡的核心芯片由美国 Atmel 公司生产，适用于 125 kHz 的频率，该芯片共有 330 bit 的 EPROM，第 0 页有 8 个存储块，存储块 0 为用于设置 T5577 卡操作模式的参数配置块，在正常读操作期间是不被传输的。存储块 7 可以作为用户数据块使用，亦可以为保护全部数据块而设置一组用户密码，用于避免未经许可的非法改写。每个存储块的第 0 位是该存储块不可查看但可一次性改写的锁块控制位。第 1 页的存储块 1 和存储块 2 包含可追溯数据，在制造测试期间进行其数据规划并且被 Atmel 锁定。

4．阅读器及 ID 卡的形式

1）阅读器的形式

阅读器没有一个确定的形式，根据数据管理系统的功能和设备制造商的生产习惯，阅读器具有各种各样的结构和外形。根据阅读器外形和应用场合，阅读器可以分为固定式阅读器、手持式阅读器、工业阅读器等。图 3.8 所示为低频 RFID 手持式阅读器，图 3.9 所示为低频 RFID 固定式阅读器。

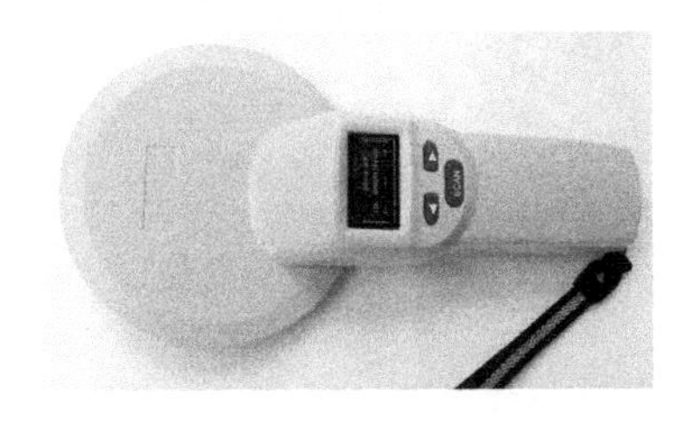

图 3.8　低频 RFID 手持式阅读器

图 3.9　低频 RFID 固定式阅读器

2）ID 卡的形式

ISO 标准 ID 卡的规格为 85.6 mm×54 mm×0.80 mm±0.04 mm（高×宽×厚），目前有厚卡、薄卡或异形卡等。

（1）厚卡：厚度大于 0.9 mm，标准卡的厚度为 1.8 mm，是目前最经济的 ID 卡，带有 ID

号，以及一个便携孔，可以丝网印刷Logo文字信息。标准卡如图3.10所示。

（2）标准薄卡：规格为85.6 mm×54 mm×0.80 mm±0.04 mm，可以胶印、丝网印刷、打印照片等，如图3.11所示。

图3.10　标准卡

图3.11　标准薄卡

（3）异形卡：异形卡的尺寸、大小、形状等不一，可以胶印、丝网印刷、打印照片等，如图3.12所示。

图3.12　异形卡

5．开发平台的阅读器

物联网识别开发平台的阅读器硬件为125 kHz&13.56 MHz二合一模块（Sensor-EL），可接入到智能网关、智能节点、计算机中使用。低频阅读器模块如图3.13所示。

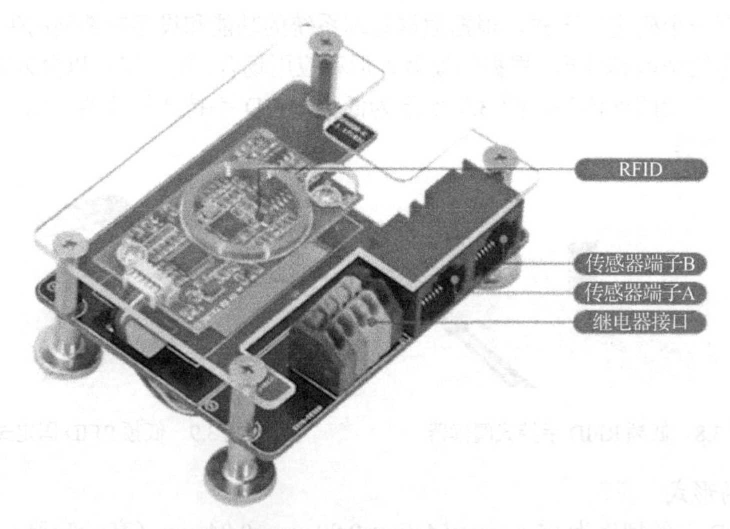

图3.13　低频阅读器模块

其中RFID为7941多协议双频模块，如图3.14所示。

7941模块的接口电路如图3.15所示。

图3.14 7941多协议双频模块

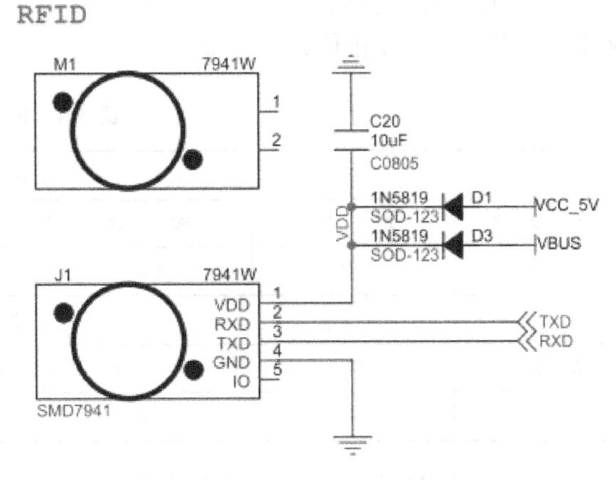

图3.15 7941模块的接口电路

1）低频阅读器

低频阅读器有以下特点：

（1）两路RJ45工业接口，包含I/O、DC 3.3 V、DC 5 V、UART、RS-485、两路继电器输出等功能，提供两路3.3 V、5 V或12 V电源输出；

（2）采用磁吸附设计，可磁力吸附并通过RJ45工业接口接入到无线节点进行数据通信；

（3）硬件分区设计，丝印框图清晰易懂，包含传感器编号，模块采用亚克力防护；

（4）125 kHz&13.56 MHz模块：接口为UART（TTL），支持的卡片有ISO/IEC 14443 A/Mifare、NTAG、MF1xxS20、MF1xxS70、MF1xxS50、EM4100、T5577。

2）系统硬件说明

Sensor-EL阅读器可读多种IC卡和ID卡，支持对Mifare1K、空白UID卡等IC卡的扇区读写，以及T5577卡之类ID卡的读写。硬件平台连接如图3.16所示。

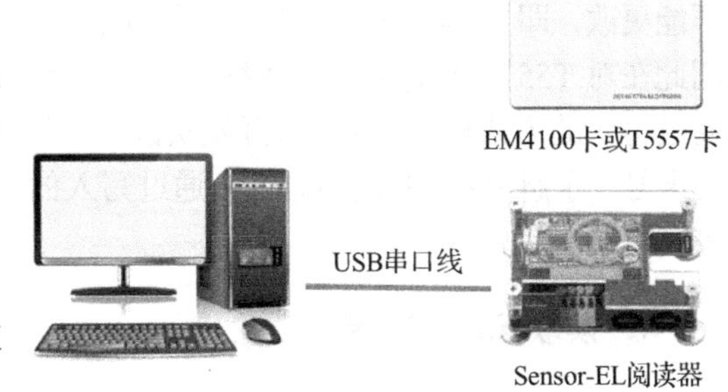

图3.16 硬件平台连接

3）ID卡阅读器的工作流程

ID卡阅读器的工作过程如下：

（1）ID卡阅读器将载波信号经天线向外发送，载波频率为125 kHz。

（2）ID卡进入卡阅读器的工作区域后，由阅读器中电感线圈和电容组成的谐振回路接收阅读器发送的载波信号，ID卡中芯片的射频接口模块由此信号感应出能量、复位信号及系统时钟。

（3）ID卡的读取控制模块将存储器中的数据经调相编码后调制到载波上，经卡内天线回送给阅读器；阅读器将接收到的回送信号进行解调、解码后送至后台计算机。

（4）后台计算机根据ID卡卡号的合法性，针对不同应用进行相应的处理和控制。

4）串口通信协议

串口通信协议包括发送协议和接收协议，如表 3.5 所示。串口通常设置为：波特率 115200、8 个数据位、1 个停止位、无检验。

表 3.5　串口通信协议

发送协议					
协议头	地址	命令	数据长度	数据	异或校验
AB BA	1 B	1 B	1 B	1～255 B	1 B
接收协议					
协议头	地址	命令	数据长度	数据	异或校验
CD DC	1 B	1 B	1 B	1～255 B	1 B

（1）读取 ID 卡的卡号。命令代码为 0x15，读卡成功返回 ID 卡的卡号，读卡失败返回 0x80。例如：

```
Host:     AB BA 00 15 00 15                          //读 ID 卡的卡号
Reader : CD DC 00 81 05 49 00 70 14 2F 86            //读卡成功返回 4 字节的卡号
Reader : CD DC 00 80 00 80                           //读卡失败
```

（2）写入 T5577 卡的卡号。命令代码为 0x16，写卡成功返回 0x81，写卡失败返回 0x80。例如：

```
Host: AB BA 00 16 05 2E 00 B6 A3 02 2A
```

3.1.2　开发实践：ID 卡识别

EM4100 卡和 T5577 卡是两种常见的 ID 卡。EM4100 卡的卡号在出厂前一次写入，之后不能更改，即 EM4100 卡的卡号只能读取，不可写入。T5577 卡在出厂时是不带任何信息的，因此在对 T5577 卡的空卡读数据时，需要将数据提前写入，既可读取 T5577 卡的卡号，又可通过写入的方式修改卡号。本开发实践项目通过 RFIDDemo 软件读取 EM4100 卡和 T5577 卡的卡号，了解 ID 卡的使用方法，通过写入的方式修改 T5577 卡的卡号，掌握 ID 卡的卡号的复制方法。

1．读取 EM4100 卡

图 3.17　RFIDDemo 软件

EM4100 卡属于 ID 卡，其卡号是固定的，在出厂时厂商已经将卡号喷印到卡片上，但卡片上的数字只能读取到部分卡号信息。

使用 USB 串口线将阅读器模块与计算机连接起来，将阅读器模块的跳线跳至 USB 端。打开如图 3.17 所示的 RFIDDemo 软件。

在“ID 卡”选项中选择“EM4100”，打开串口，软件将自动设置串口号及波特率。单击“读取卡号”按钮将会显示读取到的卡号，如图 3.18 所示。

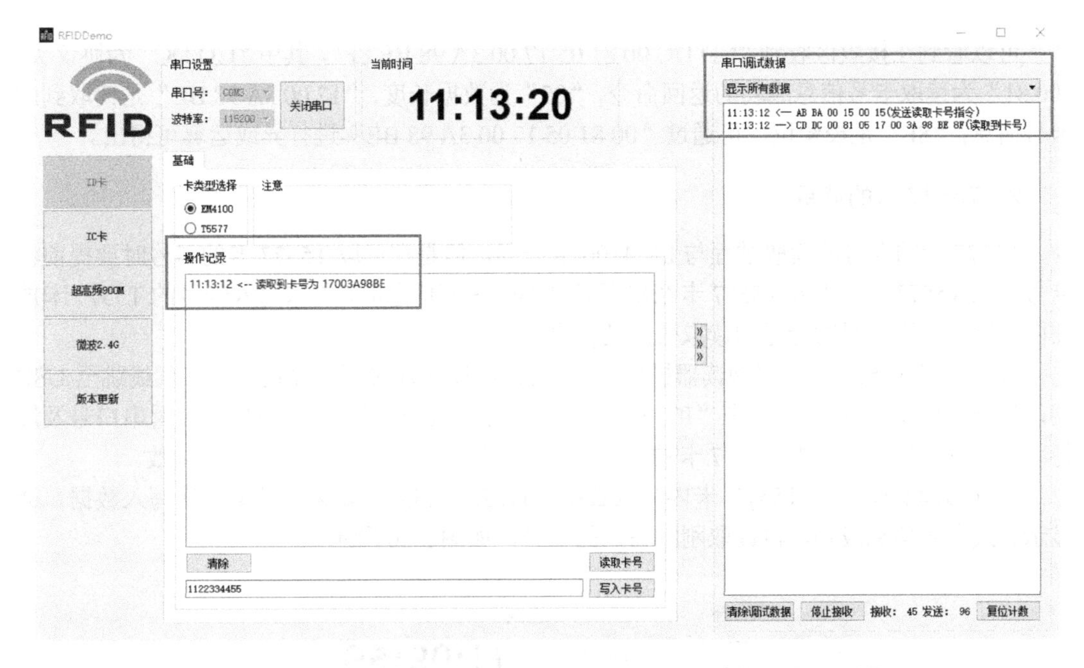

图 3.18　读 EM4100 卡

操作记录窗口显示读取卡号为“17 00 3A 98 BE”。其中，“19”为厂商代码，“00”为固定位，“3A 98 BE”可以通过卡片正面喷印的数字计算得出。

RFIDDemo 软件是如何读取到卡号的呢？保持连线不变，关闭 RFIDDemo 软件的串口，打开串口工具，将自动设置串口号，波特率为 115200、8 个数据位、1 个停止位、无检验（NONE），选择“Hex 发送”以及“Hex 显示”，发送“AB BA 00 15 00 15”，如图 3.19 所示。

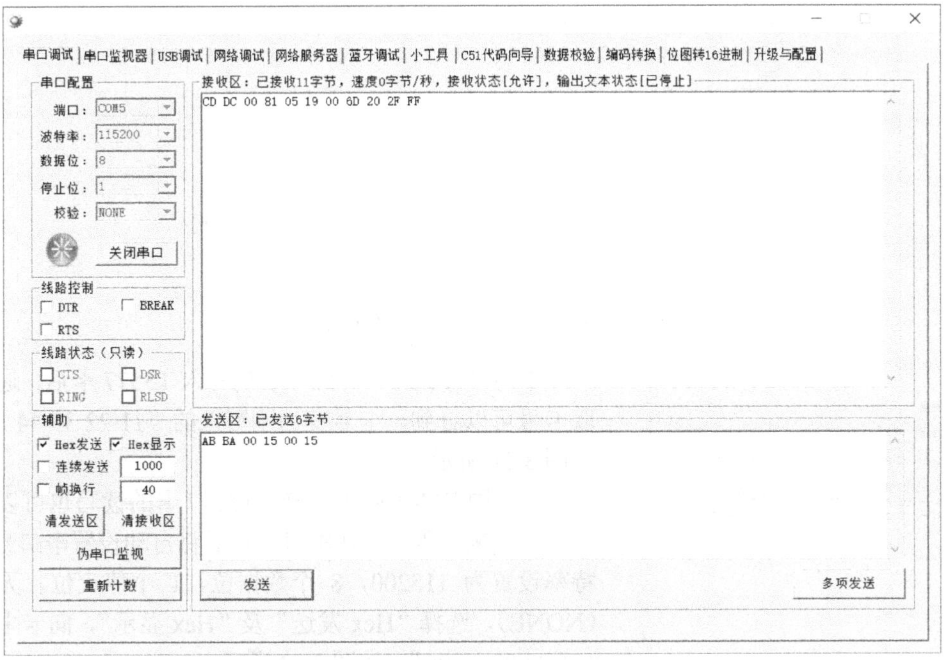

图 3.19　通过串口工具查询卡号

可以看到在接收区收到“CD DC 00 81 05 17 00 3A 98 BE 8F”，其中“CD DC”为协议头，“00 81”为读取卡号信息成功的返回命令，“05”为数据长度，“17 00 3A 98 BE”是读取到的卡号信息，“8F”是校验位，可通过“00 81 05 17 00 3A 98 BE”进行异或运算可得出。

2. T5577 卡的读写

T5577 卡的卡号的读取过程与 EM4100 卡一样，但是在读取 T5577 卡的卡号时要提前将卡号写入 T5577 卡，因为 T5577 卡在出厂时是不带任何信息的，将未写入卡号的 T5577 卡放在阅读器上读取卡号时会返回读取失败的信息。

（1）读写 T5577 卡。将阅读器模块通过 USB 串口线连接到计算机上，将跳线跳至 USB 端，打开 RFIDDemo 软件，在“ID 卡”选项下选择“T5577”，软件将自动设置串口号及波特率，并打开串口。根据 T5577 卡的卡片结构，可写入的数据为 5 个十六进制数。

通过阅读器模块向 T5577 卡内写入数据“1122334455”，如果不是第一次写入数据，会显示修改卡号信息成功，再读取刚刚写入的卡号，如图 3.20 所示。

图 3.20　写入 T5577 卡的卡号

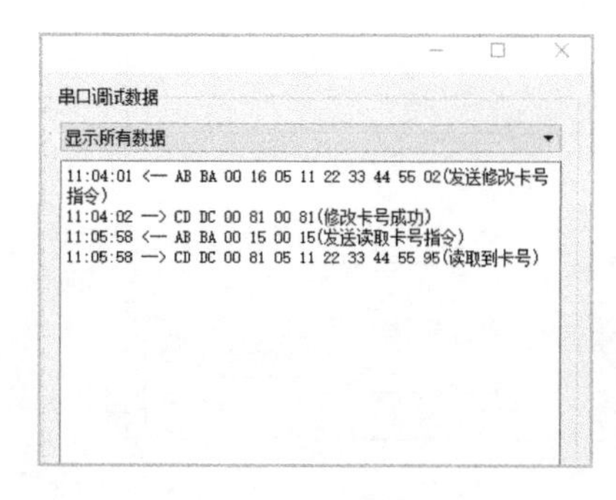

图 3.21　串口记录操作指令

卡号“11 22 33 44 55”成功写入 T5577 卡后，通过读取卡号可以看到，卡号变为刚写入的“11 22 33 44 55”，如图 3.21 所示。

（2）同 EM4100 卡一样，T5577 卡的读写也可以使用串口工具来实现。打开串口工具后将自动设置串口号，波特率设置为 115200，8 个数据位，1 个停止位，无检验（NONE），选择“Hex 发送”及“Hex 显示”，向卡中写入“01 02 03 04 05”，如图 3.22 所示。

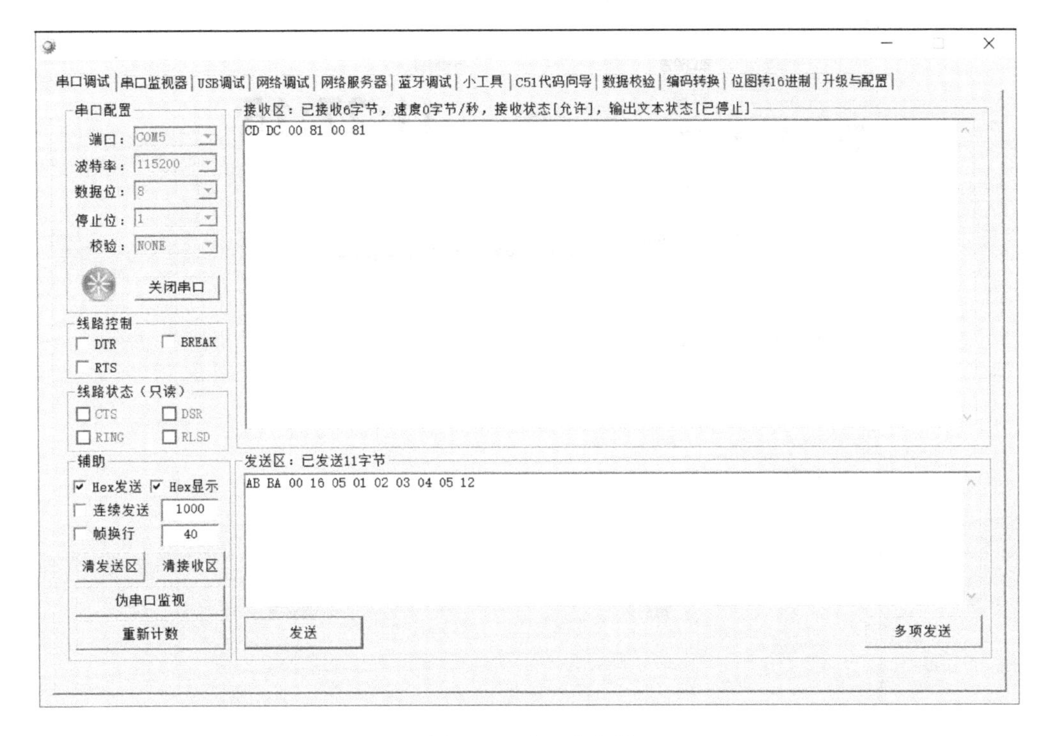

图 3.22　串口发数据

图 3.22 中，接收区接收到“DC CD 00 81 00 81”，其中“DC CD”为协议头，“00 81”为数据写入成功的返回值。发送区的“AB BA 00 16 05 01 02 03 04 05 12”中，“AB BA”为协议头，“00 16”为 T5577 卡的写入命令，“05”为写入的数据长度，“01 02 03 04 05”是写入的卡号信息，“12”是校验位，可以通过对“00 16 05 01 02 03 04 05”进行异或运算得出。读数据操作与 EM4100 卡的读数据操作相同。

3. ID 卡的复制

本开发实践中的 EM4100 卡是不可修改卡，其 ID 卡号在出厂时已经被写入并锁定，因此可以通过使用 T5577 卡来对其进行复制操作。

EM4100 卡中存储的数据是一串十六进制数，只能够存储 64 bit，而 T5577 卡能够存储 330 bit 的数据，其数据可读可写。本开发实践的阅读器模块默认将数据写在 T5577 卡的存储块 1 和存储块 2。

（1）打开 RFIDDemo 软件，软件将自动设置串口号及波特率，首先读取 EM4100 卡的卡号信息，卡号信息必须通过 RFIDDemo 软件或串口工具获取，其喷印在卡片上的数字只是卡号的一部分，不包含厂商代码，如图 3.23 所示。

读取的卡号是“17003A98BE”，在“ID 卡”选项中选择“T5577”，将 EM4100 的卡号“17003A98BE”记下来，填写至“写入卡号”的输入框。取下 EM4100 卡，放上一张 T5577 卡，先读取 T5577 卡原来的卡号，然后单击“写入卡号”按钮，如图 3.24 所示。再次读取卡号后对比新卡号和旧卡号。

图 3.23　读取 EM4100 卡的卡号

图 3.24　复制并读取写入的卡号

可以看出读取到卡号与 EM4100 卡的卡号相同，这样就完成了卡片的复制。同样，卡片的复制也可以使用串口工具来实现。

使用RFIDDemo软件和串口工具都可以实现对EM4100卡的读卡操作，以及对T5577卡的读写操作。由于T5577卡的内存较大，且可以读写，因此可以通过T5577卡复制EM4100卡的卡号来达到复制卡片的目的。

3.1.3 小结

本节介绍了ID卡的原理与协议，ID卡是低频RFID标签（简称低频标签），其工作频率范围为30～300 kHz，典型的工作频率为125 kHz和133 kHz。低频标签一般为无源标签，其工作原理一般为电感耦合原理。当低频标签与阅读器之间传送数据时，低频标签必须位于阅读器天线辐射的近场区内。与低频标签相关的国际标准有ISO/IEC 11784/11785（用于动物识别）、ISO/IEC 18000-2（125～135 kHz）。

3.1.4 思考与拓展

（1）ID卡的工作原理是怎样的？
（2）EM4100卡、T5577卡在应用时有什么区别？它们可以应用于哪些场合？
（3）ID卡适合作为电子消费卡吗?

3.2 低频RFID技术应用开发

ID卡系统是一种低频RFID，在识别过程中，当标签进入阅读器的工作范围时，标签就开始发送它的特征标记，芯片厂家对每个标签赋予了唯一的序列号。标签与阅读器的通信只能在单方向上进行，即标签不断将自身的数据发送给阅读器，但阅读器不能将数据发送给标签。ID卡这种标签的功能和内部结构比较简单，价格低廉，主要应用在动物识别、车辆出入控制、门禁、考勤等领域。

3.2.1 考勤门禁

1. 低频RFID与考勤门禁系统

考勤门禁系统由ID卡、考勤阅读器和后台控制器组成，工作过程如下：
（1）考勤阅读器将载波信号经天线向外发送。
（2）ID卡进入考勤阅读器的工作范围内后，由ID卡中电感线圈和电容组成的谐振回路接收考勤阅读器发射的载波信号，ID卡中芯片的射频接口模块由此信号感应出能量、复位信号及系统时钟，将芯片激活。
（3）芯片读取控制模块将存储器中的数据经过调相编码后调制在载波上，经卡内天线回送给考勤阅读器。
（4）考勤阅读器对接收到的回送信号进行解调、解码后送至后台计算机。
（5）计算机根据卡号的合法性，针对不同应用，如判断上下班是否迟到、打开门禁等做出相应的处理和控制。

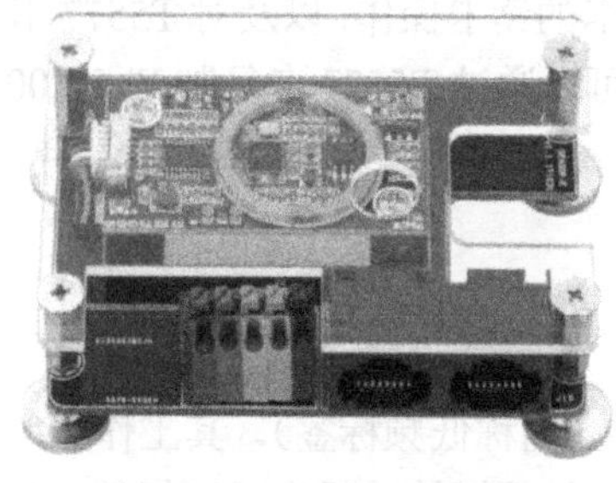
图 3.25　Sensor-EL 阅读器

2. Sensor-EL 阅读器通信协议

Sensor-EL 阅读器协议可读取多种 IC 卡和 ID 卡的卡号，同时支持对 Mifare1K、空白 UID 卡等 IC 卡的扇区读写，以及对 T5577 卡的读写。Sensor-EL 阅读器如图 3.25 所示。

串口通信协议包括协议头、地址、命令、数据长度、数据和异或校验，具体如下。

协议头：“AB BA”表示发送，“CD DC”表示接收。地址：默认为 0x00。发送命令和接收命令如表 3.6 和表 3.7 所示。

表 3.6　发送命令

序　号	命　令	功　能
1	0x15	读 ID 卡的卡号
2	0x16	写 T5577 卡的卡号

表 3.7　接收命令

序　号	命　令	功　能
1	0x81	返回操作成功
2	0x80	返回操作失败

具体的例子表 3.8 所示。

表 3.8　举例说明

命令含义	命令代码	发送成功	发送失败
读取 ID 卡的卡号	AB BA 00 15 00 15	CD DC 00 81 05 49 00 70 14 2F 86	CD DC 00 80 00 80
写入 T5577 卡的卡号	AB BA 00 16 05 2E 00 B6 A3 02 2A	CD DC 00 81 00 81	CD DC 00 80 00 80

命令说明：

（1）读取 ID 卡的卡号。命令为 0x15，读卡成功返回 ID 卡的卡号；失败则返回 0x80。例如：

```
Host:     AB BA 00 15 00 15                          //读 ID 卡的卡号
Reader : CD DC 00 81 05 49 00 70 14 2F 86            //读卡成功返回 5 字节的卡号“49 00 70 14 2F”
Reader : CD DC 00 80 00 80                           //读卡失败
```

（2）写入 T5577 卡的卡号。命令为 0x16，写卡成功返回 0x81；失败返回 0x80。例如：

```
Host: AB BA 00 16 05 2E 00 B6 A3 02 2A
```

3.2.2　开发实践：考勤系统的设计

考勤是通过某种方式来获得员工、某些团体、个人在某个特定的场所及特定的时间段内的出勤情况。随着科技的发展，考勤方式也从人工手动签到、打卡机、磁卡打卡、指纹打卡发展到了移动考勤。基于低频RFID的考勤系统能提供及时、完整、准确而有效的信息服务，提高工作效率和业务水平，降低成本。

本开发实践为某公司设计一套高效且价格适中的考勤系统，读者可通过为该公司设计的考勤系统掌握嵌入式考勤机的编程设计和硬件搭建。

1. 开发设计

1）硬件开发平台

嵌入式考勤机的硬件主要由两部分组成：CC2530节点，主要负责接收射频模块的数据、控制门禁系统开关，把接收到的数据传送到上位机软件后进行业务逻辑处理；低频阅读器模块，主要负责根据CC2530节点发送的阅读器协议对ID卡进行识别，把识别的卡号上传到CC2530节点。

（1）CC2530节点。该节点采用无线模组作为MCU主控制器，如图3.26所示。

该节点的特色为：

- 集成24引脚无线模组接口，支持ZigBee、BLE、Wi-Fi、LoRa、NB-IoT、LTE等各种无线模组；
- 两路RJ45工业接口，提供主芯片8路I/O输出，硬件包含I/O、DC 3.3 V、DC 5 V、UART、RS-485、两路继电器等功能，提供两路3.3 V、5 V或12 V电源输出；
- 支持物联网，可通过4G网络获取感知和传输层的数据，提供网络拓扑图、网络JSON数据包、历史数据、LabView数据接入等信息；
- 集成电源保护电路，电源反向接入或短路能够自动断开供电。

（2）低频阅读器模块。物联网识别开发平台的低频阅读器硬件为125 kHz&13.56 MHz二合一模块（Sensor-EL），可接入智能网关、智能节点、计算机中使用，如图3.27所示。

图3.26　CC2530节点

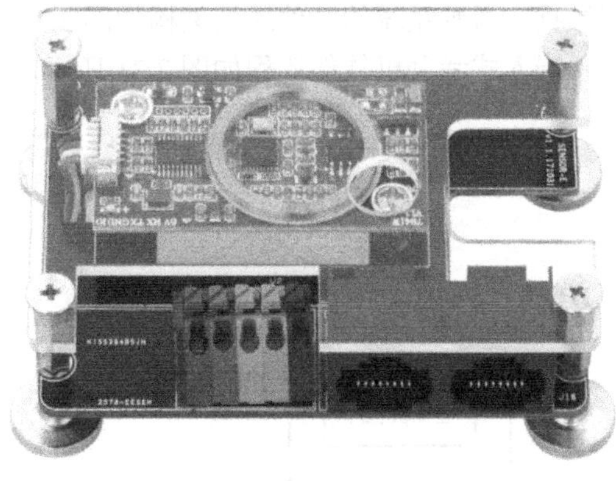

图3.27　低频阅读器模块

该模块特色为：

- 两路RJ45工业接口，包含I/O、DC 3.3 V、DC 5 V、UART、RS-485、两路继电器输出等功能，提供两路3.3 V、5 V或12 V电源输出；
- 125 kHz&13.56 MHz模块：接口为UART（TTL），支持的卡片包括ISO/IEC 14443 A、Mifare、NTAG、MF1xxS20、MF1xxS70、MF1xxS50、EM4100、T5577等。

（3）嵌入式考勤机的硬件。嵌入式考勤机的硬件由CC2530节点和低频阅读器模块，通过两路 RJ45 连接而成，如图 3.28 所示。

2）硬件设计

考勤系统由 PC（上位机）、嵌入式考勤机和 ID 卡构成，核心硬件为嵌入式考勤机。嵌入式考勤机通过 CC2530 节点的串口与 PC（上位机）的考勤程序进行通信。嵌入式考勤机硬件连接如图 3.29 所示。

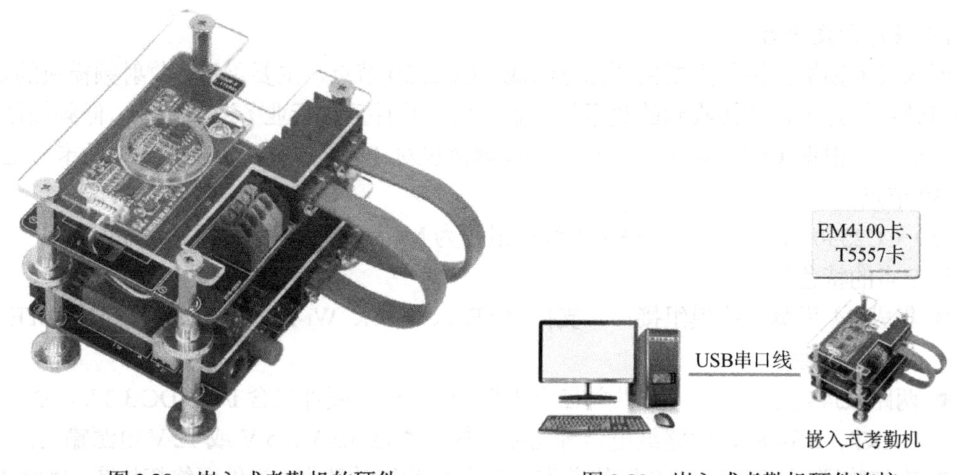

图 3.28　嵌入式考勤机的硬件　　图 3.29　嵌入式考勤机硬件连接

3）软件设计

考勤系统的软件由两部分构成：PC 上运行程序（上位机程序），主要功能是提供人机交互界面，对 CC2530 节点上传的 ID 卡信息进行业务逻辑处理；CC2530 节点程序（单片机程序），主要功能是通过阅读器进行 ID 卡的读取，执行 PC 发送的继电器控制命令，更新显示屏数据。考勤系统的软件通信架构如图 3.30 所示。

嵌入式考勤机软件流程如图 3.31 所示。

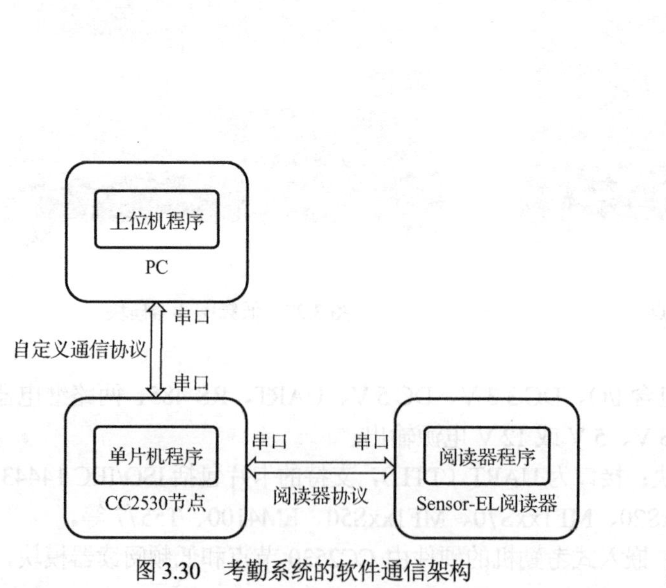

图 3.30　考勤系统的软件通信架构

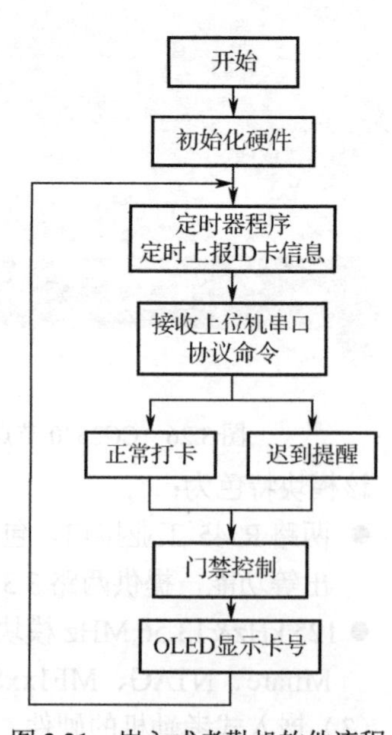

图 3.31　嵌入式考勤机软件流程

2. 功能实现

1）阅读器的软件设计

（1）主函数模块。

```
/*********************************************************************************************
* 名称：main
* 功能：主函数
*********************************************************************************************/
void main(void)
{
    xtal_init();
    uart0_init(115200);                         //UART0 初始化
    uart1_init(38400);                          //UART1 初始化
    led_init();                                 //LED 初始化
    buzzer_ioInit();                            //蜂鸣器初始化
    relay_init();                               //继电器初始化
    OLED_Init();                                //OLED 初始化
    time1Int_init();                            //定时器 1 中断初始化
    update_sysDisplay();
    while(1){
        pc_el();                                //el 控制
    }
}
```

（2）射频模块程序。

```
/*********************************************************************************************
* 文件：el.c
* 说明：考勤系统驱动
*********************************************************************************************/
u8 isComputerMode = 1;
/*********************************************************************************************
* 名称：buzzer_ioInit
* 功能：I/O 初始化，P04
*********************************************************************************************/
void buzzer_ioInit()
{
    P0SEL &= ~(1<<4);                           //通用 I/O 模式
    P0DIR |= (1<<4);                            //设置为输出
}

u32 myPow(u16 x,u16 n)
{
    u32 num=1;
    while(n--)
    {
        num *= x;
```

```
    }
    return num;
}

/*********************************************************************************************
* 名称：oled_display
* 功能：OLED 显示
* 参数：ID 卡的卡号
*********************************************************************************************/
void oled_display(u8* idCardNumber)
{
    u8 CardNumber_temp[15]={0};
    sprintf((char*)CardNumber_temp,"%02X:%02X:%02X:%02X:%02X",idCardNumber[0],idCardNumber[1],
                                  idCardNumber[2],idCardNumber[3],idCardNumber[4]);
    OLED_ShowString(0,3,CardNumber_temp,8);                                //显示卡号
}
/*********************************************************************************************
* 名称：xor_count
* 功能：异或校验计算
*********************************************************************************************/
unsigned char xor_count(unsigned char* array,unsigned char s1,unsigned char s2)
{
    unsigned char i,check_temp;

    check_temp = array[s1];
    for(i = s1+1;i<(s2+1);i++)
    {
        check_temp ^= array[i];                                            //异或校验
    }

    return check_temp;
}
/*********************************************************************************************
* 名称：mcuRead_idCard
* 功能：读取 ID 卡的卡号
* 参数：读取地址，卡号缓存
* 返回：1—成功，0—失败
*********************************************************************************************/
unsigned char mcuRead_idCard(unsigned char icAdd,unsigned char* idBuf)
{
    unsigned char i=0,check_temp=0;
    /*读 IC 卡命令*/
    unsigned char readIdCommand[6] = {0xAB,0xBA,icAdd,0x15,0x00,0x00};
    readIdCommand[5] = xor_count(readIdCommand,2,4);                       //计算校验
    Uart0_Send_LenString(readIdCommand,6);                                 //发送读卡号命令

    while((UART0_RX_STA&0x80)!=0x80)
```

```
    {
        delay_ms(1);
        i++;
        if(i>99) break;
    }

    if((UART0_RX_STA&0x80)==0x80)
    {
        if(U0RX_Buf[3]==0x81)                                    //操作成功
        {
            check_temp = xor_count(U0RX_Buf,2,(UART0_RX_STA&0x7f)-1);   //异或校验
            if(check_temp==U0RX_Buf[UART0_RX_STA&0x7f])          //校验正确
            {
                for(i=0;i<5;i++)
                {
                    idBuf[i] = U0RX_Buf[i+5];                    //获取卡号
                }
                UART0_RX_STA = 0;
                return 1;
            }
        }
        UART0_RX_STA = 0;
    }
    return 0;
}
/*************************************************************************************
* 名称：reported_idInfo
* 功能：上报 ID 卡信息
*************************************************************************************/
u8 reported_idInfo()
{
    u8 idReportedBuf[] = {  0xBF,0x05,0x0F,
    0x00,0x00,0x00,0x00,0x00,
    0x00};
    u8 idCardNumber[5] = {0};

    if(mcuRead_idCard(0x00,idCardNumber))                        //读取成功
    {
        for(u8 i=0;i<5;i++)
        {
            idReportedBuf[3+i] = idCardNumber[i];
        }
        idReportedBuf[8] = xor_count(idReportedBuf,1,7);         //计算校验
        Uart1_Send_LenString(idReportedBuf,9);                   //操作成功

        //显示卡号
        oled_display(idCardNumber);
```

```
        if(isComputerMode)
        {
            //蜂鸣器提示
            P0_4 = 0;
            delay_ms(20);
            P0_4 = 1;
        }

        return 1;
    }
    return 0;
}
/*********************************************************************************************
* 名称：pc_el
* 功能：el 控制
*********************************************************************************************/
void pc_el()
{
    if((UART1_RX_STA&0x80)==0x80)                                   //数据接收完成
    {
        u8 check_temp = xor_count(U1RX_Buf,1,(UART1_RX_STA&0x7f)-1); //异或校验
        if(check_temp==U1RX_Buf[UART1_RX_STA&0x7f])                  //校验正确
        {
            switch(U1RX_Buf[2])
            {
                //考勤系统，开门操作
            case 0x0f:
                relay1_control(1);
                relay_tiem = 20*2;
                isComputerMode = 0;                                 //确定当前是否与上位机连接
                break;
            case 0x1F:                                              //迟到或者早退
                P0_4 = 0;
                delay_ms(30);
                P0_4 = 1;
                delay_ms(150);
                P0_4 = 0;
                delay_ms(30);
                P0_4 = 1;
                delay_ms(150);
                P0_4 = 0;
                delay_ms(30);
                P0_4 = 1;
                break;
            case 0x10:                                              //正常
                P0_4 = 0;
```

```
                delay_ms(30);
                P0_4 = 1;
                break;
            }
        }
        UART1_RX_STA = 0;
    }
}
```

（3）定时器模块。

```
/*****************************************************************************************
* 名称：time1Int_init
* 功能：定时器 1 中断初始化
*****************************************************************************************/
void time1Int_init(void)
{
    u16 t1Arr = 50000;
    T1CTL |= (1<<1);                                //模计数，0 表示 T1CC0
    T1CTL |= (1<<3);                                //32 分频
    T1CC0L = t1Arr&0xff;
    T1CC0H = (t1Arr>>8)&0xff;
    T1CCTL0 |= (1<<2);                              //定时器设为比较模式
    //设置中断优先级最低
    IP0 &= ~(1<<1);
    IP1 &= ~(1<<1);
    IEN1 |= 0x02;                                   //定时器 1 中断使能
    EA=1;                                           //开总中断
}
#define INT_TIME 5

//刷卡标志
u8 idFlag=1;
//开继电器时间控制
u16 relay_tiem=0;
/*****************************************************************************************
* 名称：T1_ISR
* 功能：定时器 1 中断服务程序
*****************************************************************************************/
#pragma vector = T1_VECTOR
__interrupt void T1_ISR(void)
{
    static u8 t1_count=1;
    u8 temp_buf[5]={0};

    if(t1_count>INT_TIME)
    {
```

```
            //上报 ID 卡信息
            if(!mcuRead_idCard(0x00,temp_buf))
            {
                idFlag = 0;
                oled_areaClear(3,3,0,95);
            }
            else if(idFlag==0)
            {
                idFlag = 1;
                reported_idInfo();
            }
                t1_count = 1;
        }
        t1_count++;

        //继电器时间控制
        if(relay_tiem>1)
        {
            relay_tiem--;
        }
        else if(relay_tiem==1)
        {
            relay_tiem--;
            relay1_control(0);                    //关门
        }
        T1IF=0;
}
```

（4）继电器模块。

```
/*********************************************************************************************
* 名称：relay_init
* 功能：继电器初始化
*********************************************************************************************/
void relay_init(void)
{
    P0SEL &= ~(1<<6);                    //通用 I/O 模式
    P0SEL &= ~(1<<7);                    //通用 I/O 模式

    P0DIR |= (1<<6);                     //输出
    P0DIR |= (1<<7);                     //输出
}
/*********************************************************************************************
* 名称：relay1_control
* 功能：继电器 1 控制
* 参数：state—0 表示关闭，1 表示打开
*********************************************************************************************/
```

```
void relay1_control(u8 state)
{
    if(state)
    {
        P0_6 = 0;
    }
    else
    {
        P0_6 = 1;
    }
}
/*********************************************************************************************
* 名称：relay2_control
* 功能：继电器 2 控制
* 参数：state—0 表示关闭，1 表示打开
*********************************************************************************************/
void relay2_control(u8 state)
{
    if(state)
    {
        P0_7 = 0;
    }
    else
    {
        P0_7 = 1;
    }
}
```

（5）串口模块。

```
/*********************************************************************************************
* 文件：uart.c
* 说明：串口初始化，串口中断，串口收发数据驱动
*********************************************************************************************/
/*********************************************************************************************
* 名称：UART_BuadCount
* 功能：计算串口波特率
* 参数：baud—波特率
* 注释：根据波特率计算寄存器值
*********************************************************************************************/
void UART_BuadCount(double* baud,char* baud_e,char* baud_m)
{
    double sys_clk_baud = 32000000.0;                                   //系统时钟

    /*根据波特率选择 baud_e*/
    if(*baud<4800)
    {
```

```
            *baud_e = 6;
        }
        else if((*baud>=4800)&&(*baud<9600))
        {
            *baud_e = 7;
        }
        else if((*baud>=9600)&&(*baud<19200))
        {
            *baud_e = 8;
        }
        else if((*baud>=19200)&&(*baud<38400))
        {
            *baud_e = 9;
        }
        else if((*baud>=38400)&&(*baud<76800))
        {
            *baud_e = 10;
        }
        else if((*baud>=76800)&&(*baud<230400))
        {
            *baud_e = 11;
        }
        else
        {
            *baud_e = 12;
        }

        /*计算 baud_m*/
        *baud_m = (char)(((((*baud)*pow(2,28))/(sys_clk_baud*pow(2,*baud_e)))-256.0);
}
/*********************************************************************************************
* 名称：uart0_init
* 功能：UART0 初始化，复用到位置 1
* 参数：baud—波特率
*********************************************************************************************/
void uart0_init(double baud)
{
    char baud_e,baud_m;

    P0SEL |=  0x0C;                                      //初始化 UART0 端口
    PERCFG&= ~0x01;                                      //选择 UART0 复用到位置 1
    P0DIR &= ~(1<<2);                                    //设置 P0_2 为输入
    P0DIR |= (1<<3);                                     //设置 P0_3 为输出
    P2DIR &= ~0xC0;                                      //P0 优先作为串口 0

    U0CSR = 0xC0;                                        //设置为 UART 模式并使能接收器
    UART_BuadCount(&baud,&baud_e,&baud_m);               //计算波特率
```

```
    U0GCR = baud_e;
    U0BAUD = baud_m;                                  //设置波特率

    //设置中断优先级最高
    IP0 |= (1<<2);
    IP1 |= (1<<2);

    URX0IE = 1;                                       //串口接收中断使能
    EA = 1;                                           //开总中断
}
/*********************************************************************************
* 名称：uart1_init
* 功能：UART1 初始化，复用到位置 2
* 参数：baud—波特率
*********************************************************************************/
void uart1_init(double baud)
{
    char baud_e,baud_m;

    /*UART1，I/O 初始化，P1_6，P1_7*/
    P1SEL |= ((1<<6)|(1<<7));                         //选择 I/O 功能为外设
    PERCFG |= (1<<1);                                 //选择复用到位置 2
    P1DIR &= ~(1<<7);                                 //设置 P1_7 为输入
    P1DIR |= (1<<6);                                  //设置 P1_6 为输出

    /*UART 初始化*/
    U1CSR = ((1<<7)|(1<<6));                          //设置为 UART 模式，使能接收
    UART_BuadCount(&baud,&baud_e,&baud_m);            //计算波特率
    U1GCR = baud_e;
    U1BAUD = baud_m;                                  //设置波特率

    //设置中断优先级最高
    IP0 |= (1<<3);
    IP1 |= (1<<3);

    URX1IE = 1;                                       //使能串口接收中断
    EA = 1;                                           //开总中断
}
/*********************************************************************************
* 名称：uart0CallBack
* 功能：UART0 中断回调函数
* 参数：data—串口中断接收到的数据
*********************************************************************************/
void uart0CallBack(u8 data)
{
    static u8 recvFlag=0;
    static u8 DataLen=U0RxBuf_SIZE;
```

```
    /*数据接收协议*/
    if((UART0_RX_STA&0x80)!=0x80)                       //上次数据已处理
    {
        if((recvFlag&0x01)==0x01)                        //收到数据头
        {
            if((UART0_RX_STA&0x3F)>U0RxBuf_SIZE)         //溢出，重新接收
            {
                UART0_RX_STA = 0;
                recvFlag = 0;
                DataLen = U0RxBuf_SIZE;
            }

            U0RX_Buf[UART0_RX_STA&0x7F] = data;
            UART0_RX_STA++;

            if((UART0_RX_STA&0x7F)==5)                   //计算本次数据长度
            {
                DataLen = U0RX_Buf[4]+6;
            }
            if((UART0_RX_STA&0x7F)==DataLen)             //本次接收完成，数据未处理
            {
                UART0_RX_STA-=1;
                UART0_RX_STA |= 0x80;
                recvFlag = 0;
                DataLen = U0RxBuf_SIZE;
            }
        } else {
            U0RX_Buf[0] = U0RX_Buf[1];
            U0RX_Buf[1] = data;

            if((U0RX_Buf[0]==0xcd) && (U0RX_Buf[1]==0xdc)) //判断数据头
            {
                recvFlag = 0x01;
                UART0_RX_STA+=2;
            }
        }
    }
}
/***********************************************************************************
* 名称：uart0_RxInt
* 功能：串口 0 接收中断服务函数
***********************************************************************************/
/*UART0_RX_STA：
    bit7：接收完成标志
    bit6：接收到数据头（0xCD 0xDC）
    bit5～0：接收到数据的个数*/
```

```
unsigned char UART0_RX_STA=0;                                    //UART0 接收状态及接收个数
unsigned char U0RX_Buf[U0RxBuf_SIZE];                            //UART0 数据接收缓存

#pragma vector = URX0_VECTOR
__interrupt void uart0_RxInt(void)
{
    unsigned char ch;

    EA=0;                                                        //关总中断
    if (URX0IF == 1);
    {
        ch = U0DBUF;
        URX0IF = 0;

        uart0CallBack(ch);
    }
    EA=1;                                                        //开总中断
}
/*********************************************************************************************
* 名称：uart1CallBack
* 功能：UART1 中断回调函数
* 参数：data—串口中断接收到的数据
*********************************************************************************************/
void uart1CallBack(u8 data)
{
    static u8 recvFlag=0;
    static u8 DataLen=U1RxBuf_SIZE;

    /*数据接收协议*/
    if((UART1_RX_STA&0x80)!=0x80)                                //上次数据已处理
    {
        if((recvFlag&0x01)==0x01)                                //接收到 0xAF 数据头
        {
            if((UART1_RX_STA&0x7F)>U1RxBuf_SIZE)                 //溢出，重新接收
            {
                UART1_RX_STA = 0;
                recvFlag = 0;
                DataLen = U1RxBuf_SIZE;
            }

            U1RX_Buf[UART1_RX_STA&0x7F] = data;
            UART1_RX_STA++;

            //计算本次数据长度
            if((UART1_RX_STA&0x7F)==2)
            {
                DataLen = U1RX_Buf[1]+4;
```

```
            }
            if((UART1_RX_STA&0x7F)==DataLen)                    //本次接收完成，数据未处理
            {
                UART1_RX_STA-=1;
                UART1_RX_STA |= 0x80;
                recvFlag = 0;
                DataLen = U1RxBuf_SIZE;
            }
        }
        else if(data==0xAF)
        {
            recvFlag = 0x01;
            U1RX_Buf[UART1_RX_STA&0x3F] = data;
            UART1_RX_STA++;
        }
    }
}
/*********************************************************************************************
* 名称：uart1_RxInt
* 功能：UART1 接收中断服务函数
*********************************************************************************************/
/*UART1_RX_STA：
    bit7：接收完成标志
    bit6：接收到数据头标志
    bit5～0：接收到数据的个数*/
unsigned char UART1_RX_STA=0;                                //UART1 接收状态及接收个数
unsigned char U1RX_Buf[U1RxBuf_SIZE];                        //UART1 数据接收缓存

#pragma vector = URX1_VECTOR
__interrupt void uart1_RxInt(void)
{
    unsigned char ch;

    EA=0;                                                    //关总中断
    if (URX1IF == 1);
    {
        ch = U1DBUF;
        URX1IF = 0;

        uart1CallBack(ch);
    }
    EA=1;                                                    //开总中断
}
/*********************************************************************************************
* 名称：Uart0_Send_char
* 功能：UART0 发送字节函数
* 参数：ch—要发送的字节
```

```
*********************************************************************************/
void Uart0_Send_char(unsigned char ch)
{
    U0DBUF = ch;
    while(UTX0IF == 0);
    UTX0IF = 0;
}
/*********************************************************************************
* 名称：Uart0_Send_String
* 功能：UART0 发送字符串函数
* 参数：*Data—要发送字符串的首地址
*********************************************************************************/
void Uart0_Send_String(unsigned char *Data)
{
    while (*Data != '\0')
    {
        Uart0_Send_char(*Data++);
    }
}
/*********************************************************************************
* 名称：Uart0_Send_Len String
* 功能：UART0 发送长度为 Len 的字符串函数
* 参数：*Data—要发送字符串的首地址；len—发送数据长度
*********************************************************************************/
void Uart0_Send_LenString(unsigned char *Data,int len)
{
    while (len--)
    {
        Uart0_Send_char(*Data++);
    }
}
/*********************************************************************************
* 名称：Uart0_Recv_char
* 功能：UART0 接收字节函数
* 返回：接收到的字节
*********************************************************************************/
int Uart0_Recv_char(void)
{
    int ch;
    while (URX0IF == 0);
    ch = U0DBUF;
    URX0IF = 0;

    return ch;
}
/*********************************************************************************
* 名称：Uart1_Send_char
```

```
* 功能：UART1 发送字节函数
* 参数：ch—要发送的字节
*********************************************************************************/
void Uart1_Send_char(unsigned char ch)
{
    U1DBUF = ch;
    while(UTX1IF == 0);
    UTX1IF = 0;
}
/*********************************************************************************
* 名称：Uart1_Send_String
* 功能：UART1 发送字符串函数
* 参数：*Data—要发送字符串的首地址
*********************************************************************************/
void Uart1_Send_String(unsigned char *Data)
{
    while (*Data != '\0')
    {
        Uart1_Send_char(*Data++);
    }
}
/*********************************************************************************
* 名称：Uart0_Send_Len String
* 功能：UART0 发送长度为 len 的字符串函数
* 参数：*Data—要发送字符串的首地址；len—发送数据长度
*********************************************************************************/
void Uart1_Send_LenString(unsigned char *Data,int len)
{
    while (len--)
    {
        Uart1_Send_char(*Data++);
    }
}
/*********************************************************************************
* 名称：Uart1_Recv_char
* 功能：UART1 接收字节函数
*********************************************************************************/
int Uart1_Recv_char(void)
{
    int ch;
    while (URX1IF == 0);
    ch = U1DBUF;
    URX1IF = 0;
    return ch;
}
```

（6）OLED显示驱动。

```
/*********************************************************************************
* 文件：oled.c
*********************************************************************************/
#define ADDR_W   0x78                              //主机写地址
#define ADDR_R   0x79                              //主机读地址
#define OLED_HEIGHT 32/8
#define OLED_WIDTH   96
unsigned char OLED_GRAM[96][4];
/*********************************************************************************
* 名称：OLED_Init()
* 功能：OLED初始化
*********************************************************************************/
void OLED_Init(void)
{
    iic_init();
    OLED_Write_command(0xAE);                      //显示关闭
    OLED_Write_command(0x00);                      //设置低位列地址
    OLED_Write_command(0x10);                      //设置高位列地址
    OLED_Write_command(0x40);                      //设置起始行地址
    OLED_Write_command(0xB0);                      //设置页面地址
    OLED_Write_command(0x81);                      //设置对比度
    OLED_Write_command(0xFF);                      //128
    OLED_Write_command(0xA1);                      //集合段重映射
    OLED_Write_command(0xA6);                      //正常/反转
    OLED_Write_command(0xA8);                      //设定复用比（1～64）
    OLED_Write_command(0x3F);                      //1/32 duty
    OLED_Write_command(0xC8);                      //COM扫描方向
    OLED_Write_command(0xD3);                      //设置显示偏移
    OLED_Write_command(0x00);//

    OLED_Write_command(0xD5);                      //设置OSC分区
    OLED_Write_command(0x80);

    OLED_Write_command(0xD8);                      //设置区域颜色模式关闭
    OLED_Write_command(0x05);

    OLED_Write_command(0xD9);                      //设定预充电期
    OLED_Write_command(0xF1);

    OLED_Write_command(0xDA);                      //设置COM硬件引脚配置
    OLED_Write_command(0x12);

    OLED_Write_command(0xDB);                      //设置VCOMH
    OLED_Write_command(0x30);
```

```
        OLED_Write_command(0x8D);                              //设置电荷泵使能
        OLED_Write_command(0x14);

        OLED_Write_command(0xAF);                              //OLED 面板的开启
        OLED_Clear();

}
/*********************************************************************************************
* 名称：OLED_Write_command()
* 功能：IIC 总线写命令
*********************************************************************************************/
void OLED_Write_command(unsigned char IIC_Command)
{
        iic_start();                                           //启动总线
        iic_write_byte(ADDR_W);                                //地址设置
        iic_write_byte(0x00);                                  //写命令的指令
        iic_write_byte(IIC_Command);                           //等待写命令完成
        iic_stop();
}
/*********************************************************************************************
* 名称：OLED_IIC_write()
* 功能：IIC 写数据
*********************************************************************************************/
void OLED_IIC_write(unsigned char IIC_Data)
{
        iic_start();                                           //启动总线
        iic_write_byte(ADDR_W);                                //地址设置
        iic_write_byte(0x40);                                  //写数据的指令
        iic_write_byte(IIC_Data);                              //等待写数据完成
        iic_stop();
}
/*********************************************************************************************
* 名称：OLED_Display_On()
* 功能：开启 OLED 显示
*********************************************************************************************/
void OLED_Display_On(void)
{
        OLED_Write_command(0x8D);                              //设置电荷泵使能
        OLED_Write_command(0x14);                              //设置 9 V 电荷泵使能
        OLED_Write_command(0xAF);                              //打开 OLED
}
/*********************************************************************************************
* 名称：OLED_Display_Off()
* 功能：关闭 OLED 显示
*********************************************************************************************/
void OLED_Display_Off(void)
{
```

```
    OLED_Write_command(0x8D);                                //设置电荷泵使能
    OLED_Write_command(0x10);                                //关闭设置 9 V 电荷泵
    OLED_Write_command(0xAE);                                //关半 OLED
}
/*****************************************************************************************
* 名称：OLED_Set_Pos()
* 功能：坐标设置
* 参数：x,y—坐标
*****************************************************************************************/
void OLED_Set_Pos(unsigned char x, unsigned char y)
{
    OLED_Write_command(0xb0+y);
    OLED_Write_command(((x&0xf0)>>4)|0x10);
    OLED_Write_command((x&0x0f));
}
/*****************************************************************************************
* 名称：OLED_Clear()
* 功能：清屏函数，清完屏后整个屏幕是黑色的，和没点亮一样
*****************************************************************************************/
void OLED_Clear(void)
{
    unsigned char i,n;

    for(i=0;i<OLED_HEIGHT;i++)
    {
        OLED_Write_command (0xb0+i);                         //设置页地址（0～7）
        OLED_Write_command (0x00);                           //设置显示位置：列低地址
        OLED_Write_command (0x10);                           //设置显示位置：列高地址
        for(n=0;n<OLED_WIDTH;n++)
        OLED_IIC_write(0);
    }
}
/*****************************************************************************************
* 名称：oled_areaClear()
* 功能：区域清空
* 参数：Hstart,Hend,Lstart,Lend—坐标
*****************************************************************************************/
void oled_areaClear(int Hstart,int Hend,int Lstart,int Lend)
{
    unsigned int x,y;

    for(y=Hstart;y<=Hend;y++)
    {
        OLED_Set_Pos(Lstart,y);
        for(x=Lstart;x<=Lend;x++)
        {
            OLED_IIC_write(0);
```

```
        }
    }
}
/*********************************************************************************************
* 名称：OLED_Fill
* 功能：填充函数
* 参数：data—填充的数据
*********************************************************************************************/
void OLED_Fill(unsigned char data)
{
    unsigned char x,y;
    for(y=0;y<OLED_HEIGHT;y++)
    {
        OLED_Set_Pos(x,y+1);
        for(x=0;x<OLED_WIDTH;x++)
            OLED_IIC_write(data);
    }
}
/*********************************************************************************************
* 名称：OLED_ShowChar()
* 功能：在指定位置显示一个字符
* 参数：x,y—起始坐标（x=0～95，y=0～3）；chr—字符串指针；Char_Size—字体大小
*********************************************************************************************/
void OLED_ShowChar(unsigned char x,unsigned char y,unsigned char chr,unsigned char Char_Size)
{
    unsigned char c=0,i=0;
    c=chr-' ';                                //得到偏移后的值
    if(Char_Size ==16)
    {
        OLED_Set_Pos(x,y);
        for(i=0;i<8;i++)
            OLED_IIC_write(F8X16[c*16+i]);
        OLED_Set_Pos(x,y+1);
        for(i=0;i<8;i++)
            OLED_IIC_write(F8X16[c*16+i+8]);
    } else {
        OLED_Set_Pos(x,y);
        for(i=0;i<6;i++)
            OLED_IIC_write(F6x8[c][i]);
    }
}

/*********************************************************************************************
* 名称：OLED_ShowString()
* 功能：在指定位置显示一个字符串
* 参数：x,y—起始坐标（x=0～95，y=0～3）；chr—字符串指针；Char_Size—字体大小
*********************************************************************************************/
```

```
void OLED_ShowString(unsigned char x,unsigned char y,unsigned char *chr,unsigned char Char_Size)
{
    unsigned char i=0;

    while(chr[i]!='\0')
    {
        OLED_ShowChar(x,y,chr[i],Char_Size);
        i++;
        if(Char_Size==16)
        {
            x+=8;
            if(x>OLED_WIDTH-1)
            {
                x=0;
                y+=2;
            }
        }
        else
        {
            x+=6;
            if(x>OLED_WIDTH-1)
            {
                x=0;
                y+=1;
            }
        }
    }
}
/*********************************************************************************************
* 名称：OLED_ShowCHinese()
* 功能：在指定位置显示一个汉字
* 参数：x,y—起始坐标（x=0～127，y=0～63）；num—汉字在自定义字库（oledfont.h）中的编号
*********************************************************************************************/
void OLED_ShowCHinese(unsigned char x,unsigned char y,unsigned char num){
    unsigned char t,adder=0;
    OLED_Set_Pos(x,y);
    for(t=0;t<12;t++){
        OLED_IIC_write(Hzk[2*num][t]);
        adder+=1;
    }
    OLED_Set_Pos(x,y+1);
    for(t=0;t<12;t++){
        OLED_IIC_write(Hzk[2*num+1][t]);
        adder+=1;
    }
}
//画点
```

```
//x：0～127
//y：0～63
//t：1—填充，0—清空
void OLED_DrawPoint(unsigned char x,unsigned char y,unsigned char t)
{
    unsigned char pos,bx,temp=0;

    if(x>95||y>31)return;                                              //超出范围了
    pos=7-y/8;
    bx=y%8;
    temp=1<<(7-bx);
    if(t)
        OLED_GRAM[x][pos]|=temp;
    else
        OLED_GRAM[x][pos]&=~temp;
}
//更新显存到OLED
void OLED_Refresh_Gram(void)
{
    unsigned char i,n;
    for(i=0;i<4;i++)
    {
        OLED_Write_command (0xb0+i);                                   //设置页地址（0～3）
        OLED_Write_command (0x00);                                     //设置显示位置：列低地址
        OLED_Write_command (0x10);                                     //设置显示位置：列高地址
        for(n=0;n<96;n++)
            OLED_IIC_write(OLED_GRAM[n][i]);
    }
}
```

（7）LED 驱动模块。

```
/*********************************************************************************************
* 名称：led_init
* 功能：LED 初始化
*********************************************************************************************/
void led_init(void)
{
    P1SEL &= ~0x03;                                                    //P1_0 和 P1_1 为普通 I/O 模式
    P1DIR |= 0x03;                                                     //输出

    LED2 = 1;                                                          //关 LED
    LED1 = 1;
}
```

（8）IIC总线驱动模块。

```
/*********************************************************************************************
* 文件：iic.c
* 说明：IIC总线驱动程序
*********************************************************************************************/
#define     SCL     P0_0                                    //IIC时钟引脚定义
#define     SDA     P0_1                                    //IIC数据引脚定义
/*********************************************************************************************
* 名称：iic_delay_us()
* 功能：IIC总线延时函数
* 参数：i—延时设置
*********************************************************************************************/
void   iic_delay_us(unsigned int i)
{
    while(i--)
    {
      //asm("nop");asm("nop");asm("nop");asm("nop");asm("nop");
    }
}
/*********************************************************************************************
* 名称：iic_init()
* 功能：IIC总线初始化函数
*********************************************************************************************/
void iic_init(void)
{
    P0SEL &= ~0x03;                                         //设置P0_4和P0_5为普通I/O模式
    P0DIR |= 0x03;                                          //设置P0_4和P0_5为输出模式
    SDA = 1;                                                //拉高数据线
//  iic_delay_us(2);                                        //延时10 μs
    SCL = 1;                                                //拉高时钟线
//  iic_delay_us(2);                                        //延时10 μs
}

/*********************************************************************************************
* 名称：iic_start()
* 功能：IIC总线起始信号
*********************************************************************************************/
void iic_start(void)
{
    P0DIR |= 0x03;
    SDA = 1;                                                //拉高数据线
    SCL = 1;                                                //拉高时钟线
    iic_delay_us(2);                                        //延时
    SDA = 0;                                                //产生下降沿
    iic_delay_us(2);                                        //延时
```

```
    SCL = 0;                                         //拉低时钟线
}
/*********************************************************************************************
* 名称：iic_stop()
* 功能：IIC 总线停止信号
*********************************************************************************************/
void iic_stop(void)
{
    P0DIR |= 0x03;
    SDA =0;                                          //拉低数据线
    SCL =1;                                          //拉高时钟线
    iic_delay_us(2);                                 //延时 5 μs
    SDA=1;                                           //产生上升沿
    iic_delay_us(2);                                 //延时 5 μs
}

/*********************************************************************************************
* 名称：iic_send_ack()
* 功能：IIC 总线发送应答信号
* 参数：ack—应答信号
*********************************************************************************************/
void iic_send_ack(int ack)
{
    SDA = ack;                                       //写应答信号
    SCL = 1;                                         //拉高时钟线
    //iic_delay_us(2);                               //延时
    SCL = 0;                                         //拉低时钟线
    //iic_delay_us(2);                               //延时
}

/*********************************************************************************************
* 名称：iic_recv_ack()
* 功能：IIC 总线接收应答信号
*********************************************************************************************/
int iic_recv_ack(void)
{
    SCL = 1;                                         //拉高时钟线
    CY = SDA;                                        //读应答信号
    SCL = 0;                                         //拉低时钟线
    return CY;
}
/*********************************************************************************************
* 名称：iic_write_byte()
* 功能：IIC 总线写一个字节数据，返回 ACK 或者 NACK，从高到低，依次发送
* 参数：data—要写的数据
*********************************************************************************************/
unsigned char iic_write_byte(unsigned char data)
```

```
{
    unsigned char i;
    P0DIR |= 0x03;                                    //设置 P0_4 和 P0_5 为输出模式
    SCL = 0;                                          //拉低时钟线
    iic_delay_us(2);                                  //延时 2 μs
    for(i = 0;i < 8;i++){
        if(data & 0x80){                              //判断数据最高位是否为 1
            SDA = 1;
            //iic_delay_us(2);                        //延时 5 μs
        }
        else{
            SDA = 0;
            //iic_delay_us(2);                        //延时 5 μs
        }
        // iic_delay_us(2);                           //延时 5 μs
        SCL = 1;        //输出 SDA 稳定后，拉高 SCL 给出上升沿，从机检测到上升沿后进行数据采样
        iic_delay_us(2);                              //延时 5 μs
        SCL = 0;                                      //拉低时钟线
        //iic_delay_us(2);                            //延时 5 μs
        data <<= 1;                                   //数组左移 1 位
    }
    SDA = 1;                                          //拉高数据线
    SCL = 1;                                          //拉高时钟线
    P0DIR &= ~0x02;
    if(SDA == 1){                                     //SDA 为高，收到 NACK
        return 1;
    }else{                                            //SDA 为低，收到 ACK
        SCL = 0;
        //iic_delay_us(2);
        return 0;
    }
}

/*********************************************************************************************
* 名称：iic_read_byte()
* 功能：IIC 总线写一个字节数据，返回 ACK 或者 NACK，从高到低，依次发送
* 参数：data—要写的数据
*********************************************************************************************/
unsigned char iic_read_byte(unsigned char ack)
{
    unsigned char i,data = 0;
    P0DIR |= 0x03;                                    //设置 P0_4 和 P0_5 为输出模式
    SCL = 0;
    SDA = 1;                                          //释放总线
    P0DIR &= ~0x02;
    for(i = 0;i < 8;i++){
        SCL = 0;                                      //下降沿
```

```
        SCL = 1;                                    //上升沿
        data <<= 1;
        if(SDA == 1){                               //采样获取数据
            data |= 0x01;
        }else{
            data &= 0xfe;
        }
        iic_delay_us(2);
    }
    P0DIR |= 0x03;                                  //设置 P0_4 和 P0_5 为输出模式
    SDA = ack;                                      //应答状态
    SCL = 1;
    SCL = 0;
//  iic_delay_us(2);
    return data;
}

/*********************************************************************************
* 名称：delay()
* 功能：延时
* 参数：t—设置时间
*********************************************************************************/
void delay(unsigned int t)
{
    unsigned char i;
    while(t--){
        for(i = 0;i < 200;i++);
    }
}
```

（9）系统时钟初始化模块。

```
/*********************************************************************************
* 名称：xtal_init
* 功能：系统时钟初始化
*********************************************************************************/
void xtal_init(void)
{
    SLEEPCMD &= ~0x04;                          //上电
    while(!(CLKCONSTA & 0x40));                 //晶体振荡器开启且稳定
    CLKCONCMD &= ~0x47;                         //选择 32 MHz 晶体振荡器
    SLEEPCMD |= 0x04;
}
/*********************************************************************************
* 名称：halWait
* 功能：延时函数，单位为 ms
* 参数：wait—延时时间，最大延时为 255 ms
```

```
*******************************************************************************/
void halWait(unsigned char wait)
{
    unsigned long largeWait;

    if(wait == 0)
    {return;}
    largeWait = ((unsigned short) (wait << 7));
    largeWait += 114*wait;

    largeWait = (largeWait >> CLKSPD);
    while(largeWait--);

    return;
}
/*******************************************************************************
* 名称：delay_ms
* 功能：延时函数，单位为ms
* 参数：t—延时时间
*******************************************************************************/
void delay_ms(u16 t)
{
    while(t--)
    {
        halWait(1);
    }
}
```


2）考勤系统的上位机软件开发

（1）在CC2530节点的核心板下载好单片机程序后，将阅读器的底板通过USB串口线与计算机连接，打开阅读器底板电源后运行程序，阅读器的跳线跳至RJ45上，打开如图3.32所示的RFIDDemo_ID软件。

RFIDDemo_ID

图3.32 RFIDDemo_ID软件

（2）软件将自动设置串口号及波特率，打开串口后ID考勤系统界面如图3.33所示。

（3）在ID考勤系统中，首先设置上午及下午的刷卡时间，修改后单击“保存”按钮即可，设置的上下班时间如图3.34所示。

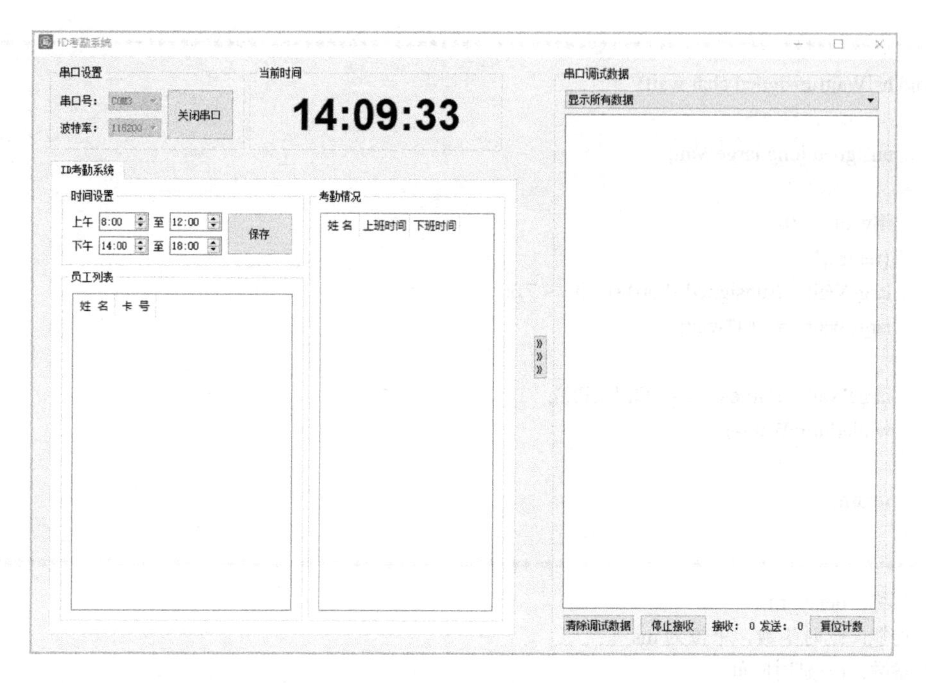

图 3.33　ID 考勤系统界面

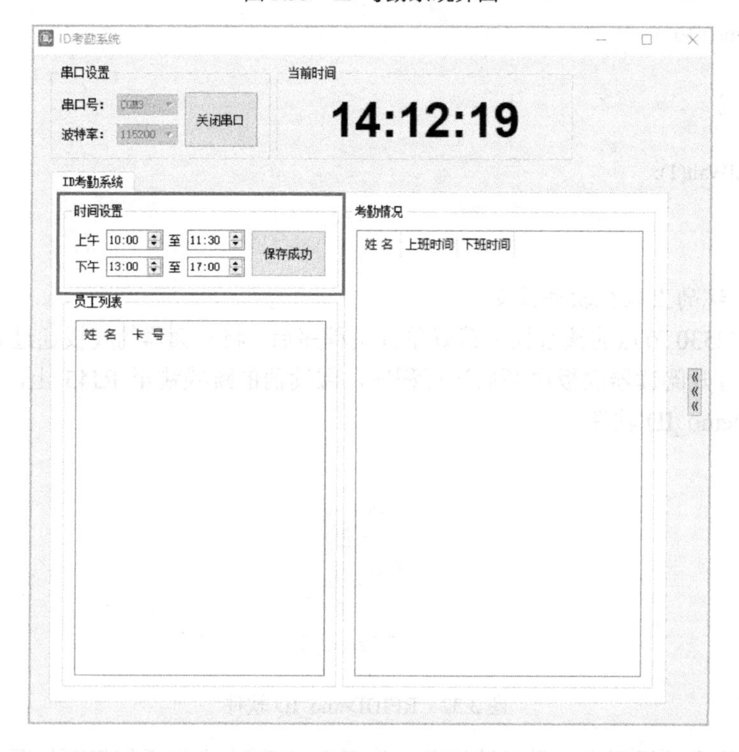

图 3.34　设置的上下班时间

（4）打卡前需要先绑定员工信息，将卡片放在阅读器上方，阅读器的蜂鸣器会响一声，并在 OLED 上显示出卡号的信息，软件界面将会提示输入员工姓名，从而绑定员工信息，如图 3.35 所示。

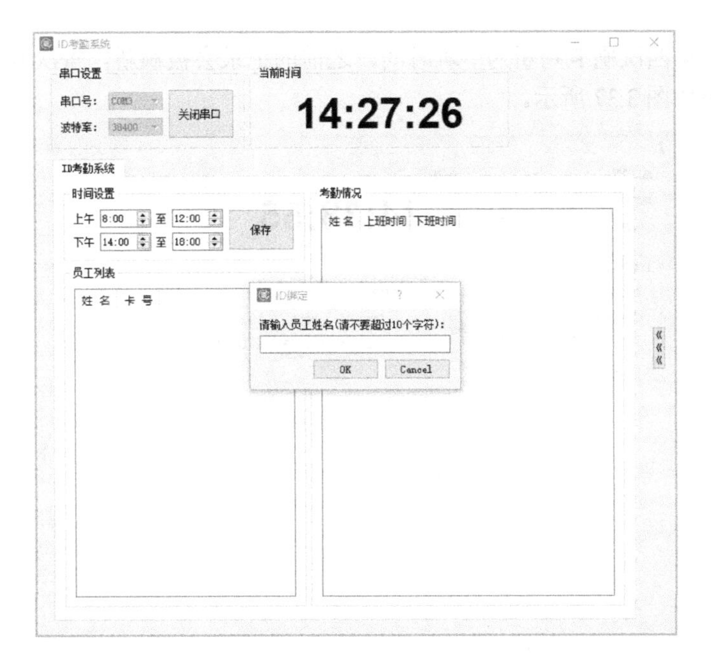

图 3.35　绑定员工信息

（5）输入员工姓名“AAA”后单击“OK”按钮，员工信息将会被保存在界面左侧的员工列表中，同时硬件模块上代表门禁的继电器打开，一段时间后闭合。员工信息记录如图 3.36 所示。

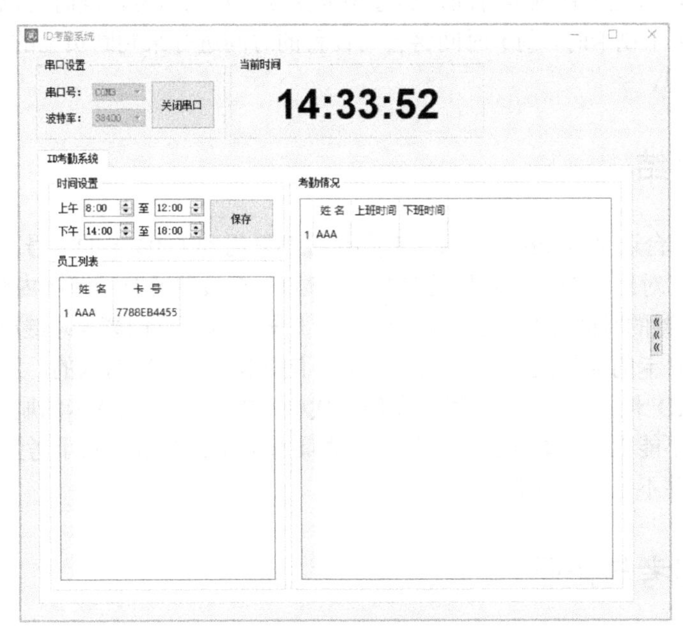

图 3.36　员工信息记录

（6）再次刷卡记录当前的考勤情况，如果是在下午，则系统将自动判断下午的上下班是否正常；如果是在上午，则会判断上午的上下班是否正常，同时再次开合门禁。绑定完信息后的第一次刷卡表示上班刷卡，第二次刷卡表示下班刷卡，如果第三次刷卡，则会按照上班时间重新判定，第四次刷卡判断为下班时间，之前的记录会被刷新，每次刷卡都会开合一次门禁。考勤记录如图 3.37 所示。

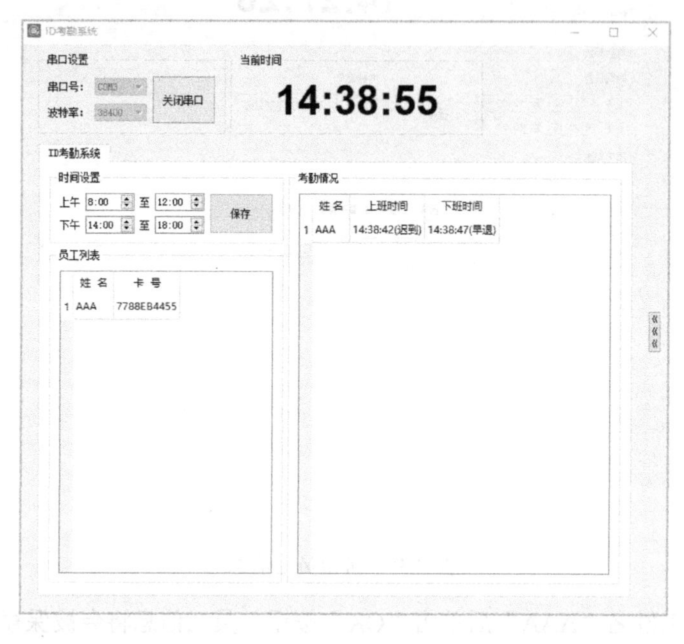

图 3.37　考勤记录

在本项目中，首先设置刷卡时间，通过刷卡获取卡片的卡号，同时可以将卡号与员工姓名绑定在一起。员工刷卡时，刷卡时间将会与设置的时间进行来判断员工的上下班是否正常，或者是迟到、早退。

3.2.3　小结

无论是 PC 平台还是 Android 平台，考勤系统都只用到了 ID 卡的卡号。将员工的姓名与 ID 卡的卡号绑定，对比刷卡的时间与设置的刷卡时间，在设置的时间范围内则为刷卡正常（正常上下班），在设置的时间外则属于迟到或早退。每刷一次卡，门禁（即继电器）都会开合一次。由于 EM4100 卡的卡号是固定的，而 T5577 卡的卡号是可以写入的，可以复制完全相同卡号，所以使用 ID 卡进行考勤，仍然存在作弊代刷卡的可能性。ID 卡的刷卡是非接触式的，但能识别的距离不能太远。本项目中卡与阅读器最远不超过 5 cm，对于考勤和门禁的功能来说，远距离识别并不是必要因素。

3.2.4　思考与拓展

（1）ID 卡有哪些优势和劣势？
（2）ID 卡适合用于交易系统吗？为什么？
（3）ID 卡考勤系统是怎样工作的？
（4）可否复制一张 ID 卡？如果能复制，复制的卡可以在考勤机上使用吗？为什么？
（5）公交卡是 ID 卡吗？银行卡是 ID 卡吗？

第4章

高频RFID技术应用

一般将远耦合的IC卡称为标签，但在不是很严格的场合下也会将近耦合的IC卡称为标签。对于高频RFID系统阅读器来说，在世界范围内主要使用了以下几种协议：

ISO/IEC 10563是近耦合的IC卡协议，主要发展于20世纪90年代。但是由于近耦合的IC卡造价高，与接触式IC卡相比，其优点又非常有限，性价比不高，所以这种协议用得不多。

ISO/IEC 14443和ISO/IEC 15693是在实际的高频RFID系统中经常用到协议。ISO/IEC 14443适用于近耦合场合（通信距离为0～10 cm），已经通过的有A类（Type A）和B类（Type B）两种协议。在这两个协议之外还有另外的许多协议在申请中，如索尼的Felica在申请C类协议，LEGIC的非接触产品在申请F类协议。

ISO/IEC 14443协议主要包括物理特性、射频功率和信号接口。从目前国内市场来看，主要应用的仍然是符合Type A协议的Mifare产品，Mifare产品占据了全球高频RFID的绝大部分市场，支持Type A的标签广泛地用于门禁系统、公交刷卡、食堂消费、俱乐部管理等多个领域，支持Type B协议产品在我国最具有代表性的就是第二代身份证。

ISO/IEC 156936协议所支持的读写距离小于1 m，所以ISO/IEC 15693也称为远耦合协议，其协议包括三部分：物理特性、空中接口和初始化、防碰撞和传输协议。目前支持ISO/IEC 15693协议的产品占据的市场份额仅次于支持ISO/IEC 14443的Type A和Type B协议的产品。

4.1 非接触式IC卡原理

含有芯片的标签是以集成电路芯片为基础的电子数据载体，是目前使用最多的标签形式。IC卡（Integrated Circuit Card，集成电路卡）也称为智能卡（Smart Card）、智慧卡（Intelligent Card）、微电路卡（Microcircuit Card）或微芯片卡等，它将一个微电子芯片嵌入符合ISO 7816标准的卡基中，做成卡片的形式。IC卡是继磁卡之后出现的又一种信息载体。一般常见的IC卡采用射频技术与支持IC卡的阅读器进行通信。IC卡与阅读器之间的通信方式可以是接触式的，也可以是非接触式的。根据通信接口的不同，可把IC卡分成接触式IC卡、非接触式IC和双界面卡（同时具备接触式与非接触式通信接口）。接触式IC卡的芯片直接封装在卡基表面，而非接触式IC卡是由芯片和线圈组成的，两者在应用时的主要区别在于：前者在使用过程中需要插入阅读器中，如银行卡等，后者仅需要靠近阅读器即可，如市政交通一卡通（即公交卡，见图4.1）、门禁卡等。

图 4.1　市政交通一卡通和阅读器

4.1.1　高频 RFID 系统

1. 高频 RFID 系统概述与应用

高频 RFID 系统的工作频率范围为 3～30 MHz，典型的工作频率是 6.75 MHz、13.56 MHz 和 27.125 MHz。高频 RFID 技术的特点是可以传送较大的数据量，是目前应用比较成熟、使用范围较广的系统，主要用于距离短、数据量大的射频识别系统中。

高频 RFID 系统阅读器与标签的通信和低频 RFID 系统一样，都采用电感耦合原理，高频 RFID 系统的标签通常是无源的，在与阅读器传输数据时，标签需要位于阅读器天线的近场区，其工作能量是通过电感耦合方式从阅读器中获得的。在这种工作方式中，标签的天线不再需要线圈绕制，可以通过腐蚀印刷的方式来制作。标签一般是通过负载调制的方式工作的，也就是通过标签负载电阻的接通和断开来将数据传输到阅读器的。

高频 RFID 系统的标签通常会做成卡片形状，如图 4.2 所示，典型的应用有我国第二代身份证、小额消费卡、电子车票、门票和物流管理等，主要的功能包括安全认证、电子钱包、数据储存等。常用的门禁卡、第二代身份证属于安全认证的应用，而公交卡、银行卡、地铁卡等属于电子钱包的应用。

2. 高频 RFID 系统的通信原理与协议

1）高频 RFID 系统的通信原理

典型的高频 RFID 系统（如工作频率为 13.56 MHz）包括阅读器（Reader）和标签（Tag，也称应答器）。标签通常选用非接触式 IC 卡，其全称集成电路卡，又称为智能卡，可读写，容量大，具有加密功能，数据记录可靠。相比于 ID 卡，IC 卡的使用更方便，目前已经大量应用于校园一卡通系统、消费系统、考勤系统等。

目前市场上使用最多的是 Philips 公司的 Mifare 系列 IC 卡。阅读器通常由高频模块（发送器和接收器）、控制单元，以及与卡连接的耦合元件组成。高频模块和耦合元件用于发送电磁场信号（射频信号，为非接触式 IC 卡提供所需要的工作能量），以及发送数据给 IC 卡，同时接收来自 IC 卡的数据。此外，大多数非接触式 IC 卡的阅读器都配有上传接口，以便将所获取的数据上传给其他系统（如个人计算机、机器人控制装置等）。IC 卡由主控芯片（专用集成电路，ASIC）和天线组成，天线由线圈构成，适合封装到 IC 卡中。常见的 IC 卡内部结构如图 4.3 所示。

典型的高频 RFID 系统应用如图 4.4 所示，IC 卡是通过电感耦合的方式从阅读器获得所需的工作能量的。

图 4.2 高频 RFID 系统的标签

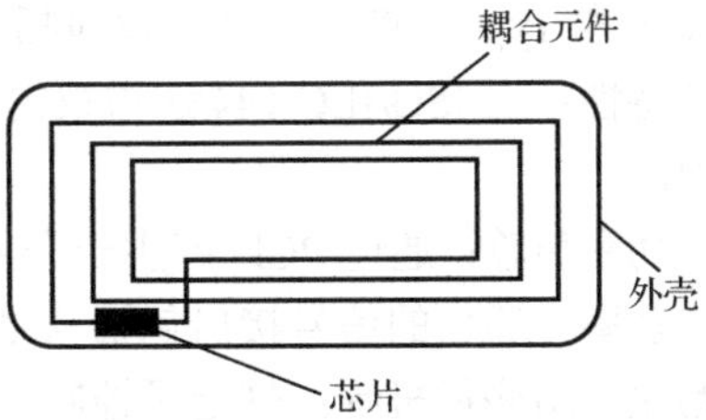

耦合元件
外壳
芯片

图 4.3 常见的 IC 卡内部结构

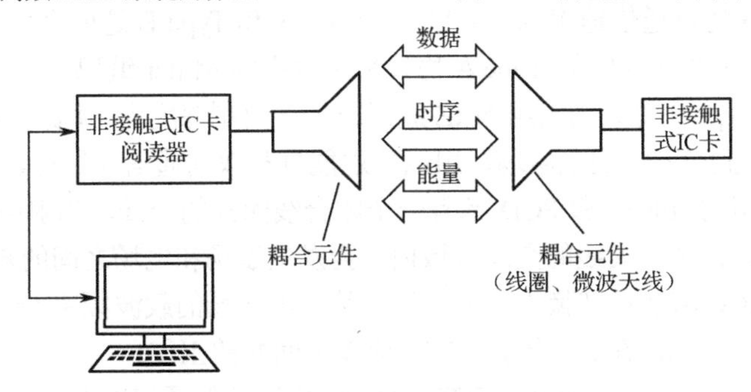

图 4.4 典型的高频 RFID 系统应用

下面以典型的 IC 卡（Mifare1）为例来说明标签获得能量的过程。阅读器向 IC 卡发送一组固定频率的电磁波，标签内有一个 LC 串联谐振电路（见图 4.5），其谐振频率与阅读器发出的频率相同，这样当标签进入阅读器的工作范围时就会产生电磁共振，从而使电容存储电荷，在电容的另一端连接了一个单向通的电子泵，可将电容内的电荷传送到另一个电容内存储，当存储积累的电荷使电压达到 2 V 时，就可为其他电路提供工作能量，从而将 IC 卡内的数据发送出去或接收阅读器的数据。

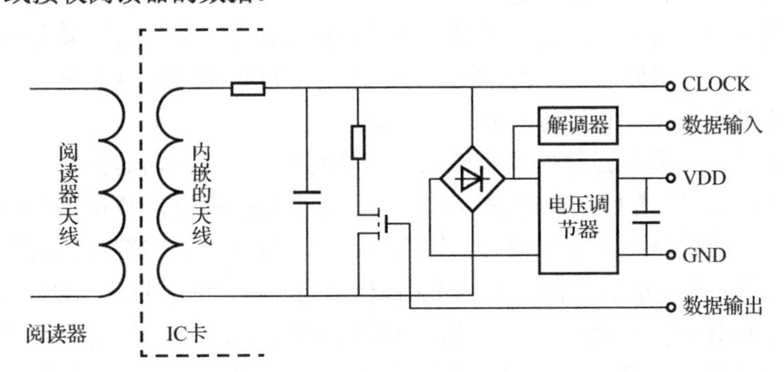

图 4.5 LC 串联谐振电路

2）高频 RFID 系统的协议

高频 RFID 系统是通过天线线圈电感耦合来传输能量的，但以这种方式获得的能量下降较快，具有明显的读取区域边界，主要应用于 1 m 以内的人员或物品的识别。高频 RFID 系统遵循两种协议：ISO/IEC 14443 和 ISO/IEC 15693 协议。

（1）ISO/IEC 14443 协议。满足 ISO/IEC 14443 协议的射频识别卡（IC 卡）就是业界通常所说的近耦合卡，这时的阅读器也称为近耦合设备（Proximity Coupling Device，PCD），应答器（标签，IC 卡）也称为邻近卡（Proximity Integrated Circuit Card，PICC），ISO/IEC 14443

协议有 Type A 和 Type B 两类。该协议包括以下四个部分：

- 物理特性：对 ISO/IEC 14443 协议的普通特性，如标签大小以及电磁波强度等规定了范围。
- 射频功率传输：通过 PCD 产生一个用于通信的被调制的射频场，能通过耦合给 PICC 传送功率，通信的信号接口包括 A 类和 B 类。
- 初始化和防碰撞机制：规定了控制命令和数据的帧格式、时序，以及状态的转换。
- 传输协议：描述了 ISO/IEC 14443 协议采用的传输方式。

ISO/IEC 14443 协议通信速率为 106 kb/s，Type A 和 Type B 这两个协议的主要区别是载波的调制方式以及位的编码方式。Type A 协议采用改进的 Miller 编码方式，调制深度为 100%的 ASK 信号，而 Type B 协议则采用 NRZ 编码方式，调制深度为 10%的 ASK 信号。

PCD 产生耦合到 PICC 的电磁场，用以传送能量和双向通信（经过调制/解调）。根据电磁场的基本理论，由于 PICC 和 PCD 都有一个闭合线圈式的天线，当射频信号从 PCD 加载到 PICC 的天线后，在紧邻天线的空间区域内，会发生磁场和电场之间的转换，从而使 PICC 获得能量，然后 PICC 将能量转换为直流电压。其中电磁场的载波频率 f_c=13.56 MHz+7 kHz，磁场强度为 1.5～7.5 A/m，在此范围内 PICC 应能不间断的工作。

（2）ISO/IEC 15693 协议。满足 ISO/IEC 15693 协议的射频识别卡就是业界通常所说的标签，这时的阅读器也称为 VCD（Vicinity Coupling Device），应答器也称为 VICC（Vicinity Integrated Circuit Card）。ISO/IEC 15693 协议采用 ASK 调制，调制深度可选择为 10%和 100%，信号传输有 4 取 1 和 256 取 1 两种编码方式，支持频率为 424 kHz 的幅度键控调制以及频率为 424/484 kHz 的 FSK。

ISO/IEC 15693 协议的防碰撞算法思想如下：在有多张标签待读的情况下，阅读器的每轮查询分为 16 个时隙（Slot），按照 ISO/IEC 15693 协议，射频芯片从 1（Slot 标号）开始依次标记。在每个时隙中，阅读器通过发送不同参数的 Inventory 命令（防碰撞轮询指令）查询当前范围内标签的卡号，Inventory 命令就是处理防碰撞的命令，标签内则采用相对应的比较机制，阅读器通过中断方式处理碰撞或接收卡号，并发送 EOF 命令切换到下一个时隙。如果一轮查询结束后有碰撞发生，再进行新的一轮查询。

Inventory 命令主要是通过掩码值和掩码长度这两个参数实现防碰撞算法的。假设掩码长度为 0，掩码值为 0，发送 Inventory 命令时，掩码值会与标签的 UID 的最低位（LSB）进行比较，若所有待识别的标签的卡号最后一位都不是 0，则这次轮询没有标签响应，掩码值变为 1；如果有标签的卡号最后一位是 1，则这张标签响应并返回卡号（UID），掩码值变为 2；如果此时有两张标签的卡号最后一位为 2，则发生冲突，此时掩码长度变为 4，掩码值变为 *X*2，*X* 从 0 增加到 F，当 *X*2 与其中的卡号位数相同时，则相应的卡片进行响应。如此反复轮询，直到所有待识别标签都被读出为止。

3. ISO/IEC 14443 协议

ISO/IEC 14443 是读取距离为 7～15 cm 的短距离非接触式 IC 卡的协议，有 Type A 和 Type B 两种协议。Type A 协议的产品具有更高的市场占有率，并且在较为恶劣的工作环境下有较大的优势；而 Type B 协议的产品在安全性、高速率和适应性方面有很好的前景，特别适合 CPU 卡。下面分别介绍这两种协议。

1）Type A 协议

（1）从 PCD 到 PICC 的通信。

① 数据通信速率：在初始化和防冲突期间，传输的数据波特率应为f_c/128（约为 106 kb/s）。

② 位的表示和编码：

从 PCD 传送到 PICC 的信号载波频率为 13.56 MHz，在初始化和防冲突期间，数据通信速率为 13.56 MHz/128≈106 kb/s，一位数据所占的时间周期为约 9.4 μs，调制方式采用 ASK（Amplitude Shift Keying），调制深度为 100%；PICC 到 PCD 的位编码为曼彻斯特编码。序列定义如表 4.1 所示，编码定义如表 4.2 所示。

表 4.1　序列定义

序　号	通　信	内　容
1	序列 *X*	在 64/f_c 时间后，一个暂停（Pause）应出现
2	序列 *Y*	在整个位持续时间（128/f_c），没有调制出现
3	序列 *Z*	在位持续时间开始时，一个暂停（Pause）应出现

表 4.2　编码定义

序　号	编　码	内　容
1	逻辑 1	序列 *X*
2	逻辑 0	序列 *Y* 有下列两种异常情况：①如果有两个或两个以上的连续 0，则序列 *Z* 应从第二个 0 处开始被使用；②如果在起始帧后的第一位是 0，则序列 *Z* 应被用来表示它，并且以后直接紧跟着任意个 0
3	通信开始	序列 *Z*
4	通信结束	逻辑 0，后面跟随着序列 *Y*
5	没有信息	至少两个序列 *Y*

将需要发送的逻辑 1 编码成序列 *X*，逻辑 0 编码成序列 *Y*，通信开始为序列 *Z*，通信结束为逻辑 0 和跟随其后的序列 *Y*，没有信息为至少两个时序 *Y*。但是有以下两种例外情况：

- 假如有两个或更多相邻的 0，从第二个 0 开始（包括其后面的 0）采用序列 *Z*，如图 4.6（a）所示。
- 假如在帧的开始位后的第一位为 0，则用序列 *Z* 来表示该位和跟随在其后的 0，如图 4.6（b）所示。

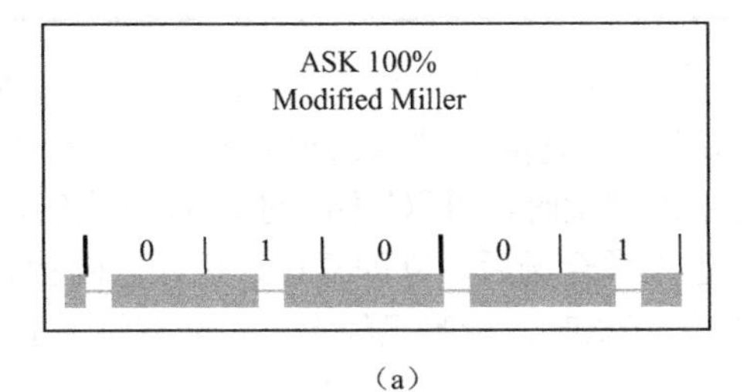

（a）

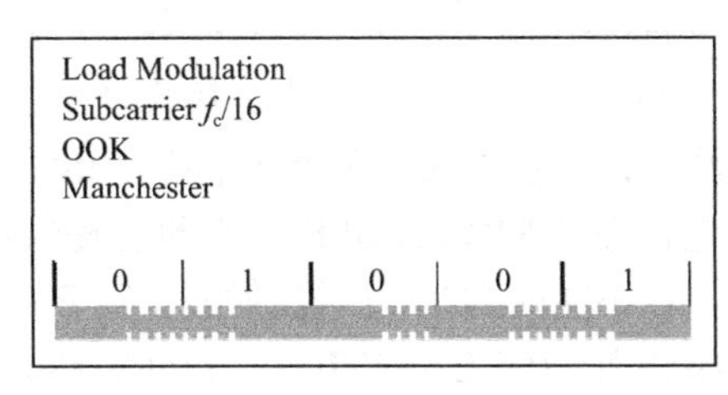

（b）

图 4.6　两种例外的情况

（2）从 PICC 到 PCD 的通信。从 PICC 到 PCD 的数据传输率也是 f_c/128（约 106 kb/s）。在 PICC 中利用 PCD 的载波频率生成副载波（频率为 f_s=f_c/16=847 kHz），在 PICC 中副载波是通过开通/断开负载的方法实现的。在初始化和防冲突期间，1 位数据的时间等于 8 个副载波的时间。曼彻斯特编码的表示方法为：载波被副载波在位宽的前半部（50%）调制时用序列 *D*，载波被副载波在位宽的后半部（50%）调制时用序列 *E* 表示，在整个位宽内载波不被副载波调制时用序列 *F* 表示；另外用序列 *D* 表示逻辑 1，序列 *E* 表示逻辑 0；同时，通信开始用序列 *D* 表示，通信结束用序列 *F* 表示，无副载波表示无信息。

① 数据通信速率。在初始化和防冲突期间，数据通信的波特率应为 f_c/128（约为 106 kb/s）。

② 位的表示和编码。位编码和曼彻斯特编码如表 4.3 所示。

表 4.3　位编码和曼彻斯特编码

序　　号	通　　信	内　　容
1	序列 *D*	对于位持续时间的第 1 个 1/2（50%），载波应用副载波来调制
2	序列 *E*	对于位持续时间的第 2 个 1/2（50%），载波应用副载波来调制
3	序列 *F*	对于 1 个位持续时间，载波不用副载波来调制
4	逻辑 1	序列 *D*
5	逻辑 0	序列 *E*
6	通信开始	序列 *D*
7	通信结束	序列 *F*
8	没有信息	没有副载波

（3）标签状态集。ISO/IEC 14443 Type A 协议中规定了 PICC 的标签状态集，阅读器对进入其工作范围内的多张 IC 卡的有效命令如表 4.4 所示。

表 4.4　有效命令

序　　号	命　　令	功　　能
1	REQA	请求命令
2	WAKEUP	唤醒命令
3	ANTICOLLISION	防冲突命令
4	SELECT	选择命令
5	HALT	停止命令

图 4.7 所示为 PICC（IC 卡）接收到 PCD（阅读器）发送命令后可能引起 IC 卡的状态转换图。注意：传输错误的命令（不符合 ISO/IEC 14443 Type A 协议的命令）不包括在内。

断电状态（POWER OFF）：在没有提供足够的能量时，PICC 不能对 PCD 发送的命令做出应答，也不能向 PCD 发送反射波；当 PICC 进入耦合场后，立即复位，进入空闲状态。

空闲状态（IDLE STATE）：当 PICC 进入空闲状态时，标签已经上电，能够解调 PCD 发送的信号；当 PICC 接收到 PCD 发送的有效 REQA（对 Type A 协议类的卡请求的应答）命令后，PICC 将进入就绪状态。

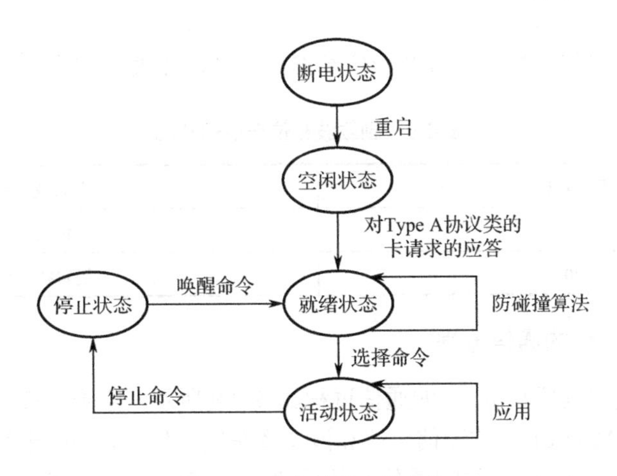

图 4.7　IC 卡的状态转换图

就绪状态（READY STATE）：在就绪状态下，执行防碰撞算法；当 PICC（标签）处于就绪状态时，采用防冲突方法，用 UID（唯一标识符）从多张 PICC 中选择出一张 PICC；然后 PCD 发送含有 UID 的 SELECT 命令，当 PICC 接收到有效的 SELECT（选择）命令时，PICC 就进入活动状态（ACTIVE STATE）。

活动状态（ACTIVE STATE）：在活动状态下，PICC 可完成本次应用的所有操作（如读写 PICC 内部的存储器）；当处于活动状态的 PICC 接收到有效的 HALT（停止）命令后，PICC 就立即进入停止状态。

停止状态（HALT STATE）：在 PICC 完成本次应用的所有操作后应进入停止状态；当处于停止状态的 PICC 接收到有效的 WAKEUP（唤醒）命令时，PICC 立即进入就绪状态。注意：当 PICC 处于停止状态时，在重新进入就绪状态和活动状态后，当 PICC 接收到相应命令时不再进入空闲状态，而是进入停止状态。

2）Type B 协议

（1）PCD 到 PICC 的通信。

数据通信速率：在初始化和防冲突期间，数据通信的波特率应为 $f_c/128$（约 106 kb/s）。

位的表示和编码：位编码格式是采用如表 4.5 所示的逻辑电平的 NRZ-L。

表 4.5　位编码格式

内　容	功　能
逻辑 1	载波场高幅度（没有使用调制）
逻辑 0	载波场低幅度

（2）PICC 到 PCD 的通信。

数据通信速率：在初始化和防冲突期间，数据通信的波特率应为 $f_c/128$（约 106 kb/s）。

位的表示和编码：位编码采用 NRZ-L，其中，逻辑状态的改变应通过副载波的移相（180°）来表示。在 PICC 帧的开始处，NRZ-L 初始逻辑电平的建立方法是：接收到来自 PCD 的任何命令后，在保护时间 T_{R0} 内，PICC 应不生成副载波（T_{R0} 应大于 $64/f_s$）；然后在延迟 T_{R1} 之前，PICC 应生成没有相位跃变的副载波，从而建立副载波相位基准 ϕ_0（T_{R1} 应大于 $80/f_s$）。

副载波的初始相位状态 ϕ_0 应定义为逻辑 1，从而第一个相位跃变表示为从逻辑 1 到逻辑

0 的跃变，随后的逻辑状态根据副载波相位基准来定义，如表 4.6 所示。

表 4.6 副载波相位与逻辑状态

副载波相位	逻 辑 状 态
ϕ_0	逻辑状态 1
ϕ_0+180°	逻辑状态 0

4．高频 RFID 系统的通信流程

高频 RFID 系统阅读器与 IC 卡的通信过程如图 4.8 所示，主要步骤如下。

（1）复位应答：Mifare1 卡的通信协议和波特率是定义好的，当有卡片进入阅读器的识别范围时，阅读器以特定的协议与它通信，从而确定该卡是否为 Mifare1 卡，即验证卡片的类型。

（2）防冲突机制：当有多张卡进入阅读器的识别范围时，防冲突算法会从中选择一张进行操作，未选中的则处于空闲状态等待下一次选卡，该过程会返回被选中卡的卡号。具体防冲突设计细节可参考相关协议手册。

（3）选卡（Select Tag）：选择被选中卡的卡号，并同时返回卡的容量代码。

（4）三次互相确认：选定要处理的卡片之后，阅读器就要确定访问的扇区号，并对该扇区密码进行密码校验，经过三次相互认证之后就可以通过加密流进行通信（在选择另一扇区时，则必须进行另一扇区密码校验）。

对数据块的操作包括读块、写块、加值、减值、存储等。

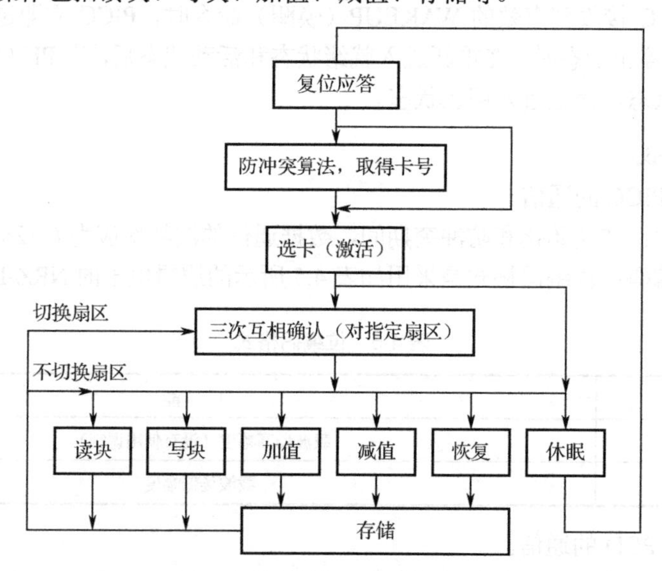

图 4.8 高频 RFID 系统阅读器与 IC 卡的通信过程

5．高频 RFID 系统的防冲突机制

当阅读器的识别范围内有多张 IC 卡时，阅读器利用各 IC 卡的 UID（唯一标识符）从中选择出一张 IC 卡。不同 IC 卡的 UID 不同，UID 通常由 4、7 或 10 个 UID 字节组成。IC 卡将这些字节封装在多个串联级别中发送给阅读器，每个串联级别内包含 5 个数据字节，其中

包括3个或4个UID字节，如表4.7所示，从表中可知IC卡最多会发送3个串联级别（串联级别数也称为UID大小）。

表4.7　IC卡的串联级别

UID大小：1	UID大小：2	UID大小：3	UID CL
UID0	CT	CT	
UID1	UID0	UID0	
UID2	UID1	UID1	UID CL1
UID3	UID2	UID2	
BCC	BCC	BCC	
	UID3	CT	
	UID4	UID3	
	UID5	UID4	UID CL2
	UID6	UID5	
	BCC	BCC	
		UID6	
		UID7	
		UID8	UID CL3
		UID9	
		BCC	

表4.7中的CT为级联级别信号，表示在下一级中还有UID；BCC为本级检验码。由表4.7可知，IC卡最多应处理3个串联级别，可得到所有UID字节。

（1）首先由PCD发送REQA（对Type A协议的IC卡的请求）命令或唤醒命令，使卡进入就绪状态。这两个命令的差别是：REQA命令使卡从空闲状态进入就绪状态，而唤醒命令使卡从停止状态进入就绪状态。

（2）PICC接收到命令后，所有处在PCD识别范围内的PICC将同步发出ATQA应答，说明各自UID的大小（1、2或3），之后进入就绪状态，执行防冲突循环操作。

（3）PCD通过发送防碰撞命令和选择命令执行防冲突循环操作，两条命令的格式如表4.8所示。

表4.8　防碰撞命令和选择命令的格式

SEL	NVB	UID CL*n* 数据位	BCC
1 B	1 B	0～4 B	1 B

SEL为指令码，其代码为93、95或97，分别代表选择UID CL1、UID CL2或UID CL3；NVB表示本命令的长度，NVB的前半字节表示字节数，后半字节表示位数。

6．Mifare1卡的工作原理

目前市面上有多种类型的非接触式的IC卡，按照遵从的协议不同大体可以分为三类，各

第
4
章

类 IC 卡特点及工作特性如表 4.9 所示，Philips 公司的 Mifare1 卡属于 PICC，该类卡的阅读器称为 PCD。

表 4.9　IC 卡和阅读器的分类

IC 卡	阅 读 器	国 际 标 准	读 写 距 离	工 作 频 率
CICC	CCD	ISO/IEC 10536	密耦合（0～1 cm）	0～30 MHz
PICC	PCD	ISO/IEC 14443	近耦合（7～10 cm）	<135 kHz，6.75 MHz，13.56 MHz
VICC	VCD	ISO/IEC 15693	疏耦合（<1 m）	27.125 MHz

高频 RFID 系统选用 PICC 作为其标签，下面以 Philips 公司的 Mifare1 卡为例详细讲解 IC 卡的内部结构。Philips 是世界上最早研制非接触式 IC 卡的公司，Mifare1 技术已经成为为 ISO/IEC 14443 Type A 协议。

Mifare1 卡是目前使用数量最大的一种感应式智能 IC 卡，拥有 13.56 MHz 非接触式识别技术。Mifare1 卡的阅读器的标准读卡距离是 2.5～10 cm。在北美地区，由于 FCC（电力）的限制，读卡距离则在 2.5 cm 左右。

1）Mifare1 卡的存储区划分

如图 4.9 所示，其中，存储介质为 EEPROM，存储容量分为 16 个扇区（扇区 0～15），每个扇区有 4 个块（Block），即块 0、块 1、块 2 和块 3，每个块有 16 B，即 1024×8 位（1 KB）。

扇区	块	块中的字节数 0～5	6～9	10～15	描述
15	3	Key A	Access Bit	Key B	Sector Trailer 15
	2				Data
	1				Data
	0				Data
14	3	Key A	Access Bit	Key B	Sector Trailer 14
	2				Data
	1				Data
	0				Data
⋮	⋮				⋮
1	3	Key A	Access Bit	Key B	Sector Trailer 1
	2				Data
	1				Data
	0				Data
0	3	Key A	Access Bit	Key B	Sector Trailer 0
	2				Data
	1				Data
	0				Manufacturer Block

图 4.9　Mifare1 卡的存储区划分

2）块功能详解

（1）厂商块，如图 4.10 所示，包含地址、内容和特性。

地址：扇区0块0。

内容：第0～3字节为卡序列号（Serial Number，SN），第4字节为序列号的校验码（Check Byte）；第5～15字节为厂商数据（Manufacturer Data）。

特性：基于保密性和系统的安全性，厂商块在IC卡厂商编程之后被置为写保护，因此该块不能再复用为数据块。

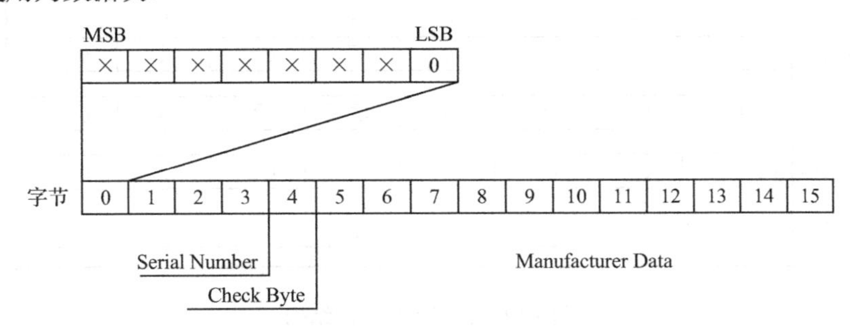

图4.10　厂商块

（2）数据块。每扇区有3个数据块（扇区0只有2个），每个块有16 B，每个块可由区尾块中的存取控制位（Access Bit）配置为：

① 读写块：用于一般数据的存储，可用读写命令直接读写整个块。

② 值块：用于数值块，可以进行初始化值、加值、减值、读值等运算。

③ 通常数据块中的数据都是需要保密的数据，对这些数据的操作需符合该块存取条件的要求，并通过该扇区的密码认证。

（3）区尾块如图4.11所示，每个扇区的块3为区尾（Sector Trailer）块，由Key A（6字节）、Access Bit（4字节）和Key B（6字节）组成，读取Key A和Key B时将返回0。

字节数	0	1	2	3	4	5	6	7	8	9	10	11	12	13	14	15
描述	Key A						Access Bit				Key B（Optional）					

图4.11　区尾块

7．存取控制位与数据区的关系

（1）存取控制位的结构。存取控制位（Access Bit）定义了该扇区中4个块的访问条件（见表4.10）以及数据块的类型（读写）。

表4.10　块的访问条件

存取控制位	有效的操作	块　号	描　述
C13 C23 C33	读、写	3	尾区块
C12 C22 C32	读、写、加值、减值、转移、重存	2	数据块
C11 C21 C31	读、写、加值、减值、转移、重存	1	数据块
C10 C20 C30	读、写、加值、减值、转移、重存	0	数据块

Mifare1卡在出厂初始化时，所有扇区的块3的初始化值均为“FFFFFFFFFFFF FF078069 FFFFFFFFFFFF”，存取控制位的结构如图4.12所示，存储控制位的初始值如表4.11所示，存取控制位的值如表4.12所示。

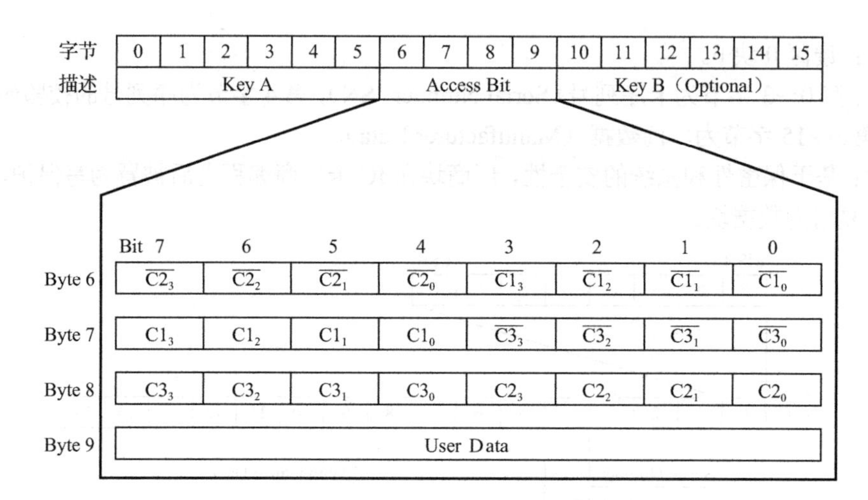

图 4.12　存取控制位的结构

表 4.11　存取控制位的初始值

	Bit 7	Bit 6	Bit 5	Bit 4	Bit 3	Bit 2	Bit 1	Bit 0	
Byte 6	1	1	1	1	1	1	1	1	FFH
Byte 7	0	0	0	0	0	1	1	1	07H
Byte 8	1	0	0	0	0	0	0	0	80H
Byte 9	0	1	1	0	1	0	0	1	69H

表 4.12　存取控制位的值

存取控制位	存储控制位的值	块　号	描　述
C13 C23 C33	001	3	区尾块
C12 C22 C32	000	2	数据块
C11 C21 C31	000	1	数据块
C10 C20 C30	000	0	数据块

（2）块 0 至块 2 的存取条件。对任意扇区的块 0 至块 2，其存取条件如表 4.13 所示。

表 4.13　块 0 至块 2 的存取条件

C1	C2	C3	读	写	加　值	减值、转移、恢复
0	0	0	Key A|B	Key A|B	Key A|B	Key A|B
0	1	0	Key A|B	Never	Never	Never
1	0	0	Key A|B	Key B	Never	Never
1	1	0	Key A|B	Key B	Key B	Key A|B
0	0	1	Key A|B	Never	Never	Key A|B
0	1	1	Key B	Key B	Never	Never
1	0	1	Key B	Never	Never	Never
1	1	1	Never	Never	Never	Never

在表 4.12 中，块 0 至块 2 的存取控制位的值为 000，带入表 4.14 中可得任意扇区的块 0 至块 2 的读写条件，如表 4.14 所示，在 Key A 或 Key B 正确后可操作。

表 4.14　块 0 至块 2 的读写条件

读	写	加　值	减值、转移、恢复
Key A|B	Key A|B	Key A|B	Key A|B

（3）块 3 的存取条件。块 3 的存取条件不同于块 0 至块 2，如表 4.15 所示。

表 4.15　块 3 的存取条件

存取控制位			密码 A		存取控制位		密码 B	
C1	C2	C3	读	写	读	写	读	写
0	0	0	Never	Key A|B	Key A|B	Never	Key A|B	Key A|B
0	1	0	Never	Never	Key A|B	Never	Key A|B	Never
1	0	0	Never	Key B	Key A|B	Never	Never	Key B
1	1	0	Never	Never	Key A|B	Never	Never	Never
0	0	1	Never	Key A|B	Key A|B	Key A|B	Key A|B	Key A|B
0	1	1	Never	Key B	Key A|B	Key B	Never	Key B
1	0	1	Never	Never	Key A|B	Key B	Never	Never
1	1	1	Never	Never	Key A|B	Never	Never	Never

根据表 4.12 可知，C13C23C33 为 001，再根据表 4.15 可知块 3 的存取条件为：密码 A 永不可读，密码 A 在 Key A）或 Key B 正确后可写；密码 B 在 Key A 或 Key B 正确后可读写；存储控制位在 Key A 或 Key B 正确后可读写。可以根据区尾块中的存储控制位得到本扇区中任意块的存取条件。

根据应用的具体情况，可以对不同的扇区选用不同的存取控制条件和密码，但应注意其每一位的格式，以免误用。一旦将某数据块设置为不可读写、加值、减值，该块将被锁死；而一旦忘记某扇区的密码，要想重新试出来几乎是不可能的，因此该扇区也将被锁死。不得随意修改各扇区块 3 的数据，特别是访问权限字节，以免造成扇区被锁死。

Mifare1 卡出厂初始化后的存取控制条件为：密码 A 永不可读，Key A 或 Key B 正确后可写；密码 B 在 Key A 或 Key B 正确后可读/写；数据块在 Key A 或 Key B 正确后可读写。

8．常用的阅读器及 IC 卡形式

1）常用的阅读器形式

高频阅读器，即高频的射频识别设备，工作于 13.56 MHz 频段，系统通过天线线圈电感耦合来传输能量，但能量下降得较快，具有明显的读取区域边界，主要应用于 1 m 以内的人员或物品的识别，主要遵循两种协议：ISO/IEC 14443（Type A、Type B）协议和 ISO/IEC 15693 协议。

按通信协议划分，高频阅读器可分为 ISO/IEC 14443 协议阅读器和 ISO/IEC 15693 协议阅读器。

ISO/IEC14443 协议阅读器的读取距离较近，基本为近距离。其中，ISO/IEC 14443 Type A 主要应用在生产自动化、门禁考勤、安防、一卡通和产品防伪等领域，ISO/IEC 14443 Type B 主要应用第二代身份证；ISO/IEC 15693 协议阅读器的读取距离较远，可进行远距离通信。

按照阅读器的输出功率划分，可将高频阅读器分为小功率阅读器（小于 1 W）、中功率阅读器（1～4 W）和大功率阅读器（大于 4 W）。

按照阅读器的读取距离划分，可将高频阅读器分为近距离阅读器（单天线，<10 cm）、中距离阅读器（单天线，10～40 cm）、远距离阅读器（单天线，<80 cm；双天线，>1.2 m）。

按照阅读器的通信接口划分，可将高频阅读器分为 USB 阅读器和网络阅读器等。

按应用环境可划分为，可分为桌面式阅读器（见图 4.13）、手持式阅读器（见图 4.14）、固定式阅读器等。

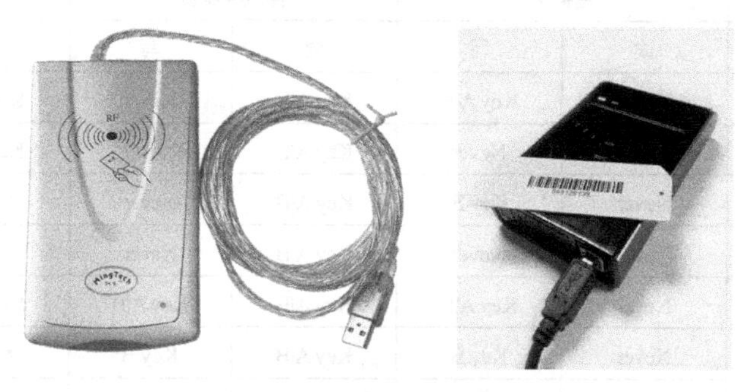

图 4.13　桌面式阅读器

图 4.14　手持式阅读器

2）常用的 IC 卡形式

高频 RFID 系统标签（IC 卡）可以有多种形式，图 4.15 所示为具有小额消费卡，可以用于商店、超市等其他多种场合；图 4.16 所示为 RFID 门票，可用于体育赛事、景区门票或者展览会门票；图 4.17 所示为物流管理标签，这种标签通常批量生产为一大卷，便于大量使用；图 4.18 所示为纸质 RFID 火车票，已经在广州到深圳的车票中采用；图 4.19 所示为货品标签，这种标签同时还配有条码。

9．Sensor-EL 阅读器硬件

物联网识别开发平台的高频阅读器硬件为 125 kHz&13.56 MHz 二合一模块（Sensor-EL，该阅读器为双频模块，可同时作为低频阅读器和高频阅读器），可接入到智能网关、智能节点、计算机中使用。

图 4.15　小额消费卡

图 4.16　RFID 门票

图 4.17　物流管理标签

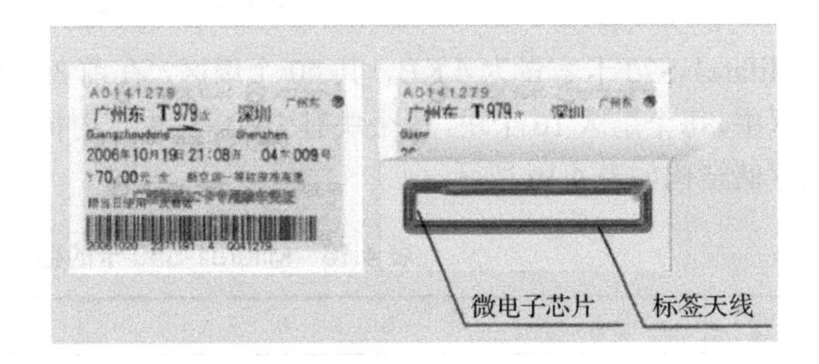

图 4.18　纸质 RFID 火车票

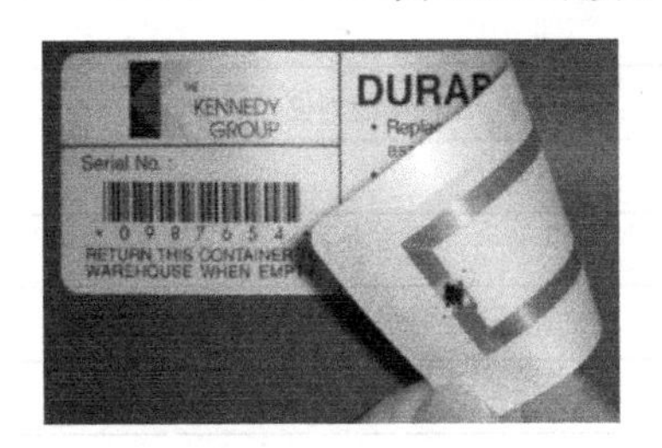

图 4.19　货品标签

4.1.2　开发实践：识别 IC 卡

某单位购置一批 IC 卡，需要登记卡号，确定密钥，以便规范管理使用。通过 RFIDDemo 软件和串口工具可对 Mifare1 卡（13.56 MHz 电子标签）进行读写操作。

1．任务分析

1）系统硬件结构

Sensor-EL 阅读器可读取多种 IC 卡和 ID 卡，同时可支持对 Mifare1 卡、空白 UID 卡等 IC 卡的扇区读写，以及 T5577 卡之类 ID 卡片的读写。本系统开发平台的硬件连线如图 4.20 所示。

本任务的目标是学习 ISO/IEC 14443 协议（13.56 MHz），掌握连接/断开上位机软件与 13.56 MHz 的高频 RFID 硬件系统的操作。

2）IC 卡的内部结构

Mifare1 卡有 Mifare1-S50 和 Mifare1-S70 两种存储结构，Mifare1-S50 卡的容量为 1 KB，共分为 16 个扇区，每个扇区分为 4 块，每块有 16 B，在操作时以块为单位进行存取。

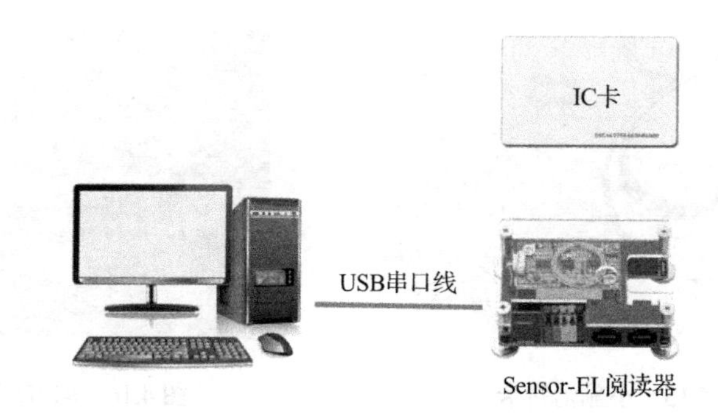

图 4.20　硬件连线

Mifare1-S70 卡容量为 4 KB，共 40 个扇区，在前 32 个扇区中，每个扇区 4 个块，在后 8 个扇区中，每个扇区 16 个块，每个块有 16 B，在操作时同样以块为单位进行存储。Mifare1-S50 卡的存储结构如表 4.16 所示。

表 4.16　Mifare1-S50 卡的存储结构

<table>
<tr><td rowspan="4">扇区 0</td><td>块 0</td><td></td><td>数据块</td><td>0</td></tr>
<tr><td>块 1</td><td></td><td>数据块</td><td>1</td></tr>
<tr><td>块 2</td><td></td><td>数据块</td><td>2</td></tr>
<tr><td>块 3</td><td>密码 A　存储控制位　密码 B</td><td>控制块</td><td>3</td></tr>
<tr><td rowspan="4">扇区 1</td><td>块 0</td><td></td><td>数据块</td><td>4</td></tr>
<tr><td>块 1</td><td></td><td>数据块</td><td>5</td></tr>
<tr><td>块 2</td><td></td><td>数据块</td><td>6</td></tr>
<tr><td>块 3</td><td>密码 A　存储控制位　密码 B</td><td>控制块</td><td>7</td></tr>
<tr><td>…</td><td>…</td><td>…</td><td>…</td><td>…</td></tr>
<tr><td rowspan="4">扇区 15</td><td>块 0</td><td></td><td>数据块</td><td>60</td></tr>
<tr><td>块 1</td><td></td><td>数据块</td><td>61</td></tr>
<tr><td>块 2</td><td></td><td>数据块</td><td>62</td></tr>
<tr><td>块 3</td><td>密码 A　存储控制位　密码 B</td><td>控制块</td><td>63</td></tr>
</table>

Mifare1-S70 卡的存储结构如表 4.17 所示。

表 4.17　Mifare1-S70 卡的存储结构

<table>
<tr><td rowspan="4">扇区 0</td><td>块 0</td><td></td><td>数据块</td><td>0</td></tr>
<tr><td>块 1</td><td></td><td>数据块</td><td>1</td></tr>
<tr><td>块 2</td><td></td><td>数据块</td><td>2</td></tr>
<tr><td>块 3</td><td>密码 A　存储控制位　密码 B</td><td>控制块</td><td>3</td></tr>
<tr><td rowspan="4">扇区 1</td><td>块 0</td><td></td><td>数据块</td><td>4</td></tr>
<tr><td>块 1</td><td></td><td>数据块</td><td>5</td></tr>
<tr><td>块 2</td><td></td><td>数据块</td><td>6</td></tr>
<tr><td>块 3</td><td>密码 A　存储控制位　密码 B</td><td>控制块</td><td>7</td></tr>
</table>

续表

···	···	···	···	···
扇区31	块0		数据块	60
	块1		数据块	61
	块2		数据块	62
	块3	密码A　存储控制位　密码B	控制块	63
扇区32	块0		数据块	64
	块1		数据块	65
	块2		数据块	66
	···	···	···	···
	块13		数据块	76
	块14		数据块	78
	块15	密码A　存储控制位　密码B	控制块	79
···	···	···	···	···
扇区39	块0		数据块	175
	块1		数据块	176
	块2		数据块	177
	···	···	···	···
	块13		数据块	189
	块14		数据块	190
	块15	密码A　存储控制位　密码B	控制块	191

本项目所用的是Mifare1-S50卡，其数据块有两种应用：①用于一般的数据存储，可以进行读写操作；②用于数据值，可以进行初始化、加值、减值、读等操作。

控制块：每个扇区都有个区尾块，包括密码A（不能读出）、密码B，以及相应扇区中的所有块的存储控制位（位于第6～9字节）。控制块的结构如表4.18所示。

表4.18　控制块的结构

A0 A1 A2 A3 A4 A5	FF 07 08 09	B0 B1 B2 B3 B4 B5
密码A（6B）	存储控制位（4B）	密码B（6B）

2. 开发实施

1）IC卡的寻卡和块读取

（1）将Sensor-EL模块的跳线设置为USB，在USB串口线与PC端连接正确后，打开如图4.21所示的RFIDDemo软件。

图4.21　RFIDDemo软件

RFIDDemo软件将自动设置串口号、波特率。在左侧边栏选择“IC卡”，然后打开串口，如图4.22所示。

注意：不要随意修改密码区，以免忘记密码导致扇区锁死而无法访问。无特别需要的时候跳过修改密码这一步，密码会保持原始状态。

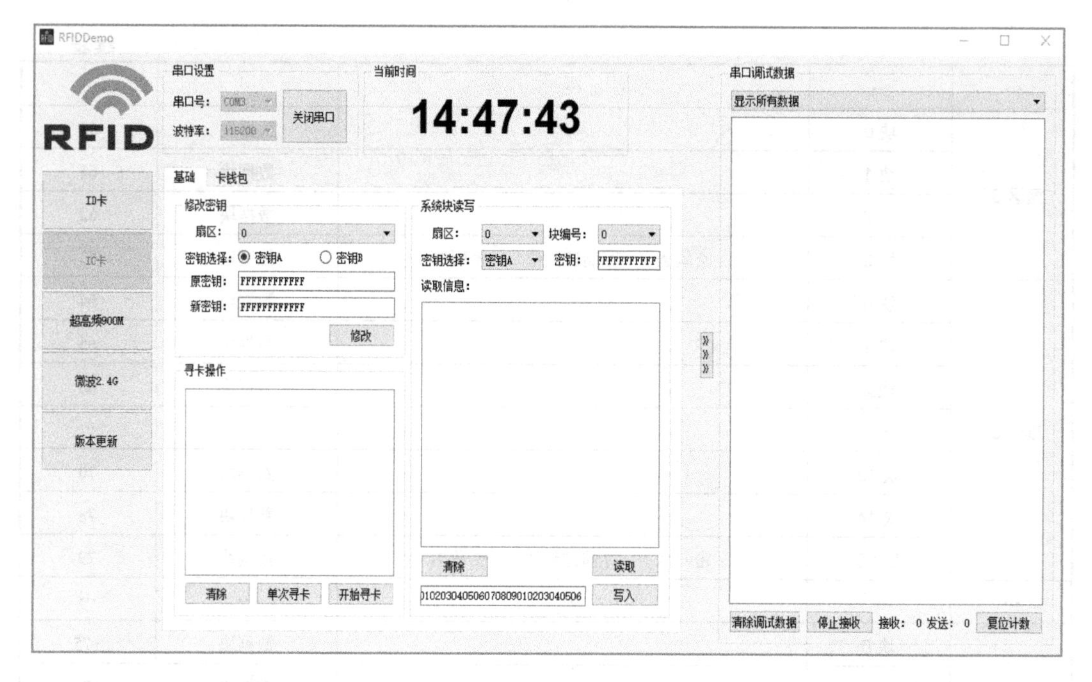

图 4.22　RFIDDemo 的 IC 卡界面

（2）单击“开始寻卡”按钮，串口调试数据窗口会显示系统在不间断地发送寻卡命令。将不同的 13.56 MHz 卡依次靠近阅读器，可以读到不同的卡号。单击“停止寻卡”按钮后系统就不再寻卡。寻卡如图 4.23 所示。

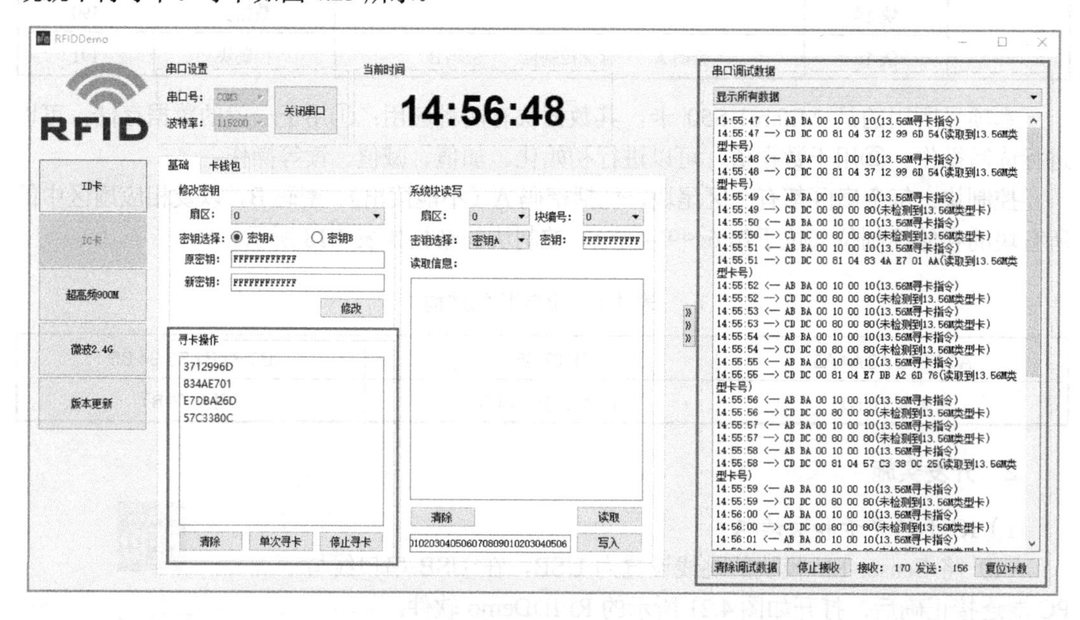

图 4.23　寻卡

寻卡操作窗口显示的 4 行数据就是读取到的 4 张卡的卡号，即 IC 卡的 UID，不需要设置模式，也不需要密码就可以读出。UID 是扇区 0 的第 0 块的部分数据，它包含有厂商数据，这个块只能读取。

（3）单次寻卡：清除数据后重新放上一张卡，单击“单次寻卡”按钮即可读出卡号。如果读不出，需要再单击“单次寻卡”按钮。该命令只发送一次寻卡指令，如图4.24所示。

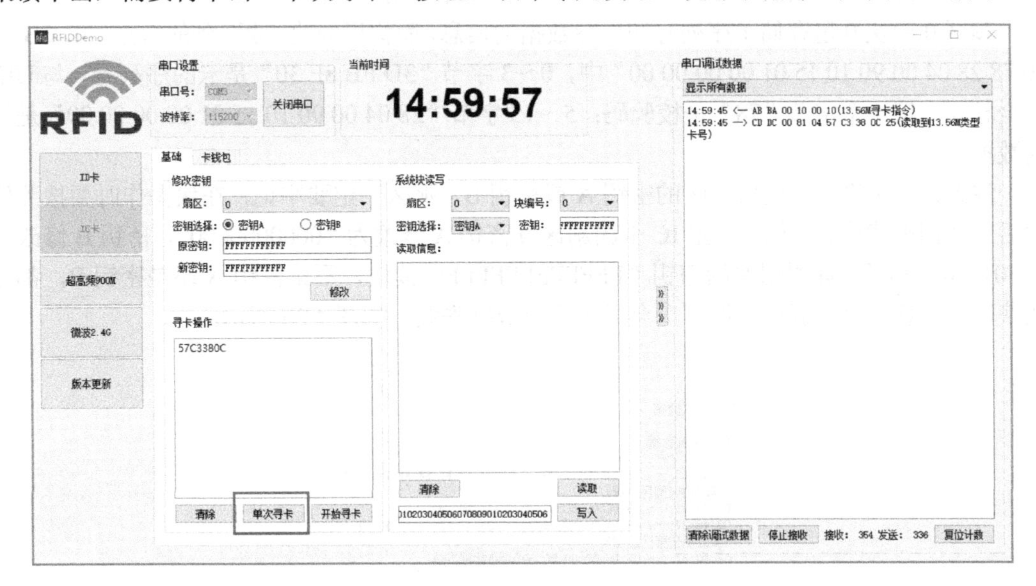

图4.24　单次寻卡

（4）清除以上数据后重新选择一张卡并读出卡号，然后在系统块读写区选择扇区0的第0块，选择“密钥A”，默认密码为“FFFFFFFFFFFF”，单击“读取”按钮可以读取到扇区0的第0块的数据，如图4.25所示。

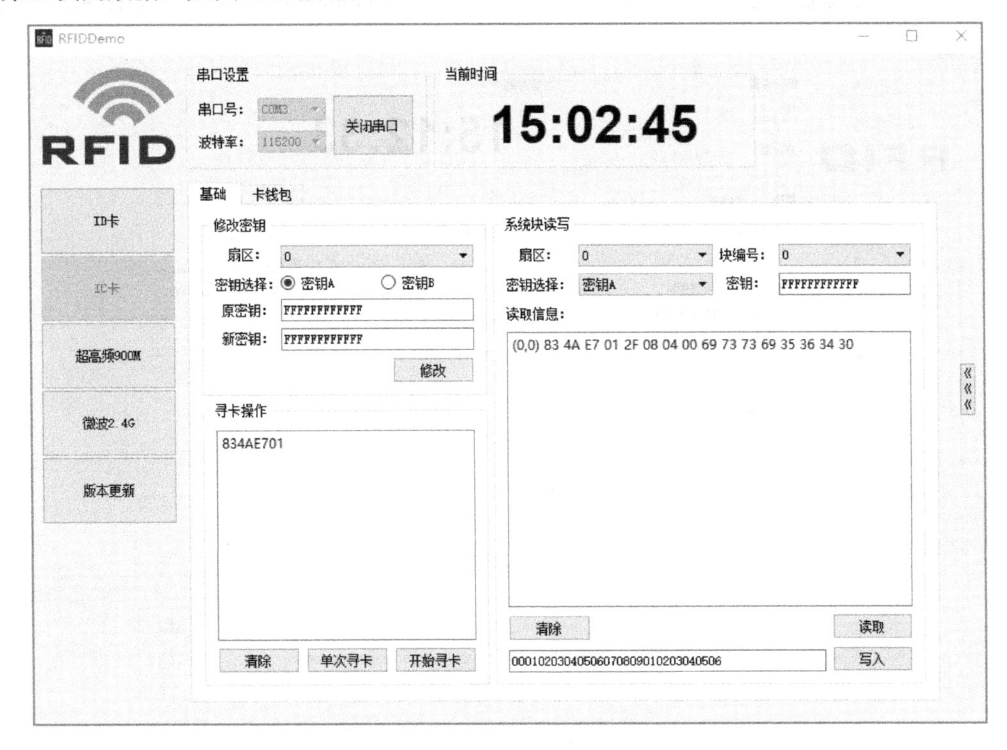

图4.25　使用密钥A（Key A）来读取块

也可以使用密钥 B（Key B）来读取块，在系统块读写功能区的密钥模式选项下，选择“密钥 B”，密钥仍然默认“FFFFFFFFFFFF”，读取相同扇区相同块，结果相同。

扇区 0 中块 0 里存储了序列号和厂商数据的信息，简称厂商块。读取到的数据“3D FB 8E 30 78 28 04 00 90 10 15 01 00 00 00 00”中，0～3 字节“3D FB 8E 30”是卡的序列号，与 UID 完全相同，第 4 个字节“78”是校验码；5～15 字节“28 04 00 90 10 15 01 00 00 00 00”是厂商数据。

注意，如果修改了任何扇区的密钥 A 或密钥 B，那么一定要牢记，在块操作时要按照修改后的密钥来读块。例如，一张 IC 卡的扇区 0 密钥 A 修改为“0000000000”，密钥 B 修改为“FF0102030401”，如果用原始密钥“FFFFFFFFFFFF”读块，不论密钥 A 还是密钥 B，都无法获取块信息，串口调试数据窗口会显示读取数据失败，如图 4.26 所示。

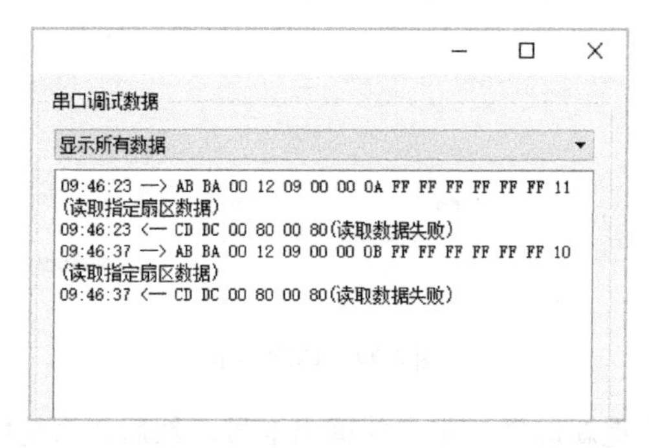

图 4.26　以原密钥读块显示读取数据失败

改用新密钥读取则可以得到块数据，用新密钥 A“0000000000”读取块，如图 4.27 所示。

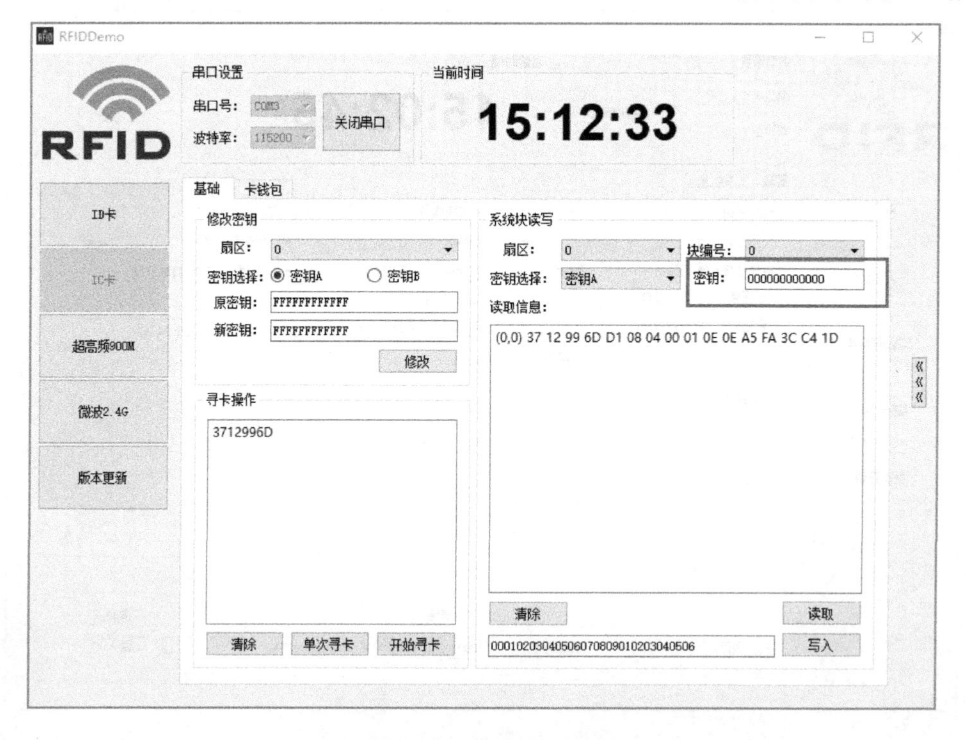

图 4.27　用新密钥 A 读取块

用新密钥 B “FF0102030401” 读取块，如图 4.28 所示。

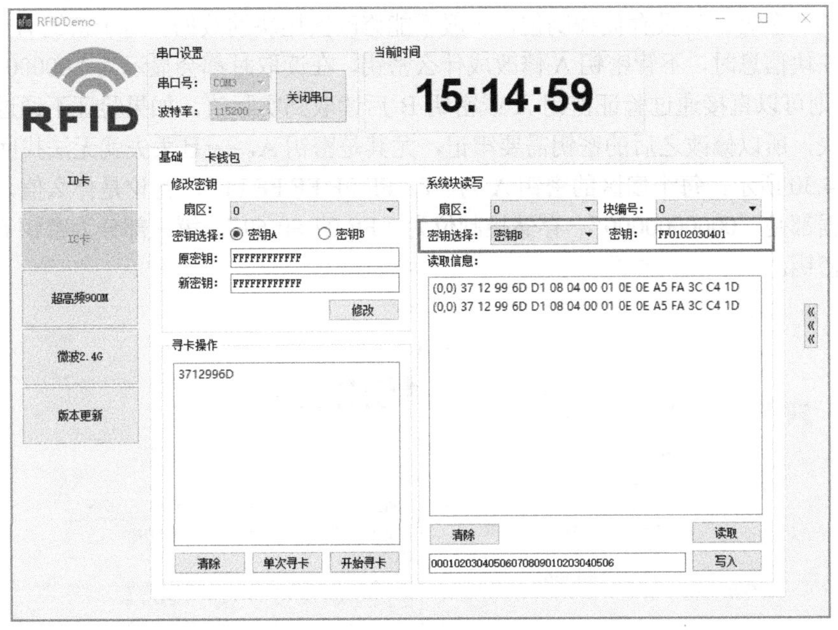

图 4.28　用新密钥 B 读取块

（5）修改密钥的操作：在修改密钥区可以修改不同扇区的密钥 A 和密钥 B。在 IC 卡中，每个扇区都有 2 个密钥（密钥 A 和密钥 B），RFIDDemo 软件中的模式 A 和模式 B 对应的就是 IC 卡扇区中的密钥 A 和密钥 B。在读取指定扇区时，需要密钥才能获取卡内信息。用户也可以对 IC 卡的密钥进行修改，但要牢记修改后的密钥，IC 卡是不可复位的，一旦丢失密钥则 IC 卡将被锁死。

如图 4.29 所示，修改密钥时 RFIDDemo 软件将提示是否确认修改密钥的提示。

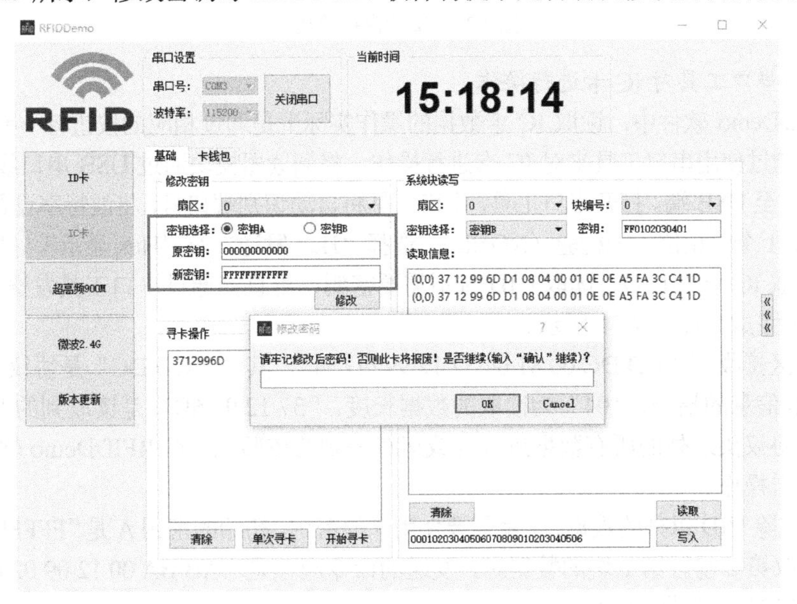

图 4.29　修改密钥时的提示

（6）读取区尾块，使用密钥 A 或密钥 B 都可以。每个扇区的区尾块是用来保存密钥的，包括密钥 A、密钥 B 以及存储控制位，一般不能修改区尾块的数据。对于密钥 A 和密钥 B，在读取第 3 块信息时，不管密钥 A 修改成什么密钥，在读取时都会显示为“000000000000”，而密钥 B 则可以直接通过验证密钥 A 或密钥 B 后读取到实际值。如果验证不通过，将无法读取区尾块，所以修改之后的密钥需要牢记，尤其是密钥 A，一旦丢失就无法找回。

如图 4.30 所示，每个扇区的密钥 A 为“FF FF FF FF FF FF”，无论是什么值，显示出来的密钥数据都是“0000000000”。存储控制位为“FF 07 80 69”，第三部分为密钥 B，显示的都是实际密钥。

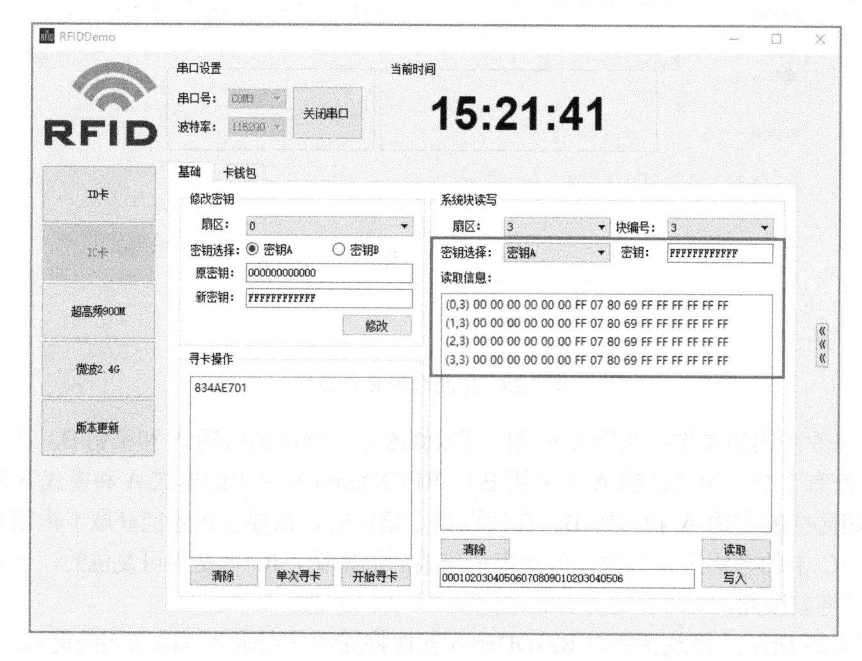

图 4.30　实际密钥的显示

2）使用串口工具对 IC 卡进行操作

在 RFIDDemo 软件中，读取 IC 卡数据的操作实际上是通过相应的按钮将一串指令发送出去，也可以通过使用串口工具来对 IC 卡进行操作。将阅读器模块通过 USB 串口线与计算机连接，将跳线跳至 USB 端。打开串口工具，串口工具将自动识别端口号，将波特率设置为 115200、8 个数据位、1 个停止位、无检验（NONE），选择“Hex 发送”及“Hex 显示”，打开串口。

（1）读取 IC 卡的 UID。读取 UID 时不需要密钥，可直接通过串口工具发送“AB BA 00 10 00 10”来完成，如图 4.31 所示。

在接收区接收到“CD DC 00 81 04 37 12 99 6D 54”，其中“CD DC”是协议头，“00 81”是读取 IC 卡信息的指令，“04”为读取的数据长度，“37 12 99 6D”是读取到的 UID，“54”是通过对除协议头之外的所有数据进行异或运算得到的校验码。在 RFIDDemo 软件中，本操作相当于寻卡操作。

（2）读取除 UID 以外的数据时，就需要使用卡的密钥，初始的密钥 A 是“FFFFFFFFFFFF”，因此，当读取第 2 扇区第 1 块的数据时，发送的命令应该是“AB BA 00 12 09 02 01 0A FF FF FF FF FF FF 12”，如图 4.32 所示。

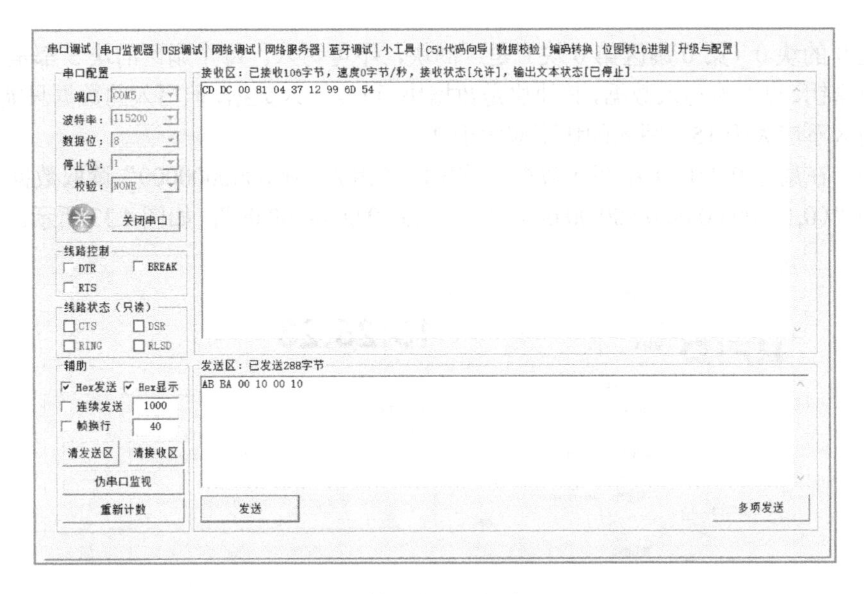

图 4.31　使用串口工具读取 UID

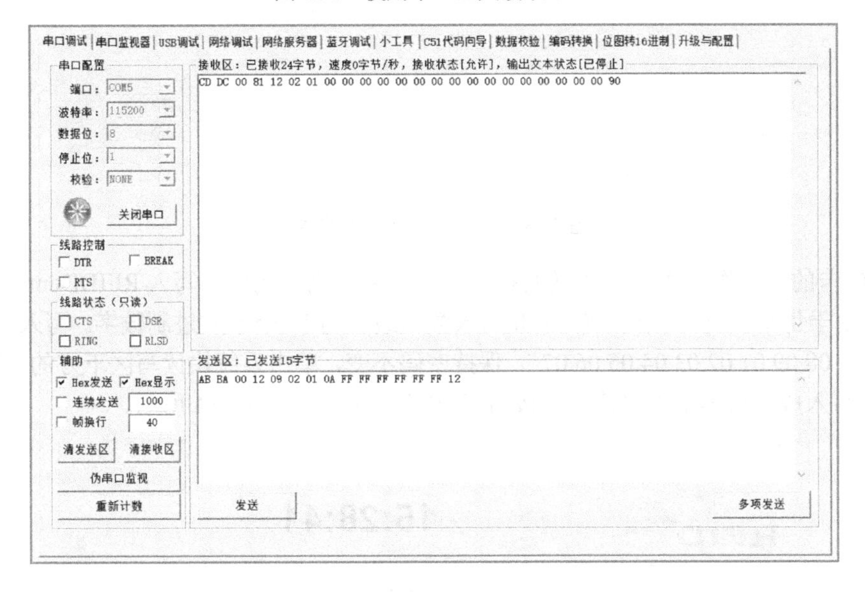

图 4.32　使用串口工具读取扇区

其中，“AB BA”为协议头，“00 12”为读取 IC 卡指定扇区数据的指令，“09”为数据长度，“02 01”为读取的是第 2 扇区第 1 块的数据，“0A”表示使用的是密钥 A，“FF FF FF FF FF FF”是读取数据所需的密钥，“12”是通过对除协议头外的其他数据进行异或运算的结果。

接收区的数据为“CD DC 00 81 12 02 01 00 00 00 00 00 00 00 00 00 00 00 00 00 00 00 00 90”，其中“CD DC”是协议头，“00 81”为读取信息成功的返回值，“12”是数据长度，“02 01”表示第 2 扇区第 1 块，“00 00 00 00 00 00 00 00 00 00 00 00 00 00 00 00”是读取到第 2 扇区第 1 块的数据，“90”是通过对除协议头外的其他数据进行异或运算的结果。

3）IC 卡的写操作

IC 卡有 16 个扇区（扇区 0～15），每个扇区有 4 个块（块 0～3），每个块有 16 B。

扇区 0 的块 0（第 0 扇区第 0 块）是厂商块，不可写入。每个扇区的块 3 都是区尾块，用于存放密钥，也不能写入数据，其他块是数据块，可以写入数据，但写入的数据只能是 16 B，写入的扇区不应大于 15，写入的块不应大于 2。

例如，在扇区 0 的块 1 中写入数据，首先以密钥 A“000000000000”读取数据，该块数据显示为“(0,1）00 00 00 00 00 00 00 00 00 00 00 00 00 00 00 00”，如图 4.33 所示。

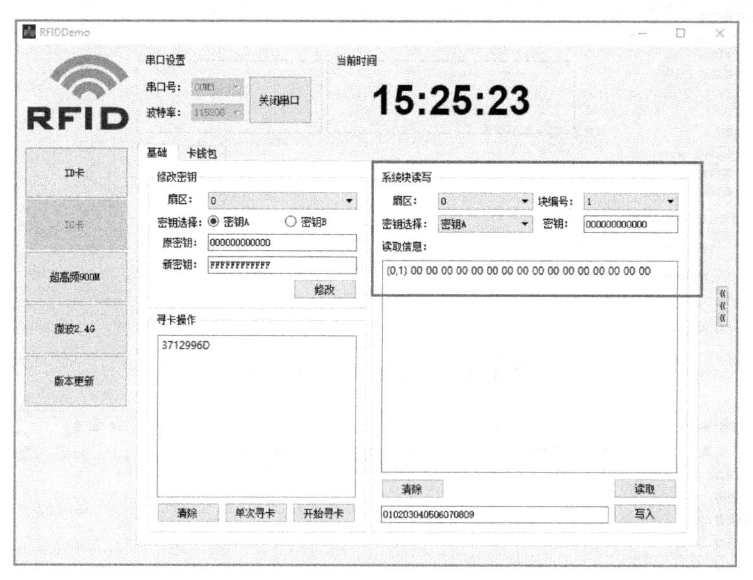

图 4.33　读取扇区 0 块 1 的数据

同 IC 卡的读操作一样，IC 卡的写操作同样需要密钥。例如，写入 RFIDDemo 下方默认的数据，由于每个块有 16 个字节，因此写入数据最多为 16 个十六进制数字。写入“01 02 03 04 05 06 07 08 09 01 02 03 04 05 06 07”，保持密码不变，单击系统块读写区下方的“写入”按钮，显示写入成功后再单击“读取”按钮读取刚才的块，如图 4.34 所示。

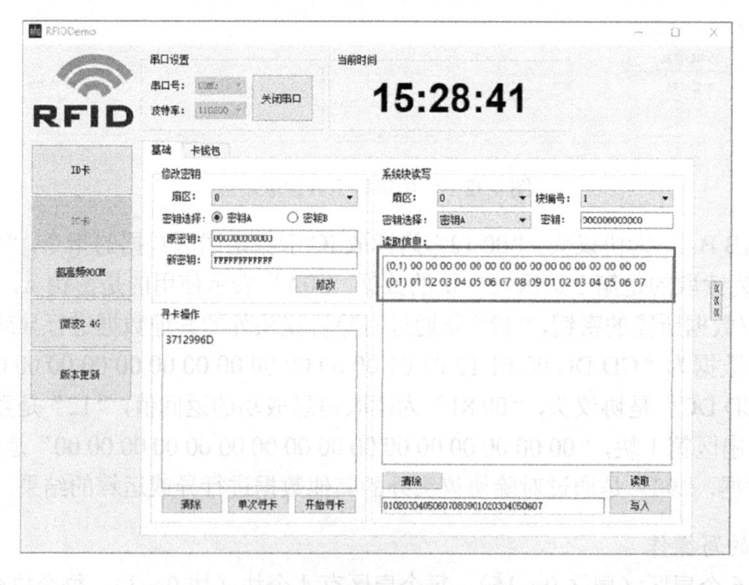

图 4.34　使用密钥 A 写入数据

使用密钥 B“FF0102030401”在相同的块中写入数据“11111111111111111111111111111111”，写入成功后再读取，结果如图 4.35 所示。

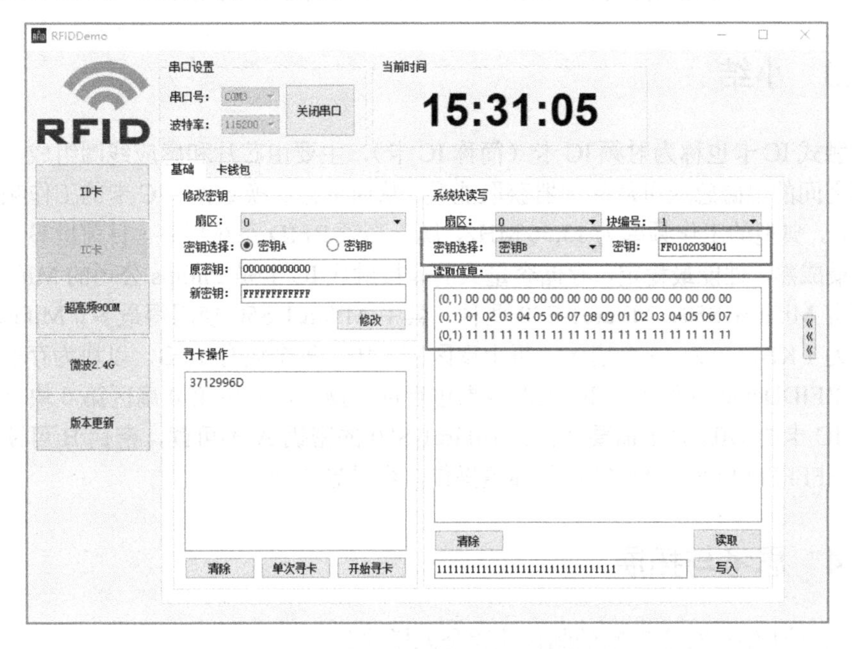

图 4.35　使用密钥 B 写入数据

同样地，IC 卡的写操作也可以用串口工具来实现。保持器件连接不变，通过串口工具对 IC 卡扇区 0 的块 1 写入数据“00 01 02 03 04 05 06 07 08 09 01 02 03 04 05 06”，如图 4.36 所示。

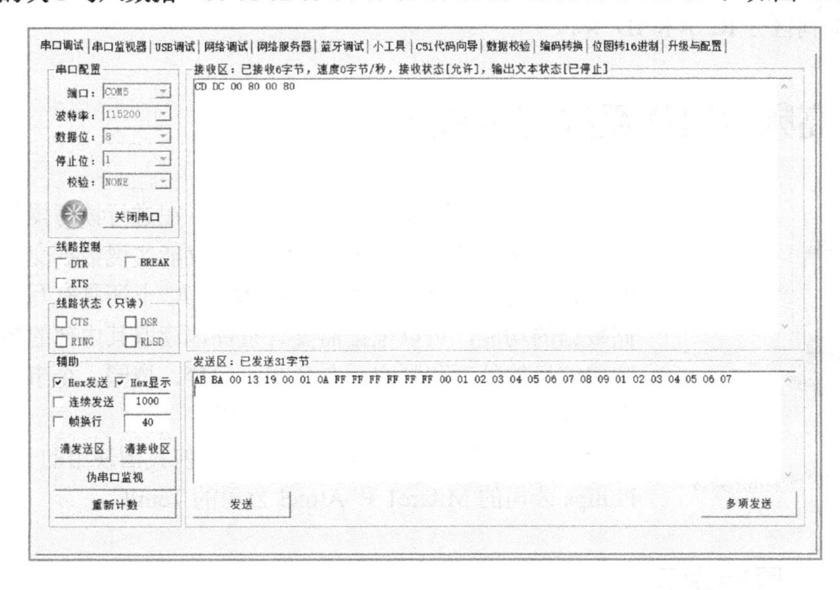

图 4.36　通过串口工具写入数据

在串口工具发送区的数据为“AB BA 00 13 19 00 01 0A FF FF FF FF FF FF 00 01 02 03 04 05 06 07 08 09 01 02 03 04 05 06 07”，其中“AB BA”为协议头，“00 13”是往指定扇区写入数据的指令，“19”是数据长度，“00 01”表示第 0 扇区第 1 块，“0A”表示使用的是密钥 A，

“FF FF FF FF FF FF”为所需的密钥，“00 01 02 03 04 05 06 07 08 09 01 02 03 04 05 06”为写入的数据，“07”为通过对除协议头之外的数据进行异或运算的结果。

4.1.3 小结

非接触式IC卡也称为射频IC卡（简称IC卡），主要由芯片和感应线圈组成，通过线圈与阅读器之间的电磁感应可从阅读器获取能量，从而进行交换数据。IC卡的工作频率范围为3～30 MHz，典型的工作频率为13.56 MHz，属于高频RFID系统标签。目前世界上使用量最多、技术最成熟、性能最稳定、存储容量大的非接触式IC卡是Philips公司的Mifare系列IC卡，主要有Mifare1-S50、Mifare1-S70两种，其中Mifare1-S50使用得最多。Mifare1-S50的存储容量为1 KB，分为16个扇区，每个扇区有4块，每个块有16 B，以块为存取单位。

通过RFIDDemo软件可对IC卡的数据进行读写操作，其中第0扇区第0块只可读不可写，读取IC卡的UID时不需要密钥。Mifare1-S50的密钥A不可读，密钥B可读，原始密钥都是FFFFFFFFFFFF，修改密钥须谨慎操作，容易导致锁卡。

4.1.4 思考与拓展

（1）如何初始化IC卡？它的制作流程是怎样的？
（2）IC卡如何防冲突？
（3）Mifare1卡有哪些应用？
（4）IC卡的工作原理是怎样的？
（5）如何区分IC卡和ID卡？

4.2 高频RFID系统与卡钱包

图4.37 IC卡与阅读器

IC卡是根据电磁感应原理工作的，在进行读写操作时只需将卡片放在阅读器附近一定的距离之内就能实现数据交换，无须任何接触，使用方便、快捷，不易损坏。IC卡还具有写入数据和存储数据的功能，可以根据需要有条件地读取其内部的数据，从而完成信息的处理和判定，在公交、门禁、校园、企事业等人事管理、娱乐场所等方面有着广泛的应用。

IC卡和阅读器如图4.37所示，目前我国使用的IC卡主要有Philips公司的Mifare1和Atmel公司的TemIC。

4.2.1 原理学习

1. 电子钱包

电子钱包为电子交易中的一环，可进行电子交易并存储交易记录。消费者要在网络上进行电子交易前，必须先安装符合安全标准的电子钱包。

电子钱包有两种概念：一是纯粹的软件，主要用于网上消费、账户管理，这类软件通常是与银行账连接在一起的；二是小额支付的智能储值卡，持卡人预先在卡中存入一定的金额，交易时直接从储值卡中扣除交易金额。

低频RFID系统中的ID卡就是一种存储型标签，这种标签没有进行特殊的安全设置，标签内有一个厂商固化的不可更改的唯一序列号，内部存储区可存储一定容量的数据信息，不需要安全认证即可读出数据。这使得如果采用ID卡实现卡钱包功能则存在安全隐患。高频RFID系统中的IC卡是一种可写入式标签，内存比ID卡大。阅读器经过密钥验证后可对标签进行读写操作，可保证系统数据的安全。标签的密钥一般不会很长，通常为6字节数字密钥。有了这种安全设置的功能，IC卡就具备了一些身份认证和小额消费的功能。

IC卡典型的应用有我国第二代身份证、小额消费卡、电子车票、门票和物流管理等。主要的功能包括安全认证、卡钱包、数据储存等。常用的门禁卡、第二代身份证属于安全认证的应用，而公交卡、银行卡、地铁卡等则是利用卡钱包功能。卡钱包最基本的功能是应实现密钥验证、充值、扣费，以及查询卡号和余额等功能。

2. Sensor-EL阅读器协议

Sensor-EL阅读器协议可识别多种IC卡和ID卡，同时可支持对Mifare1K、空白UID等IC卡，以及T5577等ID卡的读写。

UART串口通信协议包括协议头、地址、命令、数据长度、数据和异或校验等内容，其中，协议头为“AB BA”表示发送，为“CD DC”表示接收；地址默认为0x00。

1）命令

（1）发送命令如表4.19所示。

表4.19 发送命令

序号	命令	功能
1	0x10	读UID
2	0x12	读指定扇区
3	0x13	写指定扇区
4	0x14	修改密钥A
5	0x17	读出所有扇区所有块的数据（Mifare1K卡）

（2）接收命令如表4.20所示。

表4.20 接收命令

序号	命令	功能
1	0x81	返回操作成功
2	0x80	返回操作失败

例如表4.21给出的实例。

表 4.21　命令实例

命令含义	命令代码	发送成功	发送失败
读取 IC 卡的 UID	AB BA 00 10 00 10	CD DC 00 81 04 29 54 6E 72 E4	CD DC 00 80 00 80
读取 IC 卡的扇区数据	AB BA 00 12 09 00 01 0A FF FF FF FF FF FF 10	CD DC 00 81 12 00 01 00 01 02 03 04 05 06 07 08 09 01 02 03 04 05 06 94	CD DC 00 80 00 80
在 IC 卡指定扇区写入数据	AB BA 00 13 19 00 01 0A FF FF FF FF FF FF 00 01 02 03 04 05 06 07 08 09 01 02 03 04 05 06 07	CD DC 00 81 00 81	CD DC 00 80 00 80
修改 IC 卡的密钥 A	AB BA 00 14 0E 00 0A FF FF FF FF FF FF 01 02 03 04 05 06 17	CD DC 00 81 00 81	CD DC 00 80 00 80

2）命令说明

（1）读取 IC 卡的 UID。命令为“0x10”，读卡成功返回 UID，读卡失败返回 0x80。例如：

```
Host：AB BA 00 10 00 10
Reader：CD DC 00 81 04 29 54 6E 72 E4          //读卡成功返回 4 B 的 UID（即卡号）
Reader：CD DC 00 80 00 80                      //读卡失败
```

说明：该命令用于读取 IC 卡 UID，其中最后一个字节“E4”是对除协议头外的其他字节进行异或校验的结果；“29 54 6E 72”为所读 IC 卡的 UID。

（2）读取 IC 卡的扇区数据。命令为“0x12”，Data[0]表示扇区编码 0～15；Data[1]表示块编码 0～3；Data[2]表示验证密钥类型，0x0a 表示密钥 A；0x0b 表示密钥 B；Data[3]～Data[8]表示密钥，6 B。例如：

```
//读取第 0 扇区第 1 块，校验密钥 A，密钥为“FF FF FF FF FF FF”的数据
Host：AB BA 00 12 09 00 01 0A FF FF FF FF FF FF 10
```

说明：该命令用于读取指定扇区的数据。

（3）在 IC 卡的指定扇区写入数据。命令为“0x13”，Data[0]表示扇区编码 0～15；Data[1]表示块编码 0～3；Data[2]表示验证密钥类型，0x0a 表示密钥 A，0x0b 表示密钥 B；Data[3]～Data[8]表示密钥，6 B；Data[9]～Data[25]表示要写入的 16 B 的数据。例如：

```
Host：AB BA 00 13 19 00 01 0A FF FF FF FF FF FF 00 01 02 03 04 05 06 07 08 09 01 02 03 04 05 06 07
//“AB BA 00”为命令头；“13”是写扇区命令，“19”是数据长度；“00 01”表示往第 0 扇区第 1 块写入数据；“0A”表示验证密钥 A，6 B，默认为“FF FF FF FF FF FF”；写入的 16 B 数据为“00 01 02 03 04 05 06 07 08 09 01 02 03 04 05 06 07”
```

说明：该命令用于往指定扇区写入数据，请注意该命令不能跨扇区写入数据。

（4）修改 IC 卡的密钥。命令为“0x14”，Data[2]表示验证密钥类型，0x0a 表示密钥 A，0x0b 表示密钥 B；Data[3]～Data[8]表示密钥，6 B。例如：

```
Host：AB BA 00 14 0E 00 0A FF FF FF FF FF FF 01 02 03 04 05 06 17
//将密钥改为“01 02 03 04 05 06”
```

说明：该命令用于修改密钥 A，密钥修改成功后，再次访问时要先进行异或运算得出结果，发送新命令才能成功地读取卡片扇区的信息。

3. IC电子消费卡设计

IC卡可用于诸如电费、水费、煤气费、通信费、停车费、购物、公共交通等各种费用的收取，可以提高管理效率和可靠性。

由于IC卡固有的信息安全、便于携带、比较完善的标准化等优点，在身份认证、银行、电信、公共交通、车场管理等领域得到了越来越多的应用。

下面以Mifare1卡为例进行介绍，它提供了一个实时的多应用功能，每个扇区有两个不同的密钥，这样系统就可以使用分级密钥。分级密钥是指系统有多个密钥，不同密钥的访问权限不同，可以根据访问权限确定密钥的等级。例如，某一系统具有密钥A和密钥B，标签与阅读器之间的认证可以通过密钥A或密钥B来完成，但密钥A和密钥B的等级不同，如图4.38所示。

图4.38中，标签内的数据分为两部分，分别由密钥A和密钥B来保护。密钥A保护的数据由只读存储器存储，该数据只能读出，不能写入；密钥B保护的数据由可写入存储器存储，该数据既能读出，也能写入。阅读器1具有密钥A，标签认证成功后，允许阅读器1访问由密钥A保护的数据。阅读器2具有密钥B，标签认证成功后，允许阅读器2读出由密钥B保护的数据，并允许写入由密钥B保护的数据。

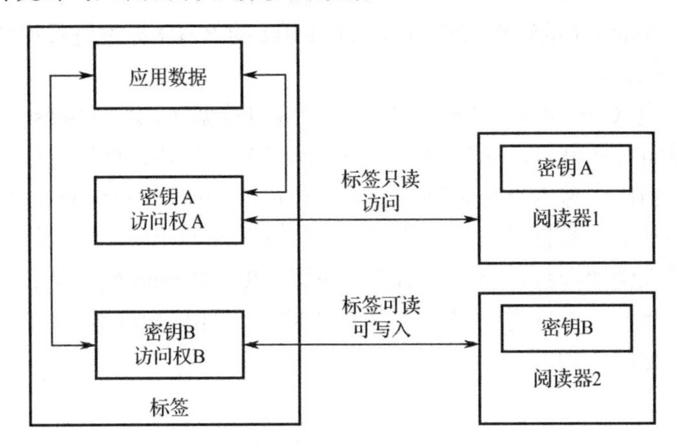

图4.38　分级密钥

例如，在城市公交系统中就有分级密钥的应用实例，现在城市公交系统可以用刷卡的方式乘车，该卡是RFID标签，城市公交系统的阅读器有两种，一种是公交汽车的刷卡器（阅读器），另一种是公交公司给卡充值的阅读器。RFID标签采用非接触的方式刷卡，每刷一次从卡中扣除一次金额，这部分的数据由密钥A认证。RFID标签还可以充值，充值由密钥B认证。公交汽车上的阅读器只有密钥A，标签认证密钥A成功后，允许公交汽车上的阅读器扣除标签中的金额。公交公司的阅读器有密钥B，标签需要到公交公司充值，认证密钥B成功后允许公交公司的阅读器给标签充值。

4.2.2　开发实践：卡钱包开发

某公司计划为客户提供卡钱包服务，以方便储值消费。现为该公司设计一套卡钱包系统，实现充值、消费，查询卡号和余额，以及密钥认证等功能。

1. 开发设计

1）硬件设计

卡钱包系统的硬件由 IC 卡、Sensor-EL 阅读器、PC 三部分构成，本系统开发平台的硬件连线如图 4.39 所示。

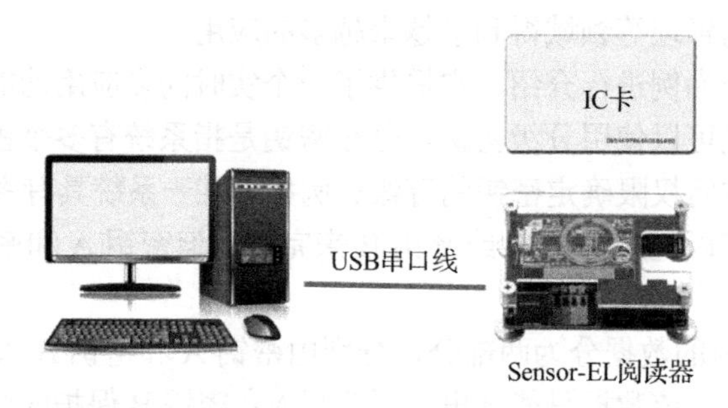

图 4.39　硬件连线

2）软件设计

卡钱包的最基本功能是应实现密钥认证、充值、扣费、查询卡号和余额。本开发实践通过 PC（上位机）、Android 端软件实现对 13.56 MHz 的 RFID 标签进行操作，实现卡钱包的余额读取、充值、扣款。

本开发实践设定 IC 卡的扇区 1 的块 1 作为卡钱包数据区，连接 Sensor-EL 阅读器到上位机后，在卡钱包界面打开串口，将 IC 卡靠近 Sensor-EL 阅读器，首先进行密钥 A 认证，会不断读取余额。在充值时，输入充值金额，单击“充值”按钮，RFIDDemo 软件计算余额与充值金额之和后将相加后的数据发送到阅读器中，将 IC 卡的相应扇区数据修改为相加后的数据；在消费时，输入消费金额，单击“消费”按钮，RFIDDemo 软件会计算余额与消费金额的差值，并将相减后的数据发送到阅读器中，将 IC 卡的相应扇区数据修改为相减后的数据。

软件设计流程如图 4.40 所示。

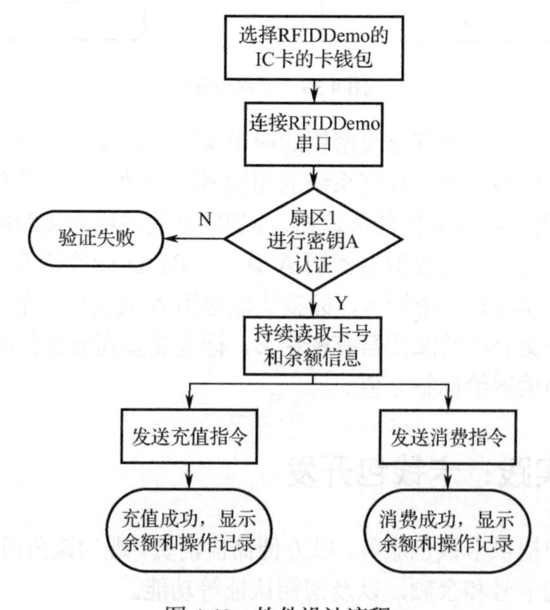

图 4.40　软件设计流程

2. 开发过程

启动RFIDDemo后将自动设置串口号及波特率，打开串口，输入密钥后单击“确定”按钮才能读取IC卡的余额信息，阅读器将不断发送指令来读取IC卡的卡号和余额。RFIDDemo软件如图4.41所示。

图4.41　RFIDDemo软件

在图4.42所示界面右侧的串口调试数据窗口中可以看到阅读器在不断发送寻卡指令，读取用户的UID和指定扇区的信息。在本开发实践中，卡钱包的余额数据存储在扇区1的块1中。

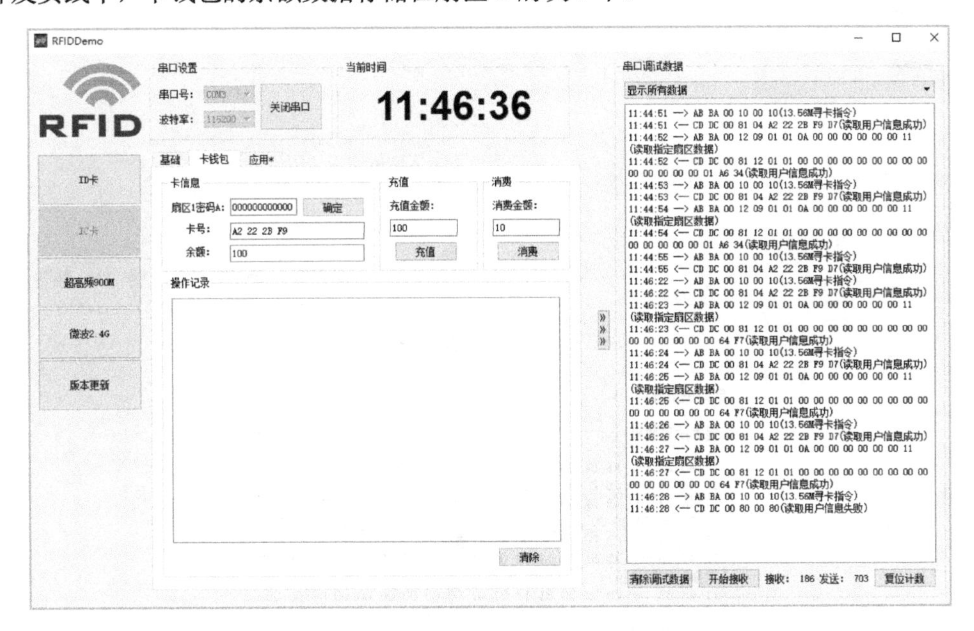

图4.42　RFIDDemo的IC卡的卡钱包界面

1）充值

卡钱包默认使用的是密钥A，填写好密钥A后就可以对IC卡进行充值，在“充值金额”的输入框中输入充值金额，单击“充值”按钮即可完成充值操作。例如，充值100，可以看到余额变成200，操作记录窗口将显示充值操作记录，充值金额是可以按照需要修改的，如图4.43所示。

充值的原理是将充值的金额与读取的余额相加，将相加后的结果写入扇区1的块1中。例如，充值100，余额为100，则写入的数据为200。在右侧的串口调试数据窗口中可以看到有修改余额操作。修改余额操作实际上是对IC卡扇区1的块1进行数据的写入，其命令为“AB BA 00 13 19 01 01 0A 00 00 00 00 00 00 00 00 00 00 00 00 00 00 00 00 00 00 00 00 C8 C8”，如图4.44框中部分所示，其中“AB BA”是命令头，“00 13”表示要修改IC卡的数据，“19”是数据长度，“01 01”表示扇区1的块1，“0A”表示使用的是密钥A，“00 00 00 00 00 00”是使用的密码，最后一位“C8”是校验码，中间的16个字节数据“00 00 00 00 00 00 00 00 00 00 00 00 00 00 00 C8”就是要写入的数据，“C8”转化为十进制就是“200”，因此，实际上就是将数据“200”写入IC卡的扇区1的块1，从而实现对余额的修改。

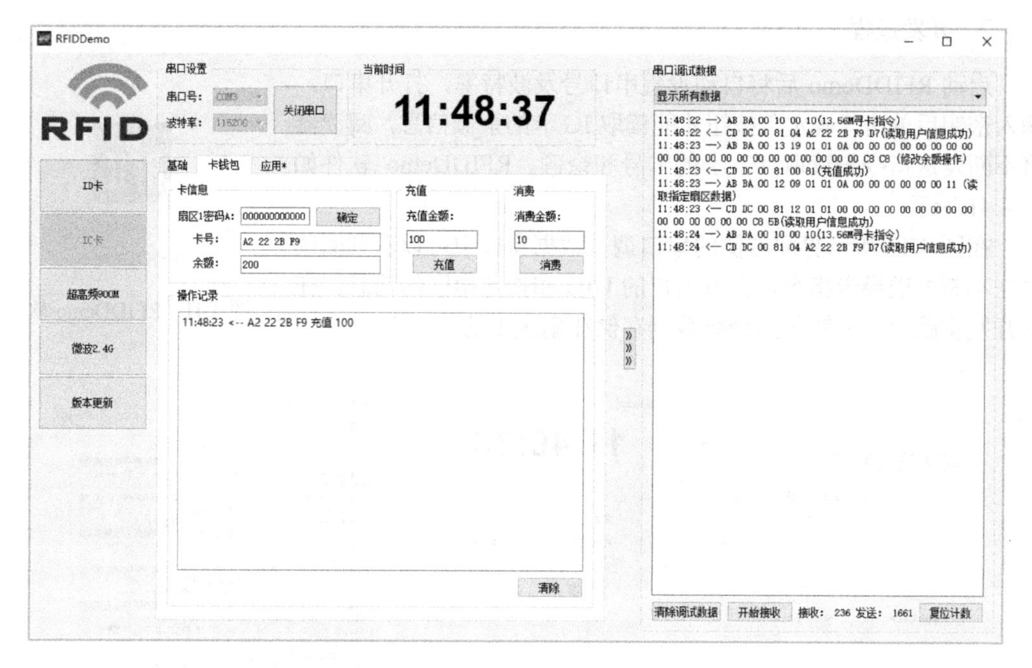

图 4.43　充值操作

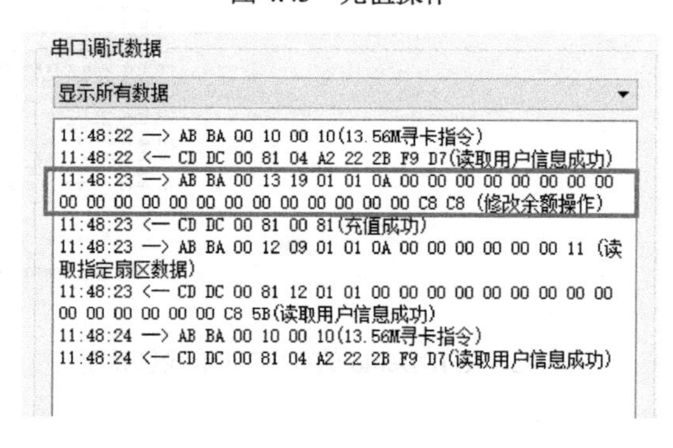

图 4.44　充值操作记录

使用串口工具充值时，就是将上述命令发送出去，IC 卡的余额为 100，将余额修改为 200，发送的数据为“AB BA 00 13 19 01 01 0A 00 00 00 00 00 00 00 00 00 00 00 00 00 00 00 00 00 00 00 00 00 00 C8 C8”，如图 4.45 所示。

可以看到串口返回的数据是“CD DC 00 81 00 81”，表示数据写入成功，卡钱包中的余额变为 200，也就是说扇区 1 的块 1 中的数据为 200。

2）消费

完成充值后就可以对卡钱包进行模拟消费的操作，通过上面的充值，现在卡钱包的余额为 200，在“消费金额”的输入框中输入要消费的金额，如输入 10，单击“消费”按钮，如图 4.46 所示。

在串口调试数据窗口中可以看到有修改余额的操作，其指令为“AB BA 00 13 19 01 01 0A FF FF FF FF FF FF 00 00 00 00 00 00 00 00 00 00 00 00 00 00 00 00 BE BE”，其中，“00 13”表示要修改 IC 卡的数据，“BE”为十六进制，转换为十进制数为“190”。将余额减去要消费的数

据，并将相减后的数据写入到扇区 1 的块 1 中。同样可以使用串口工具进行卡钱包余额的修改，修改方法与充值相同，使用串口工具发送消费指令如图 4.47 所示。

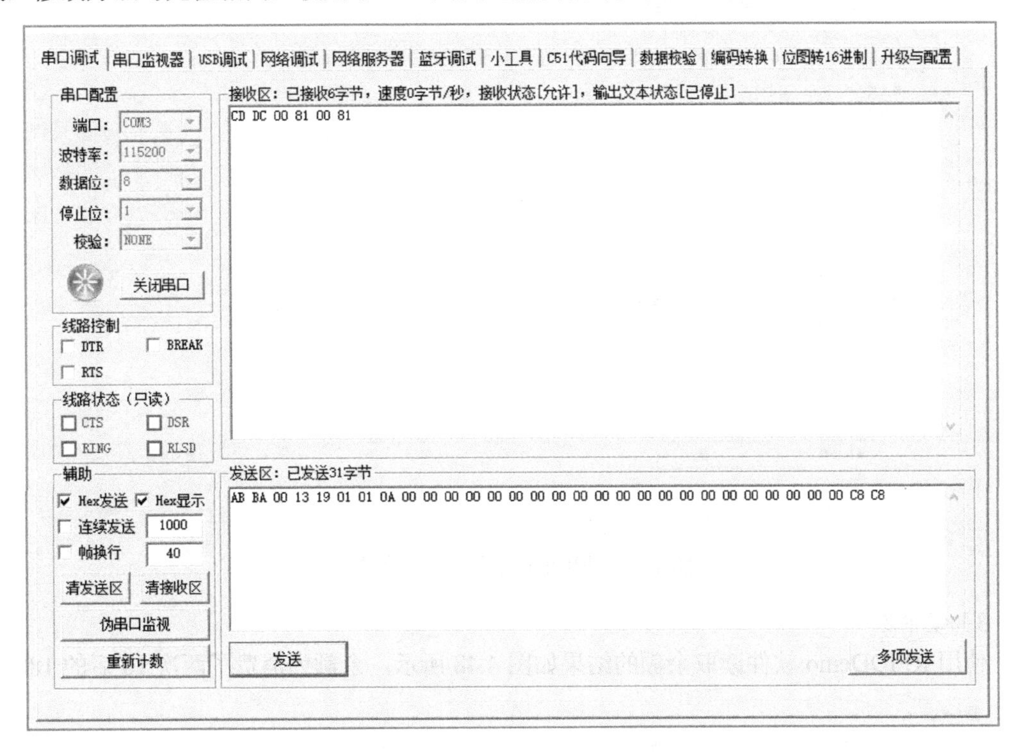

图 4.45　使用串口工具发送充值指令

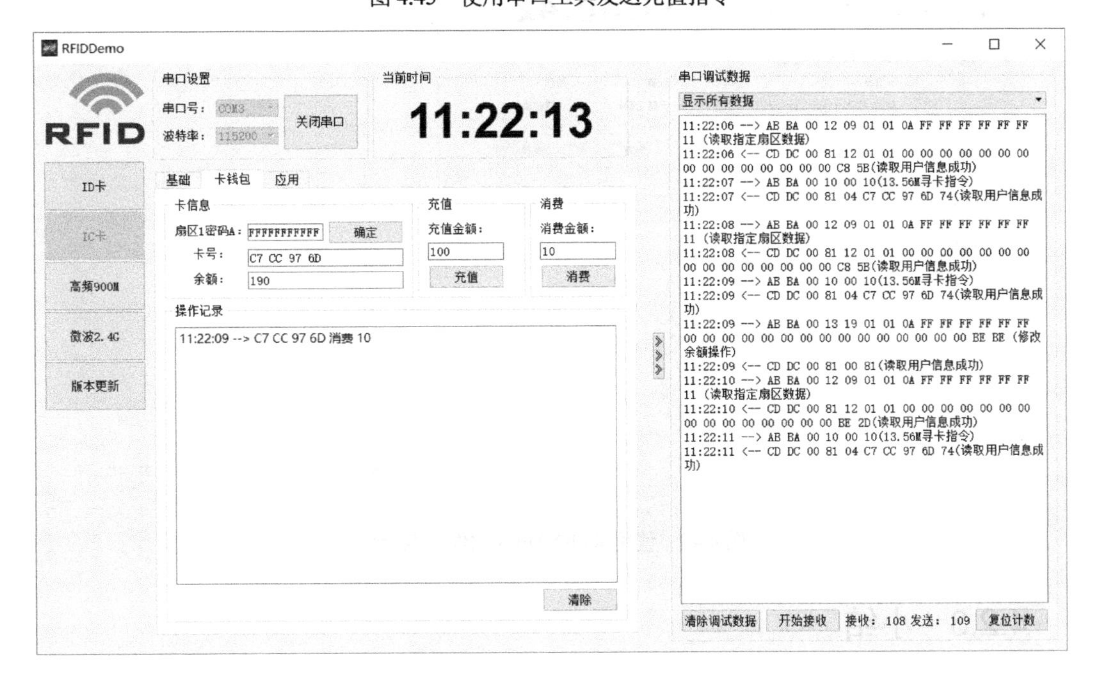

图 4.46　消费操作

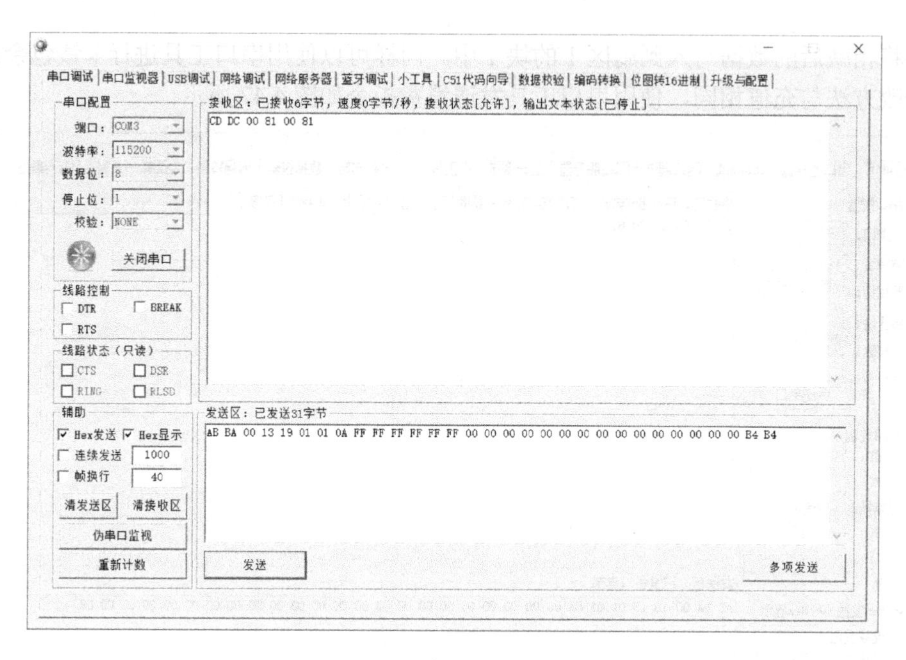

图 4.47　使用串口工具发送消费指令

3）读余额

使用 RFIDDemo 软件读取余额的结果如图 4.48 所示，余额为消费了两次 10 后的 180。

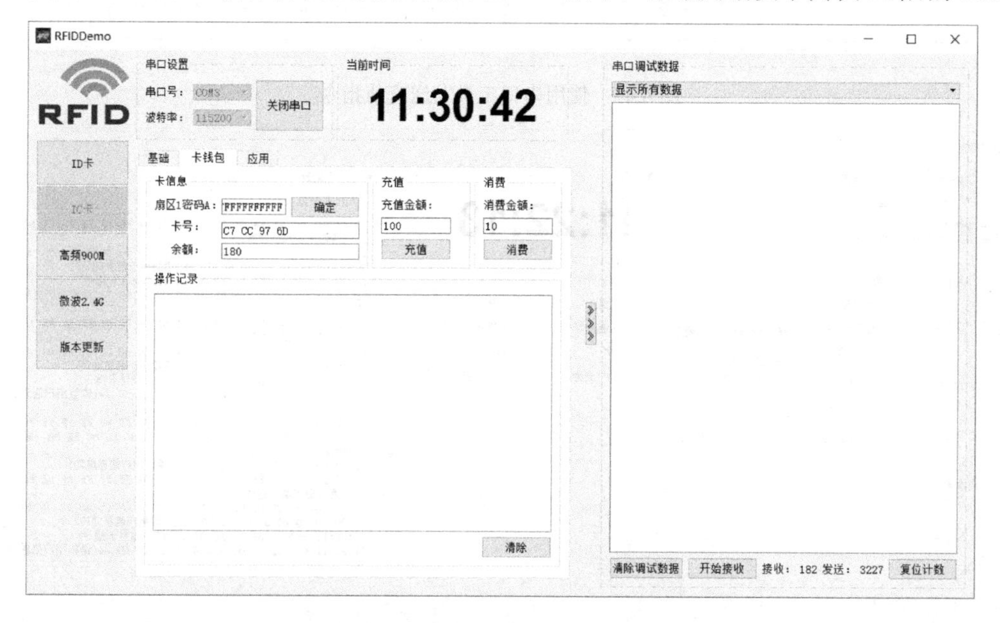

图 4.48　使用 RFIDDemo 软件读取余额

4.2.3　小结

随着社会的不断进步和发展，原有的现金消费和管理模式已不再适应新的发展要求，卡钱包应运而生，一卡通、会员储值卡等都是典型的实例。本节介绍高频 RFID 系统的卡钱包应用，使用RFIDDemo软件对IC卡进行密钥认证，对扇区1的块1的数据进行修改，通过软件将消费后或充值后的余额直接写入卡钱包中，读者可掌握卡钱包系统认证密钥、充值、消费、读取卡号和余额等操作。

4.2.4 思考与拓展

（1）如何读写IC卡？
（2）如何认证密钥？
（3）如何实现电子卡钱包的功能？

4.3 公交非接触式IC卡的应用开发

乘坐公交车时一般都会使用IC卡，既有专门的公交卡，也有和银行卡合一的公交卡（该卡既可以当成银行卡使用，也可以当成公交卡使用）。目前还有和手机SIM卡合在一起的移动公交卡，在公交车上可以刷手机，既方便又时尚。

随着一卡通的推广，我国基本上每个城市都有自己的公交卡，随着科技的不断发展，公交卡在发挥公交刷卡消费功能的同时，消费职能也越来越多，逐渐参与到出租车消费、市政水电缴费、商场打折消费、轻轨消费、停车场消费、便利店消费中。一些城市的公交卡甚至充当着当地城市一卡通的职能，如深圳通、榕城一卡通、洪城一卡通、金陵通等；一些城市的公交卡还与其他城市的公交卡联网互通，可以实现异地刷卡，如长沙公交卡。城市公交刷卡机系统如图4.49所示。

图4.49 城市公交刷卡机系统

4.3.1 高频RFID系统

1．高频RFID系统与公交卡

城市公交系统的阅读器有两种，一种是公交车上的刷卡机（阅读器），另一种是公交公司用于充值的阅读器。由于数据传输速率很高，使用公交卡买票的过程可在100 ms内完成，这样使用公交卡的乘客就不需要在刷卡机前停留，增大了通道门的吞吐量，减少了上公车的时间。下面以公交车上的刷卡机为例介绍其工作流程。

（1）阅读器（刷卡机）是一台发射器，向外发射电磁波，如图 4.50 所示，“询问”附近的 IC 卡。若有多张公交卡（IC 卡）同时应答，则分别处理。

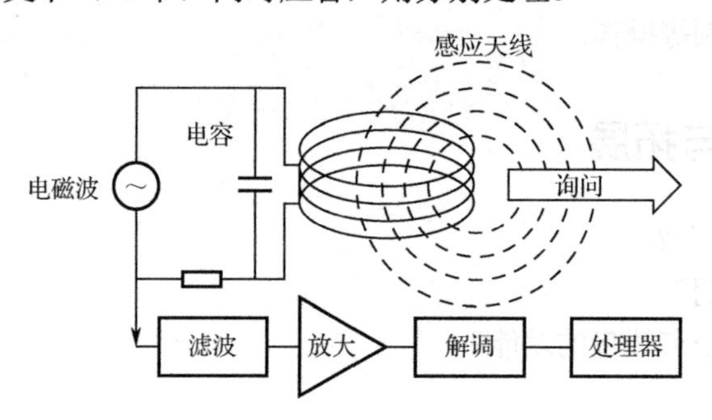

图 4.50　阅读器发射电磁波的原理

（2）IC 卡的天线接收到电磁波后会产生感应电流，经二极管整流后会在 C_2 两端产生 2 V 的电压，供芯片工作，并向阅读器回应本卡的相关信息。IC 卡的应答如图 4.51 所示。

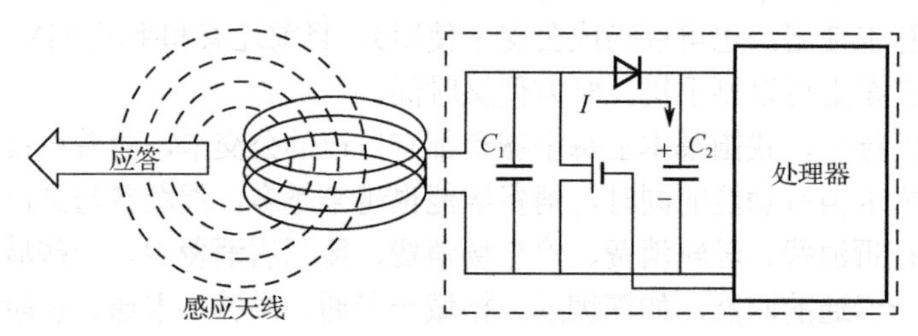

图 4.51　IC 卡的应答

（3）阅读器接收来自 IC 卡的数据信号，并发出操作指令（应答或者对 IC 卡进行扣款），如图 4.52 所示。

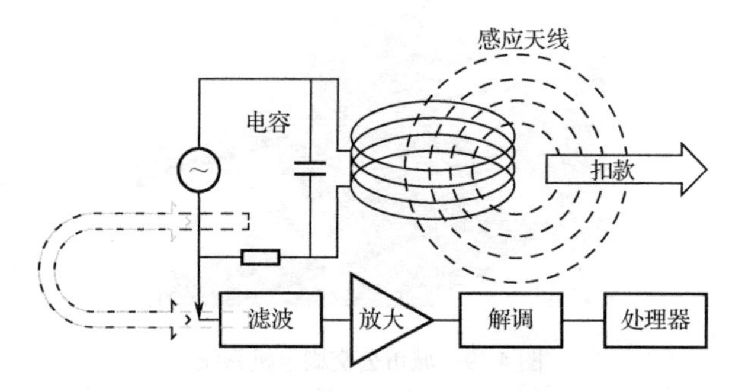

图 4.52　阅读器发出操作指令

2．公交刷卡机开发平台

公交刷卡机的硬件主要由两部分组成：①CC2530 节点，主要负责读写射频模块的数据，通过 OLED 显示 IC 卡的余额，把接收到的数据传送到上位机后再进行业务逻辑处理；②高频阅读器模块，主要负责根据 CC2530 节点发送的阅读器协议对 IC 卡进行识别，把识别到的卡号上传到 CC2530 节点，接收写入命令并对 IC 卡进行写入操作。

1）CC2530节点

CC2530节点采用无线模组作为MCU主控制器，详细信息请看3.2节中内容。

2）高频阅读器模块

物联网识别开发平台的高频阅读器模块硬件为125 kHz&13.56 MHz二合一模块（Sensor-EL阅读器），可接入智能网关、智能节点、计算机中使用。

3）公交刷卡机硬件

公交刷卡机由CC2530节点和高频阅读模块搭建而成，使用两路RJ45连接两个模块，如图4.53所示。

图4.53　公交刷卡机硬件

4.3.2　开发实践：嵌入式公交IC卡系统的设计

城市公交系统以IC卡（公交卡）为载体，以公交专用电子钱包（卡钱包）消费支付业务为基础，采用以加密刷卡机为核心、符合相关安全规范的密钥系统，以保障系统运行的安全，实现持卡乘客刷卡坐车。城市公交系统的阅读器有两种：一种是公交汽车的刷卡器，另一种是公交公司用于充值的阅读器。不管是哪种阅读器，均由于其刷卡时间短，可减少乘客的等候时间，给乘客带来了较好的用户体验，有效地提升了城市公共交通的运营效率。

本开发实践为嵌入式公交IC卡系统，主要介绍公交卡在日常使用中的查询余额、充值、消费、修改票价等基本功能的实现。

1．开发设计

1）硬件设计

公交IC卡系统由PC（上位机）、刷卡机及IC卡构成，核心硬件为刷卡机。刷卡机硬件主要由两部分组成：CC2530节点与高频阅读器模块，通过CC2530节点的串口与上位机程序进行通信。硬件连接如图4.54所示。

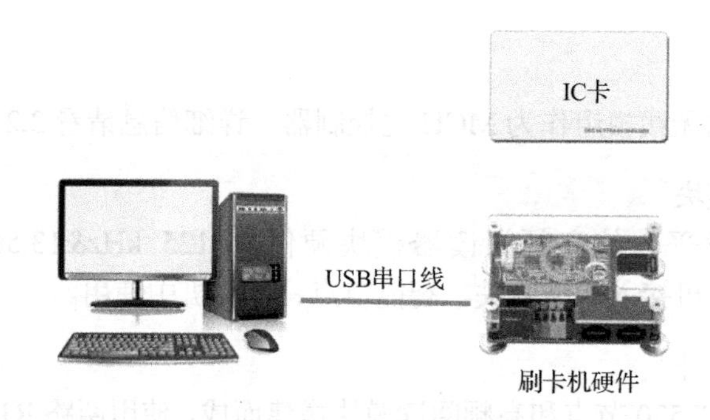

图 4.54　硬件连接

2）软件设计

刷公交卡本质上是读写操作，如果是一张新卡，那么首先要为IC卡充值，也就是写卡；公交车上的刷卡机可以设定每次固定刷卡时扣除的金额，当把IC卡靠近刷卡机时，刷卡机就会按照设定的扣费额进行扣费，如果余额不足则会要提示充值。

本开发实践的硬件由CC2530节点板和Sensor-EL阅读器搭建，Sensor-EL阅读器上的OLED显示屏模拟公交车上的刷卡机的显示屏，刷卡时会显示刷卡票价和余额，使用RFIDDemo软件模拟充值操作，下发充值指令，完成充值操作。

公交IC卡系统的软件由两部分构成：①上位机程序，主要功能是提供人机交互界面，对CC2530节点单片机程序上传的IC卡信息进行业务逻辑处理；②阅读器程序，主要功能是通过阅读器协议控制阅读器（Sensor-EL）进行IC卡的读写操作，执行上位机发送的命令，显示屏数据更新。上位机（PC）、CC2530节点和Sensor-EL阅读器之间的通信如图4.55所示。

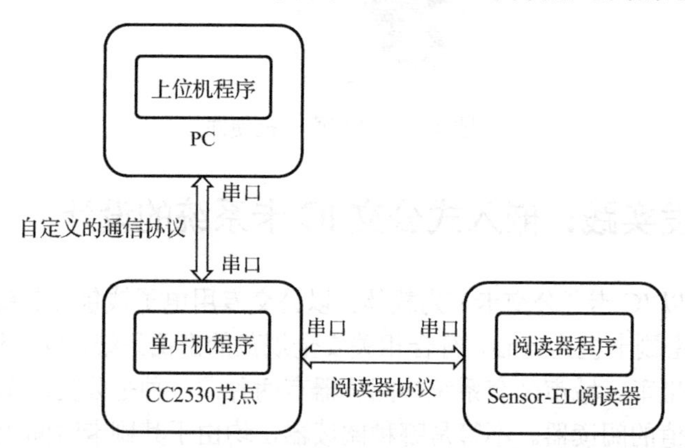

图 4.55　上位机、CC2530节点和阅读器之间的通信

CC2530节点中的单片机程序流程如图4.56所示。

2. 开发实施

1）公交IC卡系统的程序设计

（1）主函数模块。

```
/*********************************************************************************************
* 名称：main
* 功能：主函数
```

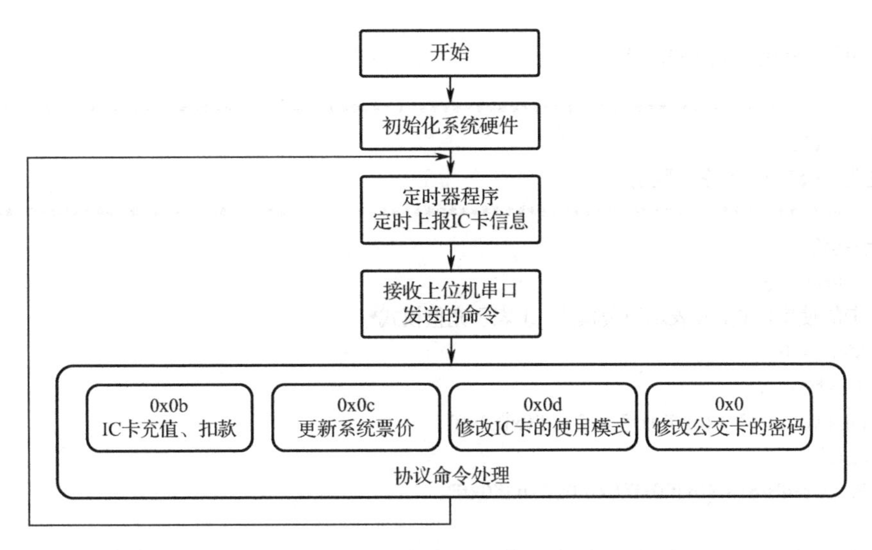

图 4.56　CC2530 节点中单片机程序流程

```
*****************************************************************************/
void main(void)
{
    xtal_init();
    uart0_init(115200);                         //UART0 初始化
    uart1_init(38400);                          //UART1 初始化
    led_init();                                 //LED 初始化
    buzzer_ioInit();                            //蜂鸣器初始化
    OLED_Init();                                //OLED 初始化
    time1Int_init();                            //定时器中断初始化

    update_sysDisplay();
    while(1)
    {
        pc_el();                                //el 控制
    }
}

void update_sysDisplay()
{
    LED1 = 0;
    OLED_Clear();
    OLED_ShowString(0,0,busSysInfo,8);          //显示系统信息
    OLED_ShowString(0,2,priceInfo,8);           //显示系统票价
    oled_display(sysPrice,0);
    OLED_ShowString(0,3,surplusInfo,8);         //显示 IC 卡的余额
}
```

（2）IC 卡的读写相关函数。

```
/*********************************************************************************
* 文件：el.c
* 说明：公交 IC 卡系统驱动
*********************************************************************************/
//系统票价
u16 sysPrice = 2;
/*IC 卡的使用模式，0 表示消费模式，1 表示充值模式*/
u8 icMode = 0;
/*密钥 A*/
u8 icPasswordA[6] = {0xff,0xff,0xff,0xff,0xff,0xff};
/*密钥 B*/
u8 icPasswordB[6] = {0xff,0xff,0xff,0xff,0xff,0xff};

/*********************************************************************************
* 名称：buzzer_ioInit
* 功能：I/O 初始化，使用 P0_4 端口
*********************************************************************************/
void buzzer_ioInit()
{
    P0SEL &= ~(1<<4);                                          //通用 I/O 模式
    P0DIR |= (1<<4);                                           //设置为输出
}
u32 myPow(u16 x,u16 n)
{
    u32 num=1;
    while(n--)
    {
        num *= x;
    }
    return num;
}
/*********************************************************************************
* 名称：oled_display
* 功能：OLED 显示
* 参数：系统票价、IC 卡的余额和卡号
*********************************************************************************/
void oled_display(u16 price,u32 surplus)
{
    u8 tempBuf[9];
    u8 i=0;

    for(i=0;i<5;i++)
    {
        tempBuf[4-i] = (price/myPow(10,i))%10 + '0';
    }
```

```
    tempBuf[5] = '\0';
    OLED_ShowString(48,2,tempBuf,8);                         //显示票价，采用十进制数表示

    if(surplus!=0)
    {
        for(i=0;i<8;i++)
        {
            tempBuf[7-i] = (surplus/myPow(10,i))%10 + '0';
        }
        tempBuf[8] = '\0';
        OLED_ShowString(48,3,tempBuf,8);                     //显示余额，采用十进制数表示
    }
}
/*******************************************************************************
* 名称：xor_count
* 功能：异或校验计算
*******************************************************************************/
unsigned char xor_count(unsigned char* array,unsigned char s1,unsigned char s2)
{
    unsigned char i,check_temp;

    check_temp = array[s1];
    for(i = s1+1;i<(s2+1);i++)
    {
        check_temp ^= array[i];                              //异或校验
    }

    return check_temp;
}
/*******************************************************************************
* 名称：mcuRead_UID
* 功能：读取 UID
* 参数：IC 卡地址（icAdd），卡号缓存区（UIDarray）
* 返回：1—成功，0—失败
*******************************************************************************/
unsigned char mcuRead_UID(unsigned char icAdd,unsigned char* UIDarray)
{
    unsigned char i=0,check_temp=0;
    /*读 IC 卡命令*/
    unsigned char readUID[7] = {0xAB,0xBA,icAdd,0x10,0x00,0x00};
    readUID[5] = xor_count(readUID,2,4);                           //计算校验码
    Uart0_Send_LenString(readUID,6);                               //发送读卡号命令

    while((UART0_RX_STA&0x80)!=0x80)
    {
        delay_ms(1);
        i++;
```

```
            if(i>49) break;
        }
        if((UART0_RX_STA&0x80)==0x80)
        {
            if(U0RX_Buf[3]==0x81)                                          //操作成功
            {
                check_temp = xor_count(U0RX_Buf,2,(UART0_RX_STA&0x7f)-1);    //异或校验

                if(check_temp==U0RX_Buf[UART0_RX_STA&0x7f])                 //校验正确
                {
                    for(i=0;i<4;i++)
                    {
                        UIDarray[i] = U0RX_Buf[i+5];                        //获取卡号
                    }
                    UART0_RX_STA = 0;
                    return 1;
                }
            }
            UART0_RX_STA = 0;
        }
        return 0;
    }

    /*********************************************************************************************
    * 名称：mcuRead_memory
    * 功能：读指定扇区
    * 参数：IC 卡地址（icAdd），扇区（M1），块（M2），密钥 A 或 B（group），密码（password），数据
（Data）
    * 返回：1—成功，0—失败
    *********************************************************************************************/
    unsigned char mcuRead_memory(unsigned char icAdd,unsigned char M1,unsigned char M2,
                                 unsigned char group,unsigned char* password,unsigned char* Data)
    {
        unsigned char i=0,check_temp=0;
        /*读扇区命令*/
        unsigned char readMem[16] = {0xAB,0xBA,icAdd,0x12,0x09,M1,M2,group,
                        password[0],password[1],password[2],password[3],password[4],password[5],
0x00};
        readMem[14] = xor_count(readMem,2,13);                             //计算校验码
        Uart0_Send_LenString(readMem,15);                                  //发送读卡号命令

        while((UART0_RX_STA&0x80)!=0x80)
        {
            delay_ms(1);
            i++;
            if(i>49) break;
        }
```

```
    if((UART0_RX_STA&0x80)==0x80)
    {
        if(U0RX_Buf[3]==0x81)                                          //操作成功
        {
            check_temp = xor_count(U0RX_Buf,2,(UART0_RX_STA&0x7f)-1);  //异或校验
            if(check_temp==U0RX_Buf[UART0_RX_STA&0x7f])                //校验正确
            {
                for(i=0;i<16;i++)
                {
                    Data[i] = U0RX_Buf[i+5+2];                         //获取扇区数据
                }
                UART0_RX_STA = 0;
                return 1;
            }
        }
        UART0_RX_STA = 0;
    }
    return 0;
}
/*********************************************************************************
* 名称：mcuWrite_memory
* 功能：写定扇区
* 参数：IC卡地址，扇区，块，密钥A或B，密码，数据
* 返回：1—成功，0—失败
*********************************************************************************/
unsigned char mcuWrite_memory(unsigned char icAdd,unsigned char M1,unsigned char M2,
                              unsigned char group,unsigned char* password,unsigned char* Data)
{
    unsigned char i=0,check_temp=0;
    /*读扇区命令*/
    unsigned char readMem[32] = {0xAB,0xBA,icAdd,0x13,0x19,M1,M2,group,
                 password[0],password[1],password[2],password[3],password[4],password[5],
                 Data[0],Data[1],Data[2],Data[3],Data[4],Data[5],Data[6],Data[7],
                 Data[8],Data[9],Data[10],Data[11],Data[12],Data[13],Data[14],Data[15],0x00};
    readMem[30] = xor_count(readMem,2,29);                              //计算校验码
    Uart0_Send_LenString(readMem,31);                                   //发送读卡号命令
    while((UART0_RX_STA&0x80)!=0x80)
    {
        delay_ms(1);
        i++;
        if(i>49) break;
    }
    if((UART0_RX_STA&0x80)==0x80)
    {
        if(U0RX_Buf[3]==0x81)                                          //操作成功
        {
```

```
                check_temp = xor_count(U0RX_Buf,2,(UART0_RX_STA&0x7f)-1);        //异或校验
                if(check_temp==U0RX_Buf[UART0_RX_STA&0x7f])                      //校验正确
                {
                    UART0_RX_STA = 0;
                    return 1;
                }
            }
            UART0_RX_STA = 0;
        }
        return 0;
}
/****************************************************************************************
* 名称：reported_icCardNumber
* 功能：上报 IC 卡的卡号
* 返回：0 表示读取失败，1 表示读取成功
****************************************************************************************/
u8 reported_icCardNumber(void)
{
        unsigned char i;

        /*操作成功返回数组*/
        unsigned char sendCorrect[9] = {0xBF,0x04,0x0A,0x00,0x00,0x00,0x00,0x00};
        unsigned char cardUID[5] = {0};

        if(mcuRead_UID(0x00,cardUID))                                             //读取成功
        {
            for(i=0;i<4;i++)
            {
                sendCorrect[i+3] = cardUID[i];                                    //获取卡号
            }
            sendCorrect[7] = xor_count(sendCorrect,1,6);                          //计算校验码
            Uart1_Send_LenString(sendCorrect,8);                                  //操作成功
            return 1;
        }
        return 0;
}
/****************************************************************************************
* 名称：reported_icRemaining
* 功能：上报 IC 卡的余额
****************************************************************************************/
void reported_icRemaining(void)
{
        unsigned char i;

        /*操作成功返回数组*/
        unsigned char sendCorrect[21] = {0xBF,0x10,0x0B,0x00,0x00,0x00,0x00,0x00,0x00,
                                         0x00,0x00,0x00,0x00,0x00,0x00,0x00,0x00,0x00,0x00,0x00};
```

```
    unsigned char icData[17] = {0};

    if(mcuRead_memory(0x00,0x01,0x01,0x0A,icPasswordA,icData))
    {
        for(i=0;i<16;i++)
        {
            sendCorrect[i+3] = icData[i];                          //获取扇区数据
        }
        sendCorrect[19] = xor_count(sendCorrect,1,18);             //计算校验码
        Uart1_Send_LenString(sendCorrect,20);                      //操作成功
    }
}
/*********************************************************************************
* 名称：reported_icInfo
* 功能：上报IC卡的信息、卡号、余额
*********************************************************************************/
void reported_icInfo()
{
    unsigned char i;
    /*操作成功返回数组*/
    unsigned char sendCorrect[13] = { 0xBF,0x08,0x0B,
                                      0x00,0x00,0x00,0x00,        //卡号
                                      0x00,0x00,0x00,0x00,        //余额
                                      0x00};
    /*存放卡号*/
    unsigned char cardUID[5] = {0};
    /*存放数据*/
    unsigned char icData[17] = {0};
    u32 icSurplus=0;

    if(mcuRead_UID(0x00,cardUID))                                  //读取卡号
    {
        for(i=0;i<4;i++)
        {
            sendCorrect[i+3] = cardUID[i];                         //获取卡号
        }

        if(mcuRead_memory(0x00,0x01,0x01,0x0a,icPasswordA,icData))  //读余额
        {
            for(i=0;i<4;i++)
            {
                sendCorrect[10-i] = icData[15-i];                  //获取余额
            }
            sendCorrect[11] = xor_count(sendCorrect,1,10);         //计算校验码
            Uart1_Send_LenString(sendCorrect,12);                  //返回信息

            //十六进制转十进制
```

```
                for(u8 i=0;i<4;i++)
                {
                    icSurplus += icData[15-i]*myPow(256,i);
                }

                oled_display(sysPrice,icSurplus);

                /*蜂鸣器提示*/
                if(icSurplus>=sysPrice)
                {
                    P0_4 = 0;
                    delay_ms(20);
                    P0_4 = 1;
                } else {
                    P0_4 = 0;
                    delay_ms(20);
                    P0_4 = 1;
                    delay_ms(200);
                    P0_4 = 0;
                    delay_ms(20);
                    P0_4 = 1;
                    delay_ms(200);
                    P0_4 = 0;
                    delay_ms(20);
                    P0_4 = 1;
                }
            }
        }
}
/************************************************************************************
* 名称：update_icData
* 功能：修改 IC 卡的数据
************************************************************************************/
void update_icData()
{
    u8 i,group;
    u32 icSurplus=0;
    u8* password;
    /*操作失败返回数组*/
    unsigned char readError[6] = {0xBF,0x01,0x0b,0xff,0x00};
    /*操作成功返回数组*/
    unsigned char sendCorrect[6] = {0xBF,0x01,0x0B,0x00,0x00};
    /*要写的数据*/
    unsigned char WriteData[17] = {0x00,0x00,0x00,0x00,0x00,0x00,0x00,0x00,
                                   0x00,0x00,0x00,0x00,0x00,0x00,0x00,0x00};

    /*根据模式选择密钥 A 或 B*/
```

```
    if(icMode==1)
    {
        group = 0x0b;
        password = icPasswordB;
    } else {
        group = 0x0a;
        password = icPasswordA;
    }

    //更新数据
    for(i=0;i<U1RX_Buf[1];i++)
    {
        WriteData[15-i] = U1RX_Buf[((UART1_RX_STA&0x7f)-1)-i];
    }

    //写数据
    if(mcuWrite_memory(0x00,0x01,0x01,group,password,WriteData))
    {
        sendCorrect[4] = xor_count(sendCorrect,1,3);                //计算校验码
        Uart1_Send_LenString(sendCorrect,5);                        //操作成功
        UART1_RX_STA = 0;

        //十六进制转十进制
        for(u8 i=0;i<4;i++)
        {
            icSurplus += WriteData[15-i]*myPow(256,i);
        }
        oled_display(sysPrice,icSurplus);
    }else{
        readError[4] = xor_count(readError,1,3);                    //计算校验码
        Uart1_Send_LenString(readError,5);                          //操作失败
        UART1_RX_STA = 0;
    }
}
/*******************************************************************************
* 名称：update_price
* 功能：更新票价
* 参数：票价（price）
*******************************************************************************/
void update_price(unsigned short* price)
{
    /*操作成功返回数组*/
    unsigned char sendCorrect[6] = {0xBF,0x00,0x0C,0x00};
    *price = U1RX_Buf[3]*256 + U1RX_Buf[4];
    sendCorrect[3] = xor_count(sendCorrect,1,2);                    //计算校验码
    Uart1_Send_LenString(sendCorrect,4);                            //操作成功
}
```

```
/***************************************************************************************
* 名称：update_icMode
* 功能：更新IC卡的使用模式
***************************************************************************************/
void update_icMode(u8 data)
{
    /*操作成功返回数组*/
    unsigned char sendCorrect[6] = {0xBF,0x00,0x0D,0x00};
    if(data==0x0b)
        icMode = 1;                                                   //充值模式
    else
        icMode = 0;                                                   //消费模式
    sendCorrect[3] = xor_count(sendCorrect,1,2);                      //计算校验码
    Uart1_Send_LenString(sendCorrect,4);                              //操作成功
}
/***************************************************************************************
* 名称：update_icPassword
* 功能：更新IC卡的密码
***************************************************************************************/
void update_icPassword()
{
    u8 i=0;
    /*操作成功返回数组*/
    unsigned char sendCorrect[6] = {0xBF,0x00,0x0E,0x00};
    if(icMode==1)
    {
        for(i=0;i<6;i++)
        {
            icPasswordB[i] = U1RX_Buf[3+i];                           //更新密钥B的密码
        }
    } else {
        for(i=0;i<6;i++)
        {
            icPasswordA[i] = U1RX_Buf[3+i];                           //更新密钥A的密码
        }
    }

    sendCorrect[3] = xor_count(sendCorrect,1,2);                      //计算校验码
    Uart1_Send_LenString(sendCorrect,4);                              //操作成功
}
/***************************************************************************************
* 名称：pc_el
* 功能：PC控制el
***************************************************************************************/
void pc_el()
{
    //公交刷卡系统模式
```

```
    if((UART1_RX_STA&0x80)==0x80)                                    //数据接收完成
    {
        u8 check_temp = xor_count(U1RX_Buf,1,(UART1_RX_STA&0x7f)-1);     //异或校验
        if(check_temp==U1RX_Buf[UART1_RX_STA&0x7f])                  //校验正确
        {
            switch(U1RX_Buf[2])
            {
                //IC 卡充值，IC 卡扣款
                case 0x0b:
                    update_icData();                                  //更新 IC 卡的数据
                    break;
                //更新系统票价
                case 0x0c:
                    update_price(&sysPrice);
                    oled_display(sysPrice,0);
                    break;
                //修改 IC 卡的使用模式
                case 0x0d:
                    update_icMode(U1RX_Buf[3]);
                    break;
                //修改 IC 卡的密码
                case 0x0e:
                    update_icPassword();
                    break;
            }
        }
        UART1_RX_STA = 0;
    }
}
```

（3）定时器模块。

```
/*********************************************************************************************
* 名称：time1Int_init
* 功能：定时器 1 中断初始化
*********************************************************************************************/
void time1Int_init(void)
{
    u16 t1Arr = 50000;

    T1CTL |= (1<<1);                                  //模计数，0 表示 T1CC0
    T1CTL |= (1<<3);                                  //32 分频

    T1CC0L = t1Arr&0xff;
    T1CC0H = (t1Arr>>8)&0xff;
    T1CCTL0 |= (1<<2);                                //将定时器 1 设为比较模式

    //设置中断优先级最低
```

```
    IP0 &= ~(1<<1);
    IP1 &= ~(1<<1);

    IEN1 |= 0x02;                                          //定时器 1 中断使能
    EA=1;                                                  //开总中断
}
#define INT_TIME 5
//刷卡标志
u8 icFlag=1;
/*********************************************************************************************
* 名称：T1_ISR
* 功能：定时器 1 中断服务程序
*********************************************************************************************/
#pragma vector = T1_VECTOR
__interrupt void T1_ISR(void)
{
    static u8 t1_count=1;
    u8 temp_buf[5]={0};

    if(t1_count>INT_TIME)
    {
        //上报 IC 卡的信息
        if(!mcuRead_UID(0x00,temp_buf))
        {
            icFlag = 0;
            oled_areaClear(3,3,48,95);
        } else if(icFlag==0)
        {
            icFlag = 1;
            reported_icInfo();
        }

        t1_count = 1;
    }
    t1_count++;

    T1IF=0;
}
```

系统初始化模块、LED 驱动模块、OLED 显示驱动模块、串口驱动模块、IIC 驱动模块请看 3.2 节的开发内容。

2）公交卡操作实践

（1）打开如图 4.57 所示的 RFIDDemo_IC 软件。

图 4.57 RFIDDemo_IC 软件

系统将自动设置串口号及波特率（38400），打开串口后操作记录窗口会显示当前的工作模式、票价、密码，如图 4.58 所示。

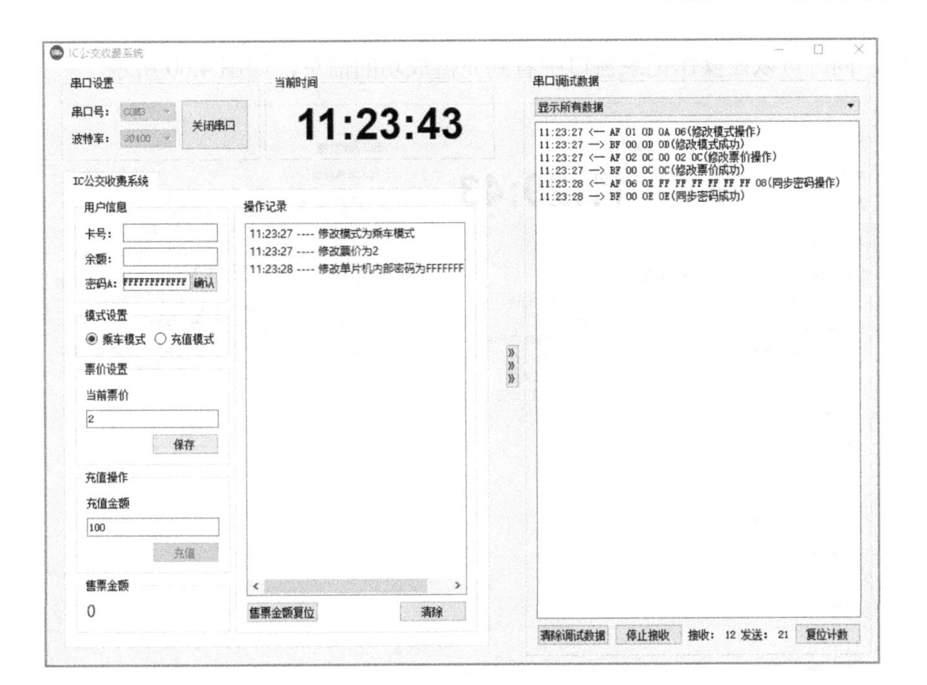

图 4.58　IC 公交收费系统

（2）默认的模式为乘车模式，如果将 IC 卡放置在阅读器上方，则会显示卡号及余额，并进行扣费，如图 4.59 所示。

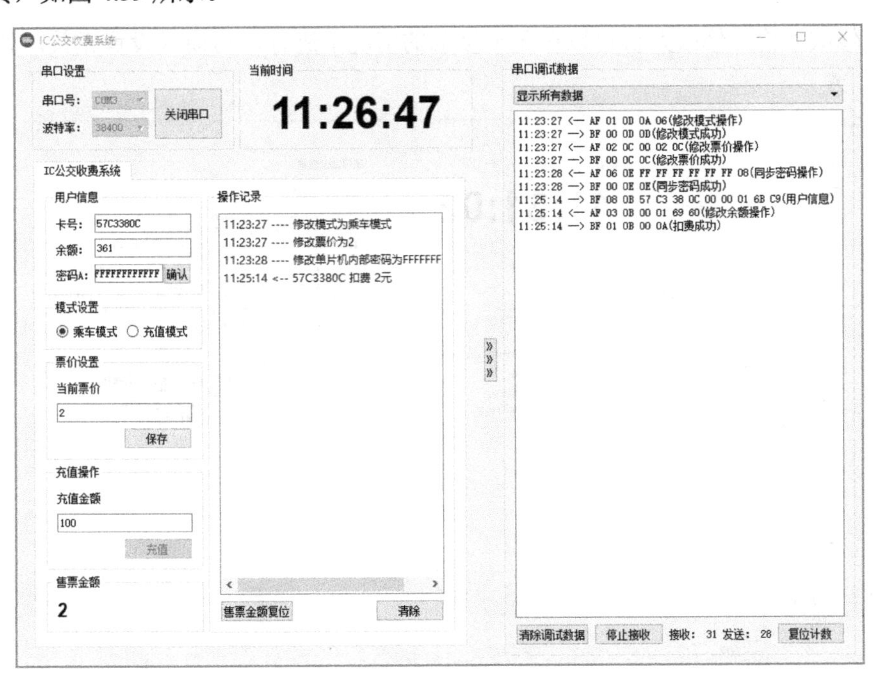

图 4.59　乘车模式

（3）在“模式设置”中可以选择两种模式，一种是乘车模式，另一种是充值模式。新卡首次使用时将会提示余额不足。选择充值模式，填写充值金额，单击“充值”按钮即可完成充值操作，同时可以在操作记录窗口中看到充值成功的信息，如图 4.60 所示。

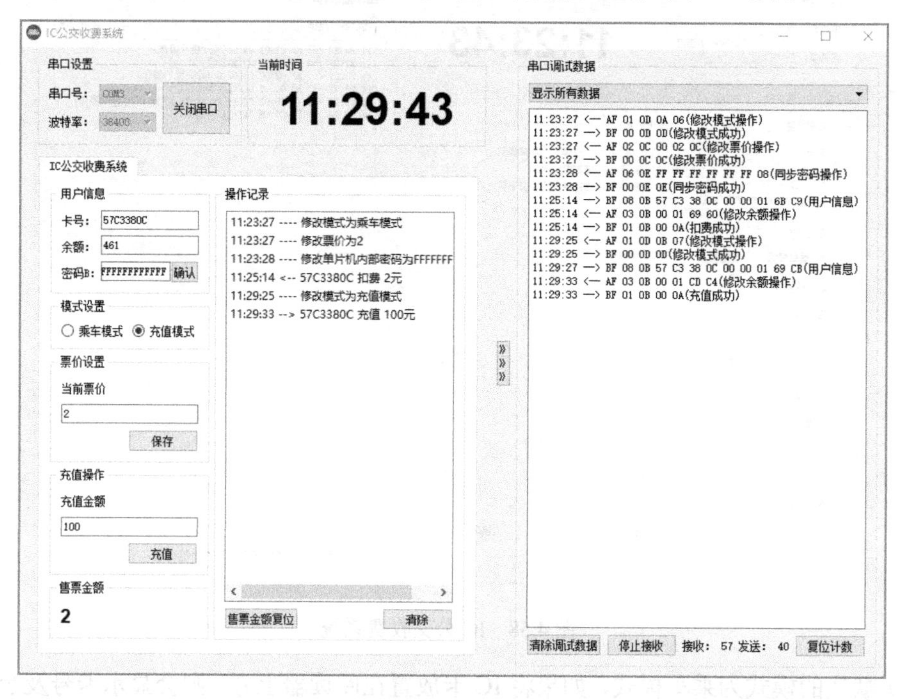

图 4.60　充值模式

（4）修改票价。修改票价可以在无卡接触的情况下进行，与模式设置无关，如图 4.61 所示。

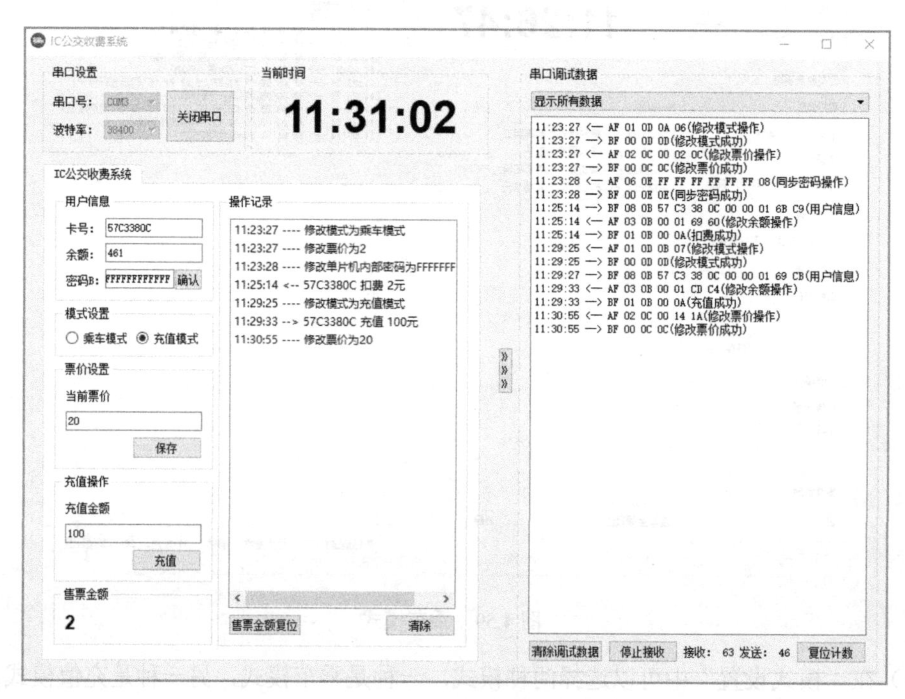

图 4.61　修改票价

4.3.3 小结

公交IC卡的使用非常广泛，大多数乘客都有公交IC卡，提高了乘车效率，方便了市民出行。本开发实践为嵌入式公交IC卡系统，使用RFIDdemo_IC软件模拟IC卡与阅读器经密钥认证后的充值和刷卡乘车等基本操作（充值由密钥B认证，刷卡由密钥A认证）。在应用中，使用到的是IC卡中的扇区1的块1的数据，也就是说，不论充值还是消费，都是对卡片中扇区1的块1的数据进行操作的，不涉及其他扇区数据。

4.3.4 思考与拓展

（1）公交IC卡是怎样充值的？
（2）公交IC卡是如何消费的？
（3）嵌入式公交IC卡系统是如何运作的？

第5章 超高频RFID技术应用

超高频（Ultra High Frequency，UHF）是指频率为300～3000 MHz，波长为1 m～1 dm的电磁波，也称为分米波。这个频段的电磁波常用于广播电视领域，例如我国广播电视使用的频段为470～806 MHz。UHF频段的电磁波可以用小而短的天线进行收发，适合移动通信。

在超高频RFID系统中，波长越长，路径损耗越小。本章介绍的超高频RFID系统符合ISO/IEC 18000-6协议，频率主要位于915 MHz附近，其阅读器和标签之间的通信是基于电磁反向散射耦合来实现的。

5.1 超高频RFID系统

5.1.1 超高频RFID系统的概述、通信原理及组成

1. 超高频RFID系统概述与应用

1）超高频RFID系统概述

超高频RFID系统主要应用于需要同时对多个标签进行操作、较长的读写距离，以及高速读写的场合，其天线波束方向较窄，系统价格较高。超高频标签为无源标签，在与阅读器进行数据传输时，标签位于阅读器天线的远场区，天线的辐射场为标签提供了射频能量。超高频标签的典型参数为无线读写距离、是否支持多标签同时读写、是否适合高速物体识别、标签的价格及数据存储容量等。超高频标签的数据存储容量一般在2 KB以内，从技术及应用的角度来说，它并不适合作为大量数据的载体，主要用于标识物品并完成非接触式的识别过程。

超高频RFID系统包括阅读器、标签、天线及上层应用接口程序等部分。工作原理是：上位机通过串口远程控制阅读器，阅读器通过天线将命令发送到标签以实现对标签的操作，同时接收标签返回的数据。标签靠其天线获得能量，并由其内部的芯片控制接收、发送数据。标签本身无电源，靠阅读器的电磁场获得能量。超高频RFID系统阅读器与标签的通信基于电磁反向散射原理，其特点是距离远、多标签识别能力强。

超高频RFID系统的工作频率为860～960 MHz，符合ISO/IEC 18000-6或EPC Gen2协

议。主要国家或地区的超高频 RFID 系统的工作频率和功率如表 5.1 所示。

表 5.1　主要国家或地区的超高频 RFID 系统的工作频率和功率

国家和地区	工作频率/MHz	功　率
中国	840～845	2 W（ERP）
	920～925	2 W（ERP）
北美	902～928	4 W（ERP）
欧洲	865～868	2 W（ERP）
日本	952～954	4 W（EIRP）
韩国	910～914	4 W（EIRP）
澳大利亚	918～926	4 W（EIRP）
新西兰	864～868	4 W（EIRP）
印度	865～867	4 W（ERP）
新加坡	866～869	0.5 W（ERP）
	923～925	2 W（ERP）

2）超高频 RFID 系统的应用领域

超高频 RFID 系统的应用场景相当广阔，具有能一次性读取多个标签、识别距离远、数据传输速率高、可靠性高、寿命长、恶劣环境耐受性强等优点，可用于资产管理、生产线管理、供应链管理、仓储管理、产品防伪溯源、零售管理、车辆管理等。

（1）车辆管理。通过安装在车辆挡风玻璃上的车载标签与收费站 ETC 车道上的射频天线之间的专用短程通信，利用计算机联网技术与银行进行后台结算处理，从而达到在车辆通过路桥收费站时无须停车即可缴纳路桥费的目的，如图 5.1 所示。

（2）电子车牌。电子车牌是物联网技术的细分、延伸及提高的一种应用。在机动车辆上安装一枚电子车牌标签，将该标签作为车辆信息的载体，在通过装有经授权的 RFID 阅读器路段时，对该标签上的数据进行采集或写入，实现车辆的数字化管理，如图 5.2 所示。

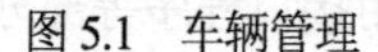

图 5.1　车辆管理

图 5.2　电子车牌

（3）产品防伪溯源。在企业产品生产等各环节应用 RFID 技术，可实现防伪、溯源、流通和市场的管控，保护企业品牌和知识产权，维护消费者的合法权益，如图 5.3 所示。

（4）仓储管理。在仓库管理中引入 RFID 技术，可对仓库到货检验、入库、出库、调拨、移库移位、库存盘点等各个作业环节的数据进行自动化采集，保证仓库管理各个环节数据输入的速度和准确性，确保企业能够及时准确地掌握库存的真实数据，合理地保持和控制企业库存，如图 5.4 所示。

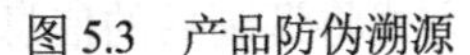
图 5.3　产品防伪溯源

图 5.4　仓储管理

2. 超高频 RFID 系统的通信原理及协议

1）超高频 RFID 系统的通信原理

超高频 RFID 系统的阅读器及标签之间的通信是通过电磁反向散射耦合方式完成的。电磁反向散射耦合方式类似雷达的工作原理，阅读器开始工作后，通过天线先向空中发送 860～960 MHz 频率的电磁波并激活标签，然后开始发送带有调制的命令到标签，可以采用 ASK 调制、脉冲间隔编码（Pulse Interval Encoding，PIE），通信速率为 26.7～128 kb/s，如图 5.5 所示。

标签收到阅读器发出的高频电磁波信号后，标签中的天线接收到特定的电磁波时就会产生感应电流，在经过整流电路后激活电路上的微型开关，从而为标签供电。标签上的电子线路根据阅读器发出信息，通过 ASK 或者 PSK 调制方式进行调制，以及采用 FM0 等编码方式，向阅读器反馈相关信息，如图 5.6 所示。

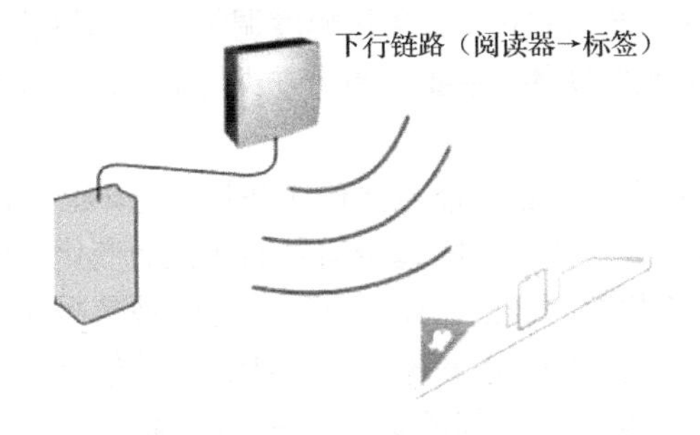

图 5.5　阅读器对标签的通信

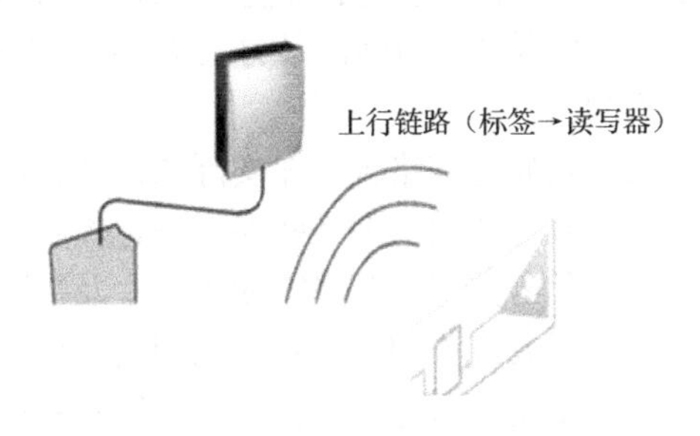

图 5.6　标签对阅读器通信

相互认证通过之后，阅读器会向标签发出读、写、锁定、Kill 等操作指令。

2）超高频 RFID 系统的协议

ISO/IEC 18000-6 协议制定了工作频率为 860～960 MHz 的空中接口通信技术参数，它定义了阅读器和应答器（标签）之间的物理接口、协议、命令和防碰撞机制。该协议包含三种通信模式：Type A、Type B、Type C；阅读器应支持三种模式，并能在三种模式之间进行切换；标签应至少支持其中一种模式。标签向阅读器的信息传输采用电磁反向散射工作方式。

（1）Type A 协议。Type A 协议的通信是基于一种“阅读器先发言”的机制，即基于阅读器的命令与标签的回答之间交替发送的机制。整个通信中的数据信号定义为 0、1、SOF、

EOF 四种，通信中的数据信号的编码和调制方法定义如下。

- 阅读器到标签之间的通信：阅读器发送的数据采用 ASK 方式进行调制，调制深度是 30%（误差不超过 3%）；数据采用脉冲间隔编码方式来编码。
- 标签到阅读器之间的通信：标签通过电磁反向散射的方式向阅读器发送数据；数据采用 FM0 方式来编码，数据传输速率是 40 kb/s。
- 防冲突机制采用时隙 ALOHA 算法。

（2）Type B 协议。Type B 协议和 Type A 协议在很多方面都是相似的。

- 阅读器到标签之间的通信：采用的调制方式也是 ASK，但调制深度为 30.5%或者 100%；编码方式为 FM0。
- 标签到阅读器之间的通信：采用电磁反向散射的方式将调制后的信息发送给阅读器，调制方式为 ASK；编码方式为 FM0。
- 防冲突机制采用自适应二进制树算法。

关于 ISO/IEC 18000-6 的 Type A 协议和 Type B 协议的指令帧格式及状态转换本文不做讨论。

（3）Type C 协议。Type C 协议是一种基于“阅读器先发言”的通信机制，即基于阅读器的命令与标签的回答之间交替发送的机制。

ISO/IEC 18000-6 协议采用物理层和标签标识层两层结构，物理层主要涉及 RFID 工作频率、数据编码方式、调制格式、RF 包络形状及数据传输速率等问题；标签标识层主要涉及阅读器读写标签的各种指令。

（1）物理层。标签从阅读器发出的电磁波中获取能量，阅读器通过对发送载波进行调制来向标签发送信息，同时给标签发送无调制的载波并接收标签通过电磁反向散射返回的信息。阅读器和标签之间的通信是半双工的，标签在电磁反向散射时不接收阅读器发送。由于是短距无线通信，为了标签解调的方便，阅读器到标签之间的通信方式主要采用幅度调制，而标签的电磁反向散射是通过对阅读器的无调制载波进行调制来实现的，主要的调制方式是幅度调制或者相位调制。

（2）射频通信格式。在实际的通信系统中，很多信道都不能直接传送基带信号，必须用基带信号对载波波形的某些参量进行控制，使载波的这些参量随基带信号的变化而变化。由于正弦波信号的形式简单，便于产生及接收，大多数数字通信系统中都采用正弦波信号作为载波，即正弦载波调制。数字调制技术用载波信号的某些离散状态来表示所传送的信息，在接收端也只需对载波信号的离散调制参量进行检测。二进制的数字调制信号有振幅键控（ASK）、移频键控（FSK）和移相键控（PSK）三种基本信号形式。

（3）阅读器到标签的通信。

射频载波调制：射频载波调制采用 DSB-ASK、SSB-ASK 或 PR-ASK 等方式。

基带编码格式：ISO/IEC 18000-6 的 Type C 协议的基带数据在发送时采用 PIE 编码格式。阅读器对标签发送信息的基准时间间隔是数据 0 的持续时间，高位值代表所发送的连续波（CW），低位值代表发送减弱的 CW。

（4）标签到阅读器的通信。

射频载波调制：射频载波采用电磁反向散射方式进行调制，从传统意义来说，无源标签并不能称为发射机，这样整个系统就只存在一个发射机，却完成了双向的数据通信。电磁反向散射调制技术指无源标签将数据发送回阅读器所采用的通信方式。根据发送数据的不同，通过控制标签的天线阻抗，使得反射的载波幅度产生微小变化，这样反射的载波幅度就携带了所需传送的信息，这和 ASK 调制有些类似。控制标签天线阻抗的方法有多种，但都是基于一种称为阻抗开关的方法，即通过数据变化来控制负载电阻的接通和断开，那么这些数据就能够从标签传送到阅读器。

另外，电磁反向散射调制之所以可以实现的一个条件就是阅读器和标签之间的通信是基于“一问一答”的，采用“阅读器先发言”的方式。采用这种通信方式时，只有在阅读器发送完命令后，标签才会做出响应。另外，阅读器在发送完命令后仍然会发送载波，电磁反向散射调制正是对该载波进行调制的。

基带编码格式：在标签到阅读器的通信过程中，基带编码采用 FM0 编码或者 Miller 副载波调制，FM0 编码又称为双相间隔（Bi-Phase Space）码编码，是在一个位窗内采用电平变化来表示逻辑的。如果电平从位窗的起始处翻转则表示逻辑 1，如果电平除了在位窗的起始处翻转，还在位窗的中间翻转则表示逻辑 0。

3）三种协议的比较

ISO/IEC 18000-6 的三种协议的比较如表 5.2 所示。

表 5.2　ISO/IEC18000-6 的三种协议的比较

技术特征 \ 协议		Type A（CD）	Type B（CD）	Type C
阅读器到标签	工作频段	860～960 MHz	860～960 MHz	860～960 MHz
	数据传输速率	33 kb/s，受无线电政策限制	10 kb/s 或 40 kb/s，受无线电政策限制	26.7～128 kb/s
	调制方式	ASK	ASK	由标签选择 ASK 和（或）PSK
	编码方式	PIE	Manchester	PIE
标签到阅读器	副载波频率	未用	未用	40～640 kHz
	速率	40 kb/s	40 kb/s	FM0：60～640 kb/s 子载频调制：5～320 kb/s
	调制方式	ASK	ASK	DSB-ASK、SSB-ASK 或 PR-ASK
	编码方式	FM0	FM0	FM0 编码或者 Miller 副载波调制，由阅读器选择
	唯一标识符长度	64 bit	64 bit	可变，16～496 bit
防碰撞	算法	ALOHA	自适应二进制树	时隙随机反碰撞
	类型（概率或确定型）	概率	概率	概率

3．超高频 RFID 系统标签：PR9200 芯片

PR9200 芯片的结构如图 5.7 所示。PR9200 芯片在 6 mm×6 mm 面积上集成高性能 RF 收发器（860～960 MHz）、调制解调器、ARM Cortex-M0 微处理器、存储器（64 KB Flash 和 16 KB SRAM），此外还完全集成了 ISO/IEC 18000-6 的 Type C 协议和 EPC C1G2 协议。PR9200 芯片对外接口包括复位接口、使能接口等。

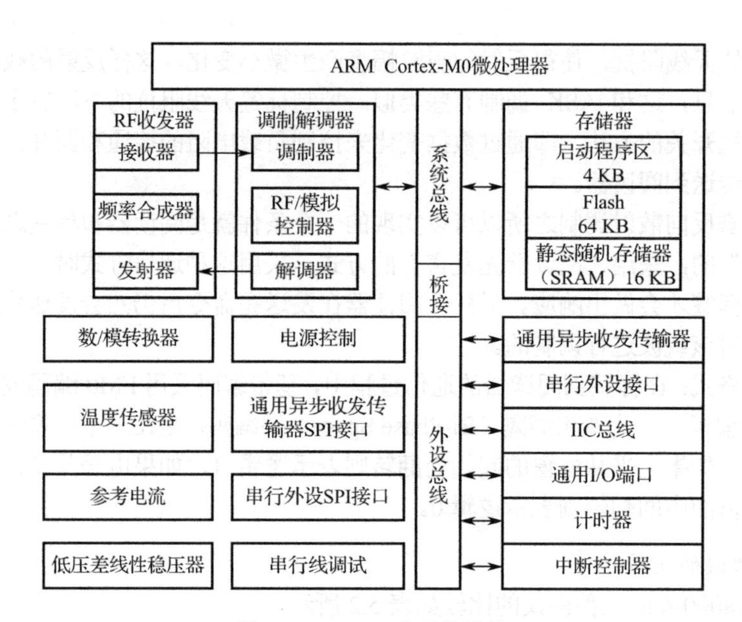

图 5.7　PR9200 芯片的结构

4．标签结构

标签由天线和芯片两部分组成，如图 5.8 所示。

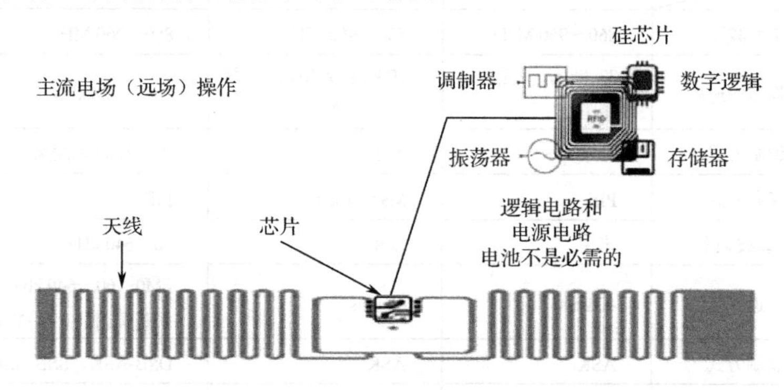

图 5.8　标签结构

不同频段标签芯片的基本结构类似，一般都包含射频前端、模拟前端、数字基带和存储器等模块。其中射频前端主要用于对射频信号进行整流和反射调制；模拟前端主要用于产生芯片内所需的基准电源和系统时钟，进行上电复位等；数字基带主要用于对数字信号进行编码和解码，以及防碰撞等；存储器则用于存储信息。

标签响应流程为：阅读器发射电磁波到标签；标签从电磁波中产生工作所需要的能量，标签对内部集成电路芯片存储的数据进行调制后通过电磁反向散射的方式将其发送到阅读器；阅读器接收到数据后进行解调以获得标签的数据信息。

5．常用的超高频 RFID 系统阅读器和标签

1）常用的超高频 RFID 系统阅读器

阅读器没有确定的模式，根据数据管理系统的功能和设备制造商的生产习惯，阅读器具

有各种各样的结构和外观形式，如固定式、手持式、桌面式等阅读器。图5.9所示为固定式超高频RFID系统阅读器，图5.10所示为台式超高频RFID系统阅读器，图5.11所示为手持式超高频RFID系统阅读器。

超高频RFID系统阅读器具有非接触、读写距离远、适应高速运动的物体、操作方便、防冲突等优良特性，在智能停车场管理、仓库物资进出监管和识别管理、车牌防伪识别管理、行李包裹识别管理，以及码头集装箱管理等场合都有广泛的应用。

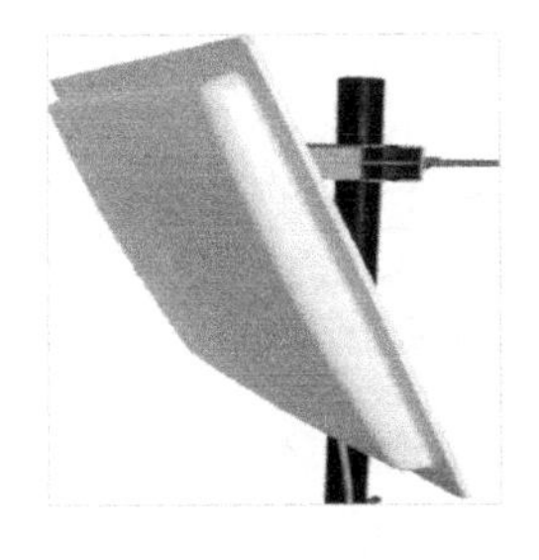
图5.9　固定式超高频RFID系统阅读器

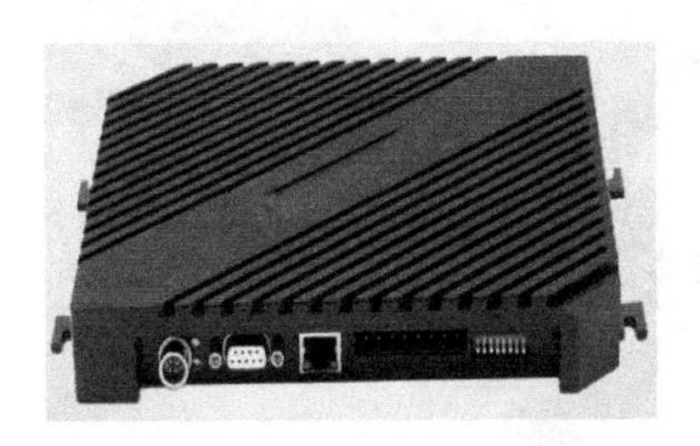
图5.10　台式超高频RFID系统阅读器

图5.11　手持式超高频RFID系统阅读器

2）常用的超高频RFID系统标签

超高频RFID系统标签的制造商主要有Alien、IMPINJ、TI、NXP、STM等，不同厂商标签的天线规格不同，标签的封装形式也是各种各样的。天线的规格不同，天线的谐振频率点也不相同，这样当使用固定频率点的阅读器读取某一类标签时效果很好，而读取另一类标签的效果却会很差。常用的超高频RFID系统标签如表5.3所示。

表5.3　常用的超高频RFID系统标签

序　号	超高频RFID系统标签	特　点
1	PVC白卡	阅读器的工作频率为915 MHz，功率为30 dBm；稳定读取距离为10 m
2	纸质防拆标签	阅读器的工作频率为915 MHz，功率为30 dBm；隔着玻璃稳定读取距离为10 m
3	陶瓷标签	阅读器的工作频率为915 MHz，功率为30 dBm；隔着玻璃稳定读取距离为10 m
4	不干胶标签	阅读器的工作频率为915 MHz，功率为30 dBm；稳定读取距离为5 m
5	抗高温标签	阅读器的工作频率为915 MHz，功率为30 dBm；稳定读取距离为10 m
6	轮胎标签	阅读器的工作频率为915 MHz，功率为30 dBm；稳定读取距离为5 m
7	AWID纸质标签	阅读器的工作频率为915 MHz，功率为30 dBm；稳定读取距离为4～5 m
8	Alien不干胶标签	阅读器的工作频率为915 MHz，功率为30 dBm；稳定读取距离为5～6 m
9	圆形不干胶标签	阅读器的工作频率为915 MHz，功率为30 dBm；稳定读取距离为9～10 m
10	纽扣形标签	阅读器的工作频率为915 MHz，功率为30 dBm；稳定读取距离为9～10 m
11	抗金属标签	阅读器的工作频率为915 MHz，功率为30 dBm；稳定读取距离为6～7 m

6．Sensor-EH阅读器硬件

物联网识别开发平台的超高频阅读器硬件为900M&ETC模块（Sensor-EH），可接入智能网关、智能节点、计算机中使用，如图5.12所示，指示线标注的分别是RFID、传感器端子

A/B、ETC 栏杆、复位按钮、USB 调试串口、串口功能跳线。

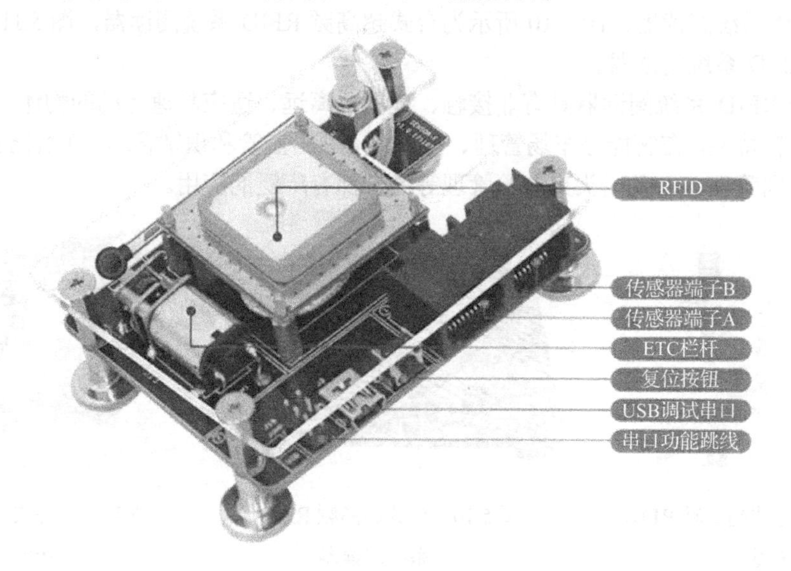

图 5.12　Sensor-EH 阅读器

Sensor-EH 阅读器的连线图如图 5.13 所示。

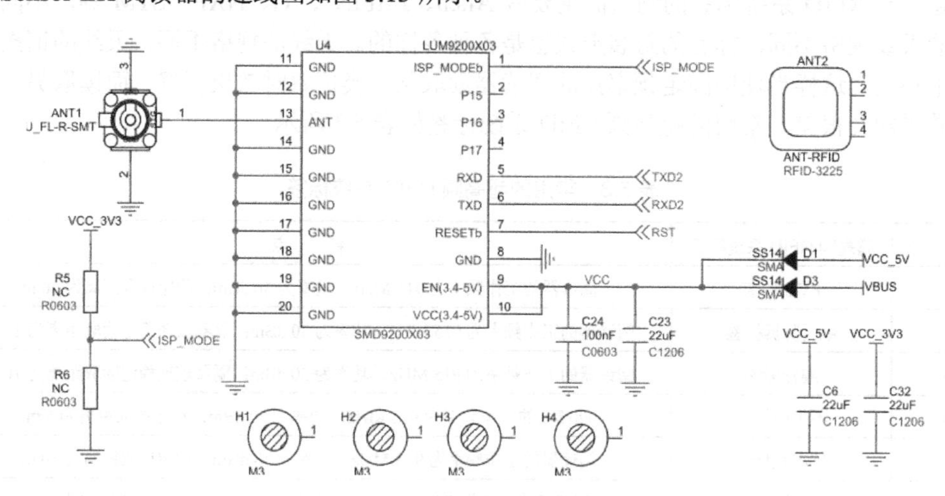

图 5.13　Sensor-EH 阅读器的连线图

该平台的特点如下：

（1）两路 RJ45 工业接口，包含 I/O、DC 3.3 V、DC 5 V、UART、RS-485，两路继电器输出等功能，提供两路 3.3 V、5 V 或 12 V 电源输出。

（2）采用磁吸附设计，可通过 RJ45 工业接口接入无线节点进行数据通信。

（3）900M&ETC 模块：支持 ISO/IEC 18000-6C 协议，工作频率为 902～928 MHz；工作模式为跳频工作或定频工作（软件可调），功率可调范围为 0～27 dBm，可读取符合 EPC Gen2 和 ISO/IEC 18000-6C 协议的标签，读取距离为 1～5 cm，板载 25 mm×25 mm 的高性能微小型陶瓷天线，集成 ETC 栏杆，提供 USB 调试串口。

5.1.2 开发实践：超高频RFID系统标签的读写

下面以符合EPC Gen2协议的标签为例进行超高频RFID系统标签的读写。对于不同厂商生产的超高频RFID系统标签，其内部的存储结构是相同的，只是存储容量大小不同。标签芯片中的存储器（EEPROM）一般分为4个区，分别为保留区（RFU区）、EPC存储区（EPC区）、TID存储区（TID区）、用户存储区（USER区）。从标签识别的角度来讲，阅读器对标签的操作其实就是对标签芯片中存储器的操作。

通过RFIDDemo软件和串口工具可对超高频RFID系统标签进行读写，掌握对标签的寻卡与基本读写操作，了解超高频RFID系统的特点、防冲突机制，以及标签的存储结构。

1. 开发设计

例如图5.14中的900M卡（标签），该标签内置了2048 bit（256 B）的EEPROM，共分成64块，每块为4 B。其中ID存储空间占用8 B，用户存储空间占用216 B。每个字节都有相应的锁定位，该位被置1时就不能再被改变，可以通过LOCK命令将其锁定，通过Query Lock（查询锁定）命令读取锁定位的状态，锁定位不允许被复位。第0～7 B被锁定，为标签的标识码（UID），64位的UID中包含50位的独立串号，12位的边界码和2位的校验码。第8～219 B是未锁定空间，供用户使用。第220～223 B也是未锁定的，作为写操作完毕的标志位或者用户空间。本开发实践主要是对超高频RFID系统标签进行读写操作，硬件连线如图5.14所示。

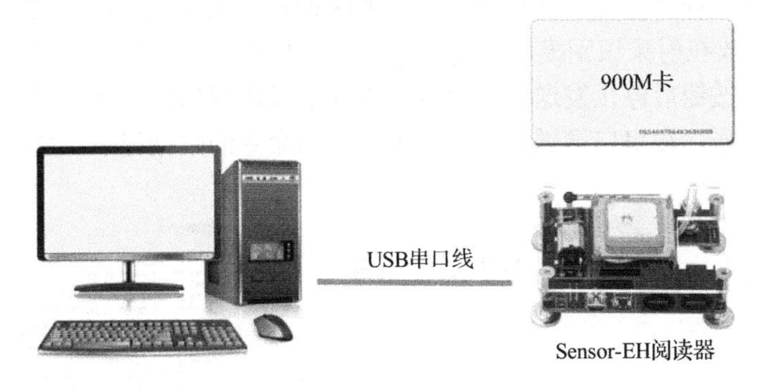

图5.14 硬件连线

2. 开发实施

1）超高频RFID系统标签的寻卡操作

（1）准备超高频RFID系统标签（900M卡），跳线设置为USB，用USB串口线连接计算机。

（2）运行如图5.15所示的RFIDDemo软件。

图5.15 RFIDDemo软件

在选项卡中选择“超高频900M”，串口号自动显示为COM3，波特率为115200，打开串口执行串口连接操作，执行成功后如图5.16所示。

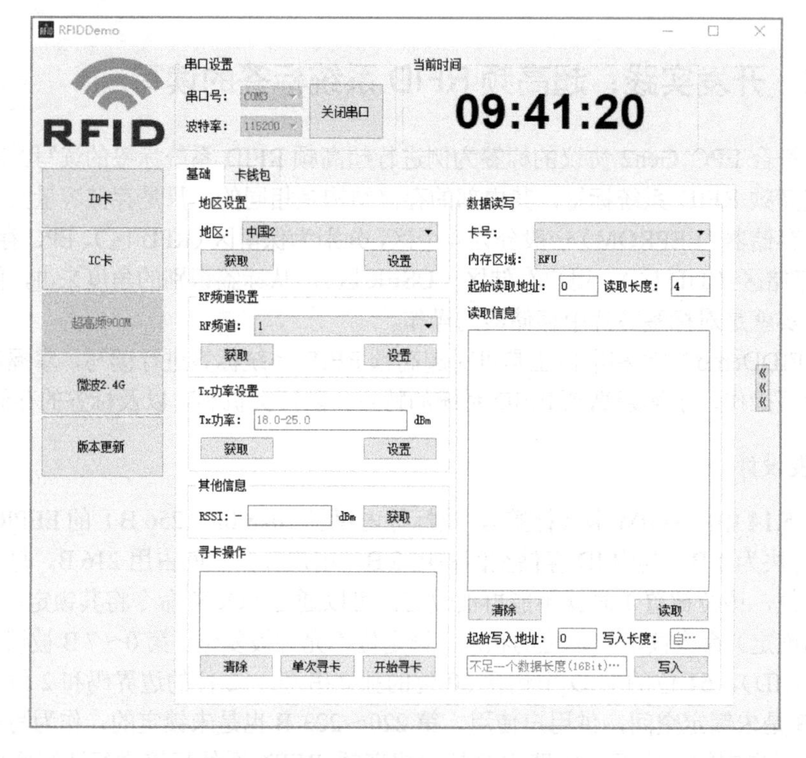

图 5.16　PC 连接超高频 RFID 系统标签

（3）寻卡操作。在“基础”选项卡中，有地区设置、RF 频道设置、Tx 功率设置、其他信息。将 900M 卡放在射频识别模块天线上方后，单击底部的“开始寻卡”按钮将持续寻卡。单击“停止寻卡”按钮后停止发送寻卡命令。在寻卡操作窗口将显示卡号信息，在数据读写区也将同时显示卡号。在串口调试数据窗口可以看到命令的数据记录，如图 5.17 所示。

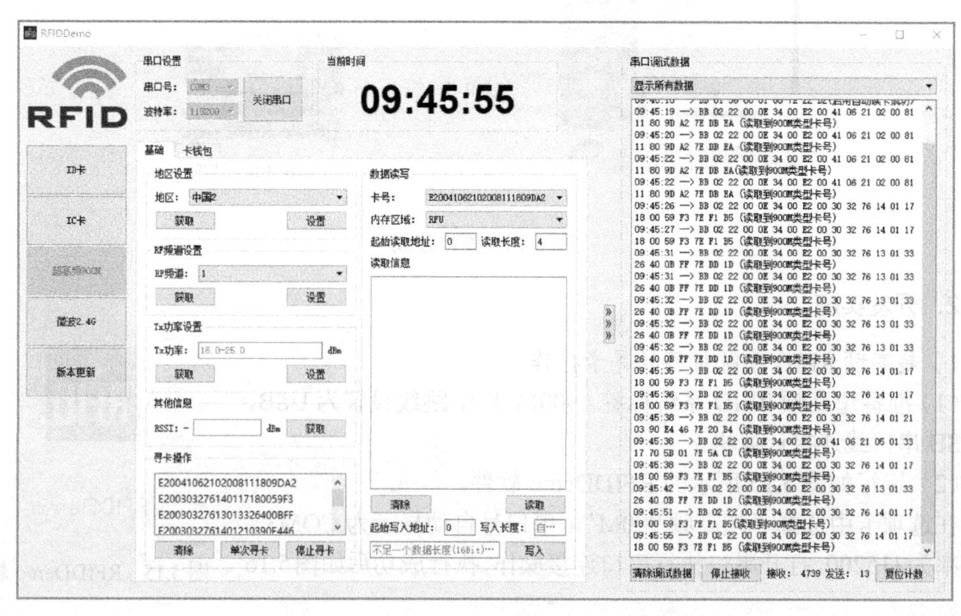

图 5.17　持续寻卡

（4）单击“单次寻卡”按钮则只进行一次寻卡操作。如果没有读到，就需要再次单击“单次寻卡”按钮。图5.18中显示的进行了两次单次寻卡操作后读取到卡号信息。单次寻卡如图5.18所示。

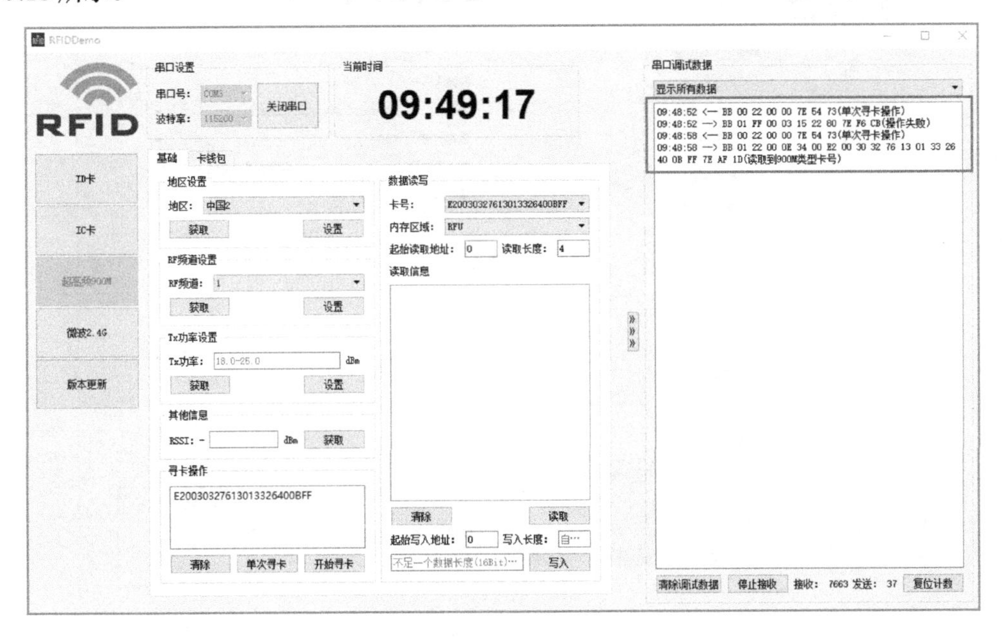

图5.18 单次寻卡

寻卡操作读出的是存储在存储器中的电子产品代码，即EPC编码，为24个十六进制数，EPC编码由标头、厂商识别代码、对象分类代码、序列号组成。

例如，读出900M卡的EPC编码为“E2 00 41 06 21 05 01 33 17 70 5B 01”，其中，“E2”为标头，固定为8位，用于识别EPC的长度、类型、结构、版本号；“0041062”为厂商识别代码，固定为28位，用于识别公司或企业实体；“105013”为对象分类代码，固定为24位；“317705B01”为序列号，固定为36位。

2）超高频RFID系统标签的读写操作

（1）数据读写区。900M卡的存储器分为4个区，分别是RFU、EPC、TID、USER，其中EPC、TID是不可写入的。选择EPC、TID时，最下方的“写入”按钮是无效的，如图5.19所示。内存区域下方是起始读取地址，默认从0位开始，读取长度为4。注意：这里的长度为1表示4个十六进制数，长度为4表示16个十六进制数。每个十六进制数可转换为4位的二进制数，如0x03转换为二进制数后为0000 0011B，因此16个十六进制数可表示为64位的二进制数。

（2）在“内存区域”选择“RFU”，可读可写，单击“读取”按钮，如图5.20所示，读取信息窗口中显示的（RFU,0,4）表示起始读取地址0，读取长度为4，读取数据为“00 00 00 00 00 00 00 00”，写入数据“11 22 33 44 55 66 77 88”后再读取一次。

（3）在“内存区域”选择“EPC”，单击“读取”按钮后可读取信息，但是不能写入信息。首先选择“起始读取地址”为“0”，“读取长度”为4，单击“读取”按钮，如图5.21所示。

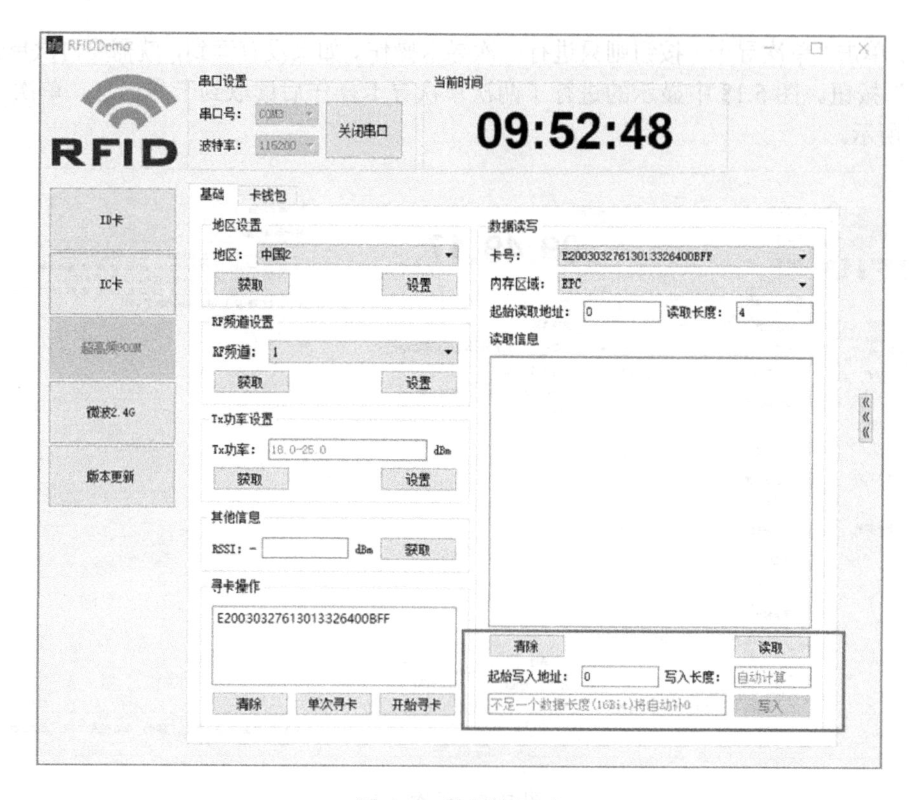

图 5.19　数据读写区

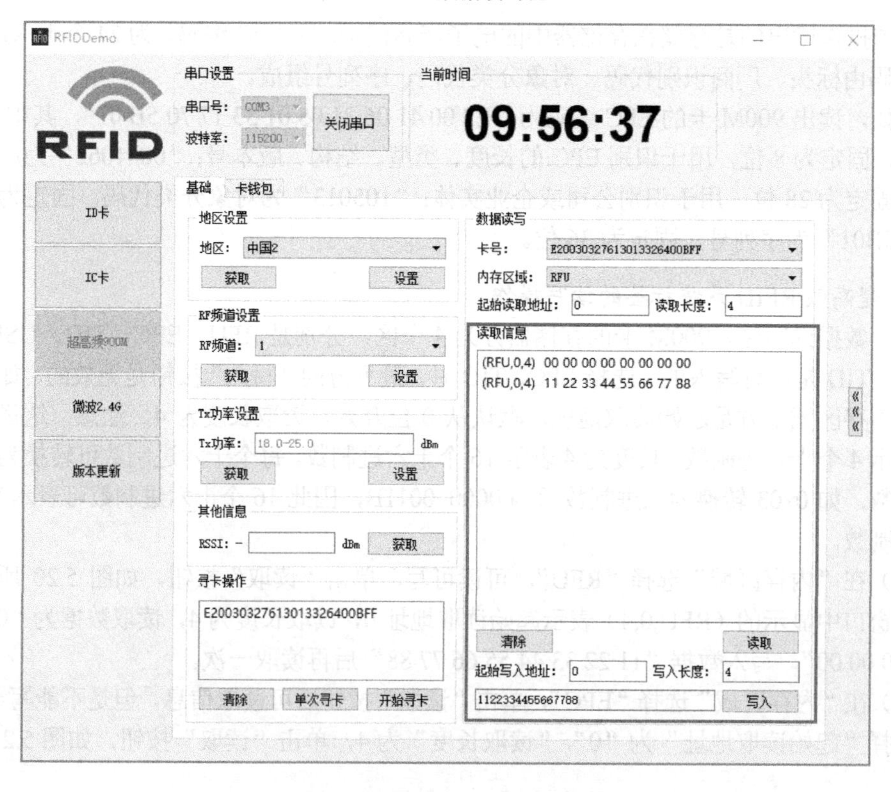

图 5.20　读写内存区域 RFU

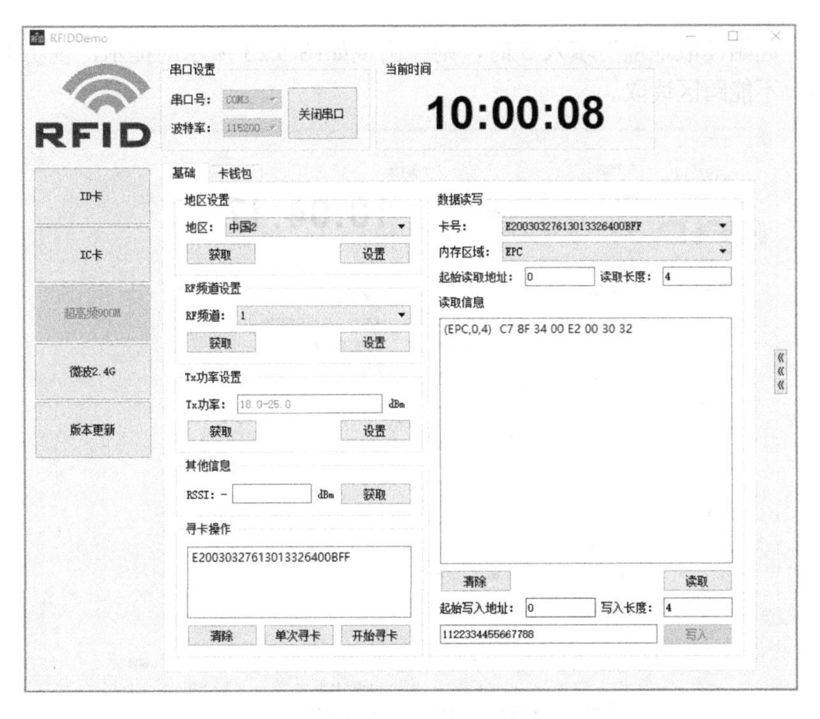

图 5.21 读取内存区域 EPC

（4）上面的数据是从E2开始的卡号获取的，但这段数据并不是完整的EPC编码，在“起始读取地址”填入1，则从4个字节后继续读取EPC编码，其中有重复的数据。再分别在“起始读取地址”填入2、3、4，读取后面的EPC编码，如图5.22所示。

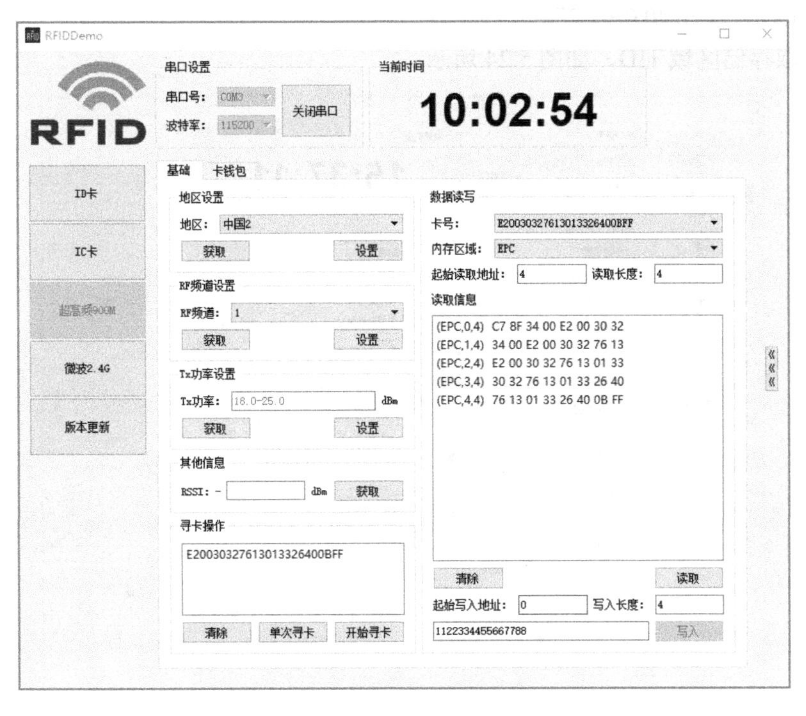

图 5.22 继续读取 EPC 的数据

（5）在“起始读取地址”填入5时，则会出现如图5.23所示的提示，说明EPC编码已经读取完毕，不能跨区读取。

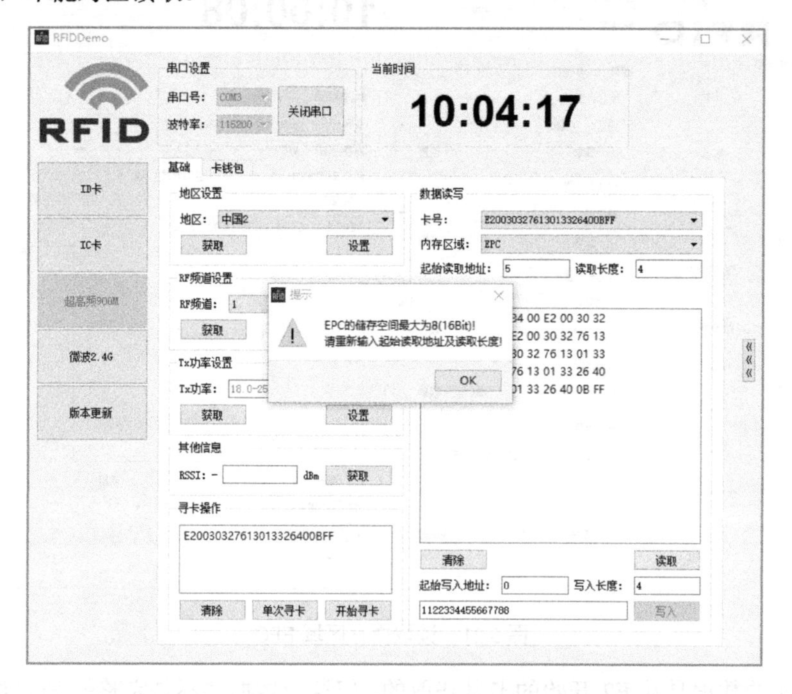

图5.23　在“起始读取地址”填入5后读取EPC的数据

（6）排列好上面读到的全部数据，去掉重复的部分，得到的EPC编码为“C7 8F 34 00 E2 00 30 32 76 13 01 33 26 40 0B FF”。

（7）读取存储区域TID，如图5.24所示。

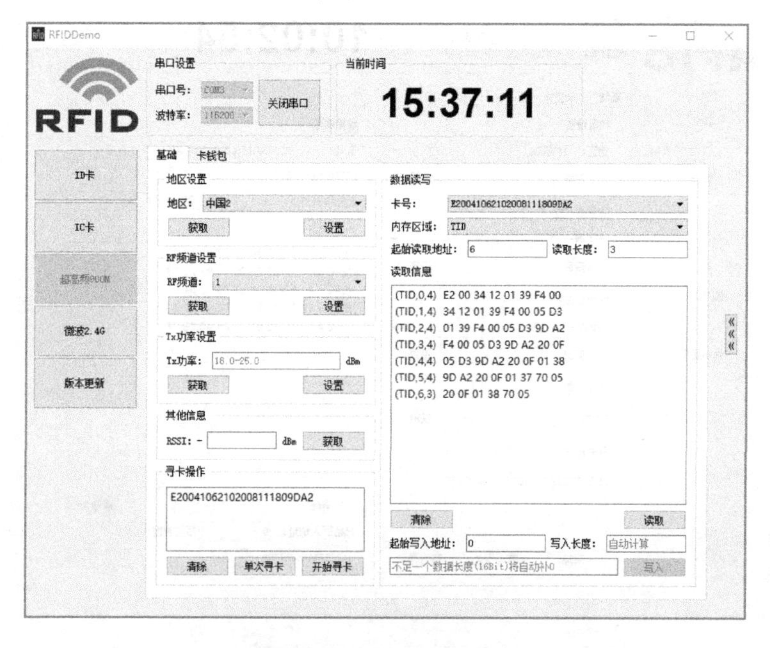

图5.24　读取存储区域TID

（8）在“内存区域”选择“UESR”，在“起始读取地址”输入 9，默认读取长度为 4，单击“读取”按钮，如图 5.25 所示。USER 的存储空间大一些，通常将数据存储在该区域，可写入数据。

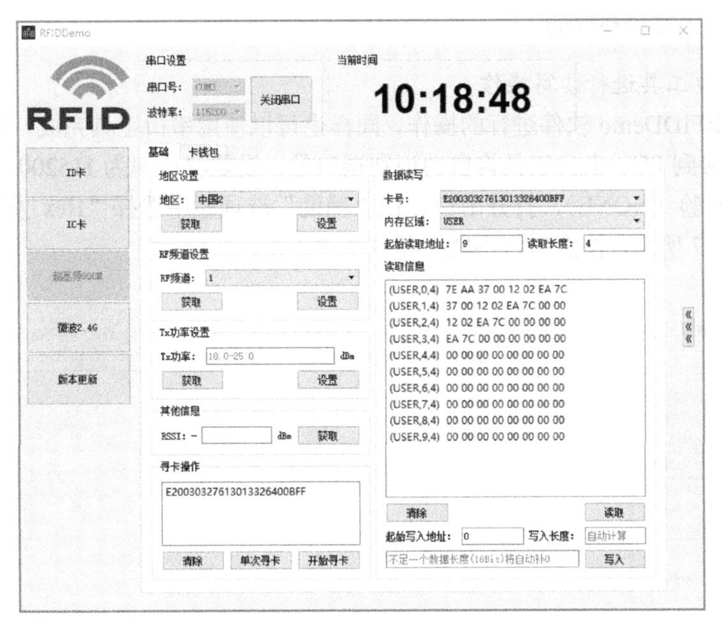

图 5.25　读取内存区域 USER

（9）在 RFIDDemo 界面还可以获取射频模块的一些数据并对其进行设置，如地区设置、Tx 功率设置和 RF 频道设置，这些操作不需要标签，是直接对射频模块进行操作的，如图 5.26 所示。

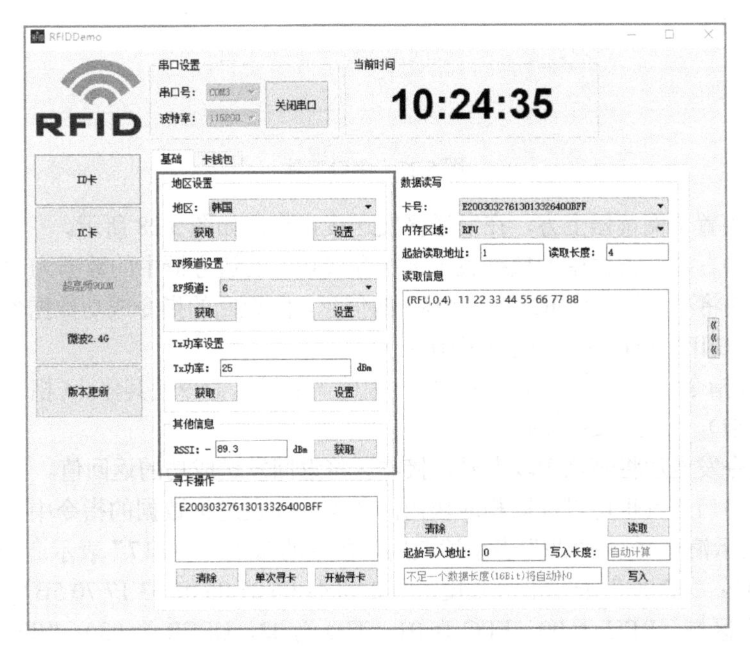

图 5.26　对射频模块的操作

在“地区”中获取的是国家或地区信息，返回信息中的“11”表示韩国，在下拉框中选择“中国”，单击“设置”按钮后发送数据中的“51”表示中国。还可以对 RF 频道以及 Tx 功率的信息进行获取和设置，Tx 功率的值一般为 18～25 dBm，不得超过此范围。RSSI 是信号强度，也是可以直接获取的。

3）使用串口工具进行读写操作

上述使用 RFIDDemo 软件进行的操作，同样也可以使用串口工具完成。将射频模块通过 USB 串口线连接到 PC，串口工具将自动识别端口号，设置波特率为 115200、8 个数据位、1 个停止位、无校验（NONE），打开串口，在“辅助”选项栏中选择“Hex 发送”以及“Hex 显示”，如图 5.27 所示，注意串口不能被其他程序占用。

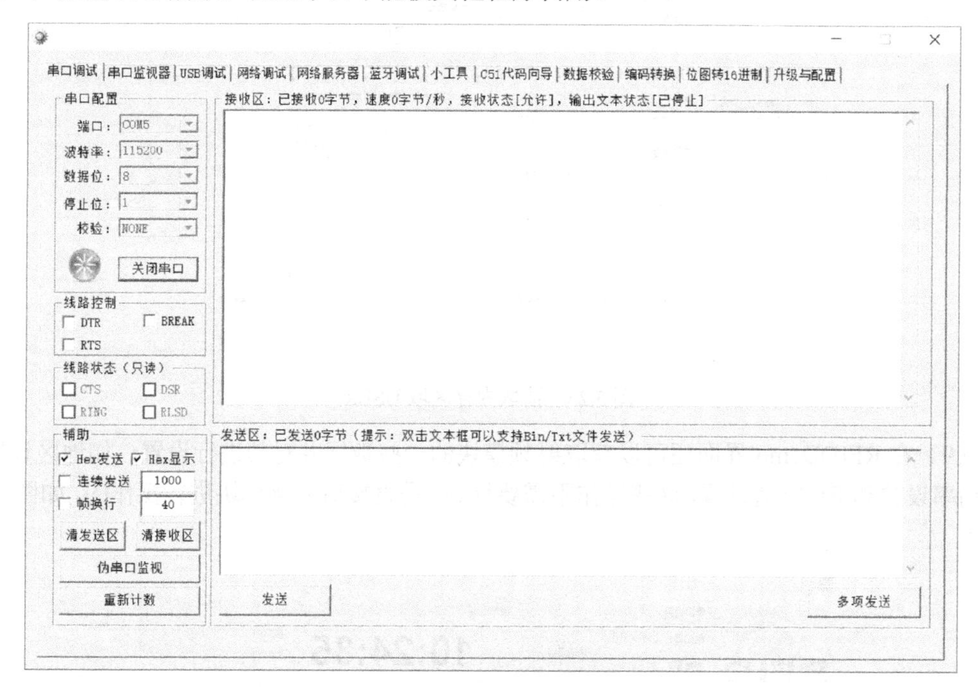

图 5.27　串口工具

（1）将标签置于阅读器上方，在发送区发送读指令，如图 5.28 所示。

在接收区中，左边方框中的数据表示读指令成功，右边方框中的数据为读出的卡号。发送数据后，模块将不停地读取 IC 卡（标签）的信息，除返回的指令成功数据外，将一直读取卡号（相当于 RFIDDemo 软件的寻卡操作）。

（2）停止读指令。由于读指令将一直执行，因此需要发送命令使其停止（相当于 RFIDDemo 软件的停止寻卡），如图 5.29 所示。

停止读指令发送后将停止读取卡号，接收区将返回发送成功的返回值。

（3）通过串口工具也可以读取相应块内的数据。在发送读数据的指令中，“BB”表示命令头；“00”表示消息类型；“29”表示读取用户数据的命令；“00 17”表示命令长度；“00 00 00 00”表示 AP；“00 0C”表示卡号长度；“E2 00 41 06 21 05 01 33 17 70 5B 01”表示卡号；“03”表示储存区域（RFU 为 00、EPC 为 01、TID 为 02、USER 为 03）；“00 00”表示起始读取地址；“00 04”表示读取长度；“7E”表示结束标志；“47 30”表示校验位。

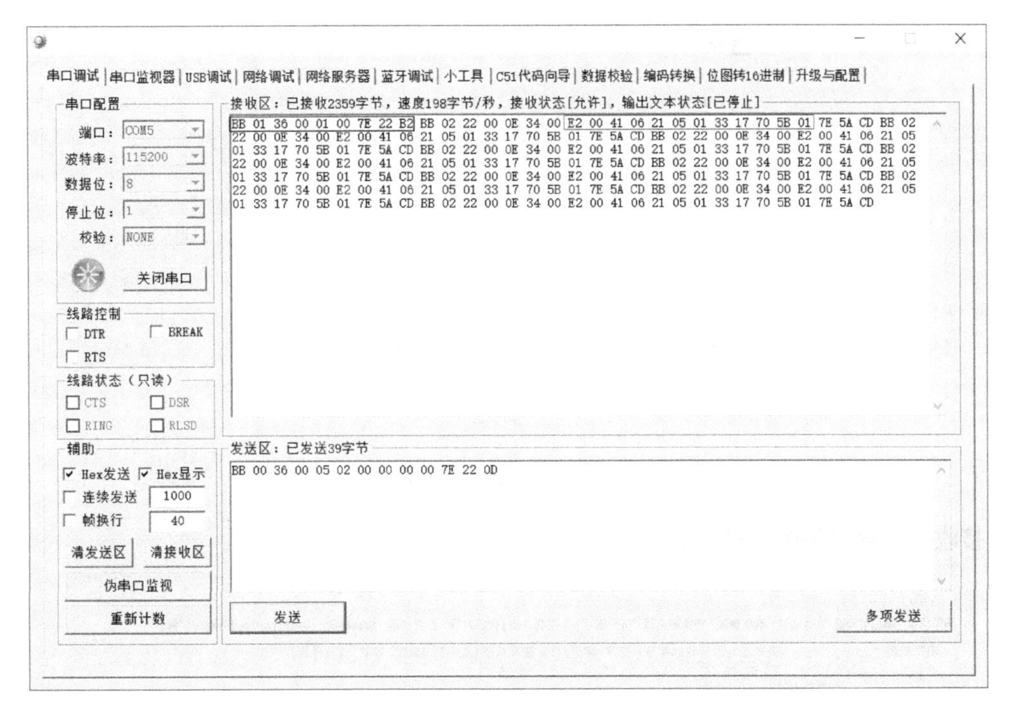

图 5.28 发送读取指令

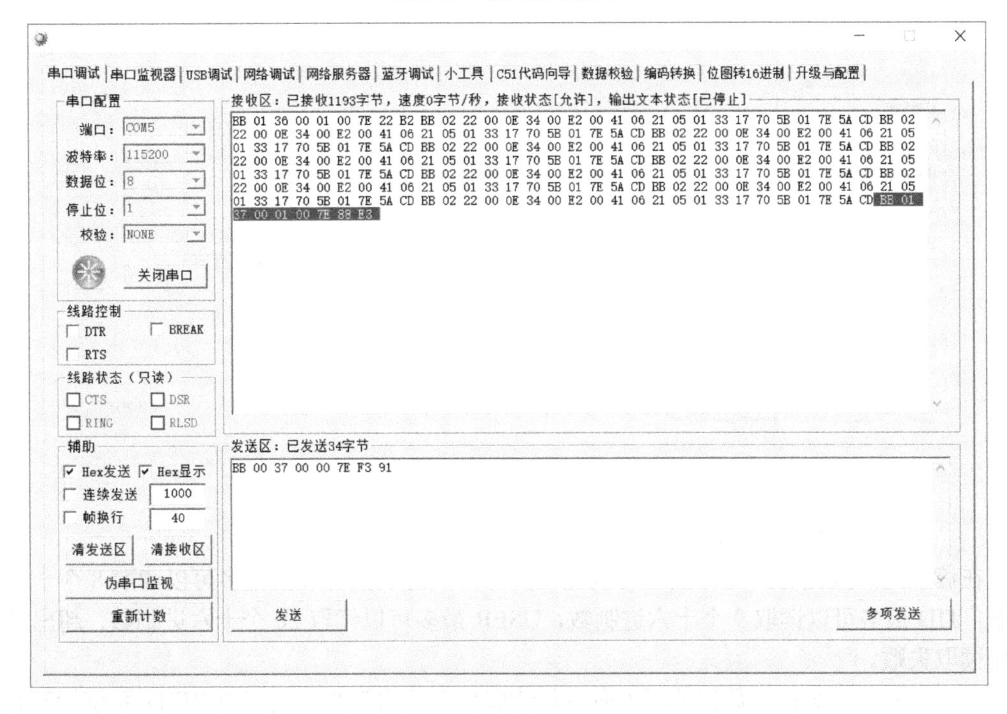

图 5.29 停止读指令

校验位可以使用模块附带的软件计算得出，校验位从消息类型开始计算，直到结束标志，如图 5.30 所示。

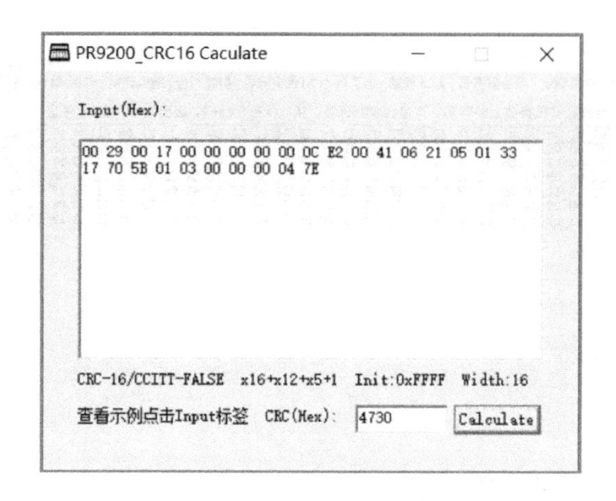

图 5.30　校验位的计算

接收区的数据如图 5.31 所示。

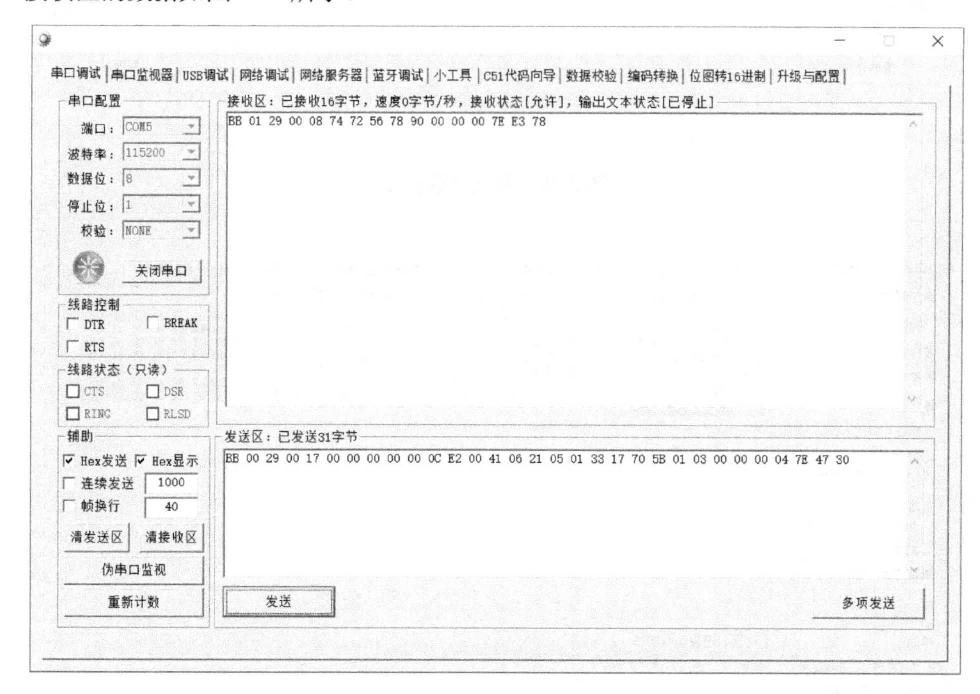

图 5.31　接收区的数据

在读取用户数据时，RFU 最多可以读取 4 个十六进制数，EPC 最多可以读取 8 个十六进制数，TID 最多可以读取 9 个十六进制数，USER 最多可以读取 20 个十六进制数，超出其范围则读取失败。

（4）写入用户数据。数据的写入命令与读取命令结构类似，超高频 RFID 系统标签有 4 个存储区域，分别是 RFU、EPC、TID、USER，其中 RFU 和 USER 是可以读写的区域，EPC 和 TID 只能读不能写入。也就是说，在发送写入用户数据命令时，存储区域只能选择为 00 或 03，选择 01 或 02 时数据发送将失败，如图 5.32 所示。

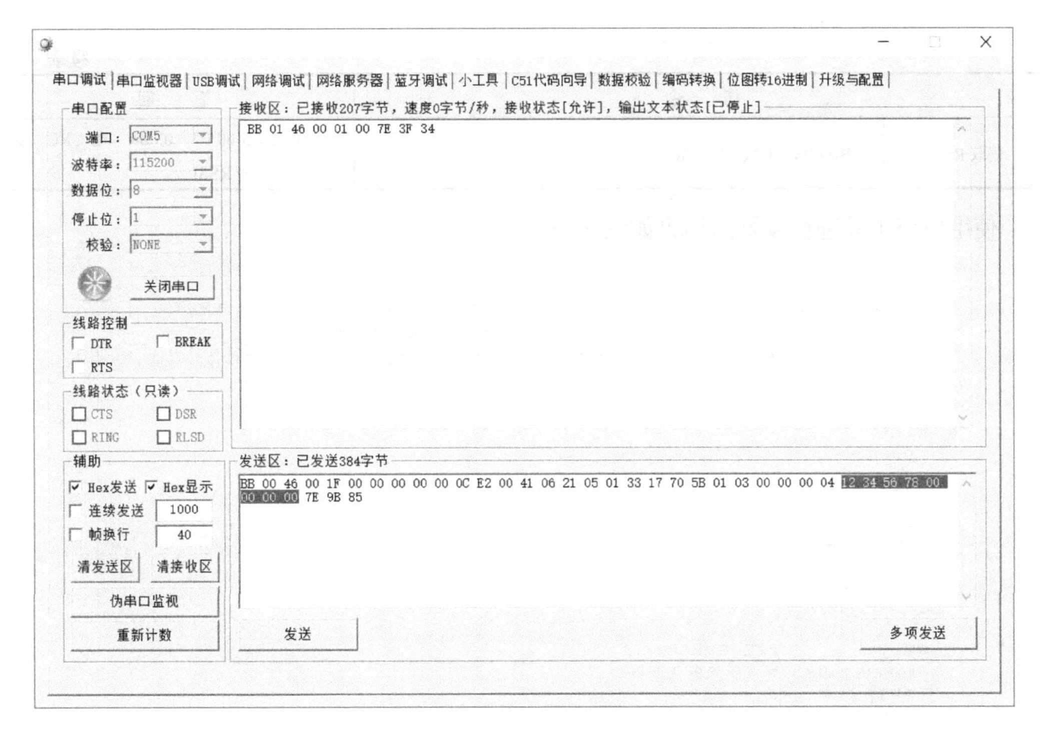

图 5.32　写入用户数据

在图 5.32 中，发送区的“12 34 56 78 00 00 00 00”为写入的数据（图中发送区阴影部分）。

（5）还可以通过串口工具进行电源模式设置、地区设置、系统复位、获取当前温度、RF 频道设置、获取 Tx 功率、Tx 功率设置、获取 RSSI 等操作，相关指令如表 5.4 所示。

表 5.4　相关指令说明

	指　令	返　回
电源模式设置	BB 00 01 00 01 00/01 7E CRC，其中 00 表示睡眠模式，01 表示深度睡眠	BB 01 01 00 01 00 7E CRC
读取地区	BB 00 06 00 00 7E CRC	BB 01 06 00 01 11/21/22/31/41/51/52 7E CRC，其中韩国为 11，美国为 21 或 22，欧洲为 31，日本为 41，中国为 51 或 52
地区设置	BB 00 07 00 01 11/21/22/31/41/51/52 7E CRC，其中，韩国为 11，美国为 21 或 22，欧洲为 31，日本为 41，中国为 51 或 52	BB 01 07 00 01 00 7E CRC
系统复位	BB 00 08 00 00 7E CRC	BB 01 08 00 01 00 7E CRC
获取当前温度	BB 00 B7 00 00 7E CRC	BB 01 B7 00 01　18　7E CRC，其中，18 为温度
获取 RF 频道	BB 00 11 00 00 7E CRC	BB 01 11 00 02　0A 00　7E CRC，其中，0A 00 为 CN CN0
RF 频道设置	BB 00 12 00 02　0A 00　7E CRC，其中，0A 00 为 CN CN0	BB 01 12 00 01 00 7E CRC
获取 Tx 功率	BB 00 15 00 00 7E CRC	BB 01 15 00 02　00 C8　7E CRC，其中，00 C8 为 Tx 功率
Tx 功率设置	BB 00 16 00 02　00 C8　7E CRC，其中，00 C8 为 Tx 功率	BB 01 16 00 01 00 7E CRC

续表

指令		返回
获取 RSSI	BB 00 C5 00 00 7E CRC	BB 01 C5 00 02 03 84 7E CRC，其中，03 84 为 RSSI

使用串口工具进行设置的结果如图 5.33 所示。

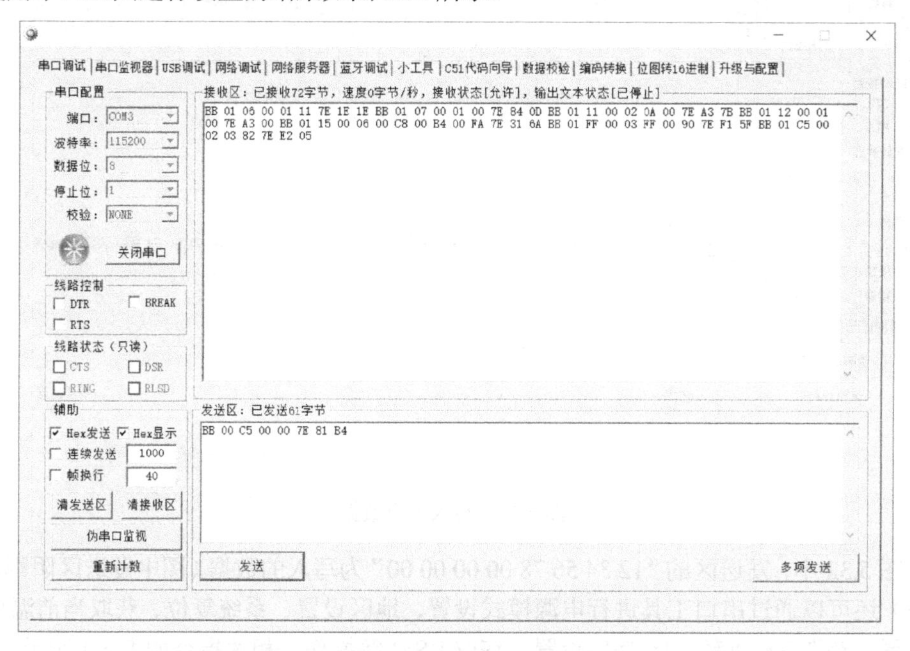

图 5.33　使用串口工具进行设置的结果

在图 5.33 所示的接收区中，每一个“BB”就是一次数据的返回，数据的发送也是以“BB”作为命令头的，检验位可以通过计算得到。图 5.33 所示的接收区中的数据依次为：读取当前地区成功返回，地区设置成功返回，读取 RF 频道成功返回，当前 RF 频道设置成功返回，读取当前 Tx 功率成功返回，当前 Tx 功率设置成功返回，获取 RSSI 成功返回。注意：查看结果与 RFIDDemo 软件有所不同，这是因为功率以及信号强度可能变化，读取到的数据可能不同。

通过 RFIDDemo 软件可以实现对超高频 RFID 系统标签的读写操作，通过使用卡钱包功能模拟刷卡消费。超高频 RFID 系统标签的数据传输速率高，标签存储容量大，具有防冲突机制，适合多标签的读取，单次可批量读取多个标签。

5.1.3　小结

超高频 RFID 系统工作频率为 860～960 MHz，近几年发展迅速。该系统采用电磁反向散射耦合方式进行数据交换，具有可一次性读取多个标签、穿透性强、可多次读写、数据的存储容量大、阅读距离较远（可达十几米）、适应物体高速运动等特点，阅读器的天线及标签的天线均有较强的方向性。本任务使用 RFIDDemo 软件对超高频 RFID 系统标签进行读写和寻卡操作，读者可掌握标签的存储结构、超高频 RFID 系统的通信原理、超高频 RFID 系统标签的响应流程等知识。

5.1.4 思考与拓展

（1）超高频 RFID 系统主要应用于哪些场景中？
（2）超高频 RFID 系统遵守的协议有哪些？
（3）超高频 RFID 系统有哪些优势？
（4）超高频 RFID 系统的主要通信原理是什么？

5.2 超高频 RFID 系统与卡钱包开发

典型的超高频 RFID 系统包括阅读器和标签。当装有标签的物体在距离阅读器 0～10 m 时，阅读器受控发出超高频查询信号，标签收到阅读器的查询信号后，将此信号与标签中的数据信息合成在一起后反射回阅读器。反射回的超高频合成信号已携带了标签数据信息。阅读器接收到电子标签反射回的合成信号后，经阅读器内部微处理器处理后即可将标签的识别代码等信息读取出来。

超高频 RFID 系统具有一次性读取多个标签、穿透性强、可多次读写、数据的存储量大的优点，无源标签成本低、体积小、使用方便、可靠性和寿命高，适合在高速运动、恶劣环境等场合应用，已经在物流等领域得到了越来越广泛的应用。例如，超高频 RFID 系统在车辆上的应用如图 5.34 所示。

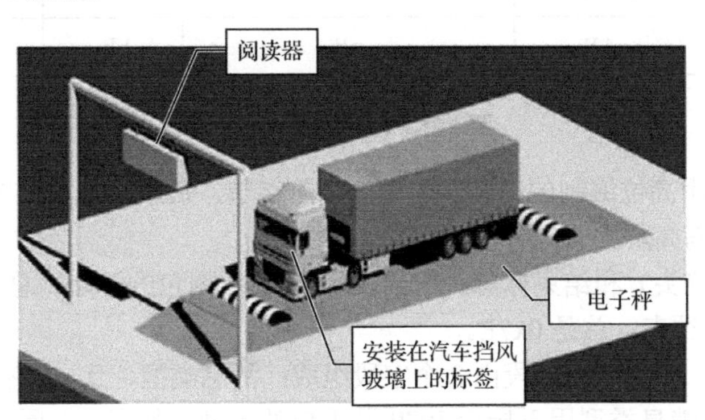

图 5.34 超高频 RFID 系统在车辆上的应用

5.2.1 原理学习

1. 超高频 RFID 系统标签

超高频 RFID 标签的存储器可分为 4 个存储区，分别是：存储区 0(RFU)、存储区 1(EPC)、存储区 2（TID)、存储区 3（USER)。其中，保留内存区（RFU）存储的是标签的密码（口令)；EPC 存储的是电子产品代码，以便标识唯一货品单件；TID 存储的是标签识别号码，是不同标签之间的识别码，由工厂一次性写入，不可以变更；USER（用户存储区）保存的是用户的数据。存储区 0～2 中是不能随意写入数据的，存储区 3 可以用来保存用户的数据，这种数据可以是消费数据或者其他数据。

超高频 RFID 系统的最大优点是可以远距离快速识别多个标签，最早多用于仓库货品的识别和管理。随着超高频 RFID 技术的发展，在标签的存储器中存入了消费数据，可在高速、远距离的情况下进行充值、扣款的应用也逐渐推广起来。例如，ETC 不停车收费系统。

2. Sensor-EH 阅读器协议

Sensor-EH 阅读器协议可读取多种 900M 卡之类的超高频 RFID 系统标签，支持多标签同时识别。Sensor-EH 阅读器多采用 PR9200 芯片。

1）RFID 阅读器控制协议

PR9200 芯片是通过 UART 串口的 RCP（阅读器控制协议）来控制的，RCP 数据包格式如图 5.35 所示。协议头和结束标志是固定的，0xBB 表示协议头，0x7E 表示结束标志。头部信息由 3 个字段组成：消息类型、代码和有效载荷长度。消息类型字段用于指示分组类型，即命令（0x00）、响应（0x01）、通知（0x02）；代码字段用于指示控制命令类型或响应类型；有效载荷长度字段用于通知 PR9200 芯片有效载荷长度，有效载荷场包含数据或控制信息。

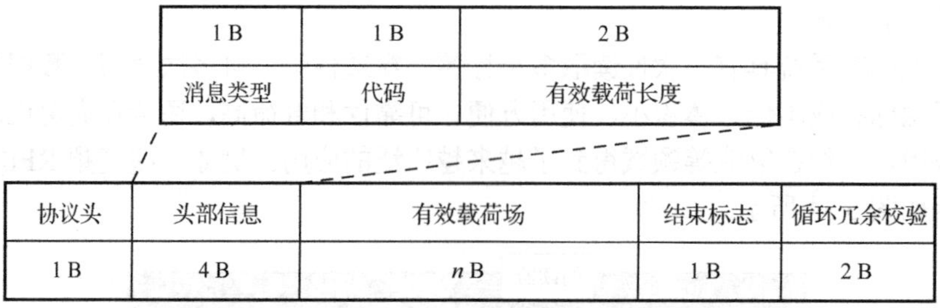

1 B	1 B	2 B
消息类型	代码	有效载荷长度

协议头	头部信息	有效载荷场	结束标志	循环冗余校验
1 B	4 B	*n* B	1 B	2 B

图 5.35　RCP 数据包格式

RCP 数据包使用高位编制的约定，先填充高阶字节，后填充低阶字节。在某些情况下，会用额外的 0 来填满高阶字节。

（1）前导（协议头）和结束标志。前导表示 RCP 数据包的开始，总是 0xBB。结束标志表示 RCP 数据包的结束，总是 0x7E。

（2）头部信息。头部信息字段由 3 个字段组成：消息类型、代码和有效载荷长度。

① 消息类型。消息类型用于指示 RCP 数据包的类型，如表 5.5 所示，命令是标签到阅读器的 RCP 数据包，响应和通知是阅读器到标签的 RCP 数据包。

表 5.5　消息类型

类　型	代码（Hex）	类　型	代码（Hex）
命令	0x00	响应	0x01
通知	0x02	保留	0x03～0xFF

命令与响应：命令用于控制阅读器，标签将命令发送到阅读器后，阅读器会发送响应给标签，所有的命令都有相应的响应。

通知：与响应不同，通知被阅读器独立地发送给标签。在“读取类型+标签 ID”中，通知包具有标签信息，这些数据会在读取过程中被发送给标签。

② 代码。除了一些命令，所有的数据可能有两种可能的类型：命令和响应。代码的说明如表 5.6 所示。

表 5.6　代码说明

序　号	消息代码	消息类型	代码值
1	阅读器功率设置	0x00/0x01	0x01
2	获取阅读器信息	0x00/0x01	0x03
3	获取地区	0x00/0x01	0x06
4	地区设置	0x00/0x01	0x07
5	设置系统复位	0x00/0x01	0x08
6	获取 Type C A/I 选择参数	0x00/0x01	0x0B
7	设置 Type C A/I 选择参数	0x00/0x01	0x0C
8	获取 Type C A/I 查询相关参数	0x00/0x01	0x0D
9	设置 Type C A/I 查询相关参数	0x00/0x01	0x0E
10	获取当前 RF 频道	0x00/0x01	0x11
11	当前 RF 频道设置	0x00/0x01	0x12
12	获取 FH 和 LBT 参数	0x00/0x01	0x13
13	设置 FH 和 LBT 参数	0x00/0x01	0x14
14	获取 Tx 功率	0x00/0x01	0x15
15	Tx 功率设置	0x00/0x01	0x16
16	射频连续波信号控制	0x00/0x01	0x17
17	设置天线	0x00/0x01	0x1B
18	读取 Type C UII	0x00/0x01	0x22
19	启动自动读取	0x00/0x01/ 0x02	0x27
20	停止自动读取	0x00/0x01	0x28
21	读取 Type C 标签数据	0x00/0x01	0x29
22	获得跳频表	0x00/0x01	0x30
23	设置跳频表	0x00/0x01	0x31
24	获取增益调制	0x00/0x01	0x32
25	设置增益调制	0x00/0x01	0x33
26	获取防碰撞模式	0x00/0x01	0x34
27	设置防碰撞方式	0x00/0x01	0x35
28	启动自动读取 2	0x00/0x01/0x02	0x36
29	停止自动读取 2	0x00/0x01	0x37
30	写入 Type C 标签数据	0x00/0x01	0x46
31	块写入 Type C 标签数据	0x00/0x01	0x47
32	块擦除 Type C 标签数据	0x00/0x01	0x48

续表

序　号	消息代码	消息类型	代码值
33	BlockPermalock Type C 标签数据	0x00/0x01	0x83
34	杀死/Recom Type C 标签数据	0x00/0x01	0x65
35	锁定 Type C 标签	0x00/0x01	0x82
36	获取温度	0x00/0x01	0xB7
37	获取接收的信号强度指示（RSSI）	0x00/0x01	0xC5
38	扫描接收的信号强度指示（RSSI）	0x00/0x01	0xC6
39	更新注册表	0x00/0x01	0xD2
40	擦除注册表	0x00/0x01	0xD3
41	获取注册表项	0x00/0x01	0xD4
42	命令失败	0x01	0xFF

③ 有效载荷长度。用于指示有效载荷场的长度，有效载荷长度占用 2 个字节。

（3）有效载荷场。有效载荷场包含数据信息或控制信息，信息取决于数据包类型，对于命令，将控制信息放置在有效载荷场；对于响应和通知，则将数据信息放置在有效载荷场。

（4）循环冗余校验（CRC）字段。命令和响应使用相同的 CRC-16 来验证消息的正确性。CRC-16 应通过从消息类型字段到结束标志字段的所有消息位来计算，计算 CRC-16 的多项式为 $x^{16}+x^{12}+x^5+1$（初始值为 0xFFFF），计算得到的值应附加到 RCP 数据包的末端（结束标志字段后）。

CRC-16 的计算电路如图 5.36 所示，用于计算 CRC-16 的多项式 $x^{16}+x^{12}+x^5+1$ 符合 CRC-CCITT 协议，ITU 推荐 X.25 协议。

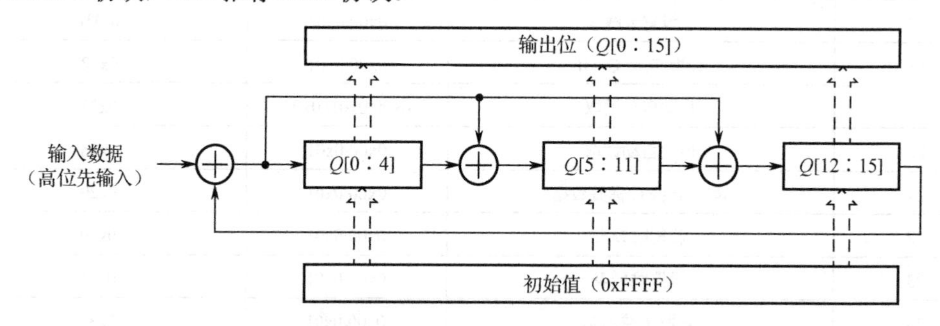

图 5.36　CRC-16 的计算电路

为了计算 CRC-16，应首先预加载整个 CRC 寄存器（即 Q[0:15]，Q[15]是 MSB，Q[0]是 LSB），初始值为 0xFFFF；其次，将待编码的数据位输入 MSB 中，在所有数据位计算之后，Q[15:0]保持 CRC-16。

2）常用命令举例说明

（1）自动读取指令：启动一个标签自动读取操作，标签的信息通过通知发送回用户，如表 5.7 所示。

表 5.7　自动读取指令

协议头	命令类型	命令	数据长度	数据长度	保留	读取长度
0xBB	0x00	0x36	0x00	0x05	0x02	0x00
标记时长	执行次数	执行次数	结束标志	校验		
0x00	0x00	0x64	0x7E	0xNNNN		

自动读取指令成功时返回0x00，如表5.8所示。

表 5.8　自动读取指令成功时的返回数据

协议头	命令类型	命令	数据长度	数据长度	返回	结束标志	校验
0xBB	0x01	0x36	0x00	0x01	0x00	0x7E	0xNNNN

（2）停止自动寻卡指令，如表5.9所示。

表 5.9　停止自动寻卡指令

协议头	命令类型	命令	数据长度	数据长度	结束标志	校验
0xBB	0x00	0x37	0x00	0x00	0x7E	0xNNNN

停止自动寻卡指令成功时，返回0x00，如表5.10所示

表 5.10　停止自动寻卡指令成功时的返回数据

协议头	命令类型	命令	数据长度	数据长度	返回	结束标志	校验
0xBB	0x01	0x37	0x00	0x01	0x00	0x7E	0xNNNN

（3）读取EPC块（PC+EPC）指令如表5.11所示。

表 5.11　读取EPC块指令

协议头	命令类型	命令	数据长度	数据长度	结束标志	校验
0xBB	0x00	0x22	0x00	0x00	0x7E	0xNNNN

读取EPC块指令返回的是EPC块，PC物理信息为“0x3000”，EPC编码为“0xE2003411B802011383258566”，如表5.12所示。

表 5.12　读取EPC块指令的返回数据

协议头	命令类型	命令	数据长度	数据长度	PC物理信息	PC物理信息
0xBB	0x01	0x22	0x00	0x0E	0x30	0x00
EPC编码	EPC编码	EPC编码	EPC编码	EPC编码	EPC编码	EPC编码
0x00	0x34	0x11	0xB8	0x02	0x01	0x13
EPC编码	EPC编码	EPC编码	EPC编码	结束标志	校验	
0x83	0x25	0x85	0x66	0x7E	0xNNNN	

（4）读取 Type C 标签指令：从指定的存储体中读取 Type C 标签数据，如表 5.13 所示。

表 5.13　读取 Type C 标签指令

协议头	命令类型	命令	数据长度	数据长度	密码设置	密码设置	密码设置
0xBB	0x00	0x29	0x00	0x17	0x00	0x00	0x00
密码设置	EPC 长度	EPC 长度	EPC 编码	EPC 编码	EPC 编码	EPC 编码	EPC 编码
0x00	0x00	0x0C	0xE2	0x00	0x34	0x11	0xB8
EPC 编码	EPC 编码	EPC 编码	EPC 编码	EPC 编码	EPC 编码	EPC 编码	目标记忆库
0x02	0x01	0x15	0x26	0x37	0x04	0x94	0x00
起始地址	起始地址	数据长度	数据长度	结束标志	校验		
0x00	0x00	0x00	0x04	0x7E	0xNNNN		

读取 Type C 标签指令的返回数据如表 5.14 所示。

表 5.14　读取 Type C 标签指令的返回数据

协议头	命令类型	命令	数据长度	数据长度	标签内容		
0xBB	0x01	0x29	0x00	0x08	0x00	0x00	0x00
标签内容					结束标志	校验	
0x00	0x00	0x00	0x00	0x00	0x7E	0xNNNN	

（5）写入 Type C 标签指令如表 5.15 所示。

表 5.15　写入 Type C 标签指令

协议头	命令类型	命令	数据长度	数据长度	密码设置	密码设置	密码设置
0xBB	0x00	0x46	0x00	0x1F	0x00	0x00	0x00
密码设置	EPC 长度	EPC 长度	EPC 编码	EPC 编码	EPC 编码	EPC 编码	EPC 编码
0x00	0x00	0x0C	0xE2	0x00	0x34	0x11	0xB8
EPC 编码	EPC 编码	EPC 编码	EPC 编码	EPC 编码	EPC 编码	EPC 编码	目标记忆库
0x02	0x01	0x15	0x26	0x37	0x04	0x94	0x00
起始地址	起始地址	数据长度	数据长度	数据写入	数据写入	数据写入	数据写入
0x00	0x00	0x00	0x04	0x12	0x34	0x56	0x78
数据写入	数据写入	数据写入	数据写入	结束标志	校验		
0x00	0x00	0x00	0x00	0x7E	0xNNNN		

写入 Type C 标签指令成功时返回 0x00，如表 5.16 所示。

表 5.16　写入 Type C 标签指令成功时的返回数据

协议头	命令类型	命令	数据长度	数据长度	返回	结束标志	校验
0xBB	0x01	0x46	0x00	0x01	0x00	0x7E	0xNNNN

5.2.2 开发实践：超高频RFID卡钱包设计

超高频RFID系统可同时对多个标签进行操作，读写距离较长，可进行高速读写。一些场合（如停车场）可以利用这些优点，采用超高频RFID系统为车主提供远距离、高效识别的刷卡、收费和充值的服务，减少车主排队等待的时间。超高频RFID卡钱包具备和普通卡钱包同样的查询余额和卡号、充值、扣费等功能，本开发实践采用PR9200芯片，使用原始访问密钥来进行读写。

1. 任务分析

超高频RFID（860～960 MHz）具有读写速度快、识别距离远、抗干扰能力强、标签体积小等优点，得到了广泛的应用。阅读器对标签的操作本质上是对标签存储器的操作。本开发实践通过串口命令读写标签，并用RFIDDemo软件对标签进行卡钱包相关的操作。

超高频RFID系统阅读器可以通过串口直接发送指令来进行操作，部分指令如表5.17所示。

表5.17 部分指令表

功　能	指　令	指令成功返回的结果
读指令	BB 00 36 00 05 02 00 00 00 00 7E 22 0D	BB 01 36 00 01 00 7E 22 B2
停止读指令	BB 00 37 00 00 7E F3 91	BB 01 37 00 01 00 7E 88 E3
读取PC+EPC信息	BB 00 22 00 00 7E 54 73	BB 01 22 00 0E 30 00（卡号）7E DE DE
读取用户区数据	BB 00 29 00 17 00 00 00 00 00 0C（卡号）03 00 00 00 04 7E E3 54	BB 01 29 00 08 00 00 00 00 00 00 00 00 7E CE 00
写入用户区数据	BB 00 46 00 1F 00 00 00 00 00 0C（卡号）03 00 00 00 04 12 34 56 78 00 00 00 00 7E 60 DD	BB 01 46 00 01 00 7E 3F 34

2. 开发实施

1）*启动RFIDDemo软件*

（1）准备900M卡和超高频RFID阅读器（Sensor-EH），跳线设置为USB，用USB串口线连接计算机，硬件连线如图5.37所示。

（2）运行如图5.38所示的RFIDDemo软件。

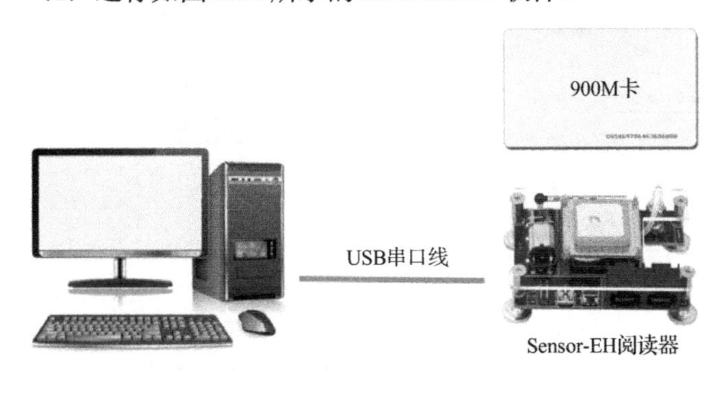

图5.37 硬件连线

图5.38 RFIDDemo软件

RFIDDemo 软件将自动设置串口号以及波特率，选择“超高频 900M”的“卡钱包”选项，打开串口后软件将不停发送读卡指令，同时发送读取余额的指令，如图 5.39 所示。

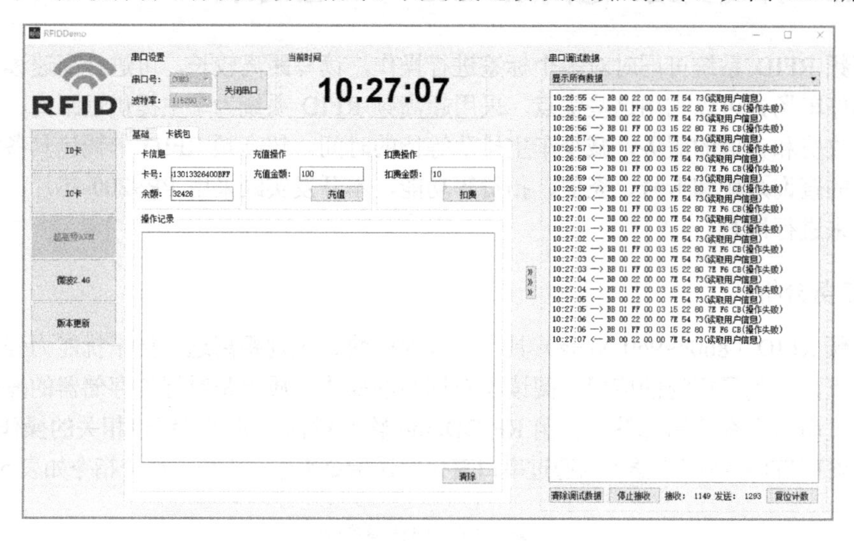

图 5.39　卡钱包的自动寻卡

可以看出，首先读取的是用户信息，返回 900M 卡的 UID 等信息后就可以开始读取用户余额。读取余额实际上就是读取存储区域 USER 中的数据，本开发实践使用到的是 USER 的第一位数据。读取命令为“BB 00 29 00 17 00 00 00 00 00 0C E2 00 30 32 76 13 01 33 26 40 0B FF 03 00 00 00 01 7E 55 C2”，其中，“00 0C”是数据长度，“E2 00 30 32 76 13 01 33 26 40 0B FF”是卡号（UID），“03”表示读取的存储区域 USER，“00 00”表示起始读取地址，“00 01”表示读取的数据长度。USER 中的数据是“7E AA”，即余额为 7E AA，对应的十进制数为 32426。

2）卡钱包的充值

卡钱包的充值实际上就是修改 USER 中的数据，上面卡钱包中的余额为 32426，现对卡钱包充值 100，如图 5.40 所示。

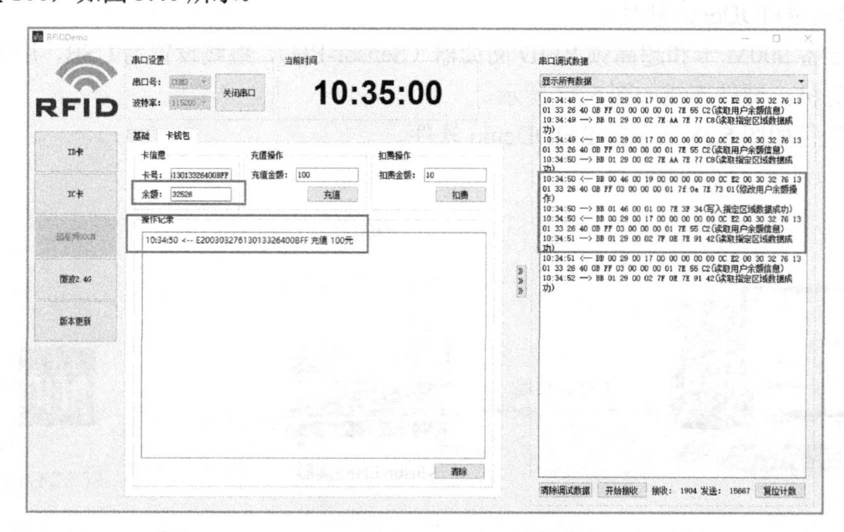

图 5.40　卡钱包充值

在右侧的串口调试数据窗口中可以看到，修改用户余额操作的命令为“BB 00 46 00 19 00 00 00 00 00 0C E2 00 30 32 76 13 01 33 26 40 0B FF 03 00 00 00 01 7F 0E 7E 73 01”，其中，“7F 0E”为写入 USER 的数据，对应的十进制数为 32526。

也可以使用串口工具发送修改 USER 中数据的指令来实现卡钱包充值，如使用串口工具充值 100，其命令为“BB 00 46 00 19 00 00 00 00 00 0C E2 00 30 32 76 14 01 17 18 00 59 F3 03 00 00 00 01 01 F4 7E 9C F5”，如图 5.41 所示。

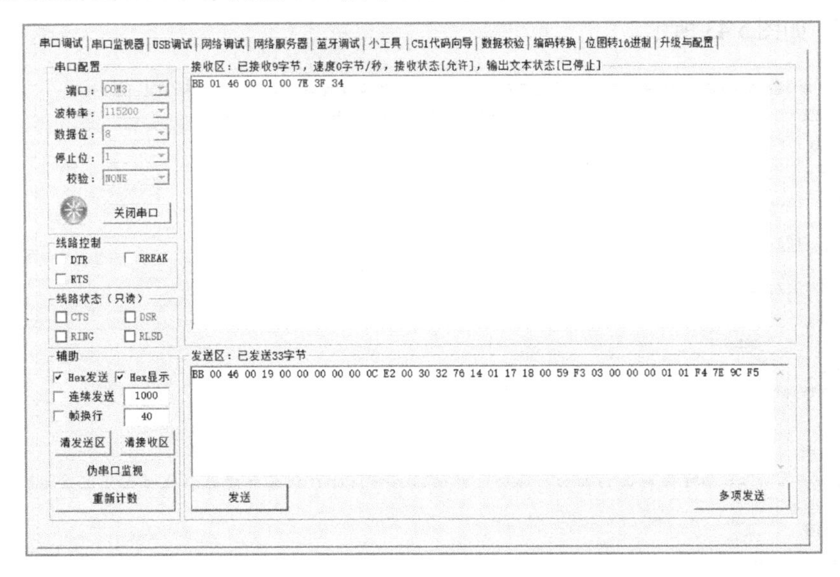

图 5.41　使用串口工具进行卡钱包充值

3）卡钱包的消费

卡钱包的消费与卡钱包的充值类似，都是对 USER 中数据的操作。卡钱包的消费（或扣费）同样需要先读取卡片信息，设置好扣费金额后单击“扣费”按钮即可实现卡钱包的消费，例如扣费 10000，如图 5.42 所示。

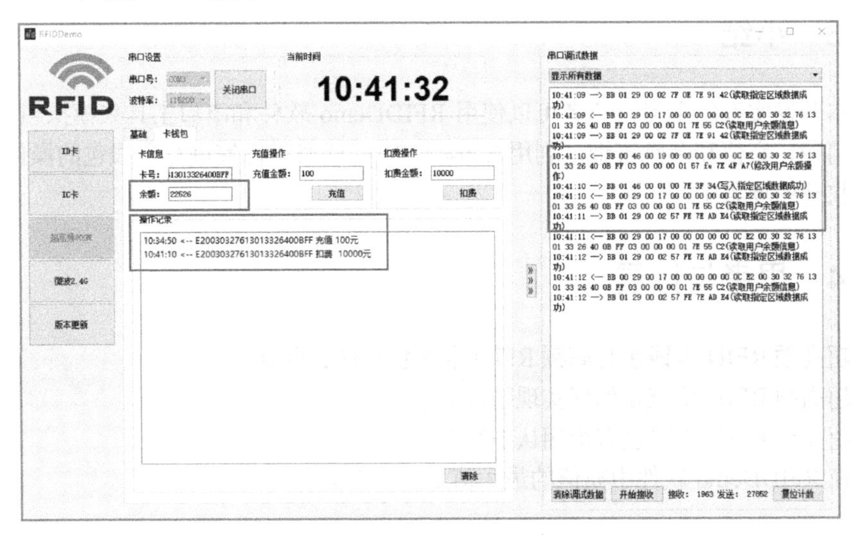

图 5.42　卡钱包的消费

首先读取到的是卡钱包的余额，然后将扣费后的余额写入卡钱包中。即图 5.42 中串口调试数据中的修改用户余额操作，其命令为“BB 00 46 00 19 00 00 00 00 00 0C E2 00 30 32 76 13 01 33 26 40 0B FF 03 00 00 00 01 57 FE 7E 4F A7”，其中“57 FE”为写入的余额，对应的十进制数为 22526。

同样可以使用串口工具来模拟卡钱包的消费。例如，消费 50，通过串口工具发送的指令为“BB 00 46 00 19 00 00 00 00 00 0C E2 00 30 32 76 14 01 17 18 00 59 F3 03 00 00 00 01 01 AE 7E 7D 81”，如图 5.43 所示。

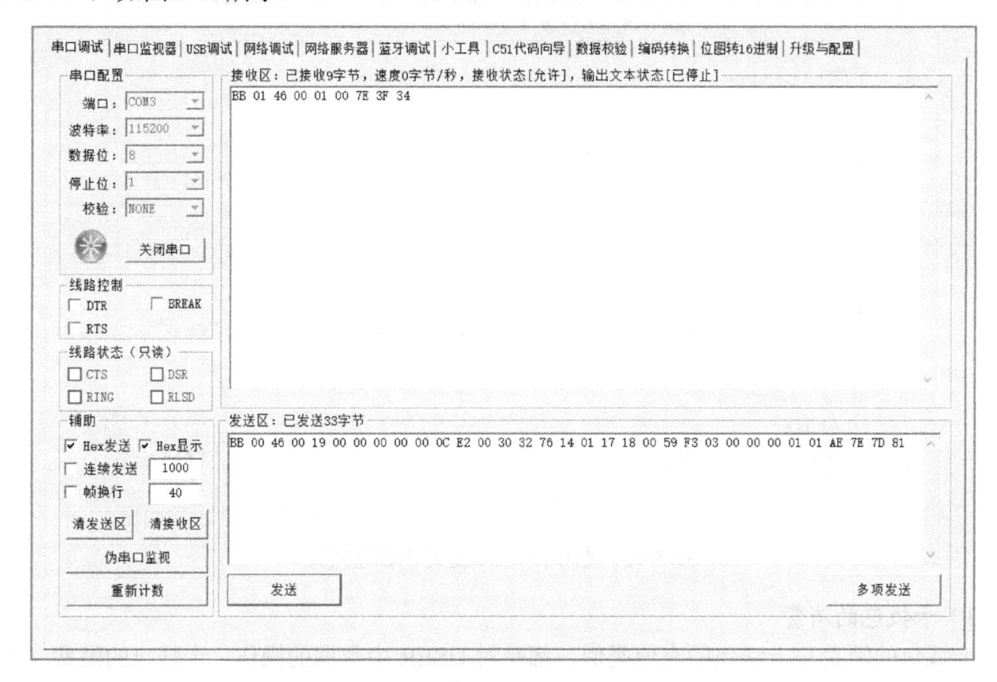

图 5.43　使用串口工具模拟卡钱包的消扣费

5.2.3　小结

通过本开发实践的学习，读者可以使用 RFIDDemo 软件和串口工具来模拟超高频 RFID 卡钱包的消费、充值和余额查询，利用 Sensor-EH 阅读器对标签进行卡钱包的操作，可应用在远距离收费的场景中。

5.2.4　思考与拓展

（1）超高频 RFID 卡钱包与高频 RFID 卡钱包有什么区别？

（2）超高频 RFID 系统是如何实现防冲突的？

（3）超高频 RFID 卡钱包有密钥认证吗？

（4）在 RFIDDemo 软件中充值的最大值是多少？为什么？

5.3 ETC不停车收费系统的应用开发

ETC（Electronic Toll Collection）不停车收费系统是目前世界上最先进的路桥收费方式，该系统在安装在车辆挡风玻璃上的标签与ETC车道上的阅读器之间进行专用短程通信，利用计算机联网技术与银行进行后台结算处理，从而达到车辆无须停车通过路桥收费站的目的，如图5.44所示。

图5.44　ETC不停车收费系统

5.3.1　原理学习

1. 超高频RFID系统与ETC不停车收费系统

ETC不停车收费系统是通过安装于车辆上的标签和安装在收费站车道上的阅读器之间的无线通信来完成信息交换的，主要由车辆自动识别系统、中心管理系统和其他辅助设施等组成。其中，车辆自动识别系统由车载单元（On Board Unit，OBU）、路边单元（Road Side Unit，RSU）、环路感应器等组成，OBU（也称为标签）中存有车辆的识别信息，一般安装于车辆前挡风玻璃上，RSU安装于收费站旁边，环路感应器安装于车道地面下。中心管理系统中的大型数据库存储了大量注册车辆和用户的信息。当车辆通过收费站口时，环路感应器感知车辆，RSU发出询问信号，OBU做出响应并进行双向通信和数据交换；中心管理系统获取车辆识别信息（如汽车ID号、车型等）后和大型数据库中相应的信息进行比较判断，根据不同情况来控制管理系统产生不同的动作。其他辅助设施包括违章车辆摄像系统，自动控制栏杆或其他障碍，交通显示设备（红、黄、绿灯等设备，用于指示车辆行驶）。

1）车辆自动识别技术

车辆自动识别技术是ETC不停车收费系统中最重要的技术，它直接影响整个系统的性能和应用推广，也是区别不同的ETC不停车收费系统的主要标志。目前，采用的识别技术主要有：红外线扫描识别技术、CCD摄像识别技术、激光扫描识别技术、IC卡识别技术等。

交通运输本身的特点要求ETC不停车收费系统能够在全天候、恶劣环境下应用，以及远距离作用（10 m左右），并且还要具有安全可靠性高、高速、寿命长等特点。上述这些技术由于本身的缺陷都不能全面满足以上要求，因此得不到有效的推广应用。微波非接触式ID卡识别技术就是为满足这一需要而发展起来的。由于微波的穿透性强，可以穿透浓雾、雨滴、风沙等，工作距离远，适合在全天候、恶劣环境的条件下工作，具有工作距离远、体积小，既能以有源发射方式（寿命可达 10 年以上），也能以无源反射方式（无寿命限制）工作，既可以主动式，也可以被动式工作，允许车辆以 50～120 km/h 的速度通过收费站，其工作频率主要有 900 MHz、2.45 GHz 和 5.8 GHz。

微波非接触式 ID 卡接收 RSU 发出的询问信号，经数据解调后传送到控制单元进行处理，通过身份确认、密码验证后，控制单元对存储器进行数据读写操作并经编码、加密，以及经调制后由天线发射出去。控制单元主要用于密码校验、编程模式检查、数据加密/解密并控制对存储器的读写操作（存储器中存有车辆的 ID 号、车牌号、车型、司机等相关信息）。RSU 根据接收到的 ID 号等信息做出相应的操作，从而实现对车辆的识别。

2）OBU 与 RSU 间的通信

在 ETC 不停车收费系统中，OBU 与 RSU 之间采用专用短程通信（Dedicated Short Range Communication，DSRC）协议进行半双工通信，由于 900 MHz 和 2.45 GHz 靠近移动通信频段且背景噪声干扰较大，国际上正趋于将 5.8 GHz 的系统作为标准 ETC 不停车收费系统使用，如美国采用 900 MHz 或 5.8 GHz，日本和欧洲均采用 5.8 GHz 作为 ETC 的频段。中国 ISO/TC 204 技术委员会已提出将 5.8 GHz 频段分配给智能交通（Intelligent Transport System，ITS）领域的短程通信，包括 ETC 不停车收费系统，并批准在 5.8 GHz 频段上进行 ETC 不停车收费系统的试验，通信距离为 10 m。采用 5.8 GHz 微波波段与中国 ISM 频段一致，不受移动通信影响。目前国内使用的 ETC 不停车收费系统多采用 900 MHz 和 2.4 GHz。

2. ETC 不停车收费系统的工作原理

ETC 不停车收费系统车道主要由 ETC 天线、车道控制器、费额显示器、自动栏杆、车辆检测器等组成。车辆在通过收费站时，通过车载设备实现车辆识别、信息写入（入口）并自动从预先绑定的 IC 卡或银行账户上扣除相应的金额（出口）。

当车辆进入 ETC 天线的发射范围内时，处于休眠的标签受到激励而唤醒，随即开始工作，标签以微波方式发出标签标识和车型代码，确认标签有效后，天线以微波的方式发出车道代码和时间信号并写入标签的存储器内，进口车道栏杆打开，车辆即可驶入；到达出口收费站时，当车辆驶入 ETC 天线发射范围内时，天线读出车型代码，以及车道代码和时间并传送给车道控制器，车道控制器存储原始数据并编辑成数据文件，上传给收费站管理子系统并转送收费结算中心，经过验证，出口车道栏杆打开，车辆驶出收费站；同时，收费结算中心将从用户的账户中扣除通行费并显示余额。ETC 车道布局如图 5.45 所示。

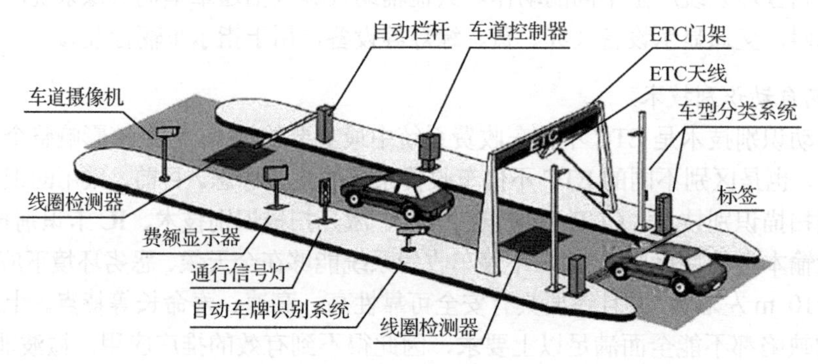

图 5.45　ETC 车道布局示意图

3. 嵌入式不停车收费系统开发平台

1）CC2530节点

CC2530节点采用无线模组作为主控制器，详见3.2节的内容。

2）超高频RFID系统阅读器

物联网识别开发平台的超高频RFID系统阅读器硬件为900M&ETC模块（Sensor-EH阅读器），可接入智能网关、智能节点、计算机中使用。

3）嵌入式不停车收费设备

嵌入式不停车收费设备由CC2530节点与超高频RFID系统阅读器模块通过两路RJ45相连而成，如图5.46所示。

图5.46　嵌入式不停车收费设备

5.3.2　开发实践：ETC不停车收费系统

本开发实践模拟ETC不停车收费系统，对超高频RFID系统标签进行远距离读取、抬杆（放行）、落杆并开始计时的操作，再次读取标签时则执行结算费用并抬杆（放行）、落杆的操作。

1. 开发设计

1）硬件设计

ETC不停车收费系统由PC、嵌入式不停车收费设备及ETC卡（采用900M卡）构成，核心硬件为嵌入式不停车收费设备，主要由两部分组成：CC2530节点与超高频RFID阅读器，通过CC2530节点的串口与上位机程序进行通信，硬件架构如图5.47所示。

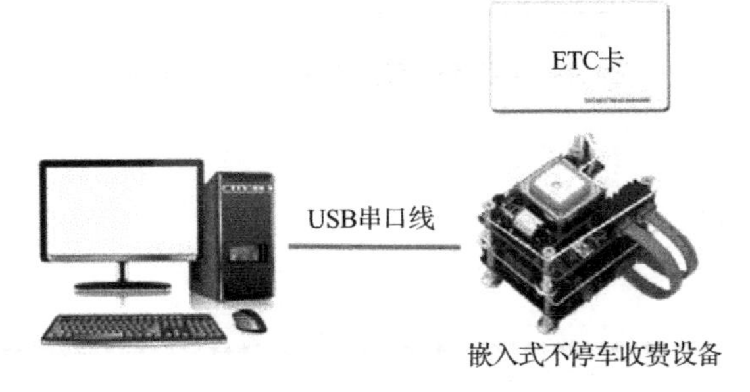

图5.47　硬件架构

2）软件设计

通过 CC2530 节点与超高频 RFID 系统阅读器（Sensor-EH 阅读器）可实现不停车收费，阅读器读取用户信息，符合要求则发送消息到 CC2530 节点，CC2530 节点接收到消息后就执行抬杆、落杆动作。再次刷卡时首先由阅读器对标签（ETC 卡）进行扣费处理，扣费成功后将扣费成功的消息发送给 CC2530 节点，CC2530 节点执行抬杆、落杆的操作，如图 5.48 所示。

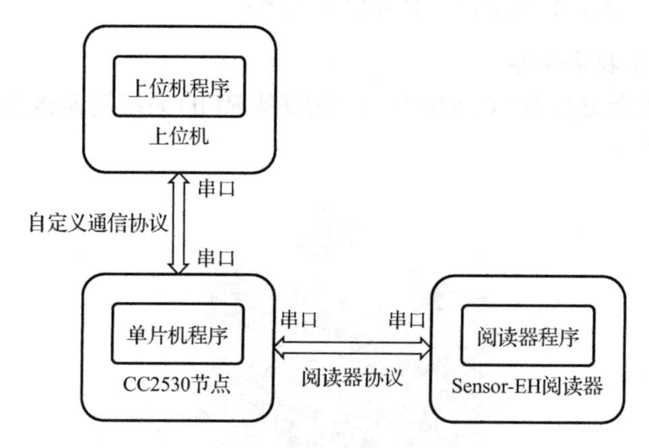

图 5.48　程序通信架构

CC2530 节点中的单片机程序逻辑如图 5.49 所示。

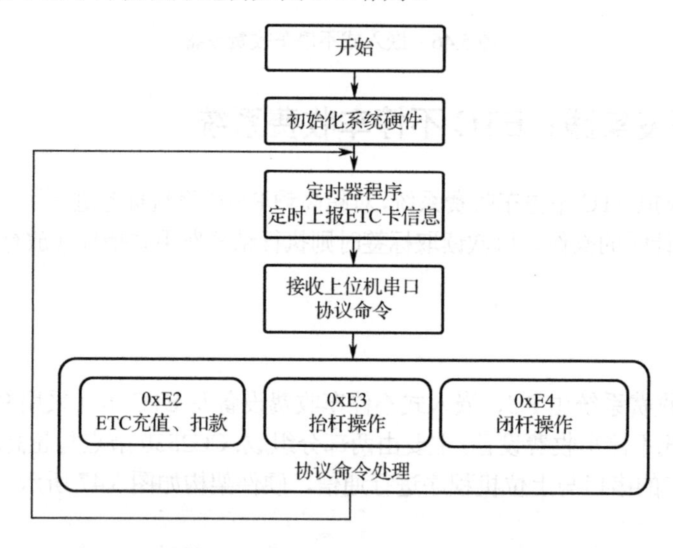

图 5.49　CC2530 节点中单片机程序逻辑

2．功能实现

1）CC2530 程序设计

（1）主程序。

```
/*********************************************************************************************
* 名称：main
```

```
* 功能：主函数
*********************************************************************************/
void main(void)
{
    xtal_init();
    uart0_init(115200);                                //UART0 初始化
    uart1_init(38400);                                 //UART1 初始化
    led_init();                                        //LED 初始化
    sticks_ioInit();                                   //栏杆 I/O 初始化
    time1Int_init();                                   //定时器中断初始化

    while(1)
    {
        pc_eh();                                       //eh 控制
    }
}
```

（2）超高频RFID阅读器的读写操作。

```
/*********************************************************************************
* 文件：uart.c
* 作者：fuyou 2018.03.21
* 说明：ETC 卡驱动
*********************************************************************************/

/*********************************************************************************
* 名称：xor_count
* 功能：异或校验计算
*********************************************************************************/
unsigned char xor_count(unsigned char* array,unsigned char s1,unsigned char s2)
{
    unsigned char i,check_temp;

    check_temp = array[s1];
    for(i = s1+1;i<(s2+1);i++)
    {
        check_temp ^= array[i];                        //异或校验
    }

    return check_temp;
}
/*********************************************************************************
* 名称：CRC16_CCITT_FALSE
* 功能：CRC 校验
* 返回：校验结果
*********************************************************************************/
unsigned short CRC16_CCITT_FALSE(unsigned char *puchMsg, unsigned int s1,unsigned int s2)
```

```
{
    unsigned short wCRCin = 0xFFFF;
    unsigned short wCPoly = 0x1021;
    unsigned char   wChar = 0;

    for(u8 x=s1;x<s2+1;x++)
    {
        wChar = puchMsg[x];
        wCRCin ^= (wChar << 8);
        for(int i = 0;i < 8;i++)
        {
            if(wCRCin & 0x8000)
                wCRCin = (wCRCin << 1) ^ wCPoly;
            else
                wCRCin = wCRCin << 1;
        }
    }
    return (wCRCin) ;
}
/*****************************************************************************************
* 名称：mcuRead_etcEPC
* 功能：读 EPC（卡号）
* 参数：EPC 数组（epcArray）
* 返回：1—成功，0—失败
*****************************************************************************************/
unsigned char mcuRead_etcEPC(unsigned char* epcArray)
{
    unsigned char i=0,check_temp[3];
    u16 crc_16;
    /*读 ETC UII 指令*/
    u8 readEtcUII[9] = {0xbb,0x00,0x22,0x00,0x00,0x7e,0x00,0x00};
    crc_16 = CRC16_CCITT_FALSE(readEtcUII,1,5);                    //计算校验
    readEtcUII[6] = (unsigned char)(crc_16 >> 8);
    readEtcUII[7] = (unsigned char)(crc_16 & 0xff);
    Uart0_Send_LenString(readEtcUII,8);                            //发送读卡命令
    while((UART0_RX_STA&0x80)!=0x80)
    {
        delay_ms(1);
        i++;
        if(i>199) break;
    }
    if((UART0_RX_STA&0x80)==0x80)
    {
        if((U0RX_Buf[1]==0x01)&&(U0RX_Buf[2]==0x22))         //操作成功
        {
            crc_16 = CRC16_CCITT_FALSE(U0RX_Buf,1,(UART0_RX_STA&0x7F)-3);//计算校验
            check_temp[0] = (unsigned char)(crc_16 >> 8);
```

```
            check_temp[1] = (unsigned char)(crc_16 & 0xff);
            if((check_temp[0]==U0RX_Buf[(UART0_RX_STA&0x7F)-2])&&
                                (check_temp[1]==U0RX_Buf[(UART0_RX_STA&0x7F)-1]))
                                                        //校验正确
            {
                for(i=0;i<12;i++)
                {
                    epcArray[i] = U0RX_Buf[i+7];        //获取ETC卡的卡号（EPC编码）
                }
                UART0_RX_STA = 0;
                return 1;
            }
        }
        UART0_RX_STA = 0;
    }
    return 0;
}
/*********************************************************************************************
* 名称：mcuRead_EtcMemory
* 功能：读指定扇区
* 参数：密码，卡号，存储区域，起始读取地址，读取长度，读取数据
* 返回：1—成功，0—失败
*********************************************************************************************/
unsigned char mcuRead_EtcMemory(unsigned char* password,unsigned char* epc,unsigned char mb,
                        unsigned short sAdd,unsigned short len,unsigned char* Data)
{
    u16 i=0;
    unsigned char check_temp[3];
    /*读扇区命令*/
    unsigned char readMem[32] = {0xbb,0x00,0x29,0x00,0x17,password[0],password[1],password[2],
password[3],x00,0x0c,epc[0],epc[1],epc[2],epc[3],epc[4],epc[5],epc[6],epc[7],epc[8],epc[9], epc[10],epc[11], mb,
(u8)(sAdd>>8),(u8)(sAdd&0xff),(u8)(len>>8),(u8)(len&0xff), 0x7e,0x00,0x00};
    u16 crc_16 = CRC16_CCITT_FALSE(readMem,1,28);       //计算校验
    readMem[29] = (unsigned char)(crc_16 >> 8);         //计算校验
    readMem[30] = (unsigned char)(crc_16 & 0xff);       //计算校验
    Uart0_Send_LenString(readMem,31);                   //发送读卡命令
    while((UART0_RX_STA&0x80)!=0x80)
    {
        delay_ms(1);
        i++;
        if(i>199) break;
    }
    if((UART0_RX_STA&0x80)==0x80)
    {
        if((U0RX_Buf[1]==0x01)&&(U0RX_Buf[2]==0x29))    //操作成功
        {
            crc_16 = CRC16_CCITT_FALSE(U0RX_Buf,1,(UART0_RX_STA&0x7F)-3); //CRC校验
```

```
                check_temp[0] = (unsigned char)(crc_16 >> 8);
                check_temp[1] = (unsigned char)(crc_16 & 0xff);
                if((check_temp[0]==U0RX_Buf[(UART0_RX_STA&0x7F)-2])
                        &&(check_temp[1]==U0RX_Buf[(UART0_RX_STA&0x7F)-1]))//校验正确
                {
                    for(i=0;i<len*2;i++)
                    {
                        Data[i] = U0RX_Buf[i+5];                //获取扇区数据
                    }
                    UART0_RX_STA = 0;
                    return 1;
                }
            }
            UART0_RX_STA = 0;
        }
        return 0;
}
/*********************************************************************************************
* 名称：mcuWrite_Etc2Byte
* 功能：写指定扇区，2 个字节
* 参数：密码，卡号，存储区域，起始地址，数据
* 返回：1—成功，0—失败
*********************************************************************************************/
unsigned char mcuWrite_Etc2Byte(unsigned char* password,unsigned char* epc,unsigned char mb,
                                unsigned short sAdd,unsigned char* Data)
{
    unsigned char i=0,check_temp[3];
    /*读扇区命令*/
    unsigned char writeMem[34] = {0xbb,0x00,0x46,0x00,0x19, password[0],password[1],password[2],
            password[3], 0x00,0x0c,epc[0],epc[1],epc[2],epc[3],epc[4],epc[5],epc[6],epc[7],epc[8],
            epc[9],epc[10],epc[11],mb,(u8)(sAdd>>8),(u8)(sAdd&0xff),0x00,0x01,Data[0],Data[1],
            0x7e,0x00,0x00};
    u16 crc_16 = CRC16_CCITT_FALSE(writeMem,1,30);           //计算校验
    writeMem[31] = (unsigned char)(crc_16 >> 8);              //计算校验
    writeMem[32] = (unsigned char)(crc_16 & 0xff);            //计算校验
    Uart0_Send_LenString(writeMem,33);                        //发送写卡命令
    while((UART0_RX_STA&0x80)!=0x80)
    {
        delay_ms(1);
        i++;
        if(i>199) break;
    }

    if((UART0_RX_STA&0x80)==0x80)
    {
        if((U0RX_Buf[1]==0x01)&&(U0RX_Buf[2]==0x46)&&(U0RX_Buf[5]==0x00))  //操作成功
        {
```

```
            crc_16 = CRC16_CCITT_FALSE(U0RX_Buf,1,(UART0_RX_STA&0x7F)-3); //CRC 校验
            check_temp[0] = (unsigned char)(crc_16 >> 8);
            check_temp[1] = (unsigned char)(crc_16 & 0xff);
            if((check_temp[0]==U0RX_Buf[(UART0_RX_STA&0x7F)-2])
                        &&(check_temp[1]==U0RX_Buf[(UART0_RX_STA&0x7F)-1]))//校验正确
            {
                UART0_RX_STA = 0;
                return 1;
            }
        }
        UART0_RX_STA = 0;
    }
    return 0;
}
/*******************************************************************************
* 名称：reported_etcInfo
* 功能：上报信息
*******************************************************************************/
u8 reported_etcInfo(void)
{
    unsigned char i;

    /*操作成功返回数组*/
    unsigned char sendCorrect[19] = {0xfb,0x0E,0xE1, 0x00,0x00,0x00,0x00,0x00,0x00,0x00,
                                    0x00,0x00,0x00,0x00,0x00,0x00,0x00,0x00};
    /*密码数组*/
    unsigned char etcPassword[5] = {0x00,0x00,0x00,0x00};
    unsigned char etcEPC[12] = {0};
    unsigned char etcData[2] = {0};
    /*读 EPC*/
    if(mcuRead_etcEPC(etcEPC))
    {
        for(i=0;i<12;i++)
        {
            sendCorrect[i+3] = etcEPC[i];                          //获取 EPC
        }

        /*读余额*/
        if(mcuRead_EtcMemory(etcPassword,etcEPC,0x03,0x0000,0x0001,etcData))
        {
            for(i=0;i<2;i++)
            {
                sendCorrect[i+15] = etcData[i];                    //获取余额
            }
            sendCorrect[17] = xor_count(sendCorrect,1,16);         //计算校验
            Uart1_Send_LenString(sendCorrect,18);                  //操作成功
```

```
            return 1;
        }
    }
    UART1_RX_STA = 0;

    return 0;
}
/*********************************************************************************
* 名称：reported_etcInfoV2
* 功能：上报信息
*********************************************************************************/
u8 reported_etcInfoV2(u8* etcEPC)
{
    unsigned char i;

    /*操作成功返回数组*/
    unsigned char sendCorrect[19] = {0xfb,0x0E,0xE1, 0x00,0x00,0x00,0x00,0x00,0x00,0x00,0x00,0x00,
                                    0x00,0x00,0x00,0x00,0x00, 0x00};
    /*密码数组*/
    unsigned char etcPassword[5] = {0x00,0x00,0x00,0x00};
    unsigned char etcData[2] = {0};
    /*读余额*/
    if(mcuRead_EtcMemory(etcPassword,etcEPC,0x03,0x0000,0x0001,etcData))
    {
        for(i=0;i<2;i++)
        {
            sendCorrect[i+15] = etcData[i];                          //获取余额
        }
        /*写入 EPC*/
        for(i=0;i<12;i++)
        {
            sendCorrect[i+3] = etcEPC[i];                            //获取 EPC 编码
        }
        sendCorrect[17] = xor_count(sendCorrect,1,16);               //计算校验
        Uart1_Send_LenString(sendCorrect,18);                        //操作成功

        return 1;
    }
    UART1_RX_STA = 0;

    return 0;
}
/*********************************************************************************
* 名称：update_etcData
* 功能：更新 ETC 卡的数据
* 参数：etcData—数据首地址
*********************************************************************************/
```

```
void update_etcData(u8* etcData)
{
    u8 i,CorrectFlag=0;
    /*操作失败返回数组*/
    unsigned char readError[5] = {0xfb,0x00,0xff, 0x00};
    /*操作成功返回数组*/
    unsigned char sendCorrect[5] = {0xbb,0x00,0x00,0x00};
    /*密码数组*/
    unsigned char etcPassword[5] = {0x00,0x00,0x00,0x00};
    /*EPC*/
    unsigned char etcEPC[13] = {0};

    for(i=0;i<U1RX_Buf[1];i++)
    {
        etcData[1-i] = U1RX_Buf[((UART1_RX_STA&0x7F)-2)-i];            //更新充值数据
    }

    //读 5 次，提高成功率
    for(i=0;i<5;i++)
    {
        /*读 EPC，写余额*/
        if((mcuRead_etcEPC(etcEPC))&& (mcuWrite_Etc2Byte(etcPassword,etcEPC,0x03,0x0000,etcData)))
        {
            sendCorrect[3] = xor_count(sendCorrect,1,2);                //计算校验
            Uart1_Send_LenString(sendCorrect,4);                        //返回成功信息
            CorrectFlag = 1;                                            //标记成功
            break;
        }
    }

    if(!CorrectFlag)
    {
        readError[3] = xor_count(readError,1,2);                        //计算校验
        Uart1_Send_LenString(readError,4);                              //返回失败信息
    }
}
/**********************************************************************************
* 名称：sticks_ioInit
* 功能：栏杆 I/O 初始化，P0_0，P0_1
**********************************************************************************/
void sticks_ioInit()
{
    P0SEL &= ~(1<<0);                                                   //通用 I/O 模式
    P0DIR |= (1<<0);                                                    //设置为输出

    P0SEL &= ~(1<<1);                                                   //通用 I/O 模式
    P0DIR |= (1<<1);                                                    //设置为输出
```

```
}
/*************************************************************************************
* 名称：sticks_up
* 功能：抬杆
*************************************************************************************/
void sticks_up()
{
    P0_0 = 0;
    P0_1 = 1;
    delay_ms(400);
    P0_0 = 0;
    P0_1 = 0;
}

/*************************************************************************************
* 名称：sticks_ioInit
* 功能：落杆
*************************************************************************************/
void sticks_down()
{
    P0_0 = 1;
    P0_1 = 0;
    delay_ms(400);
    P0_0 = 0;
    P0_1 = 0;
}
/*************************************************************************************
* 名称：pc_eh
* 功能：PC 控制 ETC 卡
*************************************************************************************/
void pc_eh()
{
    u8 check_temp;
    u8 etcData[2] = {0};

    if((UART1_RX_STA&0x80)==0x80)                                          //数据接收完成
    {
        if(U1RX_Buf[0]==0xfa)                                              //确认数据头
        {
            check_temp = xor_count(U1RX_Buf,1,(UART1_RX_STA&0x7F)-2);      //异或校验
            if(check_temp==U1RX_Buf[(UART1_RX_STA&0x7F)-1])                //校验正确
            {
                switch(U1RX_Buf[2])
                {
                    //ETC 充值，扣款
                    case 0xe2:
                        /*读取数据，写入数据*/
```

```
                    etcData[0] = U1RX_Buf[(UART1_RX_STA&0x7F)-3];
                    etcData[1] = U1RX_Buf[(UART1_RX_STA&0x7F)-2];
                    update_etcData(etcData);
                break;

                //抬杆操作
                case 0xe3:
                    sticks_up();
                    break;

                //落杆操作
                case 0xe4:
                    sticks_down();
                    break;
            }
        }
    }
    UART1_RX_STA = 0;
  }
}
```

（3）定时器1中断模块。

```
/*****************************************************************************************
* 名称：time1Int_init
* 功能：定时器1中断初始化
*****************************************************************************************/
void time1Int_init(void)
{
    u16 t1Arr = 50000;

    T1CTL |= (1<<1);                                          //模计数，0表示T1CC0
    T1CTL |= (1<<3);                                          //32分频

    T1CC0L = t1Arr&0xff;
    T1CC0H = (t1Arr>>8)&0xff;
    T1CCTL0 |= (1<<2);                                        //定时器设为比较模式

    //设置中断优先级最低
    IP0 &= ~(1<<1);
    IP1 &= ~(1<<1);

    IEN1 |= 0x02;                                             //定时器1中断使能
    EA=1;                                                     //开总中断
}
#define INT_TIME 4
//刷卡标志
```

```
u8 etcFlag=0;
/*********************************************************************************************
* 名称：T1_ISR
* 功能：定时器 1 中断服务程序
*********************************************************************************************/
#pragma vector = T1_VECTOR
__interrupt void T1_ISR(void)
{
    static u8 t1_count=1,num=0;
    u8 epcBuf[13]={0};

    if(t1_count>INT_TIME)
    {
        if(mcuRead_etcEPC(epcBuf))
        {
            if(etcFlag==0)
            {
                etcFlag = 1;
                reported_etcInfo();                              //上报 ETC 卡信息
            }
            else
            {
                num=0;
            }
        } else {
            num++;
            //连续失败 3 次
            if(num>2)
            {
                num=0;
                etcFlag = 0;
            }
        }

        LED1 = !LED1;
        t1_count = 1;
    }
    t1_count++;
    T1IF=0;
}
```

图 5.50　RFIDDemo_ETC 软件

2）ETC 系统操作

（1）打开如图 5.50 所示的 RFIDDemo_ETC 软件。

显示串口号为 COM3，波特率为 38400，打开串口后如图 5.51 所示。

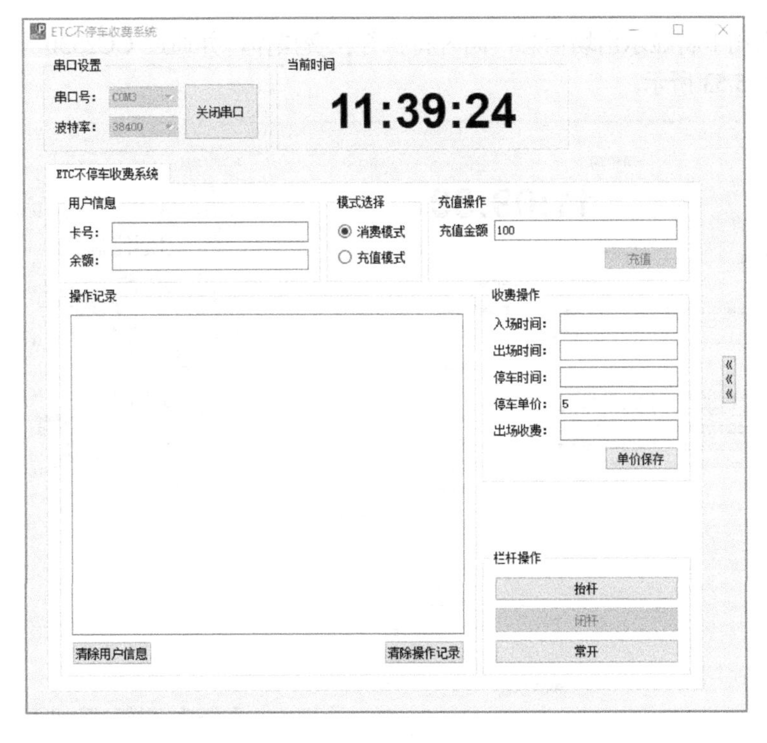

图 5.51　ETC 不停车收费系统

（2）将 900M 卡（即 ETC 卡）放到超高频 RFID 阅读器天线上方，短暂停留后取下，这是模拟 ETC 不停车收费的过程。系统读取了卡号、卡余额并进行了入场时间采集，Sensor-EH 阅读器上有抬杆和闭杆操作，用于模拟车辆通过时的抬杆和落杆，在串口调试数据窗口中会显示，如图 5.52 所示。

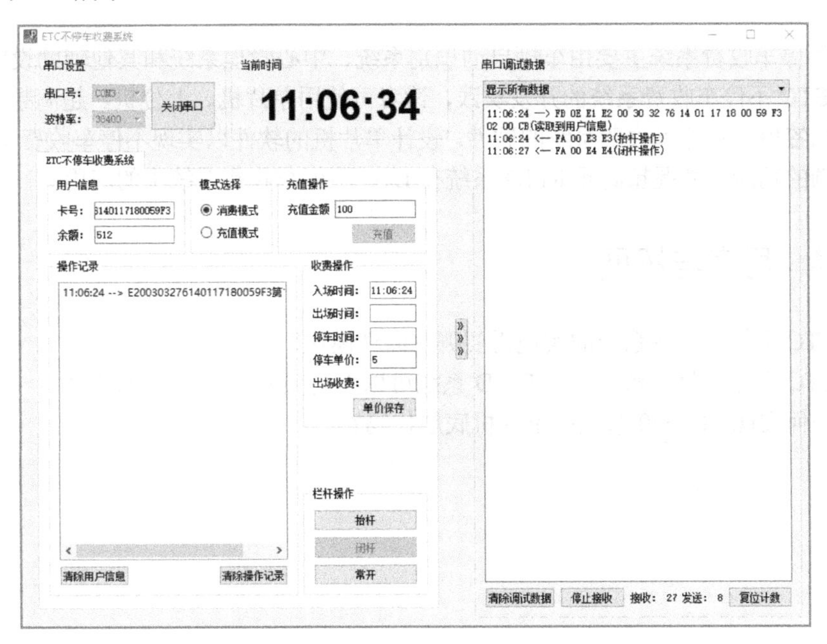

图 5.52　读取超高频 RFID 系统标签并记录入场信息

（3）再次刷卡将显示出场信息，同时将执行扣费操作，并通过 CC2530 节点执行抬杆放行动作，如图 5.53 所示。

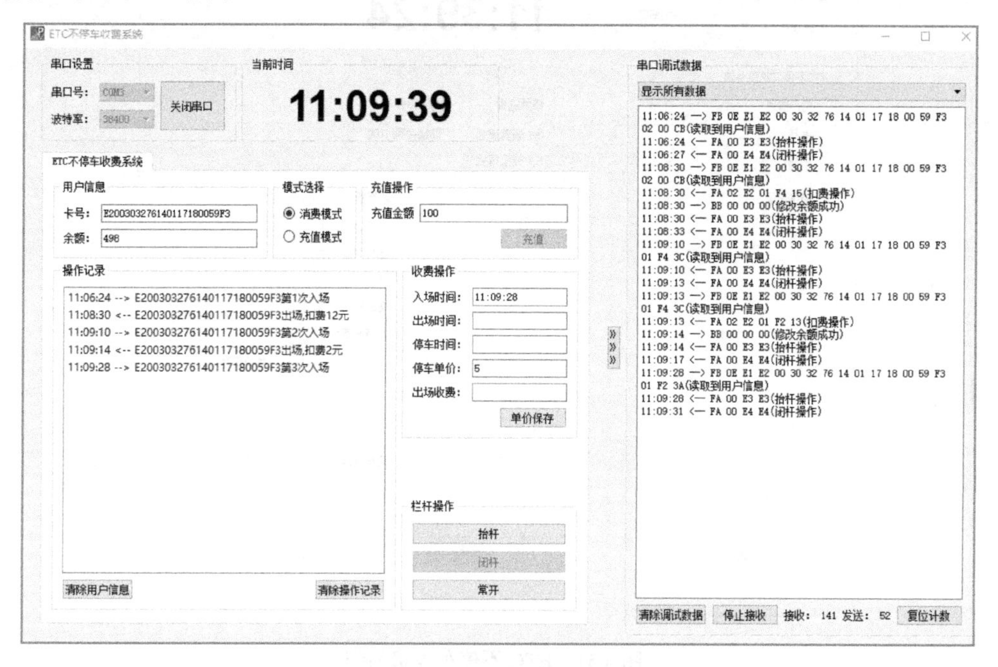

图 5.53　扣费操作

还可以选择充值模式来进行充值，原理同卡钱包一样。

5.3.3　小结

ETC 不停车收费系统主要由车辆自动识别系统、中心管理系统和其他辅助设施等组成。通过模拟 ETC 不停车收费系统的开发实践，读者可使用单片机、上位机、超高频 RFID 系统阅读器和标签模拟不停车收费系统的硬件，设计单片机的软件以实现不停车收费（扣费）、充值、查余额的功能，掌握超高频 RFID 系统在 ETC 不停车收费系统中的应用。

5.3.4　思考与拓展

（1）ETC 不停车收费系统的实现需要哪些硬件模块？

（2）ETC 不停车收费系统中的 RFID 系统可以用高频 IC 卡吗？为什么？

（3）如何实现 CC2530 节点中单片机底层代码？

第6章

微波 RFID 技术应用

微波 RFID 系统是目前射频识别系统研发的核心，是物联网的关键技术。微波 RFID 系统常用的工作频率是 2.4 GHz 和 5.8 GHz 等，该系统可以同时对多个标签进行操作，主要应用于需要较长读写距离和高速读写的场合。

6.1 微波 2.4 GHz RFID 系统的开发

2.4 GHz 无线技术是一种短距离无线传输技术，采用全世界公开使用的无线电频段。为了实现工业、家庭和楼宇的自动化控制，以取代线缆为目标，用于无线个人区域网（WPAN，Wireless Personal Area Network）的短距离无线通信，典型的技术有蓝牙、ZigBee、无线 USB、Wi-Fi 等。各种无线产品均可使用 2.4 GHz 频段，它整体的频宽胜于其他 ISM 频段，这就提高了数据传输速率，允许系统共存和双向传输，且抗干扰性强、传输距离远（短距离无线技术范围）。

射频识别（RFID）是利用射频频段实现非接触式双向通信，进行识别和交换数据的一种自动识别技术。射频卡又称为标签，根据标签的工作方式，RFID 系统可分为主动式和被动式两种。主动式 RFID 系统具有信息实时性强、数据容量大、读写速度快、读写距离远等优点，适合人员、物品跟踪定位系统等领域。过去由于主动式标签体积和功耗较大、电池寿命有限等因素，严重限制了主动式 RFID 系统的应用和普及。近年来，随着微功耗单片机和专用微波射频芯片技术的发展，使得微型、微功耗的标签得到发展。2.4 GHz 有源（主动式）RFID 系统如图 6.1 所示。

图 6.1　2.4 GHz 有源 RFID 系统

6.1.1 微波 RFID 系统

1. 微波 RFID 系统概述与应用

1）微波 RFID 系统概述

根据工作频率的不同，RFID 系统可分为低频、高频、超高频和微波等 RFID 系统，微波 RFID 系统的工作频率主要有 2.4 GHz 和 5.8 GHz 等。微波 RFID 系统为电磁反向散射耦合系统，适用于识别距离远、读写速率高的场合。此外，根据标签的工作方式还可分为主动式和被动式 RFID 系统。一般无源系统采用被动式，有源系统采用主动式，即标签用自身的射频能量主动发送数据给阅读器，调制方式可为调幅、调频或调相。被动式 RFID 系统中标签采用电磁反向散射方式发射数据，阅读器的能量必须来回穿过障碍物两次，因此要求阅读器有较大的发射功率。主动式 RFID 系统的标签采用电池供电，工作可靠性高，读写距离更远。

与高频、低频 RFID 系统相比，微波 RFID 系统有以下特点：

- 工作距离：具有较长的读写距离，通常大于 1 m。
- 耦合方式：多采用电磁反向散射方式，而不是电感耦合方式。
- 天线：尺寸较小。
- 防碰撞：必须有较快、有效的处理碰撞的能力。
- 应答器（标签）功能：可集成传感器，如温度传感器、应力传感器等。

2）微波 RFID 系统的应用

微波 RFID 系统的特性与应用和超高频 RFID 系统相似，对于环境的敏感性较高。微波 RFID 系统的工作频率范围为 1 GHz 以上，常用的有 2.4 GHz 和 5.8 GHz，高于超高频 RFID 系统的工作频率。标签的尺寸可以做的比超高频的更小，但对该频段信号的衰减比超高频更高，同时工作距离也比超高频短，一般应用于行李追踪、人员定位、自动考勤、车辆出入管理、物品管理、供应链管理等。

2.4 GHz 钥匙扣标签外形如图 6.2 和图 6.3 所示。

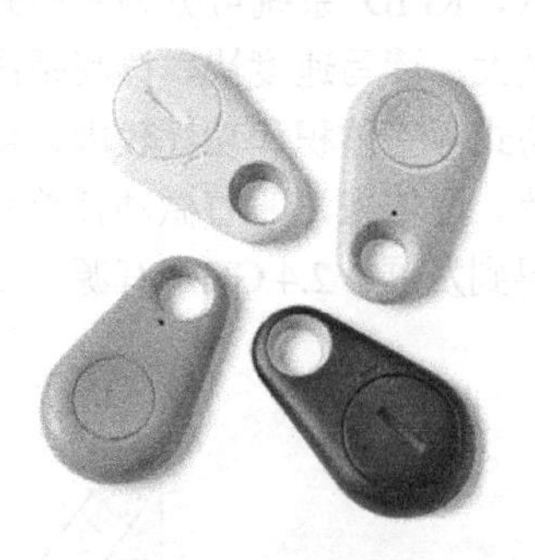

图 6.2　2.4 GHz 钥匙扣标签外形（一）

图 6.3　2.4 GHz 钥匙扣标签外形（二）

在国内，上海国际港务集团有限公司在其数字化港口建设中，对集装箱标签技术尤为重视。在上海市政府的大力支持下，启动了内贸集装箱标签示范线建设。在示范线上，标签安装在集装箱的箱体表面，天线和阅读器安装在集装箱运行通道和集装箱吊运设备上，阅读器可以读写集装箱运输中的信息，并通过有线传输和无线传输方式与集装箱管理系统进行数据交换，达到集装箱的自动识别和实时管理。集装箱箱体表面使用的 2.4 GHz 标签如图 6.4 所示。

区域人员定位系统涉及RFID技术、无线通信技术、嵌入式技术、网络通信技术、数据库技术和计算机技术等。区域人员定位系统以传统的TCP/IP网络作为主传输平台，通过在监控区域的关键位置安装无线识别基站，让监控对象配备相应的RFID标签来实现与系统的挂接。区域人员定位系统主动获取各无线识别基站上传的动态数据，通过一系列的运算与比较，最终实现对目标对象的跟踪定位，同时将数据存储在应用系统的数据库中，用户可以通过可视化的界面对历史数据进行追溯，达到提高安全管理的目标。

图6.4 集装箱箱体表面使用的2.4 GHz标签

2. 微波RFID系统的通信原理及协议

1）微波RFID系统的通信原理

微波指频率为300 MHz～300 GHz的电磁波，即波长在1 mm～1 m之间的电磁波，是分米波、厘米波、毫米波的统称。微波频率比一般的无线电波频率高，通常也称为超高频电磁波。微波作为一种电磁波也具有波粒二象性，微波的基本性质通常呈现为穿透、反射、吸收三个特性。对于玻璃、塑料和瓷器，微波几乎可以完全穿透而不被吸收，水和食物等物体则会吸收微波而使自身发热，金属类物体则会反射微波。

微波RFID系统标签的工作原理如下。

（1）基本电路组成如图6.5所示。

（2）能量获取方式。标签获取能量的方式有：①从射频获得能量；②标签带有附加电池，但仅提供芯片运转能量，通信能量仍通过射频获得；③标签附带电池提供芯片运转和通信所需的能量。标签通过射频获取能量如图6.6所示。

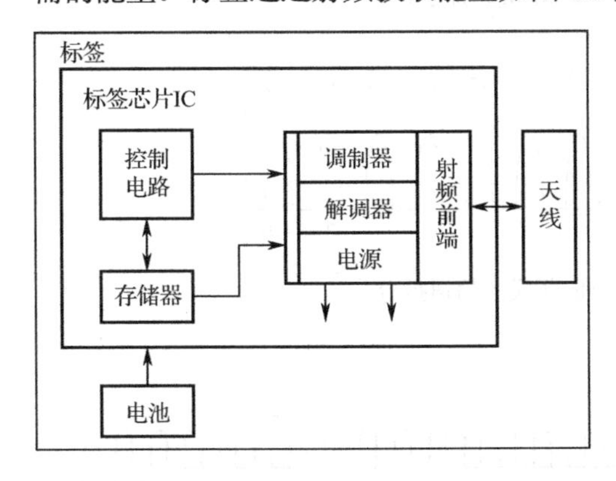

图6.5 微波RFID系统标签的基本电路组成

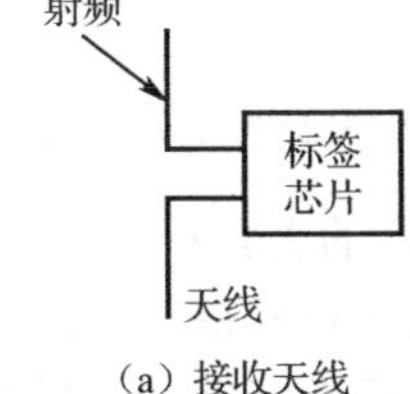

（a）接收天线

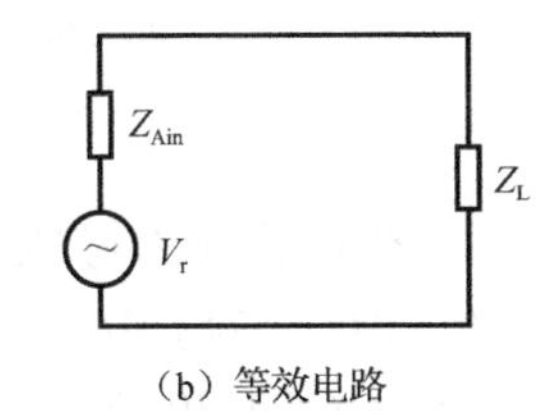

（b）等效电路

图6.6 标签通过射频获取能量示意图

（3）信息传送方式。微波RFID系统标签通过电磁反向散射耦合的方式传送信息，应用的是雷达原理模型，发射出去的电磁波碰到目标后会反射回来，同时会携带目标的信息，依据的是电磁波的空间传播规律。电磁反向散射耦合方式一般适合于高频RFID系统、微波RFID系统，典型的工作频率有433 MHz、915 MHz、2.45 GHz、5.5 GHz，读写距离大于1 m，典型的为3～10 m。

2）微波 RFID 系统的协议

（1）协议概况。空中接口标准采用 ISO/IEC 18000 协议，ISO/IEC 18000-7 协议适合 433 MHz，ISO/IEC 18000-6 协议适合 860～930 MHz，ISO/IEC 18000-4 协议适合 2.45 GHz。

（2）行业标准。行业标准有 EPC Global 和 UIC（Ubiquitous ID Center）。

（3）ISO/IEC 18000-4 协议。ISO/IEC 18000-4 定义了 2.45 GHz RFID 技术的空中接口设备的操作，其目的是提供一个共同的技术规范，ISO/IEC 18000-4 定义了正向链路和反向链路参数，包括工作频率、工作通道的准确性、信道带宽、最大 EIRP、杂散信号、调制、占空比、数据编码、比特率、比特率精度、位传输顺序，并支持跳频速率、跳序列、扩频序列等属性。

3．2.4 GHz RFID 系统硬件

在 2.4 GHz 频段下有很多网络制式，如 Wi-Fi、BLE、ZigBee 等，这些网络均使用 2.4 GHz 频段。在 2.4 GHz 频段下进行不同制式的数据传输可避免相同频段之间的信号干扰。CC2530 芯片是一个拥有增强型 51 内核、集成了无线发射模块、可工作在 2.4 GHz 频段下的无线传输芯片，通过使用官方提供的库文件可以轻松地实现 2.4 GHz 频段下的数据传输。CC2530 节点开发板如图 6.7 所示。

图 6.7 CC2530 节点开发板

CC2530 芯片工作在 2.4～2.48 GHz，为了保证同一区域的 CC2530 芯片信号不发生串扰，CC2530 在设定频率时将 2.4 GHz 频段拆分为了 16 个信道，信道拆分如图 6.8 所示。

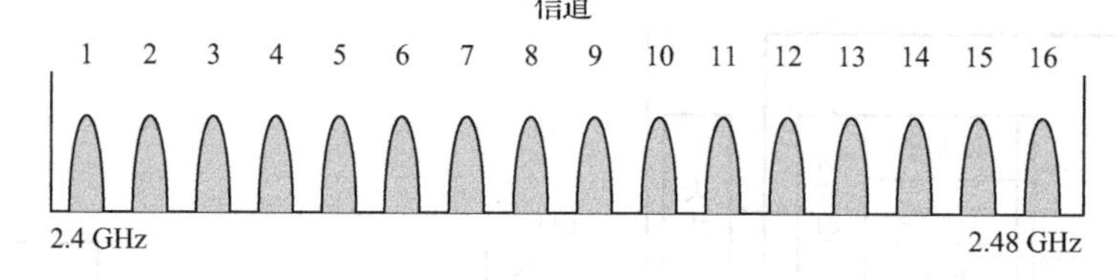

图 6.8 CC2530 芯片对 2.4 GHz 频段的信道拆分

图 6.9 所示为将 CC2530 芯片的 2.4～2.48 GHz 分为了 16 个信道。为了对同信道间的 CC2530 芯片发送的数据进行区分，CC2530 在网络信息设置时还需要配置相应的 ID 号，只有同信道和同 ID 号下的 CC2530 芯片可以实现数据传输。

图 6.9 2.4～2.48 GHz 分成的 16 个信道

根据上述分析，为了保证 CC2530 芯片间能够实现数据传输，只需要将两个 CC2530 芯片的网络参数配置一致即可，可通过修改相同和不同的网络参数来了解工作在 2.4 GHz 频段的模块识别与隔离特性。

6.1.2 开发实践：2.4 GHz RFID 系统

本开发实践通过单片机程序使 CC2530 节点在 2.4 GHz 频段下识别标签并发送和接收数据，从而模拟阅读器和标签之间的通信。

1. 开发设计

1）硬件设计

在本开发实践中，硬件由两个（或两个以上）CC2530 节点和 PC（上位机）组成，硬件连线如图 6.10 所示。

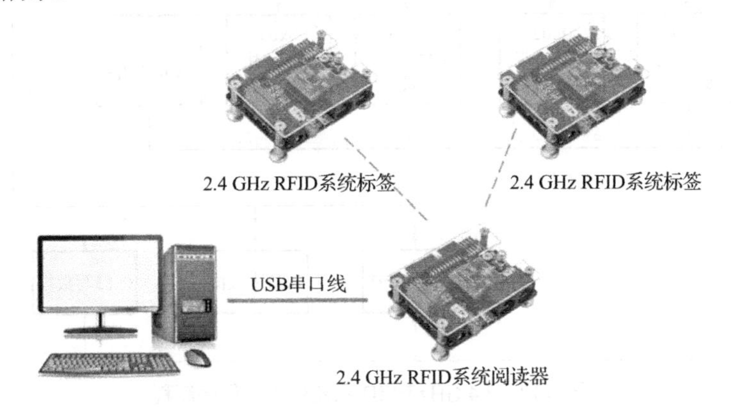

图 6.10 硬件连线

2）软件设计

两个 CC2530 节点间可实现 2.4 GHz 频段通信中的收发功能，一个节点模拟 2.4 GHz RFID 系统阅读器，从 PC 发送指令读取编组和信道，以及寻卡、读数据和写数据；另一个节点模拟 2.4 GHz RFID 系统标签，负责接收数据。通信框架如图 6.11 所示。

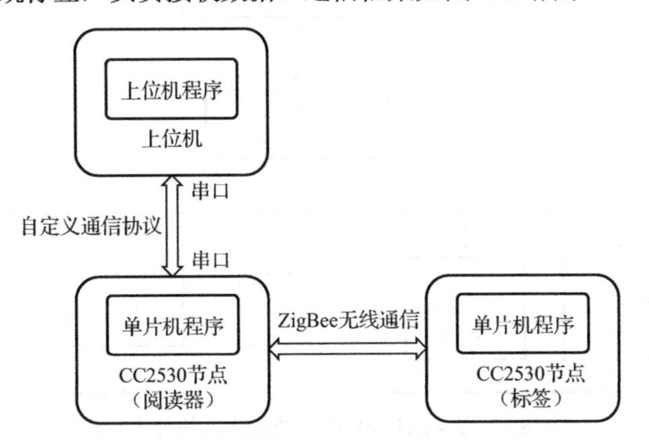

图 6.11 通信框架

2.4 GHz RFID 系统标签的程序流程如图 6.12 所示。

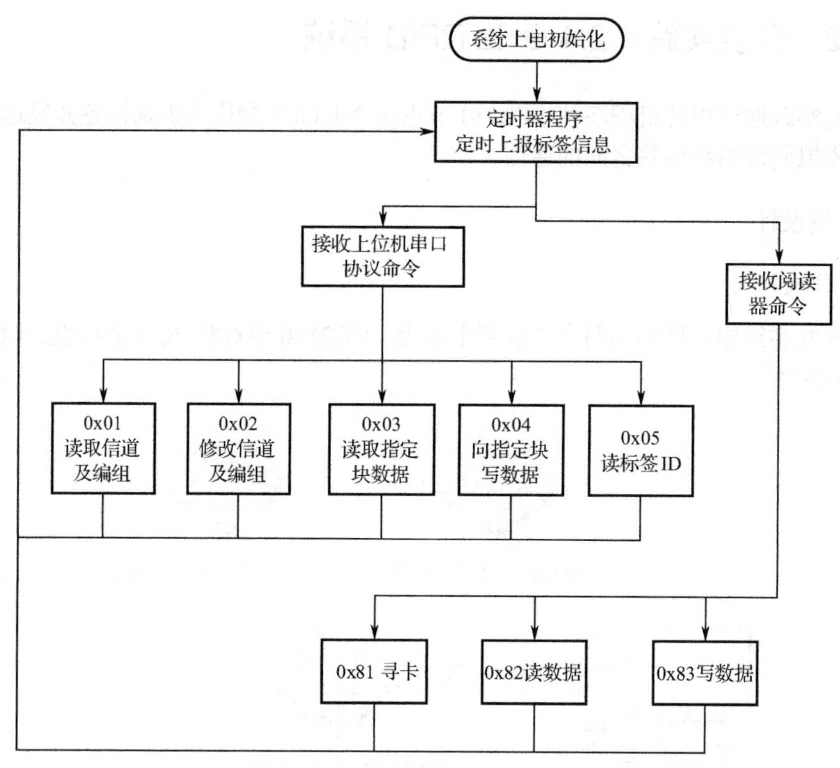

图 6.12　2.4 GHz RFID 系统标签的程序流程

2.4 GHz RFID 系统阅读器的程序流程如图 6.13 所示。

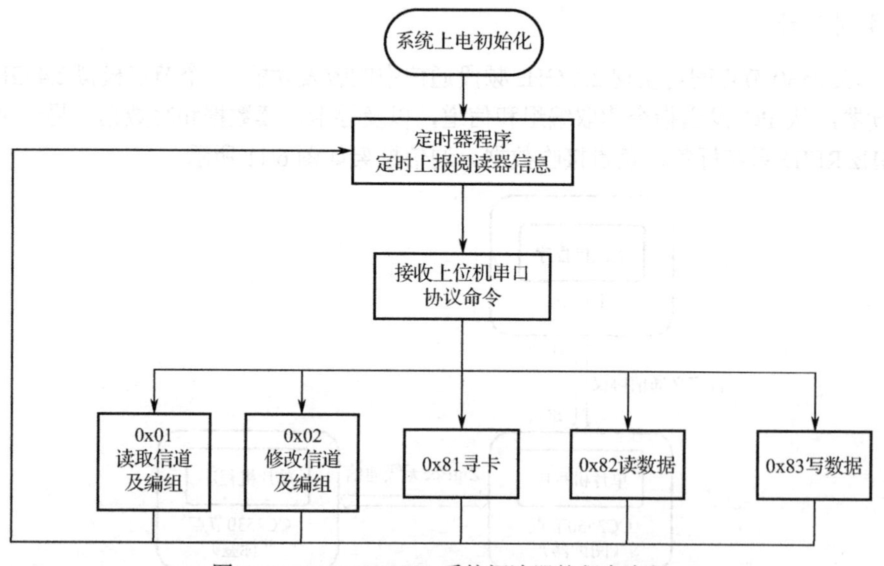

图 6.13　2.4 GHz RFID 系统阅读器的程序流程

2．开发实施

1）2.4 GHz RFID 系统阅读器软件的设计

本开发实践的单片机程序有两个程序文件，分别为文件夹 iar-Reader 中的 reader.eww 和

iar-Tager 文件夹中的 tag.eww，这两个程序要分别烧录到两个 CC2530 节点中。

关键程序如下。

（1）主函数模块。

```
/*********************************************************************************************
* 名称：main
* 功能：初始化配置、时钟、串口、操作系统抽象层、硬件抽象层等
*********************************************************************************************/
void main(void)
{
    uint16 pid = 0;
    uint8 ch = 0;
    char mac[8];
    halMcuInit();
    ledInit();
    timer2_init();
    halIntOn();
    ledOnTm(1, 100);
    osal_nv_init(NULL);
    configInit();
    osal_nv_read(NV_ID_PANID, 0, NV_LEN_PANID, &pid);
    osal_nv_read(NV_ID_CHANNEL, 0, NV_LEN_CHANNEL, &ch);
    uart1Init(38400);
    uart1SetInput(packageSerialInputCh);
    debugSetOut(uart1SendChar);
    getMac(mac);
    gbasicRfCfg.ackRequest = FALSE;
    gbasicRfCfg.channel = ch;
    gbasicRfCfg.panId = pid;
    gbasicRfCfg.myAddr = mac[6]<<8 | mac[7];
    basicRfInit(&gbasicRfCfg);
    basicRfReceiveOn();

    while (1) {
        serialPoll();
        rfPoll();
        ledPoll();
    }
}
```

（2）信道和编组初始配置模块。

```
/*********************************************************************************************
* 名称：configInit
* 功能：无线配置参数初始化，信道为 16，编组为 1234
*********************************************************************************************/
void configInit(void)
```

```
{
    uint16 pid = 1234;
    uint8 ch = 16;
    osal_nv_item_init(NV_ID_PANID, NV_LEN_PANID, &pid);
    osal_nv_item_init(NV_ID_CHANNEL, NV_LEN_CHANNEL, &ch);
}
```

（3）串口数据处理模块。

```
/*********************************************************************************************
* 名称：serialPoll
* 功能：串口数据处理
* 参数：0x01 表示读取信道及编组，0x02 表示修改信道及编组，0x81 表示寻卡，0x82 表示读数据，
0x83 表示写数据
*********************************************************************************************/
void serialPoll(void)
{
    uint8 rlen = serialPackageLen();
    if (rlen > 0) {
        static uint8 txBuf[128];
        uint8 *p = serialPackageBuf();

        #define CMD p[2]
        #define LEN p[1]
        if (CMD == 0x01) {
            txBuf[0] = 0xFB;
            txBuf[1] = 0x03;
            txBuf[2] = 0x01;
            txBuf[3] = gbasicRfCfg.channel;
           txBuf[4] = (gbasicRfCfg.panId>>8) & 0xff;
            txBuf[5] = (gbasicRfCfg.panId) & 0xff;
            txBuf[6] = xor(&txBuf[1], 5);
            uart1Sendbuf((char*)txBuf, 7);
        } else if (CMD == 0x02) {
            gbasicRfCfg.channel = p[3];
            gbasicRfCfg.panId = p[4]<<8 | p[5];
            basicRfInit(&gbasicRfCfg);
            osal_nv_write(NV_ID_PANID, 0, NV_LEN_PANID, &gbasicRfCfg.panId);
            osal_nv_write(NV_ID_CHANNEL, 0, NV_LEN_CHANNEL, &gbasicRfCfg.channel);
            txBuf[0] = 0xFB;
            txBuf[1] = 0x01;
            txBuf[2] = 0x02;
            txBuf[3] = 0x00;
            txBuf[4] = xor(&txBuf[1], 3);
            uart1Sendbuf((char*)txBuf, 5);
        } else
        if (CMD == 0x81) {
```

```
                basicRfSendPacket(0xffff, p, 4);
            } else
            if (CMD == 0x82) {
                uint16 dst = p[9]<<8 | p[10];
                basicRfSendPacket(dst, p, 13);
            } else
            if (CMD == 0x83) {
                uint16 dst = p[9]<<8 | p[10];
                basicRfSendPacket(dst, p, 21);
            }
            serialPackageClear();
            ledOnTm(1, 50);
        }
}
```

（4）无线数据处理模块。

```
/*********************************************************************************************
* 名称：rfPoll
* 功能：无线数据处理
*********************************************************************************************/
void rfPoll(void)
{
    static uint8 rxBuf[128];

    uint8 r = basicRfReceive(rxBuf, sizeof rxBuf, NULL);
    if (r > 0 && packageValidate(rxBuf, r) == 0) {
        uart1Sendbuf((char*)rxBuf, r);
        ledOnTm(1, 50);
    }
}
```

（5）2.4 GHz RFID 系统阅读器协议。

```
/*********************************************************************************************
* 文件：protocol.c
* 说明：2.4 GHz RFID 系统阅读器协议解析
*********************************************************************************************/

/*********************************************************************************************
* 名称：xor
* 功能：异或求和
*********************************************************************************************/
uint8 xor(uint8 *buf, uint8 len)
{
    uint8 x = 0;
    for (uint8 i=0; i<len; i++) {
        x ^= buf[i];
```

```
    }
    return x;
}
/*********************************************************************************************
* 名称：packageValidate
* 功能：数据包校验
* 返回：0表示正确，小于0表示无效数据包
*********************************************************************************************/
int8 packageValidate(uint8 *pkg, uint8 len)
{
    if (pkg[0] != 0xEA && pkg[0] != 0xFB) return -1;
    if ((pkg[1] + 4) != len) return -2;
    if (xor(&pkg[1], len-1) != 0) return -3;
    return 0;
}

static uint8 rxBuf[64];
static uint8 rxReady = 0;
/*********************************************************************************************
* 名称：packageSerialInputCh
* 功能：串口接收数据包
*********************************************************************************************/
void packageSerialInputCh(char ch)
{
    static uint16 lastRecvTm = 0;
    static uint8 rxLen = 0;
    if (rxReady != 0) return;
    lastRecvTm = current_ms();
    if (rxLen != 0 && timeout_ms(lastRecvTm+100)){
        rxLen = 0;
    }
    if (rxLen == 0 && ch == 0xEA) {
        rxBuf[rxLen++] = ch;
    } else if (rxLen > 0) {
        if (rxLen < sizeof rxBuf) {
            rxBuf[rxLen++] = ch;
            if (rxLen >= 4) {
                if (rxBuf[1]+4 == rxLen) {
                    if (packageValidate(rxBuf, rxLen) == 0) {
                        rxReady = rxLen;
                        rxLen = 0;
                    }else rxLen = 0;            //溢出，丢弃数据包
                }
            }
        } else rxLen = 0;                       //溢出，丢弃数据包
    } else {
        //丢弃无效数据
```

```
    }
}
/*********************************************************************************
* 名称：serialPackageLen
* 功能：获取串口数据包长度
*********************************************************************************/
uint8 serialPackageLen(void)
{
    return rxReady;
}
/*********************************************************************************
* 名称：serialPackageClear
* 功能：清除串口缓存
*********************************************************************************/
void serialPackageClear(void)
{
    rxReady = 0;
}
/*********************************************************************************
* 名称：serialPackageBuf
* 功能：获取串口数据包缓存
*********************************************************************************/
uint8* serialPackageBuf(void)
{
    return rxBuf;
}
```

（6）串口处理模块。

```
/*********************************************************************************
* 文件：uart.c
* 说明：串口初始化，串口中断，串口收发数据驱动
*********************************************************************************/

static void (*uart1Input)(char) = NULL;
static void (*uart0Input)(char) = NULL;
/*********************************************************************************
* 名称：UART_BuadCount
* 功能：串口波特率计算
* 参数：baud—波特率
* 注释：根据波特率计算寄存器值
*********************************************************************************/
static void UART_BuadCount(long* baud,unsigned char* baud_e,unsigned char* baud_m)
{
    double sys_clk_baud = 32000000.0;                    //系统时钟

    /*根据波特率选择 baud_e*/
```

```
        if(*baud<4800)
        {
            *baud_e = 6;
        }
        else if((*baud>=4800)&&(*baud<9600))
        {
            *baud_e = 7;
        }
        else if((*baud>=9600)&&(*baud<19200))
        {
            *baud_e = 8;
        }
        else if((*baud>=19200)&&(*baud<38400))
        {
            *baud_e = 9;
        }
        else if((*baud>=38400)&&(*baud<76800))
        {
            *baud_e = 10;
        }
        else if((*baud>=76800)&&(*baud<230400))
        {
            *baud_e = 11;
        }
        else
        {
            *baud_e = 12;
        }

        /*计算 baud_m*/
        *baud_m = (unsigned char)((((*baud)*pow(2,28))/(sys_clk_baud*pow(2,*baud_e)))-256.0);
    }

    void uart0SetInput(void (*f)(char))
    {
        uart0Input = f;
    }
    void uart1SetInput(void (*f)(char))
    {
        uart1Input = f;
    }
    /*********************************************************************************
    * 名称：uart0_Init
    * 功能：UART0 初始化，复用到位置 1
    * 参数：baud—波特率
    *********************************************************************************/
    void uart0Init(long baud)
```

```
{
    unsigned char baud_e,baud_m;

    P0SEL |=  0x0C;                                    //初始化 UART0 端口
    PERCFG&= ~0x01;                                    //选择 UART0 为可选位置 1
    P0DIR &= ~(1<<2);                                  //设置 P0_2 为输入
    P0DIR |= (1<<3);                                   //设置 P0_3 为输出
    P2DIR &= ~0xC0;                                    //P2 优先作为串口 0

    U0CSR = 0xC0;                                      //设置为 UART 模式，使能接收器
    UART_BuadCount(&baud,&baud_e,&baud_m);             //计算波特率
    U0GCR = baud_e;
    U0BAUD = baud_m;                                   //设置波特率
    URX0IE = 1;                                        //使能串口接收中断，开总中断
}

/*********************************************************************************
* 名称：uart1_Init
* 功能：UART1 初始化，复用到位置 2
* 参数：baud—波特率
*********************************************************************************/
void uart1Init(long baud)
{
    unsigned char baud_e,baud_m;

    /*UART、I/O 初始化，设置 P1-6、P1-7*/
    P1SEL |= ((1<<6)|(1<<7));                            //选择 I/O 功能为外设
    PERCFG |= (1<<1);                                    //选择复用到位置 2
    P1DIR &= ~(1<<7);                                    //设置 P1_7 为输入
    P1DIR |= (1<<6);                                     //设置 P1_6 为输出

    /*UART 初始化*/
    U1CSR = ((1<<7)|(1<<6));                             //设置为 UART 模式，使能接收
    UART_BuadCount(&baud,&baud_e,&baud_m);               //计算波特率
    U1GCR = baud_e;
    U1BAUD = baud_m;                                     //设置波特率
    URX1IE = 1;                                          //使能串口接收中断，开总中断
}

/*********************************************************************************
* 名称：uart0RxInt
* 功能：UART0 接收中断服务函数
*********************************************************************************/
#pragma vector = URX0_VECTOR
__interrupt void uart0RxInt(void)
{
    char ch = U0DBUF;
```

```
    if (uart0Input != NULL) {
        uart0Input(ch);
    }
}

/*********************************************************************
* 名称：uart1RxInt
* 功能：UART1 接收中断服务函数
*********************************************************************/
#pragma vector = URX1_VECTOR
__interrupt void uart1RxInt(void)
{
    char ch = U1DBUF;
    if (uart1Input != NULL) {
        uart1Input(ch);
    }
}

/*********************************************************************
* 名称：uart0SendChar
* 功能：UART0 发送字节函数
* 参数：ch—要发送的字节
*********************************************************************/
void uart0SendChar(char ch)
{
    U0DBUF = ch;
    while(U0CSR&0x02 == 0);
    U0CSR &= ~0x02;
}

/*********************************************************************
* 名称：uart1SendChar
* 功能：UART1 发送字节函数
* 参数：ch—要发送的字节
*********************************************************************/
void uart1SendChar(char ch)
{
    U1DBUF = ch;
    while(U1TX_BYTE == 0);
    U1TX_BYTE = 0;
}

void uart0Sendbuf(char *buf, int len)
{
    for (int i=0; i<len; i++) {
        uart0SendChar(buf[i]);
```

```
        }
}

void uart1Sendbuf(char *buf, int len)
{
        for (int i=0; i<len; i++) {
                uart1SendChar(buf[i]);
        }
}
```

（7）LED 处理模块。

```
/*****************************************************************************************
* 功能：LED 驱动
*****************************************************************************************/
#define LED0 P1_0
#define LED1 P1_1

void ledInit(void)
{
        P1SEL &= ~(1<<0);                    //设置为普通 I/O 口
        P1DIR |= (1<<0);                     //设置为输出

        P1SEL &= ~(1<<1);                    //设置为普通 I/O 口
        P1DIR |= (1<<1);                     //设置为输出

        LED0 = 1;
        LED1 = 1;
}
void ledOn(int leds)
{
        if (leds & 0x01)
        {
                LED0 = 0;
        }
        if (leds & 0x02)
        {
                LED1 = 0;
        }
}

void ledOff(int leds)
{
        if (leds & 0x01)
        {
                LED0 = 1;
        }
```

```
        if (leds & 0x02)
        {
            LED1 = 1;
        }
    }

    static uint32 leds_tm[2] = {0,0};

    void ledOnTm(int led, uint16 tm)
    {
        leds_tm[led-1] = current_ms()+tm;
        ledPoll();
    }

    void ledPoll(void)
    {
        uint16 t = current_ms();
        if (leds_tm[0] != 0) {
            if ((int32)t - (int32)leds_tm[0] > 0) {
                ledOff(1);
                leds_tm[0] = 0;
            } else {
                ledOn(1);
            }
        }
        if (leds_tm[1] != 0) {
            if ((int32)t - (int32)leds_tm[1] > 0) {
                ledOff(2);
                leds_tm[1] = 0;
            } else {
                ledOn(2);
            }
        }
    }
```

2）2.4 GHz RFID 系统标签软件设计

（1）主函数处理模块。

```
void main(void)
{
    uint16 pid = 0;
    uint8 ch = 0;

    halMcuInit();
    timer2_init();

    halIntOn();
```

```
    ledInit();
    ledOnTm(1, 100);

    osal_nv_init(NULL);
    configInit();
    userBlkInit();

    osal_nv_read(NV_ID_PANID, 0, NV_LEN_PANID, &pid);
    osal_nv_read(NV_ID_CHANNEL, 0, NV_LEN_CHANNEL, &ch);

    uart1Init(38400);
    uart1SetInput(packageSerialInputCh);

    getMac(gMac);

    srand(gMac[6]<<8 | gMac[7]);

    gbasicRfCfg.ackRequest = FALSE;
    gbasicRfCfg.channel = ch;
    gbasicRfCfg.panId = pid;
    gbasicRfCfg.myAddr = gMac[6]<<8 | gMac[7];
    basicRfInit(&gbasicRfCfg);

    basicRfReceiveOn();

    while (1) {
        rfPoll();
        serialPoll();
        ledPoll();
    }
}
```

（2）LED 处理模块。

```
/*********************************************************************************************
* 功能：LED 驱动
*********************************************************************************************/
#define LED0 P1_0
#define LED1 P1_1

void ledInit(void)
{
    P1SEL &= ~(1<<0);                    //设置为普通 I/O 口
    P1DIR |= (1<<0);                     //设置为输出

    P1SEL &= ~(1<<1);                    //设置为普通 I/O 口
    P1DIR |= (1<<1);                     //设置为输出
```

```
        LED0 = 1;
        LED1 = 1;
    }

    void ledOn(int leds)
    {
        if (leds & 0x01)
        {
            LED0 = 0;
        }
        if (leds & 0x02)
        {
            LED1 = 0;
        }
    }

    void ledOff(int leds)
    {
        if (leds & 0x01)
        {
            LED0 = 1;
        }
        if (leds & 0x02)
        {
            LED1 = 1;
        }
    }

    static uint32 leds_tm[2] = {0,0};

    void ledOnTm(int led, uint16 tm)
    {
        leds_tm[led-1] = current_ms()+tm;
        ledPoll();
    }

    void ledPoll(void)
    {
        uint16 t = current_ms();
        if (leds_tm[0] != 0) {
            if ((int32)t - (int32)leds_tm[0] > 0) {
                ledOff(1);
                leds_tm[0] = 0;
            } else {
                ledOn(1);
            }
```

```
    }
    if (leds_tm[1] != 0) {
        if ((int32)t - (int32)leds_tm[1] > 0) {
            ledOff(2);
            leds_tm[1] = 0;
        } else {
            ledOn(2);
        }
    }
}
```

（3）信道和编组初始配置。注意，阅读器和标签的信道和编组要对应一致，否则无法收发数据，信道为 16，编组为 1234。

```
/*********************************************************************************
* 名称：configInit
* 功能：无线配置参数初始化
*********************************************************************************/
void configInit(void)
{
    uint16 pid = 1234;
    uint8 ch = 16;
    osal_nv_item_init(NV_ID_PANID, NV_LEN_PANID, &pid);
    osal_nv_item_init(NV_ID_CHANNEL, NV_LEN_CHANNEL, &ch);
}
```

（4）串口数据处理模块。

```
/*********************************************************************************
* 名称：serialPoll
* 功能：串口数据处理
* 参数：0x01 表示读取信道及编组，0x02 表示修改信道及编组；对于标签，0x03 表示读取指定块数据，
      0x04 表示向指定块写入数据，0x05 表示读 ID 号；对于阅读器，0x81 表示寻卡，0x82 表示读
      数据，0x83 表示写数据
* 返回：无
*********************************************************************************/
void serialPoll(void)
{
    uint8 rlen = serialPackageLen();
    if (rlen > 0) {
        static uint8 txBuf[128];
        uint8 *p = serialPackageBuf();
        #define CMD p[2]
        #define LEN p[1]

        if (CMD == 0x01) {
            txBuf[0] = 0xFB;
            txBuf[1] = 0x03;
```

```
        txBuf[2] = 0x01;
        txBuf[3] = gbasicRfCfg.channel;
        txBuf[4] = (gbasicRfCfg.panId>>8) & 0xff;
        txBuf[5] = (gbasicRfCfg.panId) & 0xff;
        txBuf[6] = xor(&txBuf[1], 5);
        uart1Sendbuf((char*)txBuf, 7);
    } else
    if (CMD == 0x02) {
        gbasicRfCfg.channel = p[3];
        gbasicRfCfg.panId = p[4]<<8 | p[5];
        basicRfInit(&gbasicRfCfg);
        osal_nv_write(NV_ID_PANID, 0, NV_LEN_PANID, &gbasicRfCfg.panId);
        osal_nv_write(NV_ID_CHANNEL, 0, NV_LEN_CHANNEL, &gbasicRfCfg.channel);
        txBuf[0] = 0xFB;
        txBuf[1] = 0x01;
        txBuf[2] = 0x02;
        txBuf[3] = 0x00;
        txBuf[4] = xor(&txBuf[1], 3);
        uart1Sendbuf((char*)txBuf, 5);
    } else
    if (CMD == 0x03) {
        uint8 blk = p[3];
        txBuf[0] = 0xFB;
        txBuf[1] = 0x09;
        txBuf[2] = 0x03;
        txBuf[3] = blk;
        userBlkRead(blk, &txBuf[4]);
        txBuf[12] = xor(&txBuf[1], 11);
        uart1Sendbuf((char*)txBuf, 13);
    } else
    if (CMD == 0x04) {
        uint8 blk = p[3];
        userBlkWrite(blk, &p[4]);
        txBuf[0] = 0xFB;
        txBuf[1] = 0x01;
        txBuf[2] = 0x04;
        txBuf[3] = 0x00;
        txBuf[4] = xor(&txBuf[1], 3);
        uart1Sendbuf((char*)txBuf, 5);
    } else  if (CMD == 0x05) {
        txBuf[0] = 0xFB;
        txBuf[1] = 0x08;
        txBuf[2] = 0x05;
        memcpy(&txBuf[3], gMac, 8);
        txBuf[11] = xor(&txBuf[1], 10);
        uart1Sendbuf((char*)txBuf, 12);
    }
```

```
            serialPackageClear();
            ledOnTm(1, 50);
        }
    }
```

（5）无线数据收发驱动模块。

```
/*********************************************************************************************
* 名称：rfPoll
* 功能：无线数据处理
*********************************************************************************************/
void rfPoll(void)
{
    static uint8 rxBuf[128];
    #undef CMD
    #undef LEN
    #define CMD rxBuf[2]
    #define LEN rxBuf[1]

    uint8 r = basicRfReceive(rxBuf, sizeof rxBuf, NULL);
    if (r > 0 && packageValidate(rxBuf, r) == 0) {
        if (CMD == 0x81) {                //寻卡，发送卡片信息
            rxBuf[0] = 0xFB;
            rxBuf[1] = 0x08;
            rxBuf[2] = 0x81;
            memcpy(&rxBuf[3], gMac, 8);
            rxBuf[11] = xor(&rxBuf[1], 10);
            uint16 ms = rand()%1000;
            uint16 us = rand()%1000;
            halMcuWaitMs(ms);
            halMcuWaitUs(us);
            basicRfSendPacket(basicRfGetSrc(), rxBuf, 12);
        } else
        if (CMD == 0x82) {
            if (LEN == 0x09) {
                uint8 blk = rxBuf[11];
                rxBuf[0] = 0xFB;
                rxBuf[1] = 0x11;
                rxBuf[2] = 0x82;
                userBlkRead(blk, &rxBuf[12]);
                rxBuf[12+NV_LEN_BLK] = xor(&rxBuf[1], 12+NV_LEN_BLK-1);
                basicRfSendPacket(basicRfGetSrc(), rxBuf, 12+NV_LEN_BLK+1);
            }
        } else
        if (CMD == 0x83) {
            if (LEN == 0x11) {
                uint8 blk = rxBuf[11];
```

```
                    rxBuf[0] = 0xFB;
                    rxBuf[1] = 0x01;
                    rxBuf[2] = 0x83;
                    if (userBlkWrite(blk, &rxBuf[12]) < 0) {
                        rxBuf[3] = 0xff;
                    } else {
                        rxBuf[3] = 0x00;
                    }
                    rxBuf[4] = xor(&rxBuf[1], 3);
                    basicRfSendPacket(basicRfGetSrc(), rxBuf, 5);
                }
            }
            ledOnTm(1, 50);
        }
}
```

（6）标签用户数据模块。

```
/*********************************************************************************************
* 文件：user_blk.c
* 说明：2.4 GHz RFID 系统标签用户数据的实现
*********************************************************************************************/

/*********************************************************************************************
* 名称：userBlkInit
* 功能：初始化标签数据
*********************************************************************************************/
void userBlkInit(void)
{
    uint8 blk[8] = {0xff,0xff, 0xff, 0xff, 0xff,0xff,0xff,0xff};
    for (int i=0; i<BLK_NUMBER; i++) {
        osal_nv_item_init(NV_ID_BLK(i), NV_LEN_BLK, blk);
    }
}
/*********************************************************************************************
* 名称：userBlkRead
* 功能：读取标签数据
* 参数：blk—块号，取值为 1～16；buf—读取数据缓存
*********************************************************************************************/
int8 userBlkRead(uint8 blk, uint8* buf)
{
    if (blk > 0 && blk <= BLK_NUMBER) {
        osal_nv_read(NV_ID_BLK(blk-1), 0, NV_LEN_BLK, buf);
        return NV_LEN_BLK;
    }
    return -1;
}
/*********************************************************************************************
* 名称：userBlkWrite
```

```
* 功能：向标签写入数据
* 参数：blk—块号，取值为 1～16；buf—待写入数据
* 返回：小于 0 表示无效参数，NV_LEN_BLK 表示写入数据的长度
***************************************************************************************/
int8 userBlkWrite(uint8 blk, uint8* buf)
{
    if (blk > 0 && blk <= BLK_NUMBER) {
        osal_nv_write(NV_ID_BLK(blk-1), 0, NV_LEN_BLK, buf);
        return NV_LEN_BLK;
    }
    return -1;
}
```

3）RFIDDemo 实践

（1）打开如图 6.14 所示的 RFIDDemo 软件。

选择左侧“微波 2.4G”，界面如图 6.15 所示，有标签和阅读器两个选项卡。选择“标签”选项卡，则将 USB 串口线连接到 2 号节点板上，界面上将自动显示串口号，单击“打开串口”按钮。

图 6.14 RFIDDemo 软件

图 6.15 RFIDDemo 界面

（2）在“标签”选项卡下单击“读取”按钮，会出现标签 ID、编组、信道。注意标签 ID 是 CC2530 节点板的 MAC 地址，全球唯一且不可改变。编组和信道都是在单片机程序中配置的，可以重新写入。编组默认为 1～16383，信道默认为 11～26。注意，如果修改了编组和信道，阅读器若要读取标签的信息，必须修改成同样的编组和信道，并将标签节点板重启一

下，如图 6.16 所示。

图 6.16　读取标签 ID、编组和信道

（3）可以读取数据块 1～16，如图 6.17 所示。

图 6.17　读取数据块

（4）数据块可写入，向编号为 1 的数据块写入“0102030405060708”，然后单击“读取”按钮，如图 6.18 所示。

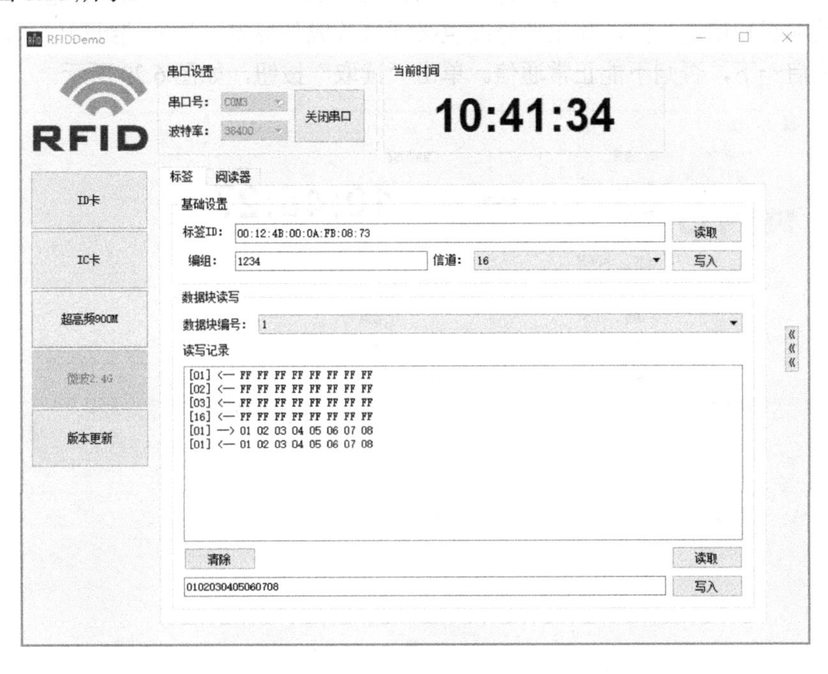

图 6.18　写入 1 号数据块

（5）选择“阅读器”选项，将 USB 串口线连接到 1 号节点板（为了避免混淆，可以取下连接 2 号节点板的 USB 串口线，先关闭串口），串口号和波特率是自动设置的。直接单击“打开串口”按钮，如图 6.19 所示。

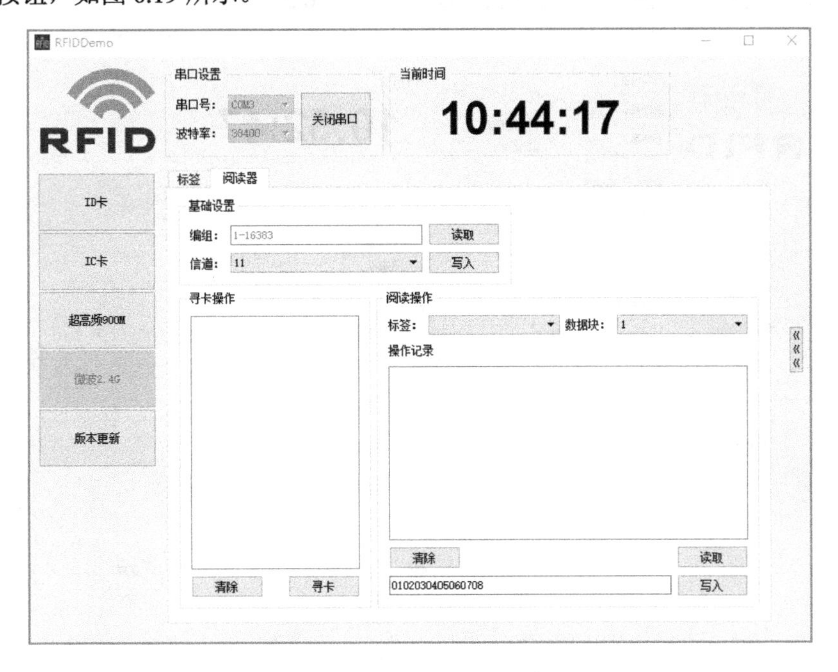

图 6.19　选择“阅读器”选项

（6）单击“读取”按钮可以读到当前阅读器的编组和信道。编组和信道都是在单片机程序中配置的，可以重新写入。编组默认为 1～16383，信道默认为 11～26。注意，编组和信道要与标签的编组和信道一致，如果要修改也必须修改成与标签一样的编组和信道，并且将标签节点板重启一下，否则不能正常通信。单击“读取”按钮，如图 6.20 所示。

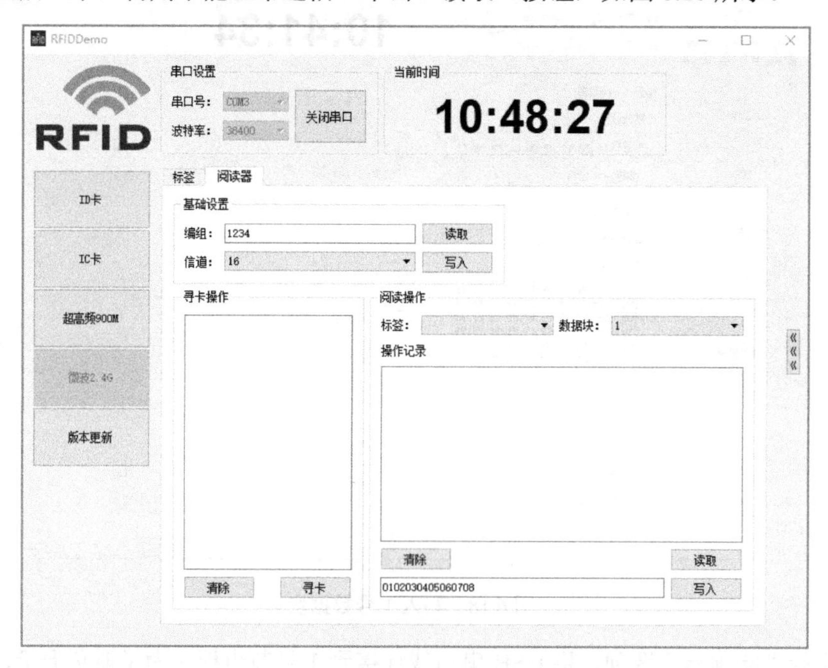

图 6.20　单次读取

（7）单击“寻卡”按钮可读到标签的 ID 号，如图 6.21 所示。

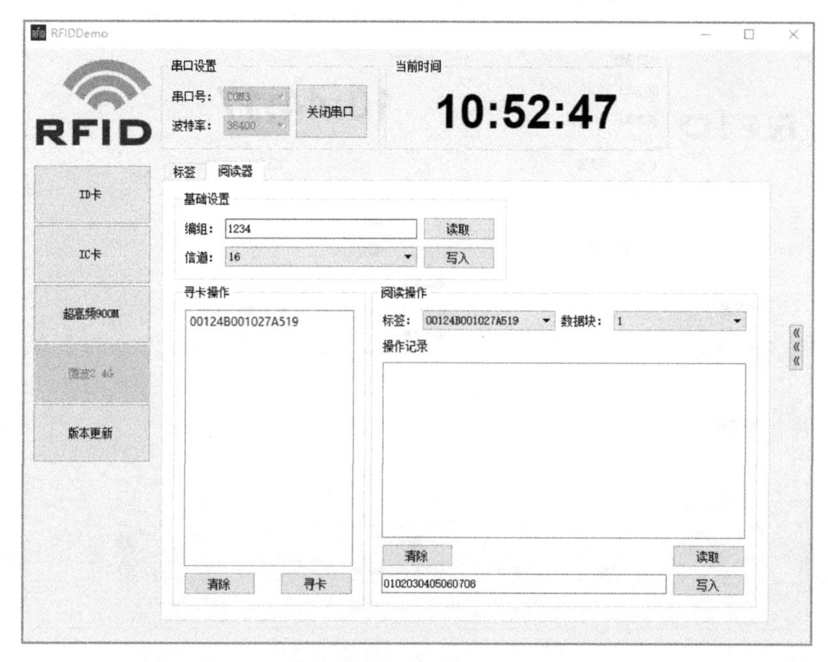

图 6.21　寻卡

（8）在阅读操作窗口可以读取和写入标签的数据块内容。例如，刚刚在标签中编号为 1 号的数据块写入“0102030405060708”，现在可以读取，如图 6.22 所示。

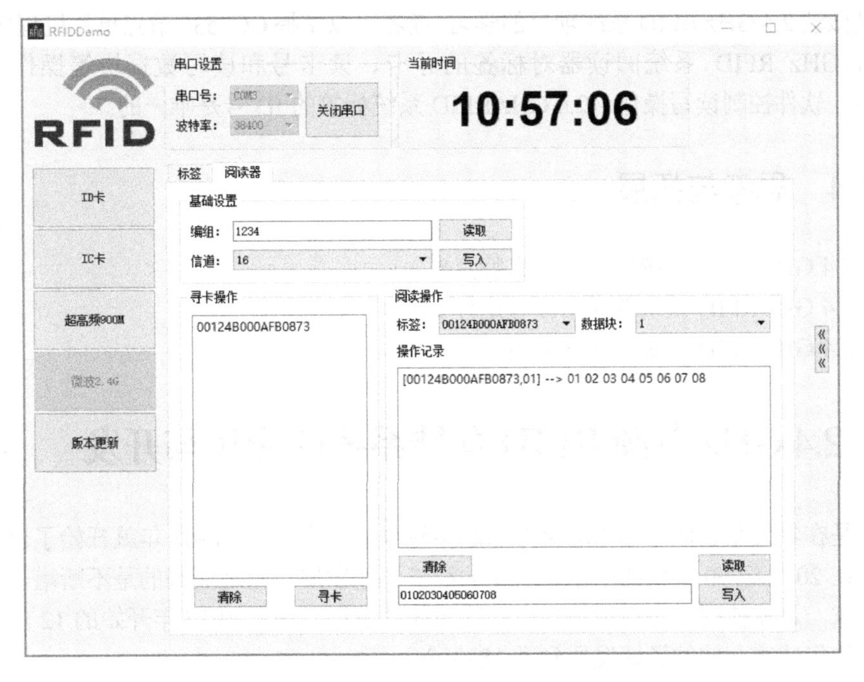

图 6.22　在阅读操作窗口读取和写入标签的数据块内容

（9）也可以在阅读操作窗口向标签写入数据，如写入“1111111111111111”后再读取，如图 6.23 所示。

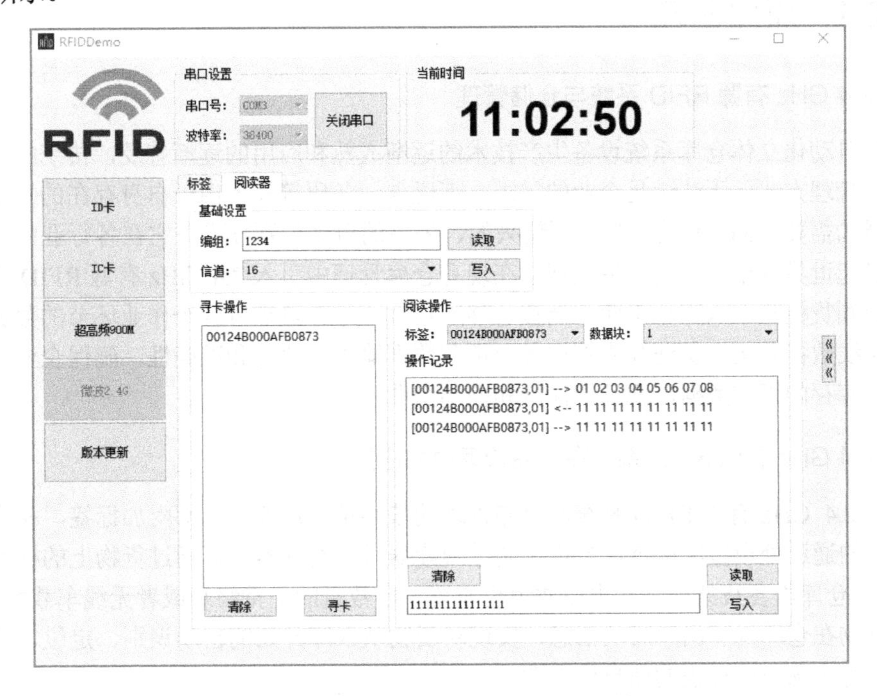

图 6.23　在“阅读操作”栏向标签写入数据

6.1.3 小结

通过微波2.4 GHz RFID系统项目的学习，读者可以掌握CC2530节点单片机程序的设计，实现 2.4 GHz RFID 系统阅读器对标签的寻卡、读卡号和读写数据块等操作，并通过RFIDDemo软件控制读写操作。2.4 GHz RFID系统标签的ID号是唯一的。

6.1.4 思考与拓展

（1）2.4 GHz RFID系统标签有什么特点？
（2）2.4 GHz RFID系统的通信原理是什么？
（3）2.4 GHz RFID系统有哪些应用？

6.2 2.4 GHz 有源 RFID 仓储系统的应用与开发

日本是在集装箱仓储运输自动化方面起步较早的国家，早在1965年就开始了自动化管理的进程。在20世纪60年代的中期，日本的经济迅速发展，随之而来的是不断增长的劳动力和土地需求，这就使得日本更加重视自动化系统的发展。在从1977年开始的12年内，日本将信息化的集装箱仓储的场地发展到了1833个。

虽然我国在仓储管理信息化方面起步较晚，但是随着经济和技术的不断发展，仓储自动化也逐渐成为我国关注的方向之一。

6.2.1 原理学习

1. 2.4 GHz 有源 RFID 系统与仓储管理

随着自动化立体仓库系统设备生产技术的逐渐成熟和应用的逐渐普及，传统的以手工记录为主的管理方式已无法满足企业的需求，而磁卡、条码等技术由于自身存在的缺陷，也不适合发展的需要。RFID 技术是一项新兴的、先进的自动识别技术，它在各行业的广阔发展前景已引起世界各个国家的普遍重视。在现有仓库管理中引入2.4 GHz 有源 RFID 系统，可对仓库的到货检验、入库、出库、调拨、移库移位、库存盘点等各个作业环节的数据进行自动化的无线数据采集，保证仓库管理各个环节数据输入的速度和准确性，确保企业能及时准确地掌握库存的真实数据，合理地保持和控制企业库存。

2. 2.4 GHz 有源 RFID 系统在仓储管理中的应用

基于2.4 GHz 有源 RFID 系统的仓储管理的核心是：每件货物都附加标签，相应地在仓库各入口的通道处设置阅读器，当货物通过阅读器时，阅读器即可通过货物上的标签获得货物的信息。仓库内各货架中间和出库通道也设置一定数量的手持终端或者无线车载数据终端，可追踪货物在仓库内和出库时的信息，实现对货物从入库开始的自动识别、定位、输送、存取、出库等全部作业过程的信息化管理。

1）系统基本功能

（1）入库。当货物通过进货口的传送带进入仓库时，托盘中货物的信息通过进货口阅读器写入托盘的标签，然后通过计算机仓储管理系统计算货位，并通过网络系统将存货指令发到叉车车载系统，可按照要求存放到相应的货位。

（2）出库。叉车接到出货指令后到达指定的货位叉取托盘货物，在叉取前托盘货物前叉车的阅读器会再次确认托盘货物的准确性，然后将托盘货物送至出货口的传送带，出货口传送带阅读器读取托盘标签信息是否准确，校验无误后出货。

（3）库存盘点。仓库内阅读器实时读取在库货物的标签信息，核对实时盘点数据与数据库中统计的仓储信息是否一致。

（4）货物区域定位、转移。仓库内阅读器实时读取货物的标签信息，控制中心根据阅读器判断各个货物的存放区域，统计仓库的使用情况，并可据此安排新入库货物的存放位置。

2）硬件系统

2.4 GHz 有源 RFID 仓储系统主要包括若干 2.4 GHz 有源 RFID 系统标签（也称为货物托盘配置、智能卡）和阅读器。标签和阅读器都是由高度集成的微功耗单芯片无线收发机和单片机构成的，它们的体积都非常小，单芯片无线收发机还可有一个全球独一无二的厂家编号（烧录在芯片中），这个单芯片无线收发机还具有接收信号强度指示（RSSI）功能。系统的标签和阅读器使用的是无须申请的 2.4 GHz ISM 免费频段，而且都满足国家对 2.4 GHz 频道无线产品的相关规定。阅读器可以远距离地识别仓库内所有的托盘，并与标签保持通信，实时上报数据，丢失货物时可以被及时发现。阅读器主要功能是读取标签，并通过无线/有线方式将标签的信息发送到系统控制器。

6.2.2 开发实践：2.4 GHz 有源 RFID 仓储系统

仓储是物流系统的一部分，可在原产地、消费地或者两地之间存储原材料、在制品、成品等仓储物品，并且向管理者提供有关存储物品的状态、条件和处理情况等信息。标签技术在国外已成功应用于物流业，大大提高了仓储物流作业的效率。

某物流公司需要升级仓储管理系统，在现有仓库中引入 2.4 GHz 有源 RFID 系统。本开发实践在分析仓储管理流程的基础上，提出了仓储管理系统的总体设计、功能设计，并论述了 2.4 GHz 有源 RFID 仓储系统（见图 6.24）。

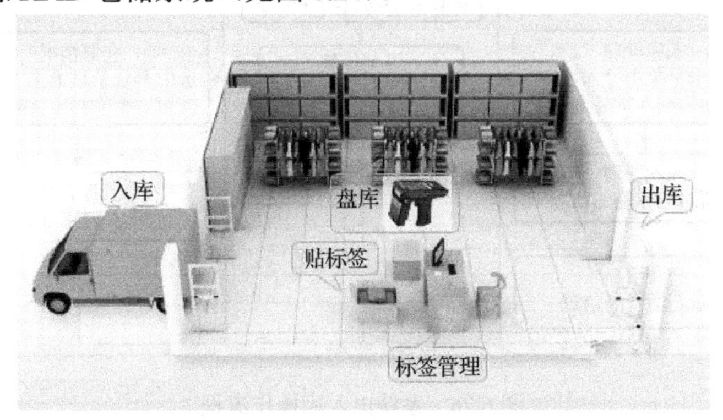

图 6.24　2.4 GHz 有源 RFID 仓储系统

1. 开发设计

1）硬件设计

2.4 GHz 有源 RFID 仓储系统由 PC（运行上位机管理软件）通过串口连接 2.4 GHz 有源 RFID 系统阅读器，对周围的 2.4 GHz 有源 RFID 系统标签进行寻找（建议 2 个以上的标签），对寻到的标签进行出入库管理。硬件连线如图 6.25 所示。

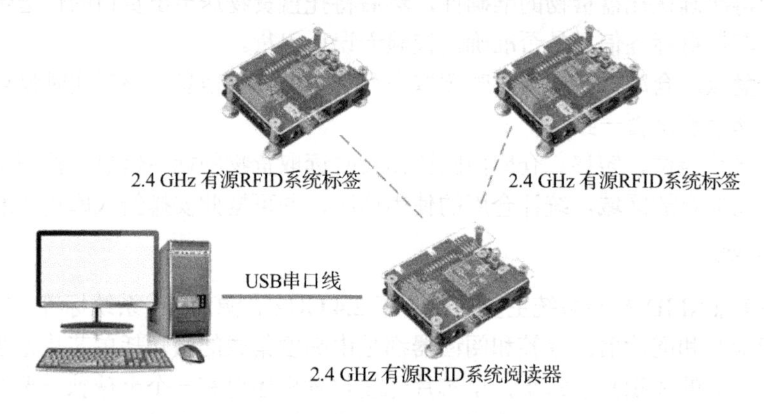

图 6.25　硬件连线

2）软件设计

2.4 GHz 有源 RFID 仓储系统的主要功能如下。

- 入库管理：显示寻到的 2.4 GHz 有源 RFID 系统标签，显示标签地址，选中标签地址条目（即卡号）后单击“入库”按钮弹出入库信息窗口，输入货品信息。
- 出库管理：列表控件显示入库的标签信息条目，选中对应卡号条目后单击“出库”按钮可删除入库标签信息。

系统出入库操作流程如图 6.26 所示。

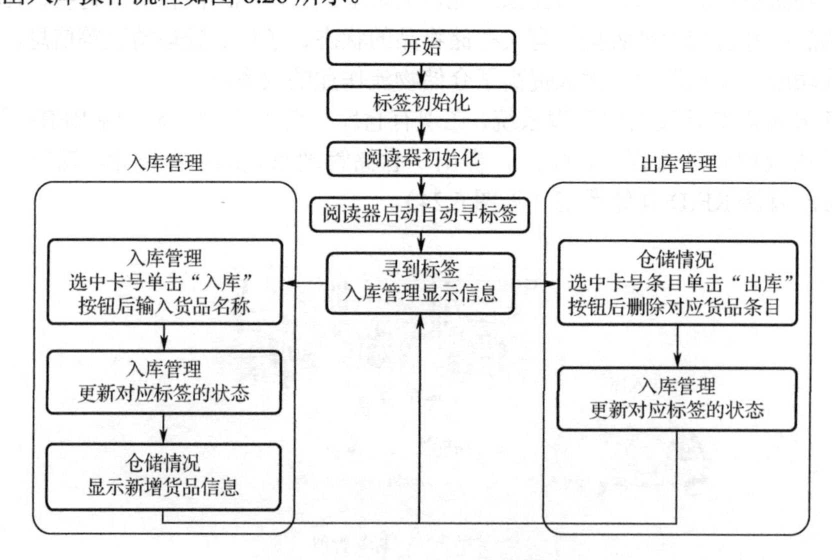

图 6.26　系统出入库操作流程

3）通信协议设计

上位机和2.4 GHz模块之间，以及2.4 GHz模块之间进行通信时，发送和接收数据协议格式如表6.1所示，命令集如表6.2所示。

表6.1　发送和接收数据协议格式

发送数据协议格式				
数据头	数据长度（仅数据）	命令	数据	异或校验（除了数据头）
EA	1 B	1 B	1～255 B	1 B
接收数据协议格式				
数据头	数据长度（仅数据）	命令	数据	异或校验（除了数据头）
FB	1 B	1 B	1～255 B	1 B

表6.2　命令集

类　别	命　令	功　能
公共命令	01	读取信道及编组
	02	修改信道及编组
标签命令	03	读取指定块数据
	04	向指定块写入数据
	05	读取标签ID
阅读器命令	0x81	寻卡
	0x82	读数据
	0x83	写数据

2．功能实现

1）阅读器的软件设计

阅读器的软件流程如图6.27所示。

（1）主函数模块。

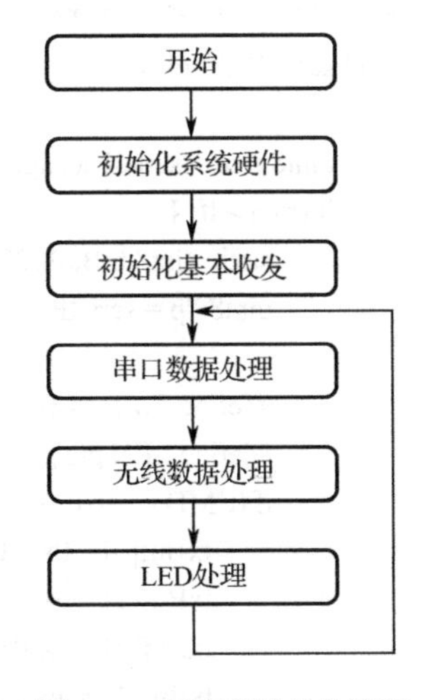

图6.27　阅读器的软件流程

```
void main(void)
{
    uint16 pid = 0;
    uint8 ch = 0;
    char mac[8];

    halMcuInit();
    ledInit();
    timer2_init();
    halIntOn();
    ledOnTm(1, 100);
    osal_nv_init(NULL);
```

```
    configInit();

    osal_nv_read(NV_ID_PANID, 0, NV_LEN_PANID, &pid);
    osal_nv_read(NV_ID_CHANNEL, 0, NV_LEN_CHANNEL, &ch);

    uart1Init(38400);
    uart1SetInput(packageSerialInputCh);

    debugSetOut(uart1SendChar);
    getMac(mac);

    gbasicRfCfg.ackRequest = FALSE;
    gbasicRfCfg.channel = ch;
    gbasicRfCfg.panId = pid;
    gbasicRfCfg.myAddr = mac[6]<<8 | mac[7];
    basicRfInit(&gbasicRfCfg);
    basicRfReceiveOn();
    while (1) {
        serialPoll();
        rfPoll();
        ledPoll();
    }
}
```

（2）串口数据处理模块。

```
/*********************************************************************************************
* 名称：serialPoll
* 功能：串口数据处理
*********************************************************************************************/
void serialPoll(void)
{
    uint8 rlen = serialPackageLen();
    if (rlen > 0) {
        static uint8 txBuf[128];
        uint8 *p = serialPackageBuf();

        #define CMD p[2]
        #define LEN p[1]
        if (CMD == 0x01) {
            txBuf[0] = 0xFB;
            txBuf[1] = 0x03;
            txBuf[2] = 0x01;
            txBuf[3] = gbasicRfCfg.channel;
            txBuf[4] = (gbasicRfCfg.panId>>8) & 0xff;
            txBuf[5] = (gbasicRfCfg.panId) & 0xff;
            txBuf[6] = xor(&txBuf[1], 5);
```

```
            uart1Sendbuf((char*)txBuf, 7);
        } else
        if (CMD == 0x02) {
            gbasicRfCfg.channel = p[3];
            gbasicRfCfg.panId = p[4]<<8 | p[5];
            basicRfInit(&gbasicRfCfg);
            osal_nv_write(NV_ID_PANID, 0, NV_LEN_PANID, &gbasicRfCfg.panId);
            osal_nv_write(NV_ID_CHANNEL, 0, NV_LEN_CHANNEL, &gbasicRfCfg.channel);
            txBuf[0] = 0xFB;
            txBuf[1] = 0x01;
            txBuf[2] = 0x02;
            txBuf[3] = 0x00;
            txBuf[4] = xor(&txBuf[1], 3);
            uart1Sendbuf((char*)txBuf, 5);
        } else
        if (CMD == 0x81) {
            basicRfSendPacket(0xffff, p, 4);
        } else
        if (CMD == 0x82) {
            uint16 dst = p[9]<<8 | p[10];
            basicRfSendPacket(dst, p, 13);
        } else
        if (CMD == 0x83) {
            uint16 dst = p[9]<<8 | p[10];
            basicRfSendPacket(dst, p, 21);
        }
      serialPackageClear();
      ledOnTm(1, 50);
    }
}
```

（3）无线数据处理模块。

```
/*********************************************************************************************
* 名称：rfPoll
* 功能：无线数据处理
*********************************************************************************************/
void rfPoll(void)
{
    static uint8 rxBuf[128];

    uint8 r = basicRfReceive(rxBuf, sizeof rxBuf, NULL);
    if (r > 0 && packageValidate(rxBuf, r) == 0) {
        uart1Sendbuf((char*)rxBuf, r);
        ledOnTm(1, 50);
    }
}
```

（4）信道和编组初始化模块。注意：阅读器、标签的信道和编组必须一致，否则无法收发数据。信道为16，编组为1234。

```
/*******************************************************************************************
* 名称：configInit
* 功能：无线配置参数初始化
*******************************************************************************************/
void configInit(void)
{
    uint16 pid = 1234;
    uint8 ch = 16;
    osal_nv_item_init(NV_ID_PANID, NV_LEN_PANID, &pid);
    osal_nv_item_init(NV_ID_CHANNEL, NV_LEN_CHANNEL, &ch);
}
```

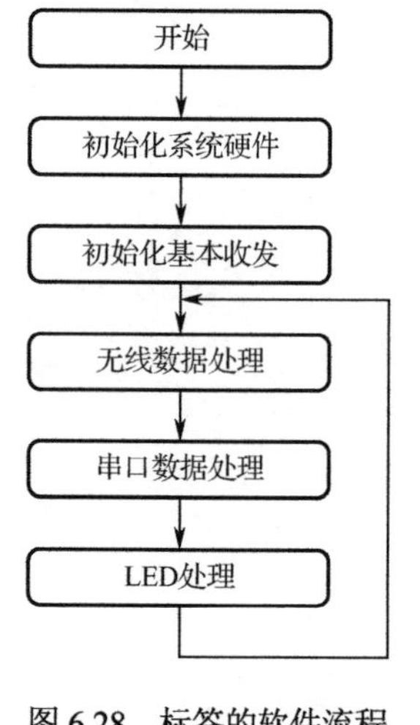

图 6.28　标签的软件流程

2）标签的软件设计

软件流程如图6.28所示。

（1）主函数模块。

```
void main(void)
{
    uint16 pid = 0;
    uint8 ch = 0;

    halMcuInit();
    timer2_init();

    halIntOn();

    ledInit();
    ledOnTm(1, 100);

    osal_nv_init(NULL);
    configInit();
    userBlkInit();

    osal_nv_read(NV_ID_PANID, 0, NV_LEN_PANID, &pid);
    osal_nv_read(NV_ID_CHANNEL, 0, NV_LEN_CHANNEL, &ch);

    uart1Init(38400);
    uart1SetInput(packageSerialInputCh);
    //debugSetOut(uart1SendChar);

    getMac(gMac);

    srand(gMac[6]<<8 | gMac[7]);
```

```
        gbasicRfCfg.ackRequest = FALSE;
        gbasicRfCfg.channel = ch;
        gbasicRfCfg.panId = pid;
        gbasicRfCfg.myAddr = gMac[6]<<8 | gMac[7];
        basicRfInit(&gbasicRfCfg);

        basicRfReceiveOn();

        while (1) {
            rfPoll();
            serialPoll();
            ledPoll();
        }
}
```

（2）无线数据处理模块。

```
/*********************************************************************************************
* 名称：rfPoll
* 功能：无线数据处理
*********************************************************************************************/
void rfPoll(void)
{
    static uint8 rxBuf[128];
    #undef CMD
    #undef LEN
    #define CMD rxBuf[2]
    #define LEN rxBuf[1]

    uint8 r = basicRfReceive(rxBuf, sizeof rxBuf, NULL);
    if (r > 0 && packageValidate(rxBuf, r) == 0) {
        if (CMD == 0x81) {                          //寻卡，发送卡的信息
            rxBuf[0] = 0xFB;
            rxBuf[1] = 0x08;
            rxBuf[2] = 0x81;
            memcpy(&rxBuf[3], gMac, 8);
            rxBuf[11] = xor(&rxBuf[1], 10);
            uint16 ms = rand()%1000;
            uint16 us = rand()%1000;
            halMcuWaitMs(ms);
            halMcuWaitUs(us);
            basicRfSendPacket(basicRfGetSrc(), rxBuf, 12);
        } else
        if (CMD == 0x82) {
            if (LEN == 0x09) {
                uint8 blk = rxBuf[11];
                rxBuf[0] = 0xFB;
```


第6章

```
                rxBuf[1] = 0x11;
                rxBuf[2] = 0x82;
                userBlkRead(blk, &rxBuf[12]);
                rxBuf[12+NV_LEN_BLK] = xor(&rxBuf[1], 12+NV_LEN_BLK-1);
                basicRfSendPacket(basicRfGetSrc(), rxBuf, 12+NV_LEN_BLK+1);
            }
        } else
        if (CMD == 0x83) {
            if (LEN == 0x11) {
                uint8 blk = rxBuf[11];
                rxBuf[0] = 0xFB;
                rxBuf[1] = 0x01;
                rxBuf[2] = 0x83;
                if (userBlkWrite(blk, &rxBuf[12]) < 0) {
                    rxBuf[3] = 0xff;
                } else {
                    rxBuf[3] = 0x00;
                }
                rxBuf[4] = xor(&rxBuf[1], 3);
                basicRfSendPacket(basicRfGetSrc(), rxBuf, 5);
            }
        }
        ledOnTm(1, 50);
}
```

（3）串口数据处理模块。

```
basicRfCfg_t gbasicRfCfg;
static char gMac[8];
/*********************************************************************************************
* 名称：serialPoll
* 功能：串口数据处理
*********************************************************************************************/
void serialPoll(void)
{
    uint8 rlen = serialPackageLen();
    if (rlen > 0) {
        static uint8 txBuf[128];
        uint8 *p = serialPackageBuf();
        #define CMD p[2]
        #define LEN p[1]

        if (CMD == 0x01) {
            txBuf[0] = 0xFB;
            txBuf[1] = 0x03;
            txBuf[2] = 0x01;
            txBuf[3] = gbasicRfCfg.channel;
```

```
        txBuf[4] = (gbasicRfCfg.panId>>8) & 0xff;
        txBuf[5] = (gbasicRfCfg.panId) & 0xff;
        txBuf[6] = xor(&txBuf[1], 5);
        uart1Sendbuf((char*)txBuf, 7);
    } else
    if (CMD == 0x02) {
        gbasicRfCfg.channel = p[3];
        gbasicRfCfg.panId = p[4]<<8 | p[5];
        basicRfInit(&gbasicRfCfg);
        osal_nv_write(NV_ID_PANID, 0, NV_LEN_PANID, &gbasicRfCfg.panId);
        osal_nv_write(NV_ID_CHANNEL, 0, NV_LEN_CHANNEL, &gbasicRfCfg.channel);
        txBuf[0] = 0xFB;
        txBuf[1] = 0x01;
        txBuf[2] = 0x02;
        txBuf[3] = 0x00;
        txBuf[4] = xor(&txBuf[1], 3);
        uart1Sendbuf((char*)txBuf, 5);
    } else
    if (CMD == 0x03) {
        uint8 blk = p[3];
        txBuf[0] = 0xFB;
        txBuf[1] = 0x09;
        txBuf[2] = 0x03;
        txBuf[3] = blk;
        userBlkRead(blk, &txBuf[4]);
        txBuf[12] = xor(&txBuf[1], 11);
        uart1Sendbuf((char*)txBuf, 13);
    } else
    if (CMD == 0x04) {
        uint8 blk = p[3];
        userBlkWrite(blk, &p[4]);
        txBuf[0] = 0xFB;
        txBuf[1] = 0x01;
        txBuf[2] = 0x04;
        txBuf[3] = 0x00;
        txBuf[4] = xor(&txBuf[1], 3);
        uart1Sendbuf((char*)txBuf, 5);
    } else
    if (CMD == 0x05) {
        txBuf[0] = 0xFB;
        txBuf[1] = 0x08;
        txBuf[2] = 0x05;
        memcpy(&txBuf[3], gMac, 8);
        txBuf[11] = xor(&txBuf[1], 10);
        uart1Sendbuf((char*)txBuf, 12);
    }
    serialPackageClear();
```

```
            ledOnTm(1, 50);
        }
    }
```

3）阅读器协议解析模块

```
/*********************************************************************************************
* 文件：protocol.c
* 说明：阅读器协议解析
*********************************************************************************************/
/*********************************************************************************************
* 名称：xor
* 功能：异或计算
*********************************************************************************************/
uint8 xor(uint8 *buf, uint8 len)
{
    uint8 x = 0;
    for (uint8 i=0; i<len; i++) {
        x ^= buf[i];
    }
    return x;
}

/*********************************************************************************************
* 名称：packageValidate
* 功能：数据包校验
* 返回：0 表示正确，小于 0 表示无效数据包
*********************************************************************************************/
int8 packageValidate(uint8 *pkg, uint8 len)
{
    if (pkg[0] != 0xEA && pkg[0] != 0xFB) return -1;
    if ((pkg[1] + 4) != len) return -2;
    if (xor(&pkg[1], len-1) != 0) return -3;
    return 0;
}

static uint8 rxBuf[64];
static uint8 rxReady = 0;
/*********************************************************************************************
* 名称：packageSerialInputCh
* 功能：串口数据包接收
*********************************************************************************************/
void packageSerialInputCh(char ch)
{
    static uint16 lastRecvTm = 0;
    static uint8 rxLen = 0;
```

```
        if (rxReady != 0) return;
        lastRecvTm = current_ms();
        if (rxLen != 0 && timeout_ms(lastRecvTm+100)){
            rxLen = 0;
        }
        if (rxLen == 0 && ch == 0xEA) {
            rxBuf[rxLen++] = ch;
        } else if (rxLen > 0) {
            if (rxLen < sizeof rxBuf) {
                rxBuf[rxLen++] = ch;
                if (rxLen >= 4) {
                    if (rxBuf[1]+4 == rxLen) {
                        if (packageValidate(rxBuf, rxLen) == 0) {
                            rxReady = rxLen;
                            rxLen = 0;
                        }else rxLen = 0;          //丢弃溢出的数据包
                    }
                }
            } else rxLen = 0;                     //丢弃溢出的数据包
        } else {
            //丢弃无效数据
        }
}
/*********************************************************************************************
* 名称：serialPackageLen
* 功能：获取串口数据包的长度
*********************************************************************************************/
uint8 serialPackageLen(void)
{
    return rxReady;
}
/*********************************************************************************************
* 名称：serialPackageClear
* 功能：清除串口缓存
*********************************************************************************************/
void serialPackageClear(void)
{
    rxReady = 0;
}
/*********************************************************************************************
* 名称：serialPackageBuf
* 功能：获取串口数据包缓存
*********************************************************************************************/
uint8* serialPackageBuf(void)
{
    return rxBuf;
}
```

信道和编组初始化模块。注意阅读器、标签的信道和编组必须一致，否则无法收发数据。信道为 16，编组为 1234。

```
/*********************************************************************************
* 名称：configInit
* 功能：无线配置参数初始化
*********************************************************************************/
void configInit(void)
{
    uint16 pid = 1234;
    uint8 ch = 16;
    osal_nv_item_init(NV_ID_PANID, NV_LEN_PANID, &pid);
    osal_nv_item_init(NV_ID_CHANNEL, NV_LEN_CHANNEL, &ch);
}
```

4）标签用户数据块实现模块

```
/*********************************************************************************
* 文件：user_blk.c
* 说明：标签用户数据块实现
*********************************************************************************/

/*********************************************************************************
* 名称：userBlkInit
* 功能：标签用户数据块初始化
*********************************************************************************/
void userBlkInit(void)
{
    uint8 blk[8] = {0xff,0xff, 0xff, 0xff, 0xff,0xff,0xff,0xff};
    for (int i=0; i<BLK_NUMBER; i++) {
        osal_nv_item_init(NV_ID_BLK(i), NV_LEN_BLK, blk);
    }
}
/*********************************************************************************
* 名称：userBlkRead
* 功能：标签用户数据块读取
* 参数：blk—块号，取值为 1～16；buf—读取数据的缓存
*********************************************************************************/
int8 userBlkRead(uint8 blk, uint8* buf)
{
    if (blk > 0 && blk <= BLK_NUMBER) {
        osal_nv_read(NV_ID_BLK(blk-1), 0, NV_LEN_BLK, buf);
        return NV_LEN_BLK;
    }
    return -1;
}
/*********************************************************************************
```

```
* 名称：userBlkWrite
* 功能：标签用户数据块写入
* 参数：blk—块号，取值为1～16；buf—待写入数据缓存
* 返回：小于0表示无效参数，NV_LEN_BLK表示写入数据块长度
*************************************************************************************/
int8 userBlkWrite(uint8 blk, uint8* buf)
{
    if (blk > 0 && blk <= BLK_NUMBER) {
        osal_nv_write(NV_ID_BLK(blk-1), 0, NV_LEN_BLK, buf);
        return NV_LEN_BLK;
    }
    return -1;
}
```

5）出入库操作

（1）2.4 GHz 模块的阅读器程序（工程名为 iar-Reader）通过 USB 串口同上位机的 2.4 GHz 无线仓储系统应用进行通信。

（2）启动如图 6.29 所示的 RFIDDemo_24 G 软件。

（3）2.4 G 无线仓储系统界面如图 6.30 所示。

图 6.29　RFIDDemo_24G 软件

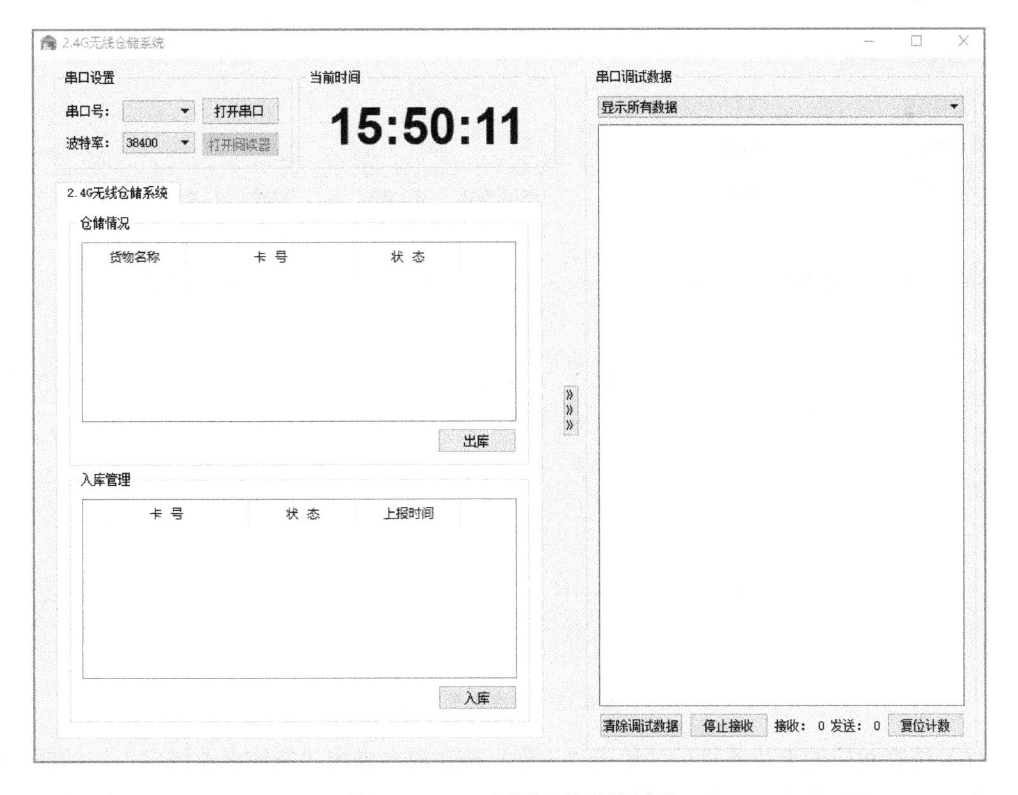

图 6.30　2.4 G 无线仓储系统界面

（4）打开阅读器的串口设备，如图 6.31 所示，系统就可开始寻卡。

（5）阅读器开始寻卡后，串口调试数据窗口会定时显示寻卡操作信息，如果找到标签，就会显示返回的协议命令信息，同时入库管理界面会更新显示标签的卡号、状态、上报时间，如图 6.32 所示，入库管理界面如图 6.33 所示。

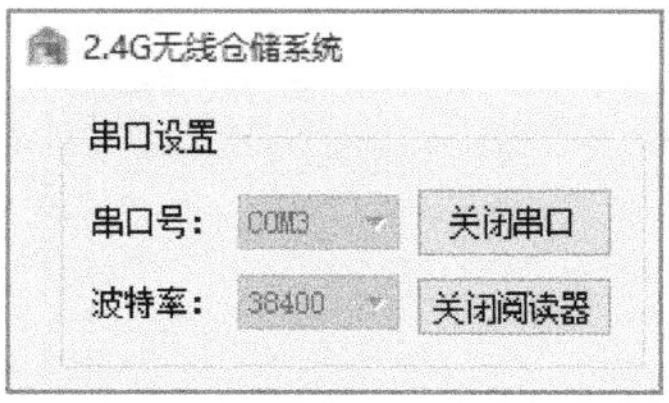

2.4G无线仓储系统
串口设置
串口号： COM3 关闭串口
波特率： 38400 关闭阅读器

图 6.31　打开阅读器的串口设备

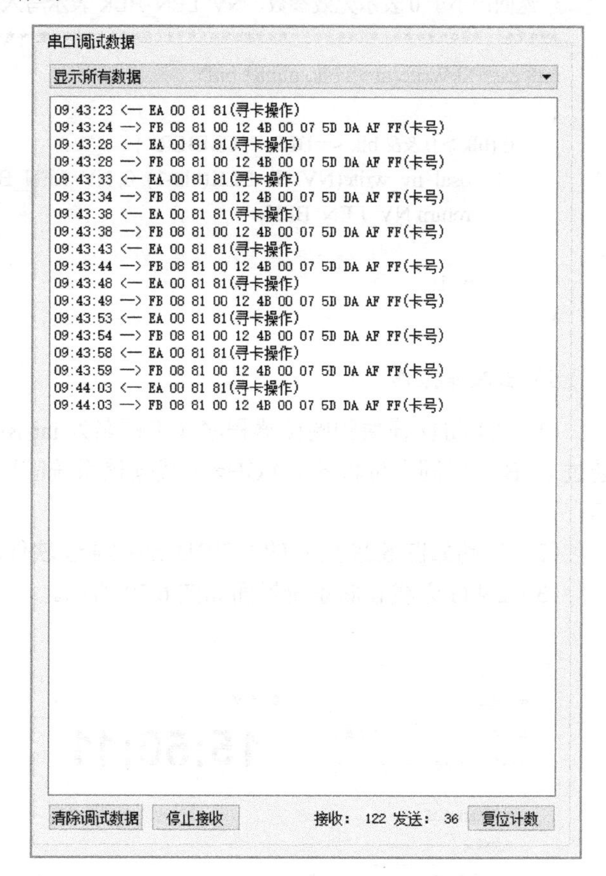

图 6.32　调试串口显示寻卡操作

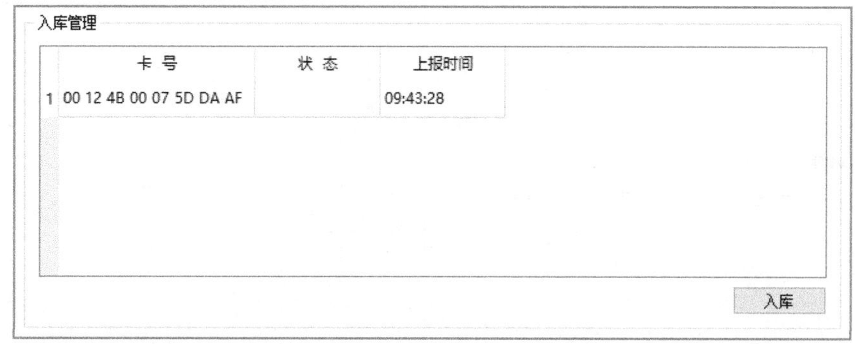

图 6.33　入库管理界面

（6）选择对应的卡片条目后，单击“入库”按钮就会弹出“货物名称绑定”对话框，输入标签对应的货物名称，如图 6.34 所示。

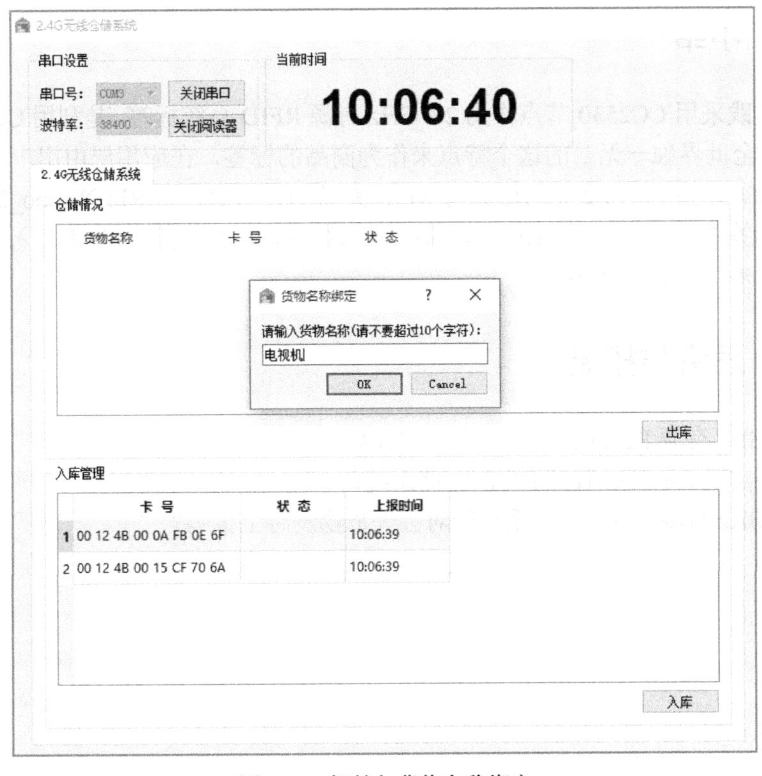

图 6.34 标签与货物名称绑定

（7）仓储情况窗口会显示货物入库信息，入库管理窗口的卡片条目会更新状态为已库存，如图 6.35 所示。如果想货品出库，在仓储情况窗口选中对应的货物名称后单击“出库”按钮即可完成出库操作。

2.4G无线仓储系统

仓储情况

	货物名称	卡 号	状 态
1	电视机	00 12 4B 00 0A FB 0E 6F	库存中

出库

入库管理

	卡 号	状 态	上报时间
1	00 12 4B 00 0A FB 0E 6F	已库存	10:12:40
2	00 12 4B 00 15 CF 70 6A		10:12:39

入库

图 6.35 货品入库信息

6.2.3 小结

本开发实践采用 CC2530 节点作为 2.4 GHz 有源 RFID 系统标签，是利用 CC2530 节点的 MAC 地址是全世界独一无二的这个特点来作为商品的标签，在应用层由用户自定义标签对应商品的信息。连接 PC 与 2.4 GHz 有源 RFID 系统阅读器后启动 RFIDDemo_24G 软件，阅读器开始对标签进行寻卡操作。RFIDDemo_24G 软件可以对标签进行出库、入库、丢失管理等操作，可以多个标签进行操作。

6.2.4 思考与拓展

（1）2.4 GHz 有源 RFID 仓储系统有哪些优势？

（2）如何实现 2.4 GHz 有源 RFID 仓储系统？

（3）2.4 GHz 有源 RFID 仓储系统能对丢失货物及时上报吗？

第7章 其他RFID技术应用开发

近年来，近场通信（Near Field Communication，NFC）技术为RFID技术开辟了更广泛的应用领域。使用NFC技术的设备（如手机）可以在彼此靠近的情况下进行数据交换。NFC是由非接触式射频识别（RFID）及互连互通技术整合演变而来的，通过在单一芯片上集成感应式阅读器、感应式卡片（标签）和点对点通信的功能，可利用移动终端实现移动支付、电子票务、门禁、移动身份识别、防伪等功能。

CPU卡是含有微处理器的标签，随着RFID技术的不断发展，越来越多的标签使用了微处理器，含有微处理器的标签拥有独立的微处理器和芯片操作系统，可以更加灵活地满足不同的应用需求，并提高系统的安全性。

7.1 NFC原理与应用

NFC是由飞利浦公司发起，由诺基亚、索尼等知名厂商联合主推的一项基于RFID的扩展技术，这项技术最初只是RFID技术和数据采集技术的简单合并，目前已经演化成为一种短距离无线通信技术，成长态势相当迅速。与RFID的差别是，NFC具备双向连接和识别的功能。

NFC技术在ISO/IEC 18092、ECMA340和ETSI TS102-190框架下推动标准化，同时也兼容了应用广泛的ISO/IEC 14443 Type A、ISO/IEC 14443 Type B和Felica标准非接触式智能卡的基本框架。2003年，飞利浦公司和索尼公司计划基于非接触式卡技术发展一种与之兼容的无线通信技术。经过联合开发，对外发布了关于一种兼容ISO/IEC 14443 非接触式卡协议的无线通信技术，取名为NFC。为了加快推动NFC产业的发展，飞利浦、索尼和诺基亚等公司联合发起成立了NFC论坛，旨在推动行业应用的发展，并定义了基于NFC应用的中间层规范，包括了NDEF，以及基于非接触式标签的几种NFC规范，主要涉及标签内部数据结构，NFC设备（手机）如何识别标签，如何解析具体应用数据等相关规范，目的是为了让不同的NFC设备之间可以互连互通。手机NFC应用如图7.1所示。

图7.1 手机NFC应用

7.1.1 NFC技术

1. NFC概述

1）NFC协议概述

NFC技术中的编码、数据传输速率、调制方式、帧格式等由NFCIP-1标准规定，NFCIP-1标准详细规定了上述传输协议，其中包括主动模式和被动模式下的数据冲突控制、协议启动，以及数据交换等。NFCIP-2标准对NFC的三种操作模式，即阅读器模式、卡模式和双向模式做了明确的规定。当NFC系统确定了操作模式后，将根据操作模式进行后续动作。同时，NFCIP-2标准还对射频（RF）接口的测试方法和协议测试方法做了明确的规定，这意味着符合该规范的产品可以作为ISO/IEC 14443 Type A、Type B（Mifare标准）、Type F（Felica标准），以及ISO/IEC 15693等协议的阅读器。

近场通信是一种短距离无线通信技术，其数据传输速率有106 kb/s、212 kb/s和424 kb/s三种。NFC技术示意如图7.2所示。

NFC模块由NFC芯片和NFC天线组成，NFC芯片具有相互通信能力和计算能力，并具有加密和解密模块（SAM），NFC天线是一种近场耦合天线，耦合方式是线圈磁场耦合。例如，手机NFC硬件模块如图7.3所示。

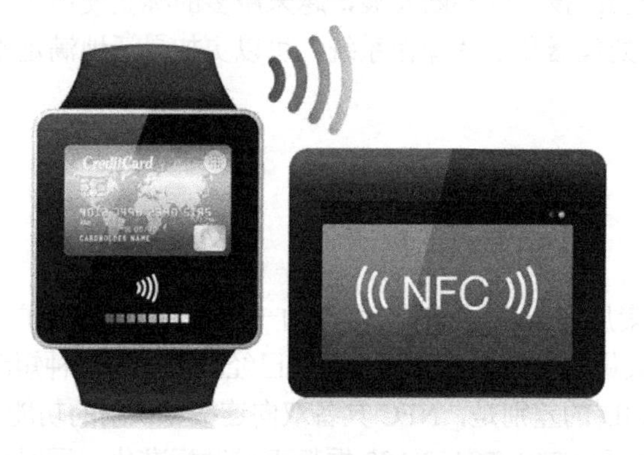

图7.2　NFC技术示意

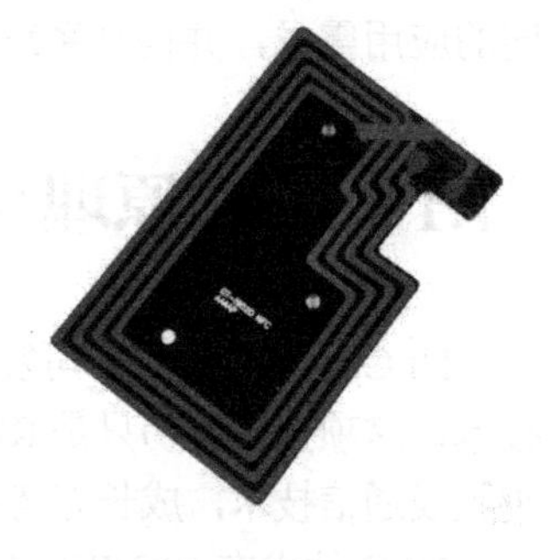

图7.3　手机NFC硬件模块

2）NFC技术与RFID技术的区别

从本质上讲，NFC技术与RFID技术都可以在地理位置相近的两个物体之间传输数据，NFC技术起源于RFID技术，但是与RFID技术相比有一定的区别。

（1）工作频率：NFC技术的工作频率为13.56 MHz，而RFID技术的工作频率有低频、高频和超高频。

（2）工作距离：NFC技术的工作距离在理论上为0～20 cm，但是在产品实现上，由于采用了特殊的功率抑制技术，使其工作距离只有0～10 cm，从而更好地保证了业务的安全性。由于RFID技术具有不同的频率，其工作距离为几厘米到几十米不等。

（3）工作模式：NFC技术同时支持阅读模式和卡模拟模式。在RFID技术中，阅读器和非接触式卡是独立的两个实体，不能相互切换。

（4）点对点通信：NFC技术支持点对点通信，RFID技术不支持点对点通信。

（5）应用领域：RFID 技术更多应用于生产、物流、跟踪、资产管理上，NFC 技术则在门禁、公交车、手机支付等领域发挥巨大的作用。

（6）标准协议：NFC 技术的底层通信技术与高频 RFID 技术（13.56 MHz）的底层通信技术相互兼容，即兼容 ISO/IEC 14443 和 ISO/IEC 15693 协议。NFC 技术还定义了比较完整的上层应用规范，如 LLCP、NDEF、SNEP、RTD 等。尽管 NFC 技术与 RFID 技术有一些区别，但 NFC 技术的底层的通信技术是完全兼容 13.56 MHz 的 RFID 技术的，因此在 13.56 MHz 的 RFID 应用领域中，同样可以使用 NFC 技术。

3）NFC 与红外、蓝牙的区别

NFC、红外、蓝牙同为非接触式传输方式，它们具有各自不同的技术特征（见表 7.1），可以用于各种不同的目的，其技术本身没有优劣差别。

表 7.1　NFC、蓝牙、红外的对比

	NFC	蓝　牙	红　外
网络类型	点对点	单点对多点	点对点
工作距离	≤0.1 m	≤10 m	≤1 m
数据传输速率	106 kb/s、212 kb/s、424 kb/s	2.1 Mb/s	约 1.0 Mb/s
建立时间	<0.1 s	6 s	0.5 s
安全性	具备，　硬件实现	具备，软件实现	不具备，使用 IRFM 除外
通信模式	主动-主动/被动	主动-主动	主动-主动
成本	低	中	低

NFC 的特性正是其优点，由于耗电量低、一次只能和一台机器连接，具有较高的保密性与安全性，在交易时可避免被盗用。NFC 的目标并非取代蓝牙等其他无线技术，而是在不同的场合、不同的领域起到相互补充的作用。

4）NFC 技术的应用领域

NFC 技术现在已经应用于电子支付、身份认证、票务、数据交换、防伪、广告等多个领域，NFC 设备可以作为非接触式智能卡、阅读器以及设备对设备的数据传输链路，其应用比较广泛，NFC 技术的应用可以分为四个基本类型。

- 接触、完成：诸如门禁管制或交通/活动检票之类的应用，用户只需将存储了票证或门禁代码的设备靠近阅读器即可；还可用于简单的数据读取应用，如从海报上的标签读取网址。
- 接触、确认：移动付费之类的应用，用户必须输入密码确认交易。
- 接触、连接：将两台具有 NFC 功能的设备靠近，即可进行点对点的数据传输，例如下载音乐、交换图像等。
- 接触、探索：NFC 设备可能提供不止一种功能，消费者可以探索了解设备的功能，找出 NFC 设备潜在的功能与服务。

（1）金融支付。在国内，NFC 技术在金融支付中的应用是最热门的，多家银行推出了手机钱包，NFC 钱包如图 7.4 所示。

（2）交通。通过 NFC 设备触碰闸机口的读卡区域，可以自动打开闸道，这是将城市交通卡的功能集成到 NFC 设备上来实现的。NFC 技术也可以在地铁、公交等小额支付环境中应用，如图 7.5 所示。

图 7.4　NFC 钱包

图 7.5　NFC 技术在地铁、公交中的应用

（3）广告。NFC 的标签可重复读写，并且可记录读取的次数，在广告业也掀起了一番变革。具体的 NFC 广告方案可以参考微软 2012 年在澳大利亚宣传“光晕 4”游戏的海报。宣传海报上带有 NFC 标签和二维码，两种方式可以实现互补，活动最大的特点是第一个读取 NFC 标签的人可以获得独一无二的奖励，后续的只能获得基本的宣传内容，这种宣传方式可以激起人们寻宝式的热情，全城搜索 NFC 广告以获得第一次读取的奖励，而且广告的深度浏览也加强不少，是线上与线下、虚拟与现实活动的完美结合。在读取标签之后，后台可以知道读取的次数，了解广告位的冷热程度。掌握这些数据之后广告公司可以合理地分布广告位，避免资源浪费。较之传统广告，在互动性、读取数据收集、广告效果等方面，NFC 都呈现了巨大的优势。

图 7.6　搭载 NFC 功能的娱乐设备

（4）娱乐。搭载 NFC 功能的娱乐设备典型案例是任天堂的 Wii U 游戏主机，如图 7.6 所示，NFC 最大的一个卖点是线上与线下的有效对接，而游戏正是需要这样的方式来提高玩家的耐玩度，并且给玩家不一样的游戏体验。在发布虚拟游戏的同时，还发布带有 NFC 标签的玩偶，通过 NFC 手柄可以读取玩偶上的 NFC 标签，增加可玩角色，并且还可以通过玩偶将游戏中的数据导入到另一个主机上。

2. NFC 的通信原理

NFC 的通信原理非常简单，它可以通过主动模式与被动模式来交换数据。在被动模式下，启动近场通信的设备，也称为发起设备（主设备），在整个通信过程中提供射频场，它可以选择 106 kb/s、212 kb/s 或 424 kb/s 的数据传输速率将数据发送到另一台设备；另一台设备称为目标设备（从设备），不必产生射频场，而使用负载调制技术，以相同的数据传输速率将数据传回发起设备。在主动模式下，发起设备和目标设备都要产生自己的射频场，以进行通信。

近场通信的传输距离极短，建立连接速度快，因此 NFC 技术通常内置在设备中，或者整合在手机的 SIM 卡或 MicroSD 卡中。例如，在用于门禁管制或检票之类的应用时，用户只需将存储有票证或门禁代码的设备靠近阅读器即可；在移动付费之类的应用中，用户将设备靠近后，输入密码确认交易或者接受交易即可；在数据传输时，用户将两台支持近场通信的设备靠近时即可建立连接，进行下载音乐、交换图像等操作。

1）NFC 的两种通信模式

（1）主动模式：每台设备都需要向另一台设备发送数据时，就必须产生自己的射频场。发起设备和目标设备都要产生自己的射频场，以便进行通信，这是对等网络通信的标准模式，可以获得非常快速的连接设置。NFC 主动模式如图 7.7 所示。

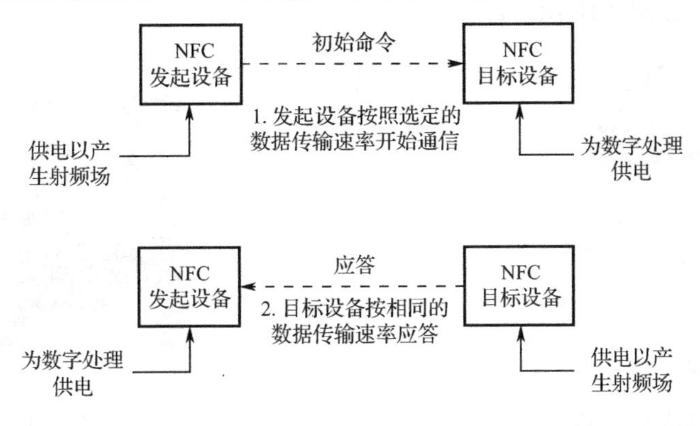

图 7.7　NFC 主动模式

（2）被动模式：启动 NFC 的设备称为发起设备（主设备），在整个通信过程中提供射频场，并将数据发送到另一台设备，该设备称为 NFC 目标设备（从设备），不必产生射频场，而使用负载调制技术，即可以相同的速率将数据传回发起设备。NFC 被动模式如图 7.8 所示。

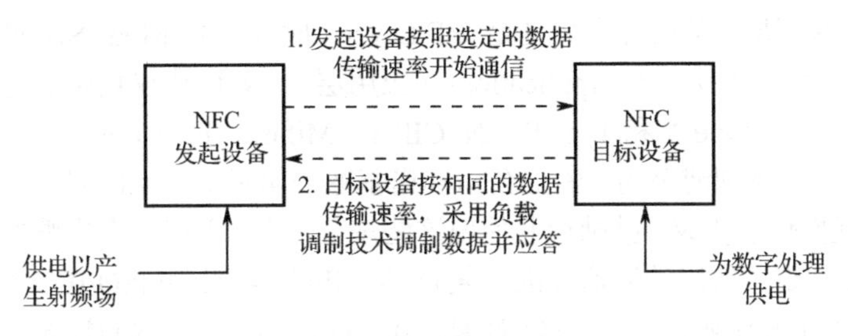

图 7.8　NFC 被动模式

移动设备主要工作在被动模式，可以大幅降低功耗并延长电池寿命。在一个应用会话过程中，NFC 设备可以在发起设备和目标设备之间进行切换。利用这项功能，电池电量较低的设备可以充当目标设备。

目前，常见的被动模式应用有刷手机乘公交、购物等，这些应用都将 NFC 设备则模拟成一张标签，它只在其他设备发出的射频场中被动响应。主动模式常见于读取 NFC 标签信息等。

2）NFC 的三种操作模式

基于主动模式和被动模式的通信，NFC 设备主要有三种操作模式：

（1）阅读器模式。在该模式下 NFC 设备作为一个阅读器，发出射频场去识别和读写其他 NFC 设备。比较常见的应用就是公交卡余额的查询、充值等操作。数据在 NFC 设备的芯片中，可以简单理解成刷标签。NFC 阅读器模式的应用如图 7.9 所示。

（2）卡模式。该模式的本质是通过程序去模拟 IC 卡的功能，用软件去替代实物。将相应 IC 卡中的信息凭证封装成数据包并存储在 NFC 设备中，它只在其他设备发出的射频场中被动响应。

例如，将支持NFC的手机靠近NFC阅读器时，手机就会接收到NFC阅读器发过来的信号，通过一系列复杂的验证后，可将IC卡的相应信息传入NFC阅读器，最后这些IC卡中的数据会传入与NFC阅读器连接的计算机，并进行相应的处理（如电子转账、开门等操作）。NFC卡模式的应用如图7.10所示。

图7.9　NFC阅读器模式的应用

图7.10　NFC卡模式的应用

（3）双向模式。在此模式下NFC设备双方都主动发出射频场来建立点对点的通信，相当于两个NFC设备都处于主动模式。只是传输距离较短，创建连接的速度和数据传输速率很快，功耗低，主要用于蓝牙配对、Wi-Fi配对、手机间的数据传输等。

3）NFC协议

NFC协议包含四层，从底往上分别是RF Layer（射频层）、Mode Switch（模式切换层）、NFC Protocol（NFC协议层）和Applications（应用层）。NFC协议规定的是射频层的通信标准，如ISO/IEC 14443 Type A和Type B、NFCIP-1、Mifare、Felica等。

NFC Forum是由飞利浦公司、索尼公司和诺基亚公司牵头成立的组织，其主要工作是开发NFC标准和互操作性协议，鼓励行业使用这些规范，从而形成一个完整的NFC生态系统。NFC Forum不仅制定了底层的通信标准（兼容ISO/IEC 14443和ISO/IEC 18092协议，目前正在兼容ISO/IEC 15693协议），而且针对卡模式、阅读器模式、双向模式这三种模式定义上层应用规范和接口规范。NFC Forum还制定了测试规范及认证规范，目的是为了保证NFC产品之间互连互通。NFC Forum标准架构如图7.11所示。

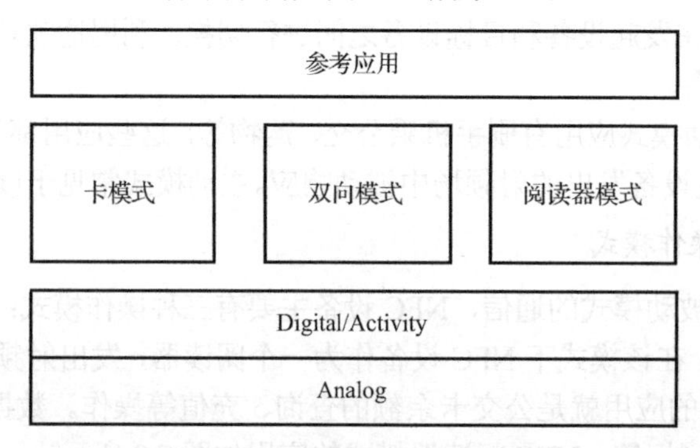

图7.11　NFC Forum标准架构

3. 常用的NFC阅读器与卡片

1）常用的NFC芯片与卡芯片

（1）常用的NFC芯片如表7.2所示。

表7.2　常用NFC芯片

NFC芯片	特　点
PN532	恩智浦公司推出的专门针对手机的 NFC 芯片，支持被动模式。 ① 阅读器模式：Felica、ISO/IEC 14443 Type A、Mifare、ISO/IEC 14443 Type A-4。 ② 卡模式：ISO/IEC 14443-4。 ③ 虚拟卡模式：Mifare（需要 SmartMX 芯片）。 ④ NFCIP-1：支持 106 kb/s、212 kb/s 或 424 kb/s 三种数据传输速率
PN544	恩智浦公司推出的专门针对手机的 NFC 芯片，支持主动模式和被动模式。 ① 阅读器模式：ISO/IEC 15693、ISO/IEC 14443 Type A、ISO/IEC 14443 Type B、Felica、Mifare。 ② 卡模式：NFCIP-1 Target、Mifare、ISO/IEC 14443 Type A、ISO/IEC 14443 Type B、Felica Type B。 ③ 虚拟卡模式：Mifare（需要 SmartMX/UICC 芯片）。 ④ NFCIP-1：支持 106 kb/s、212 kb/s 或 424 kb/s 三种数据传输速率
PN65N	恩智浦公司推出的专门针对手机的 NFC 芯片，支持主动模式和被动模式。 ① 阅读器模式：ISO/IEC 15693、ISO/IEC 14443 Type A、ISO/IEC 14443 Type B、Felica、Mifare。 ② 卡模式：NFC-IP1 Target、Mifare、ISO/IEC 14443 Type A、ISO/IEC 14443 Type B、Felica Type B。 ③ 虚拟卡模式：Mifare（集成 SmartMX），也可外接 UICC。 ④ NFCIP-1：支持 106 kb/s、212 kb/s 或 424 kb/s 三种数据传输速率，NFC Forum Tag 1～4

（2）常用的NFC卡芯片如表7.3所示。

表7.3　常用的NFC卡芯片

NFC卡芯片	特　点
Mifare1K-S50	最常用的是门禁卡、小额消费卡，支持ISO/IEC 14443 Type A，总容量为1 KB，分为16个扇区，每个扇区由4个块组成，每个块有16 B。每张卡都有 4 B的卡号，每个扇区都有密钥A和密钥B，存放在每个扇区的最后一个块中，并且还可以设置密钥A和密钥B的权限。注意，默认情况下，密钥A是不显示的，读出的数据为00
Mifare1K-S70	容量为4 KB。前 2个扇区，每个扇区为4个块；后8个扇区，每个扇区为16个块，每个块为16 B
复旦类 S50 卡	使用完全和Mifare1K-S50 一样
第二代身份证与新一代的银行卡	第二代身份证是支持ISO/IEC 14443 Type B的CPU 卡，新一代的银行卡是支持ISO/IEC 14443 Type A的CPU 卡

2）常用的NFC阅读器形式

NFC阅读器是具有读取NFC标签功能的专用读卡设备，NFC标签可大致分为ISO/IEC 14443 Type A/B、TOPAZ、Mifare和Felica。

下面以NFC阅读器ACR122为例进行介绍。ACR122是一款工作频率为13.56 MHz的连机智能卡阅读器，如图7.12所示，符合ISO/IEC 18092（NFC）协议，它不仅支持Mifare卡和符合ISO/IEC 14443 Type A和 Type B，而且还支持NFC以及Felica非接触式技术。

生活中常用的NFC阅读器是具有NFC读写的功能的智能手机，如图7.13所示。

图 7.12　ACR122 阅读器

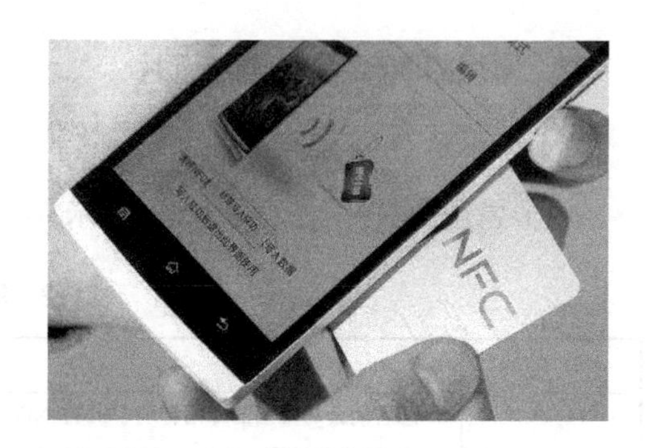

图 7.13　具有 NFC 读写功能的智能手机

3）常用的 NFC 的卡片形式

NFC 标签的核心就是一个很薄的像纸片一样的东西，里面是线圈。常见的 NFC 的卡片形式如图 7.14 到 7.16 所示。

图 7.14　NFC 柔性标签

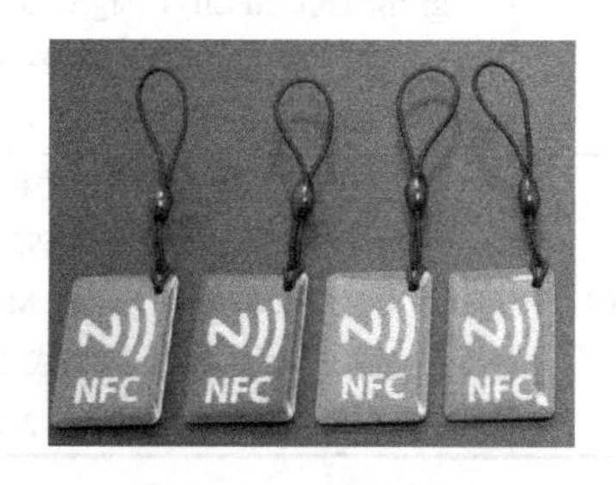

图 7.15　NFC 标签牌

图 7.16　带 NFC 标签的 SIM 卡

图 7.17　PN544 芯片

4．PN544 芯片

PN544 芯片是恩智浦公司推出的专门针对手机的 NFC 芯片，如图 7.17 所示，支持主动模式和被动模式，可在 PC 端验证 NFC 的功能。PN544 在阅读器模式下可对各种标签进行识别。

针对 NFC 技术，恩智浦公司联合一些公司推出 FRI 库，FRI 的全称是 Forum Reference Implemention，它是个开源的库，现在已经很成熟了。

7.1.2　开发实践：基于PN544实现NFC功能

本开发实践通过使用PN544模块配套的软件PN544 FRI1.1 Training设置NFC的通信和操作模式，如阅读器模式，进行NFC的读写和识别操作，了解NFC的通信原理和操作模式。

1．开发设计

PN544模块在阅读器模式下可对各种NFC标签进行识别，本开发实践的硬件连线如图7.18所示。

图7.18　硬件连线

PN544 FRI1.1 Training是基于FRI库的一个NFC类型的应用程序，支持一般的FRI库的初始化、设置、对各种NFC标签的检索与操作。PN544 FRI1.1 Training程序界面如图7.19所示。

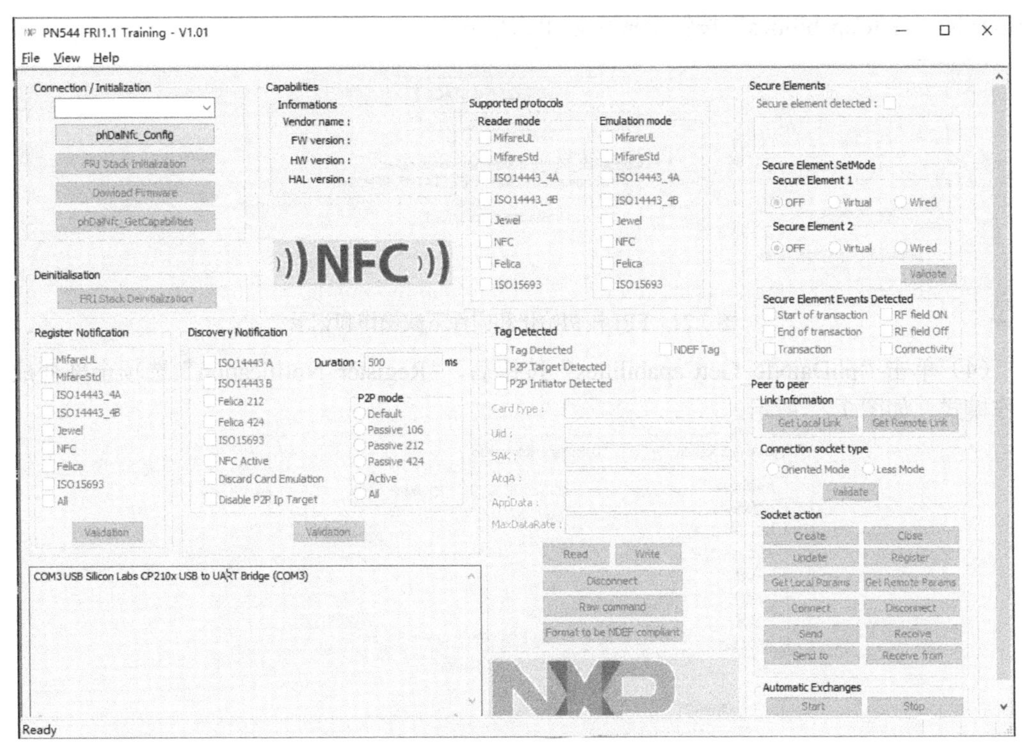

图7.19　PN544 FRI1.1 Training程序界面

2．开发实施

1）NFC阅读器模式的配置

打开串口，进入阅读器模式。

（1）在读取各种NFC标签之前，首先连接PN544模块与计算机。如果用USB串口线连接，需要首先安装 USB 转串口的驱动。连接好硬件后，可在程序界面上进行操作。

（2）界面左上角的“Connection/Initialization”用于设置串口和初始化。首先选择串口号“COM3”（可选 COM1～COM3），再单击第二行的“phDalNfc_Config”按钮来配置 NFC，这时会看到“FRI Stack Initialization”和“Dowload Firmware”按钮都从灰色变成黑色（可以单击），左下方操作记录窗口将会显示操作成功的信息，如图 7.20 所示。

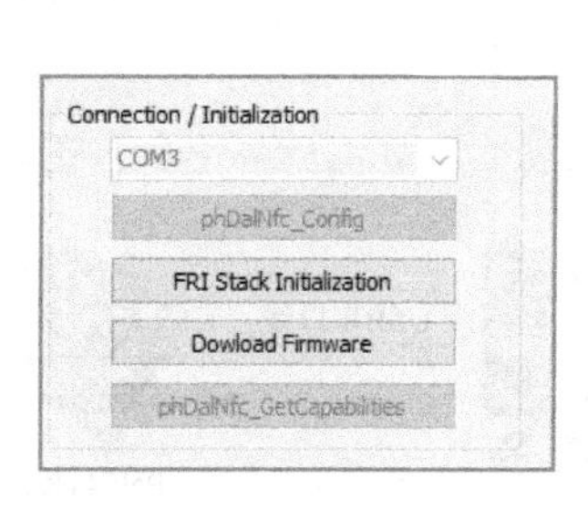

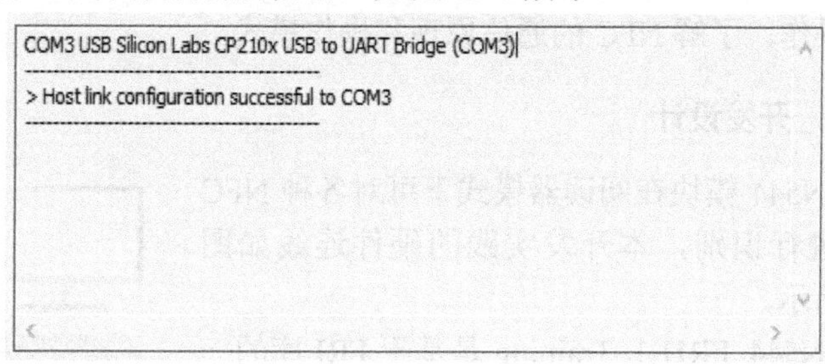

图 7.20　连接串口并配置 NFC

（3）单击“FRI Stack Initialization”和“Dowload Firmware”按钮即可进行 FRI 栈初始化和固件下载，左下方作记录窗口将会显示操作成功信息，如图 7.21 所示，这时，“phDalNfc_GetCapabilities”按钮变成可以单击模式。

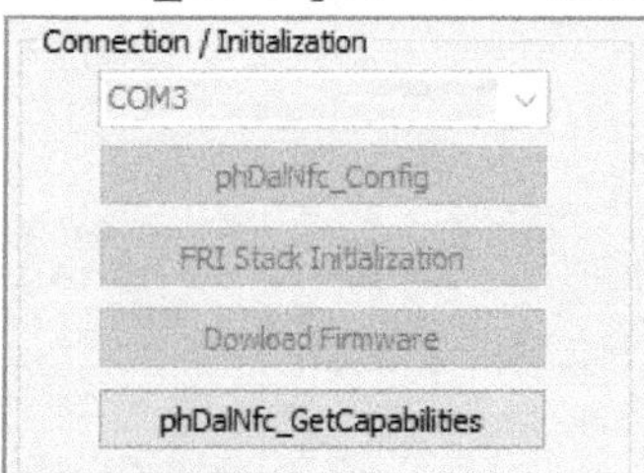

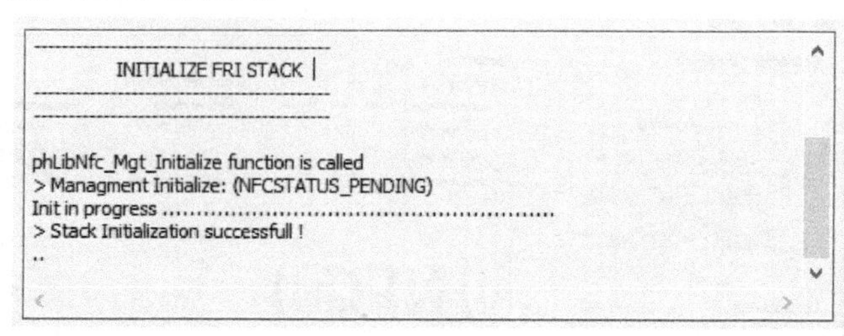

图 7.21　FRI 栈初始化和固件下载操作和记录

（4）单击“phDalNfc_GetCapabilities”按钮后，“Register Notification”选项全部变成可操作模式，如图 7.22 所示。

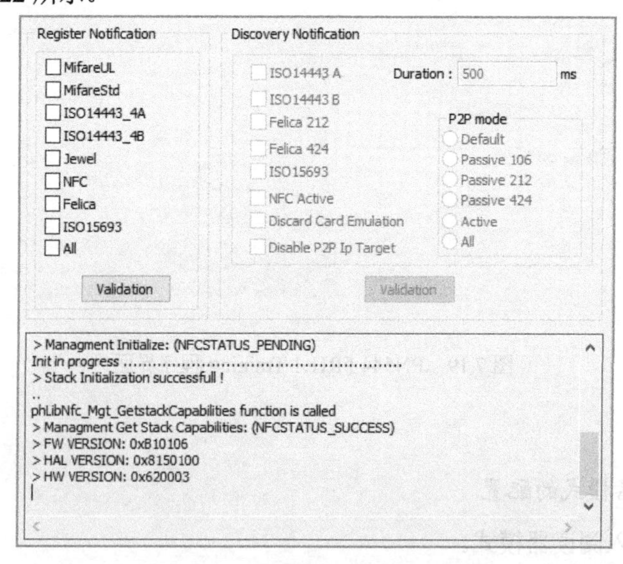

图 7.22　Register Notification 选项

（5）全选“Register Notification”选项，即单击“ALL”选项，然后单击“Validation”按钮，这时“Discovery Notification”选项将全部变成可操作模式，并且自动勾选了前面的6个选项，左下方的操作记录窗口将显示操作结果，如图7.23所示。

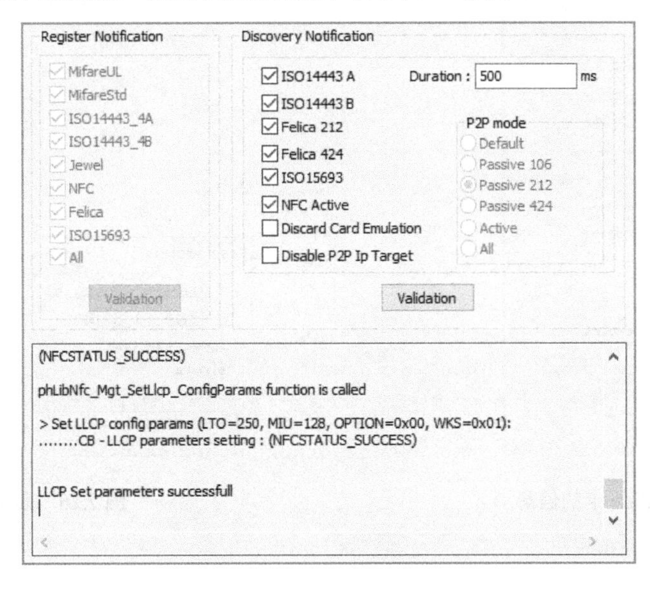

图7.23 Discovery Notification选项

（6）单击“Discovery Notification”选项下面的“Validation”按钮后就可以开始读卡了，如图7.24所示。

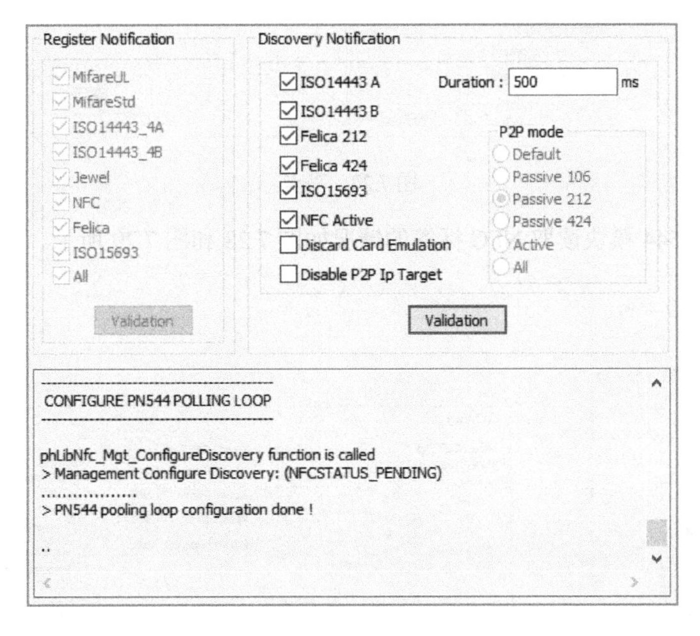

图7.24 单击“Validation”按钮开始读卡

2）NFC的读写操作

（1）通过PN544模块读取Mifare卡（Mifare classic 1K）后，可以单击“Read”和“Write”

按钮对卡进行读写操作，如图 7.25 到图 7.27 所示。

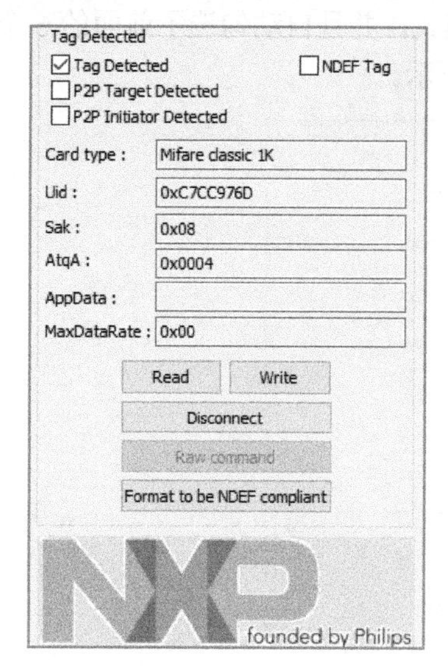

图 7.25 读取 Mifare 卡的信息

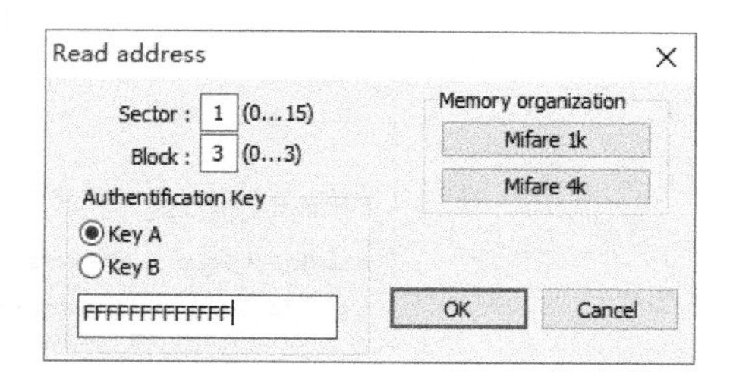

图 7.26 读卡

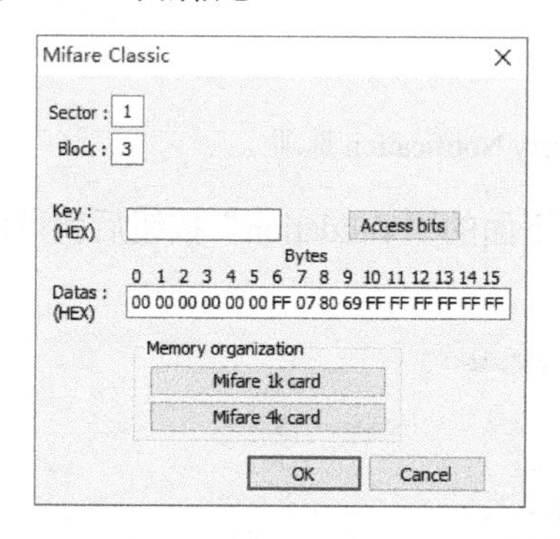

图 7.27 写卡

（2）通过 PN544 模块读取 NFC 标签的情况如图 7.28 和图 7.29 所示。

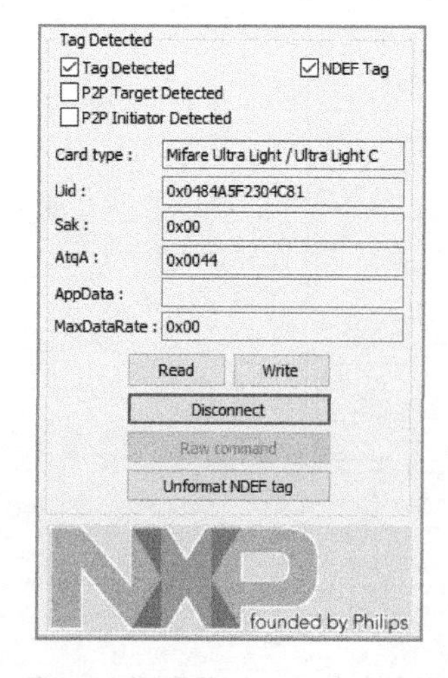

图 7.28 读取 NFC 标签（一）

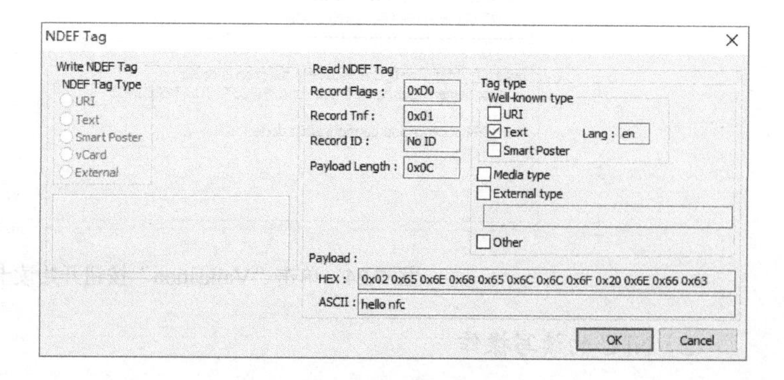

图 7.29 读取 NFC 标签（二）

通过以上开发实践，读者可以熟悉NFC模块的通信原理，在阅读器模式下，除了可以读取NFC标签，PN544模块对13.56 MHz的各种通用型IC卡的兼容性也非常好。

7.1.3 小结

近场通信是一种短距离无线通信技术，在频率为13.56 MHz时工作距离在10 cm内。NFC阅读器具有主动和被动两种模式。NFC设备主要有三种操作模式：阅读器模式、卡模式和双向模式。与RFID技术一样，NFC技术也是通过电磁感应耦合方式传递信息的，但两者之间还是存在区别。NFC的阅读器模式可以识别大部分13.56 MHz的标签。

7.1.4 思考与拓展

（1）NFC有哪些模式？有哪些应用场景？
（2）什么是主动模式？
（3）什么是被动模式？

7.2 NFC电子名片的应用

尽管NFC的数据传输速率最高只有848 kb/s，但是与Wi-Fi、蓝牙等相比，NFC建立连接的速度非常快，因此非常适合小数据量的传输。Google公司在Android 4.0系统中推出了基于NFC技术的Android Beam，可用于传输小量数据。只需要将两个支持Android Beam的手机贴近，就可以传输如联系人、网页、照片等信息；在其中一部手机上开启一个网页，之后贴近另一部手机，该网页将缩小，并提示用户可触摸发送。当用户触摸屏幕后，该网页将被传送另一部手机。Android Beam是采用NFC点对点通信方式（双向模式）进行数据传输的。手机通过NFC交换信息如图7.30所示。

图7.30 手机通过NFC交换信息

7.2.1 原理学习

1. NFC与电子名片应用

2012年，美国的Moo公司基于NFC技术推出了NFC电子名片，在每张电子名片中集成了NFC标签，可以通过手机的NFC功能传输信息。只需要带一张NFC电子名片，就可实现传递纸质名片的效果。

NFC电子名片中的信息可以直接扫描到NFC设备中，快速、简单且有创意地将商务信息传递到消费者的手机中。NFC电子名片不仅可以将信息传递到手机中，还可以连接更多功能，能承载的数据信息量非常大。除了个人基本信息，还可以将相关的网页链接、照片等信息加入其中，信息修改和查询非常方便，几乎不要任何成本。NFC电子名片如图7.31所示。

在Android系统上开发NFC电子名片来替代纸质名片，是一种可行的趋势。

NFC电子名片的应用结构如图7.32所示，个人名片是基本的信息对象，可通过手动输入的方式登记自己的信息，将其制作成NFC电子名片，加入名片列表中；也可以通过手动方式将他人信息加入名片列表中。

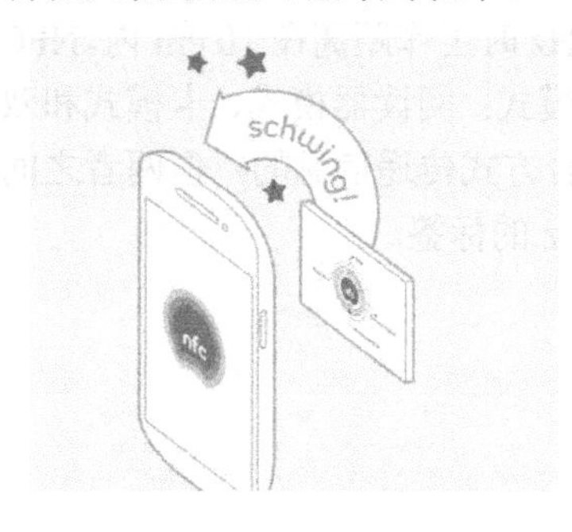

图7.31　NFC电子名片

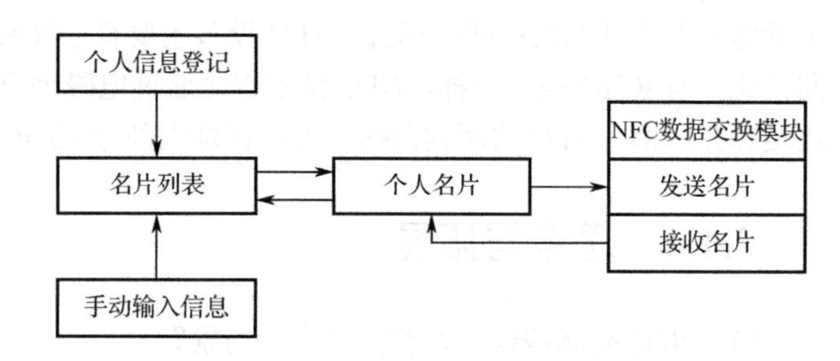

图7.32　NFC电子名片的应用结构

当需要与外界交换NFC电子名片时，首先在名片列表中选中要交换的名片。名片被选择后被NFC传输模块接收，将名片信息封装进NdefRecord数据中，通过NFC双向模式将名片发送给对方。当对方的名片发送过来时，名片信息首先会被NFC模块获取到，按照数据类型对数据进行解析，解析出来的信息会在应用中显示出来，用户对信息核实后，可以将信息加入名片列表中。

2. Android 电子名片应用

1）Android NFC 开发概述

Android平台采用NDEF消息格式来发送和接收NFC数据，通过标签调度系统来处理从NFC标签中读取的数据，然后分析被发现的NFC标签，并对数据进行适当的分类以启动对该类数据感兴趣的应用程序。想要处理被发现的NFC标签的应用程序会声明一个Intent过滤器并请求处理数据。

Android Beam功能允许设备把一个NDEF消息推送到在物理硬件上相互监听的另一个设备上，这种交互提供了比其他无线技术（如蓝牙）更容易的数据发送方法。NFC不需要手动地完成设备发现或配对要求，当两个设备在接近到一定范围时会自动连接。Android Beam通过调用NFC API来使应用程序在设备之间来传输信息。例如，通信录、浏览器以及YouTube等应用程序都使用Android Beam来和其他设备共享数据。

两个设备之间要完成Android Beam功能，必须具备以下几个条件：

（1）必须打开Android Beam功能。

（2）要实现Android Beam功能的NDEF消息的应用程序（发送端）必须在前台工作，不能在后台工作。

（3）如果要接收Android Beam消息，那么设备（如手机）的屏幕不能处于锁屏状态。

NFC的点对点（P2P）通信采用标准数据交换格式NDEF，NDEF涵盖了智能海报、电子名片和其他需要使用NFC交换数据的场合，其本质是轻量级的二进制格式，可带有多种数据类型，包括URL、VARD，以及NFC自己定义的数据格式，如图7.33所示。

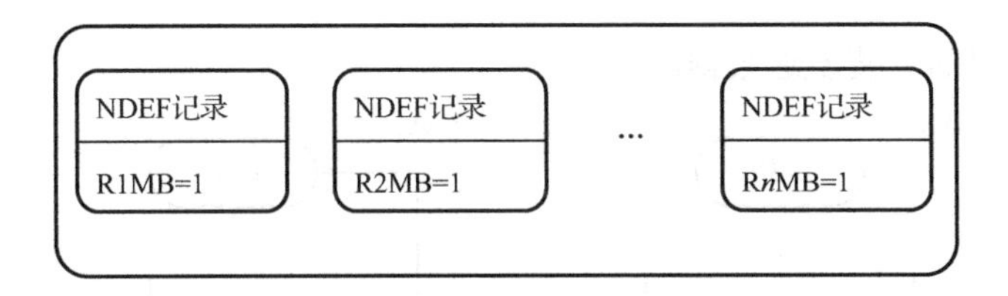

图 7.33　标准数据交换格式 NDEF

NFC 在进行点对点（P2P）通信时数据传递的过程如图 7.34 所示。

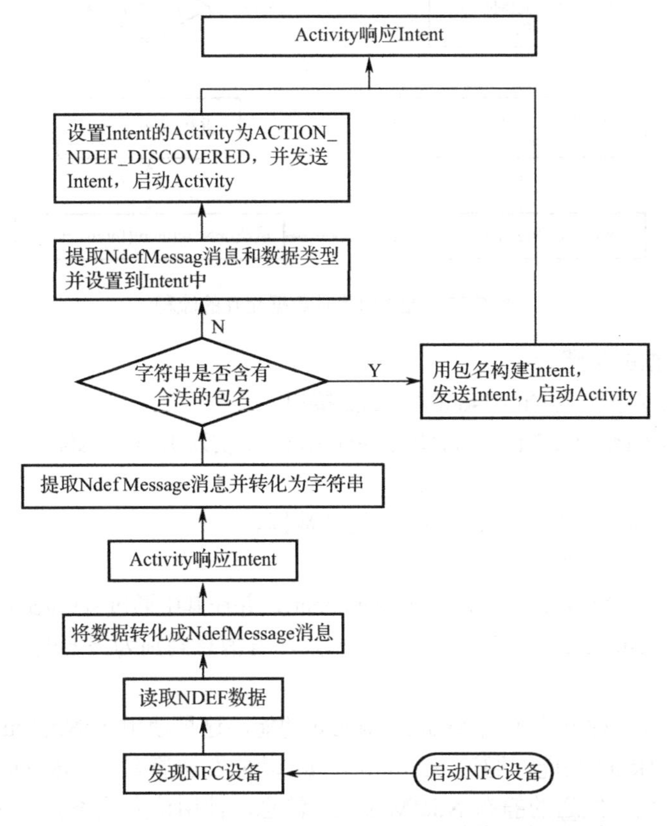

图 7.34　NFC 在进行点对点（P2P）通信时数据传递的过程

当两个 NFC 设备通过 Android Beam 传递数据时，将数据发送端称为 BNM（Beam NDEF Message），数据接收端为称 RNM（Receive BEAM Message）。在开发 P2P 模块之前，首先要在 androidmanifest.xml 中注册权限，方法为：

```
<uses-permission android:name="android.permission.NFC"/>
```

P2P 通信时数据交互的流程如图 7.35 所示。

在数据传递之前首先对 Android Beam 进行判断，开启 NFC 功能并不能说明 Android Beam 功能也开启了，具体实现如下。

```
mNfcAdapter=NfcAapter.getDefautAdapter(this);
```

该方法通过 mNfcAdapter.isEnable() 来判断当前设备 NFC 功能是否开启。mNfcAdapter.isEnable()方法用来判断当前手机 Android Beam 是否可用。如果设备 Android

Beam 可用，那么 BNM 将发送数据。

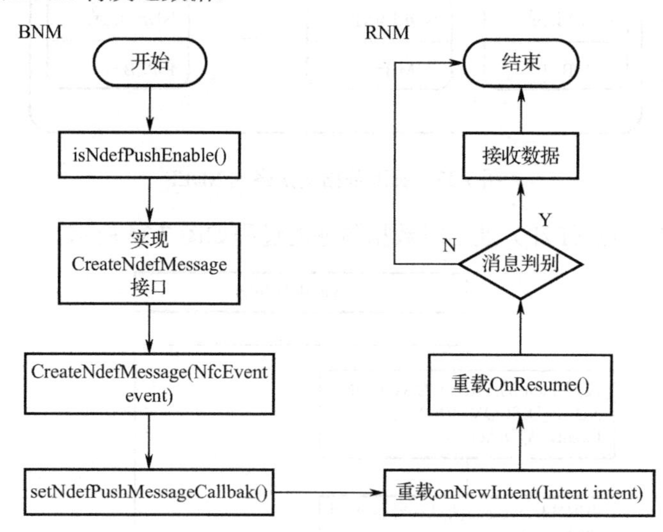

图 7.35　P2P 通信时数据交互的流程

BNM 发送数据的步骤为：

（1）在 Activity 中实现 CreatNdefMessage 接口。

（2）回调函数 CreatNdefMessage(NfcEvent event)中实现 Beam Data，即获取 NdefMessage 消息。

（3）调用 setNdefPushMessageCallbak()发送数据。

RNM 接收数据的步骤为：

（1）在 Activity 中重载 onNewIntent(Intent intent)，并在其中通过 setIntent(intent)设置 intent。

（2）重载 OnResume()并在其中进行消息判别，若消息判别为需要的 Android Beam 时，则接收数据。

Android 可通过三种方式实现 Android Beam 功能，这里使用 setNdefPushMessageCallbak 方法实现 Android Beam 功能，通过 Android Beam 功能发送静态的 NdefMessage 消息，其中 NdefPushMessage 为待发送的静态 NdefMessage 消息。使用该方法不会阻塞线程，可以直接在 UI 中使用。

电子名片的交换过程如下：

（1）启动 NFC 设备，将设备的 NFC 功能打开，当发现来自其他设备的 NFC 射频场时，生成 NDEF 格式的数据，并将数据封装进 NdefMessage 消息中，通过 Intent 发送给对方。

（2）对方在接收到 Intent 后，调用相应的 Activity 解析数据，首先将 NdefMessage 信息提取出来并转换成字符串，若字符串中有合法的包名，那么启动相应的 Activity；若字符串中没有合法的包名，那么将 NdefMessage 消息和数据类型提取出来并设置到 Intent 中，然后设置 Intent 的 Activity 为 ACTION_NDEF_DISCOVERED 类型，发送 Intent 启动 Activity，Activity 响应 Intent 后对数据做进一步的处理。

2）Android SDK API

Android SDK API 主要支持 NFC 论坛标准（Forum Standard），这种标准被称为 NFC 数据交换格式（NFC Data Exchange Format，NDEF）。Android SDK API 如表 7.4 所示。

表7.4 Android SDK API

类　名	描　述
NfcManager	NFC适配器的管理器，可以列出Android设备支持的所有NFC适配器，只不过大部分Android设备只有一个NFC适配器，所以在大部分情况下可以直接调用静态方法getDefaultAdapter(context)来获取适配器
NfcAdapter	本设备的NFC适配器，可以通过定义Intent来将系统检测到的标签提醒发送到的Activity，并提供方法去注册前台标签提醒的发布和前台NDEF的推送。前台NDEF推送是目前Android唯一支持的P2P通信方式
NdefMessage，NdefRecord	NDEF用来将有效的数据存储到NFC标签中，如文本、URL和其他Mifare卡。NdefMessage扮演了容器的角色，用于存放要发送和读取到的数据。NdefMessage对象包含0或多个NdefRecord，每个NdefRecord都有一个类型，如文本、URL、智慧海报/广告或其他Mifare卡的数据。NdefMessage里的第一个NfcRecord的类型用来发送标签到一个Android设备上的Activity
Tag	表示一个被动的NFC目标，如标签、卡、钥匙挂扣，甚至可以是一个模拟的NFC卡。当检测被动的NFC目标时，将创建一个Tag对象并封装到一个Intent中，然后NFC发布系统通过调用startActivity将这个Intent发送到注册了接收这种Intent的Activity

3）Android NFCAPI的使用步骤

（1）在清单文件配置以下信息。

```
<!--开发NFC的权限-->
<uses-permission android:name="android.permission.NFC"/>
 <!--声明只有带有NFC功能的手机才能下载在Google市场发布的具有NFC功能的App-->
     <uses-feature android:name="android.hardware.nfc"
      android:required="true"
      />
```

（2）获取NfcAdapter。

```
private NfcAdapter mNfcAdapter =null;                          //1.声明一个NFC适配器
protected void onCreate(Bundle savedInstanceState) {
      super.onCreate(savedInstanceState);
      setContentView(R.layout.activity_main);
}
//2.NFC的检测函数
private void NfcCheck(){
      mNfcAdapter= NfcAdapter.getDefaultAdapter(this);         //3.获取NFC适配器
      if(mNfcAdapter==null){
      return;          //4.如果获取的mNfcAdapter=null，则说明该手机不支持NFC功能
}else{//5.如果手机具有NFC功能，进一步判断是否打开NFC
      //6.假如手机的NFC功能没有被打开，则跳到打开NFC的界面
      if(!mNfcAdapter.isEnabled()){
            Intent setNfc= new Intent(Settings.ACTION_NFC_SETTINGS);
            startActivity(setNfc);
      }
}
```

（3）NFC标签调用系统。NFC前台调度系统是一种用于在运行的程序中来处理NFC标

签的技术，允许在用户手机的 Activity 中来拦截系统发送的 Intent 对象，包括两个 API：

① EnableForegroundDispatch：一般放在 Activity 的 OnResume()方法里，呈现在用户界面的最前面。

② DisableForegroundDispatch：一般放在 Activity 的 OnPause()方法里。

7.2.2 开发实践：NFC 电子名片

近几年，物联网的发展越来越快，NFC 也成为物联网中重要的一个成员，越来越多的手机都具有 NFC 功能。NFC 电子名片可以代替纸质名片，只需要拿出手机碰一下，个人信息就会自动保存到对方的手机上。

1. 开发设计

当两个具有 NFC 功能的设备接近到一定范围时，可通过 NFC 的点对点（P2P）模式来实现数据的传输。基于这种模式，具有 NFC 功能的数字相机、PDA 计算机、手机之间就可以进行无线互连，实现数据的交换，后续的相关应用既可以是本地应用，也可以是网络应用。由于 NFC 的通信距离较短，点对点模式在实际中的应用较少，比较实用的应用是交换 NFC 电子名片。本开发实践通过 Android 平台实现 NFC 电子名片的交换。

2. 开发实现

1）准备工作

（1）准备 NFC 标签，如图 7.36 所示，要注意哪些手机可以写入。

（2）准备两部具有 NFC 功能的 Android 手机。

（3）安装可以写入电子名片的 App，如 NFC 电子名片软件，如图 7.37 所示。

图 7.36 NFC 标签

图 7.37 NFC 电子名片软件

（4）NFC 电子名片软件有两种工作模式：读卡模式和 P2P 模式。NFC 电子名片软件在 Android 端可以编辑电子名片，并在 P2P 模式下将电子名片传输给其他手机，也可以将电子名片的数据写入标签中，读取标签就可以获取标签中的信息。

（5）启动 NFC 电子名片软件之前需要打开手机的 NFC 功能，并开启 Android Beam。NFC 电子名片软件的主界面如图 7.38 所示。

2）用 NFC 标签制作 NFC 电子名片

（1）制作 NFC 电子名片实际上是向 NFC 标签中写入名片的信息。将一张未使用的 NFC 标签靠近手机的 NFC 模块部位时，NFC 电子名片软件将弹出该标签的内部信息，可读取到该标签的 ID（该号码是不可更改的），如图 7.39 所示。

图 7.38　NFC 电子名片软件的主界面

图 7.39　读取 NFC 标签的 ID

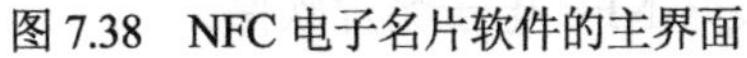

（2）单击“读卡模式”按钮，可弹出如图 7.40 所示的界面，在该界面可写入 NFC 电子名片的信息。

（3）写入如图 7.41 所示的信息电子名片。

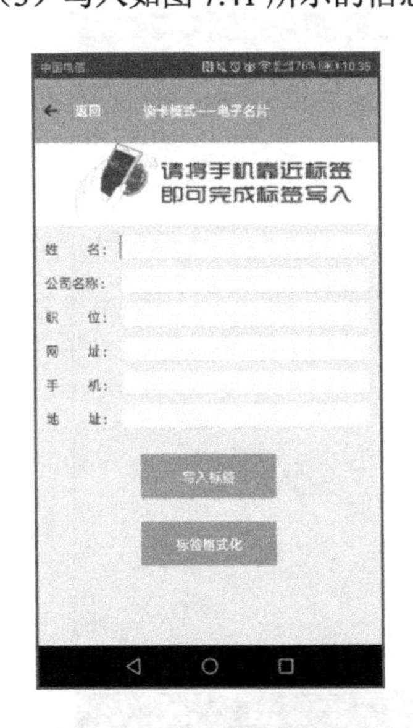

图 7.40　写入 NFC 电子名片

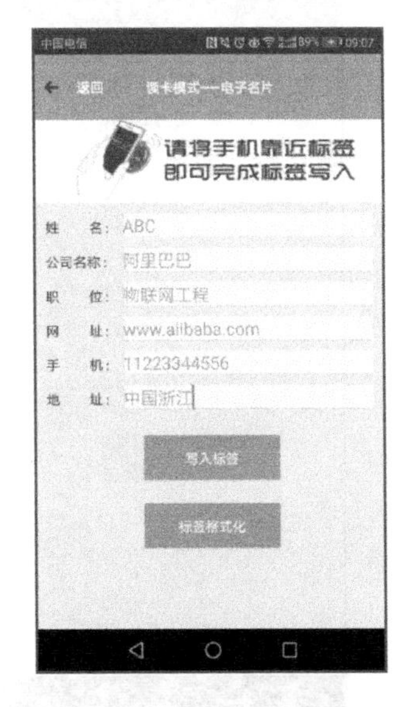

图 7.41　写入的相关信息

（4）单击“写入标签”按钮会弹出如图 7.42 所示的提示。

（5）将 NFC 标签放在手机的 NFC 模块处，此时数据会迅速写入从而完成 NFC 电子名片的制作。

（6）回到 NFC 电子名片软件的主界面，重新读取 NFC 标签，验证之前操作是否成功，如图 7.43 所示。

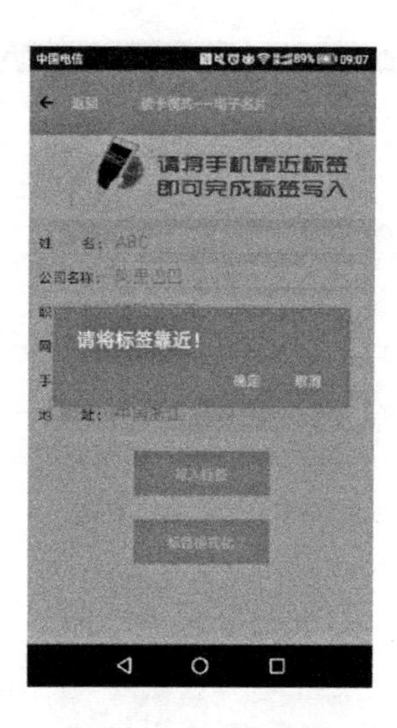

图 7.42　写入数据

图 7.43　重新读取 NFC 标签

3）在点对点（P2P）模式下传输 NFC 电子名片的信息

准备两部具有 NFC 功能 Android 手机，并且都安装好 NFC 电子名片软件。

（1）打开手机的 NFC 功能、Android Beam 和 NFC 电子名片软件。

（2）选择一部手机的 P2P 模式，如图 7.44 所示。

（3）先填入信息，如图 7.45 所示。

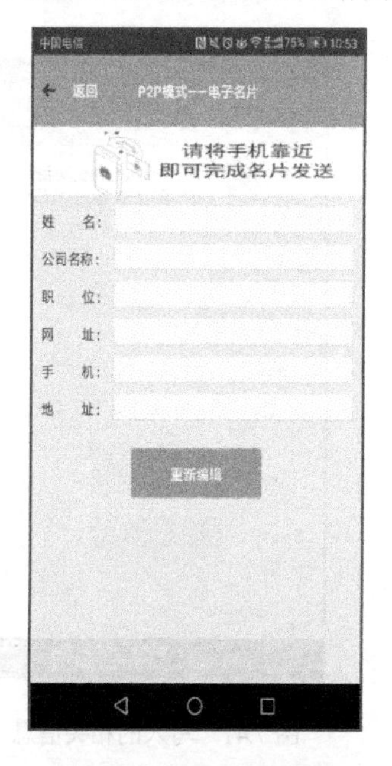

图 7.44　选择 P2P 模式

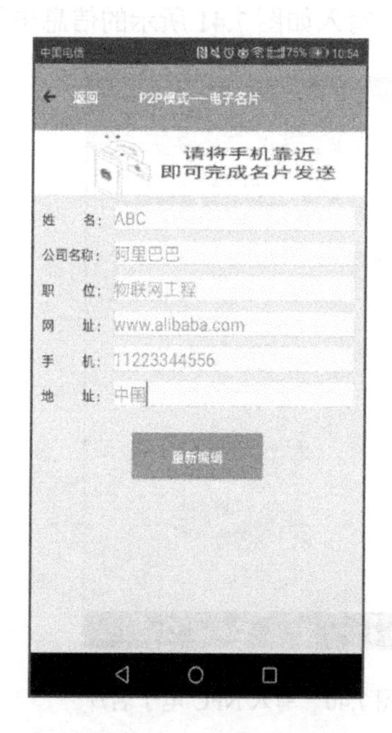

图 7.45　填入信息

（4）将两部手机的 NFC 模块靠近，此时界面弹出提示“点按可传输”，如图 7.46 所示。

（5）点按手机屏幕后，会提示“再次让两台设备接触”，如图 7.47 所示。

图 7.46　手机靠近

图 7.47　将两台设备接触

（6）再次接触后即可完成传输，此时在另一部手机中可查看接收到的信息，传输成功如图 7.48 所示。

图 7.48　传输成功

NFC 电子名片的制作简单方便，且价格便宜，可多次读写。只需带有 NFC 功能的 Android 设备即可读取 NFC 电子名片，读取后可根据情况对电子名片信息进行操作，也可以利用两部手机的 P2P 模式直接传输电子名片信息。

7.2.3　小结

通过本开发实践的学习，读者可掌握手机 NFC 功能的使用，使用安卓手机 NFC 电子名片软件来向 NFC 标签写入名片信息并读取，使用手机 NFC 的点对点模式直接传输 NFC 电子名片的信息。

7.2.4　思考与拓展

（1）简述 NFC 的应用现状和趋势。

（2）NFC 的电子名片功能采用的通信原理是什么？

（3）如何应用 NFC 电子名片？

7.3　CPU 卡的原理与实现

将指甲盖大小、带有内存和微处理器芯片的大规模集成电路嵌入塑料基片中，就可制成

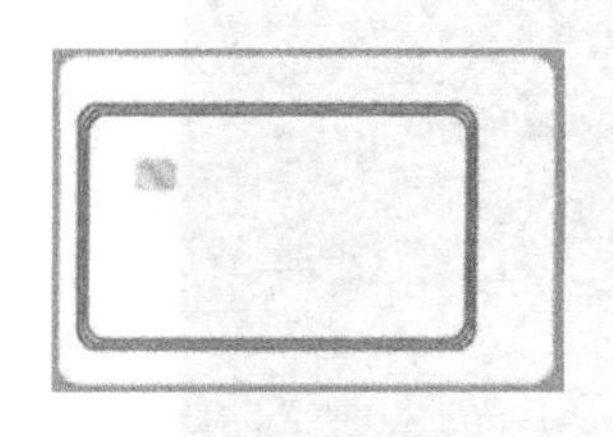

图 7.49　CPU 卡

CPU 卡（见图 7.49）。CPU 卡内具有微处理器、RAM、ROM、EEPROM，以及片内操作系统（COS）。CPU 卡不仅仅是单一的非接触式卡，还是一个带有片内操作系统（COS）的应用平台，装有 COS 的 CPU 卡相当于一台微型计算机，不仅具有数据存储功能，同时具有命令处理、计算和数据加密等功能。非接触式 CPU 卡属于 RFID 范畴，工作频率为 13.56 MHz。

CPU 卡采用动态密码，并且是一用一密，即同一张卡，每次刷卡的认证密码都不相同，可有效防止重复卡、仿制卡、卡上数据/金额被非法修改等安全漏洞，提高整个系统的安全性。

7.3.1　CPU 卡

1．CPU 卡概述与应用

1）CPU 卡技术的特点

CPU 指的是中央处理器，即计算机内部对数据进行处理并对处理过程进行控制的部件。当芯片的集成度越来越高时，CPU 可以集成在一个半导体芯片上，这种具有中央处理器功能的大规模集成电路器件统称为微处理器。微处理器不仅是微型计算机的核心部件，也是各种数字化智能设备的关键部件。如今微处理器已经无处不在，无论智能洗衣机、移动电话等家电产品，还是汽车引擎控制、数控机床等产品，都会嵌入各类不同的微处理器。

非接触式 CPU 卡的内部集成电路中包括 CPU、ROM、RAM、EEPROM 以及 COS 等，犹如一台超小型计算机，具有信息量大、防伪安全性高、可脱机作业、可进行多功能开发等优点。非接触式 CPU 卡采用无线传输的方式，工作频率为 13.56 MHz，通过射频方式获取能量和数据信号，能满足快速交易的要求。

CPU 卡采用了多种芯片级防攻击手段，基本上不可伪造；能够在内部进行加/解密运算，它所特有的内/外部认证机制以及以金融 IC 卡规范为代表的专用认证机制，能够完全保证交易的合法性；在认证和交易过程中，CPU 卡的密钥不会泄露到卡外部，每次都是通过随机数来进行加密的，因为有随机数的参与，确保每次传输的密钥都不同，保证了交易的安全性。在认证和交易过程中所使用的密钥都是在安全的发卡环境中产生密文并安装到 SAM 卡（Security Access Module，是一种特殊的存储了密钥和加/解密算法的 CPU 卡）和用户卡中的，整个过程密钥不外泄。

非接触式 CPU 卡的存储空间大，可以满足大额消费应用所要求的更多客户信息的存储，而这时安全就不仅仅是存储在卡内的电子货币的安全，还包括个人信息的安全，非接触式 CPU 卡的安全机制可以为此提供良好的保障。

2）CPU 卡与 IC 卡关系和区别

CPU 卡是 IC 卡大家族中的一员。IC 卡是集成电路卡（Integrated Circuit Card）的简称，是镶嵌集成电路芯片的塑料卡片，其外形和尺寸都遵循国际标准（ISO）。CPU 卡是含有微处理器的 IC 卡，拥有独立的微处理器和片内操作系统，可以更加灵活地满足不同应用的需求，提高系统的安全性。

按照嵌入集成电路芯片的形式和芯片类型的不同，IC 卡大致可分为接触式 IC 卡、非接触式 IC 卡、双界面卡，如图 7.50 所示。

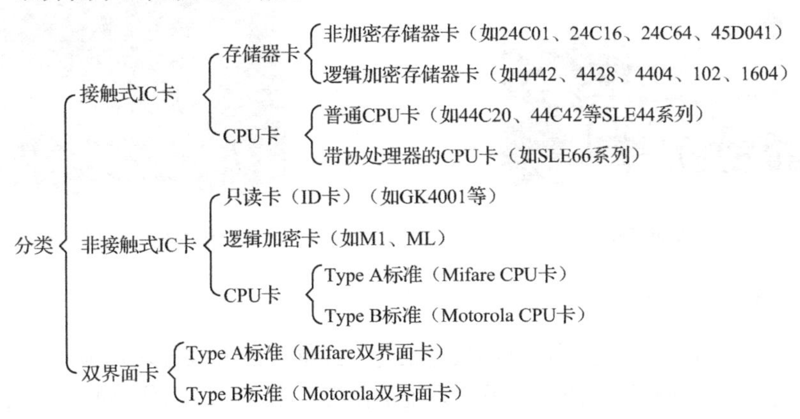

图 7.50　IC 卡分类

一般来说，对存储器卡和逻辑加密卡操作，使用通用 IC 卡阅读器；对 CPU 卡的操作则使用 CPU 卡阅读器。

IC 卡与 CPU 卡在数据结构和调用阅读器函数方面，有不小的差别。

在数据结构方面，IC 卡的要点在于卡的存储结构，如制造商区、密码区、数据控制区、数据区（应用区）等。而 CPU 卡，要关注文件系统的结构，如主文件（MF，相当于 DOS 文件系统的根目录）、专用文件（DF，相当于 DOS 文件系统的目录，可以有多层）、基本文件（EF，相当于 DOS 文件系统的文件）。

CPU 卡的基本文件类型有二进制文件、（定长或变长）线性记录文件和循环记录文件三类，由于 COS 内部控制的需要，也派生出一些特定的“变种”，如复位应答文件、口令文件、密钥文件、DIR 文件、SFI 文件等。

在读取方面，纯粹的存储器卡是可以自由读取的；对逻辑加密卡的访问控制，则需要掌握特定的卡的口令控制、认证控制、特定的数据控制标志字节等，这可通过调用函数直接完成；而对 CPU 卡的访问控制，是在建立文件时定义的，如读、写、更改分别是否需要认证，用哪个密钥认证，是否需要口令，是否需要 MAC 验证等。CPU 卡除了设备命令（测卡、上/下电、选卡座等）和卡的复位命令，所有的卡命令都是通过一个通用的命令函数执行的。

3）常见的 CPU 卡应用

由于非接触式 CPU 卡具有以上优点，非常适合用于电子钱包、电子存折、公路自动收费系统、公交汽车自动售票系统、社会保障系统、加油系统、安全门禁等众多领域。例如，高校一卡通系统（见图 7.51）以 CPU 卡和手机卡并行的方式，取代以前的各种证件的全部或部分功能；通过丰富的信息服务渠道（服务柜台、终端机、门户网站、语音平台、多媒体机等），师生能够随时、方便地了解自己的情况和周围的信息，积极主动地安排自己的学习、科研和生活。

CPU 卡的应用防火墙功能可以保障同一张卡中不同应用的安全独立性。对安全性要求较高的金融行业，都以 CPU 卡作为下一代银行卡的标准。银行的 IC 卡是接触式 CPU 卡，如图 7.52 所示。

图 7.51　高校一卡通系统

图 7.52　接触式 CPU 卡

2. CPU 卡的工作原理

CPU 卡的工作原理是阅读器向标签发送命令，经标签的天线进入射频模块，信号在射频模块中被发现后传送到操作系统中；操作系统是在芯片生产阶段以代码的形式写入 ROM 中的，其任务是完成指令序列的控制、文件管理及加密算法。

CPU 卡的阅读器工作频率为 13.56 MHz，系统通过天线线圈电感耦合来传输能量。通过电感耦合的方式磁场能量下降较快，因此具有明显的读取区域边界，主要应用于 1 m 以内的人员或物品的识别。CPU 卡主要遵循 ISO/IEC 14443 Type A 和 Type B 协议，以及 ISO/IEC 15693 协议。

1）片内操作系统（COS）

COS 的全称是 Chip Operating System（片内操作系统），它一般是紧紧围绕着它所服务的智能卡的特点而开发的。首先，COS 是一个专用系统而不是通用系统，即一种 COS 一般都只能应用于特定的某种（或者某些）智能卡，不同卡内的 COS 一般是不相同的，但大部分都遵循同一个标准。

其次，COS 在本质上更加接近于监控程序，而不是一个真正意义上的操作系统。COS 要解决的主要问题还是对外部的命令如何进行处理、响应的问题，并不涉及共享、并发的管理及处理。由于不可避免地会受到智能卡内微处理器芯片的性能及内存容量的影响，因此，COS 不同于通常所能见到的微机上的操作系统（如 DOS、UNIX 等）。

2）FMCOS 简介

上海复旦微电子股份有限公司开发了自主的 CPU 卡操作系统——FMCOS（FMSH Card Operating System），该操作系统符合 ISO/IEC 7816 系列标准及《中国金融集成电路（IC）卡规范》，适用于保险、医疗保健、社会保障、公共事业收费、安全控制、证件、交通运输等诸多应用领域， 特别是在金融领域。FMCOS 详细规定了电子钱包、电子存折和磁条卡功能三种基本应用。

（1）FMCOS 的特点。

- 支持 Single DES、Triple DES 算法：可自动根据密钥的长度选择 Single DES、Triple DES 算法。
- 支持线路加密、线路保护功能：可防止通信数据被非法窃取或篡改。
- 支持电子钱包功能：钱包大小可由用户自行设定。
- 支持多种文件类型：包括二进制文件、定长线性记录文件、变长线性记录文件、循环文件、钱包文件。

- 支持ISO/IEC 14443-4：T=CL通信协议。
- 满足银行标准：符合《中国金融集成电路（IC）卡规范》中的电子钱包和电子存折规范。

（2）FMCOS V2.0的内部结构如表7.5所示。

表7.5 FMCOS V2.0的内部结构

内部结构	功能
CPU	CPU及加密逻辑保证EEPROM中数据的安全，使外界不能用任何非法手段获取EEPROM中的数据
加密逻辑	
RF接口	射频通信
RAM	RAM是在FMCOS工作时存放命令参数、返回结果、安全状态及临时工作密钥的区域
ROM	ROM是存放FMCOS程序的区域
EEPROM	EEPROM是存放用户应用数据区域，FMCOS将用户数据以文件形式保存在EEPROM中，在满足用户规定的安全条件时可进行读写

（3）功能模块。FMCOS由传输管理、文件管理、安全体系、命令解释四个功能模块组成。

- 传输管理：按ISO/IEC 7816-3、ISO/IEC 14443-4协议监督CPU卡与终端之间的通信，保证数据的正确传输，防止CPU卡与终端之间通信数据被非法窃取和篡改。
- 文件管理：将用户数据以文件的形式存储在EEPROM中，保证访问文件时的快速性和数据的安全性。
- 安全体系：安全体系是FMCOS的核心部分，它涉及CPU卡的鉴别与核实，以及在文件访问时的权限控制机制。
- 命令解释：根据接收到的命令检查各项参数是否正确，并执行相应的操作。

（4）FMCOS的文件结构。FMCOS系统的文件系统是由主文件（Master File，MF）、目录文件（Directory File，DF）和基本文件（Element File，EF）组成。MF是唯一存在的，在MF下可以有多个DF和EF，每一个MF下的DF可以存放多个EF和多个下级DF，在这里称包含下级目录的目录文件为DDF，不含下级目录的目录文件为ADF。

（5）文件的空间结构。文件在EEPROM中存放的格式如图7.53所示。

11字节的文件头 （文件类型，文件标识符，文件主体空间大小，权限，校验等）
文件主体

图7.53 文件在EEPROM中存放的格式

每个基本文件（EF）所占的EEPROM空间为11字节的文件头+文件主体空间。

定长线性记录文件和循环文件所占用的EEPROM空间为记录个数×（记录长度+1）。

电子钱包和电子存折所占用的EEPROM空间为22字节。

每个DF所占用的EEPROM空间为11字节的DF文件头+DF下所有文件的空间之和+DF的名称长度。

MF所占用的EEPROM空间为11字节的MF文件头+MF下所有文件空间之和+ MF的名

称长度(若不使用默认名称)。MF空间不能超过EEPROM的容量，即使MF空间小于EEPROM空间，则剩余的空间也不可用。

（6）FMCOS的安全体系。FMCOS的安全体系从概念上可以分为安全状态、安全属性、安全机制和密码算法。

① 安全状态。安全状态指CPU卡所处的一种安全级别。FMCOS的根目录和应用目录分别具有16种不同的安全状态。FMCOS在CPU卡内部用安全状态寄存器来表示安全级别，寄存器的值是0～F的某一值。当前目录的安全状态寄存器的值在复位后或在选择目录文件命令成功地被执行时将被置为0。例如，在成功选择下级子目录时被置为0，在当前目录下的口令核对或外部认证通过后安全状态寄存器的值也将发生变化。

② 安全属性。安全属性指对某个文件进行某种操作时必须满足的条件，也就是说，在进行某种操作时要求安全状态寄存器的值是什么。安全属性又称为访问权限，访问权限在建立该文件时用一个字节指定。FMCOS的访问权限有别于其他操作系统的访问权限，它是用一个区间来严格限制其他非法访问者的。

访问权限为0*Y*时表示要求MF的安全状态寄存器的值大于或等于*Y*。例如，某文件读的权限为05，则表示在对该文件进行读之前必须使MF的安全状态寄存器的值大于或等于5。

访问权限为*XY*时（*X*不为0），表示要求当前目录的安全状态寄存器的值大于或等于*Y*且小于或等于*X*。若*X*=*Y*，则表示要求当前目录的安全状态寄存器的值等于*X*；若*X*<*Y*，则表示不允许该操作。例如，某文件写的权限为53，表示对该文件进行写之前必须使当前目录的安全状态寄存器的值为3、4或5；又如，某文件读的权限为F0，写的权限为F1，代表可任意读取，写时则要求当前目录的安全状态寄存器的值大于或等于1。

③ 安全机制。安全机制指某种安全状态转移为另一种安全状态所采用的方法和手段。FMCOS通过核对口令和外部认证来改变安全状态寄存器的值，在MF下时，认证通过之后同时改变MF和当前目录的安全状态寄存器的值；若不在MF下，则认证通过之后只改变当前目录的安全状态寄存器值。

当建立口令或外部认证密钥时，参数的后续状态表示该口令核对成功或外部认证成功后，置当前目录的安全状态寄存器的值为后续状态。例如，某口令密钥的后续状态为01，表示在口令核对成功后，当前目录的安全状态寄存器的值为1；当上电复位后或从父目录进入子目录或退回上级目录时，当前目录的安全状态寄存器的值均自动被置为0。

为更好地理解FMCOS的安全机制，下面通过一实例进行说明。

假设CPU卡中某目录下有一个二进制文件，定义读二进制文件的权限为F1，写二进制文件权限为F2。该目录下有一个口令密钥，口令核对通过之后的后续状态为1，CPU卡中有一外部认证密钥，使用权限为11，外部认证通过后的后续状态为2。请看下面的操作及当前目录的安全状态寄存器的值变化情况，如图7.54所示。

④ 密码算法。FMCOS支持Single DES、Triple DES。在建立DES密钥时，若密钥长度为8字节，则在运算时使用Single DES算法；若密钥长度为16字节，则在运算时使用Triple DES算法（MAC只能用Single DES算法）。运算时使用加密还是解密算法完全由密钥类型决定，用于加密的密钥不可用于解密或MAC运算，用于外部认证的密钥也不可用于内部认证。

FMCOS在使用DES算法时，若数据长度大于8字节时，则使用ECB模式；若数据长度不是8的倍数时，在计算过程中自动在数据后补80 00…00，使其长度为8的倍数。例如，数据为“12 23 34 56 78 89 90 A1 B1”，由于数据长度不是8的倍数，所以在计算过程中自动将数据改写为“12 23 34 56 78 89 90 A1 B1 80 00 00 00 00 00 00”后再进行计算。

采用DES算法进行外部认证的过程如图7.55所示。

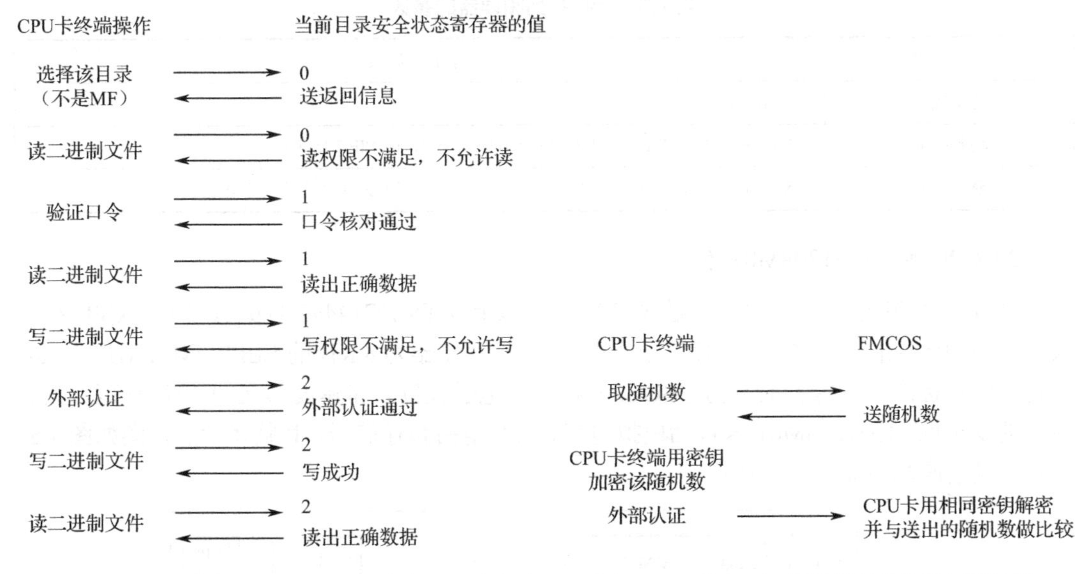

图7.54　读写二进制文件时安全状态寄存器的值变化　　图7.55　采用DES算法进行外部认证的过程

3. 阅读器和CPU卡片

CPU卡是IC卡的一种，外形与之前学习的IC卡、ID卡形状一样。常用的非接触式CPU卡的芯片型号有FM1204、FM1208、FM1216、FM12DE32、SHC1108、CIU5108A/B、Mifare DESfire 2K、Mifare DESfire 4K、Mifare DESfire 8K、Mifare PRO等，芯片存储量有4 KB、8 KB、16 KB、32 KB、64 KB等。下面详细介绍750系列阅读器与FM1208M01卡。

1）750系列阅读器

本任务采用复旦微电子750系列阅读器，如图7.56所示，该阅读器基于13.56 MHz的非接触式通信模式，符合ISO/IEC 14443 Type A、ISO/IEC 14443 Type B、ISO/IEC 15693 协议，在硬件上采用32位ARM内核微处理器、专业射频处理集成电路，在软件上对协议、算法进行了优化，能稳定、高速地完成对CPU卡的读写操作。该阅读器采用USB-HID与PC进行连接通信。

750系列阅读器的内部结构如图7.57所示。

图7.56　750系列阅读器

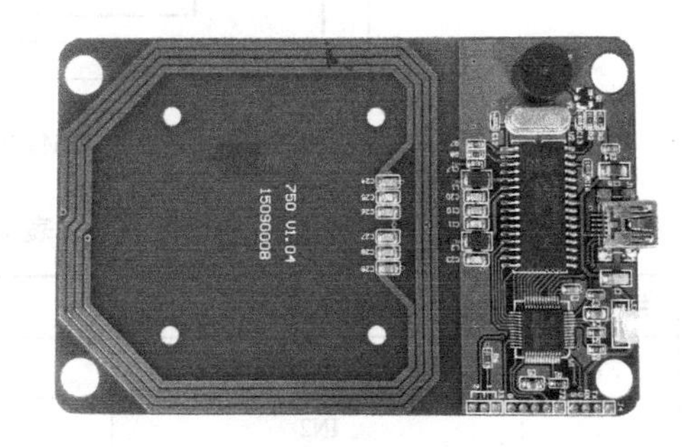

图7.57　750系列阅读器的内部结构

750 系列阅读器的参数如表 7.6 所示。

表 7.6　750 系列阅读器的参数

名　称	特 性 参 数
通信接口	USB-HID
射频标准	ISO/IEC 14443 Type A、ISO/IEC 14443 Type B、ISO/IEC 15693
感应距离	80 mm（Mifare-S50 的典型距离，实际由 CPU 卡的天线结构及尺寸决定）

2）CPU 卡：FM1208M01 卡

FM1208M01 卡是单界面非接触式 CPU 卡，支持 ISO/IEC14443 Type A 协议，CPU 指令兼容通用 8051 指令，内置硬件 DES 协处理器，数据存储器为 8 KB 的 EEPROM。FM1208M01 卡符合银行标准，COS 同时支持 PBOC2.0 标准（电子钱包）和建设部 IC 卡应用规范，具有较好的安全性。FM1208M01 卡包括模拟电路、数字电路和存储器，其整体功能框图如图 7.58 所示，其引脚功能如表 7.7 所示。

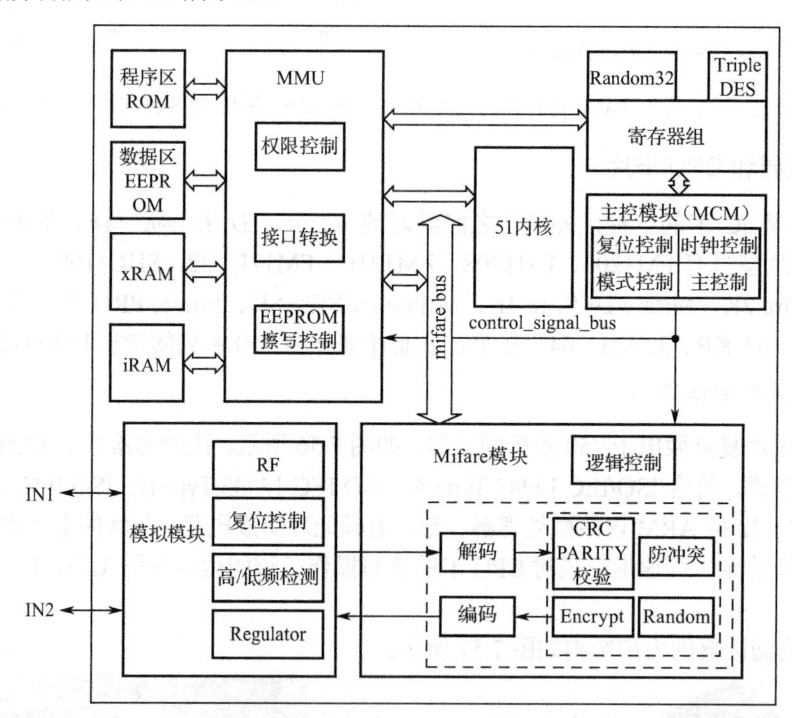

图 7.58　FM1208M01 卡的整体功能框图

表 7.7　引脚功能

编　号	引 脚 名 称	类　型	说　明
1	IN1	输入/输出	射频引脚 1
2	IN2	输入/输出	射频引脚 2

（1）ATQA 和 SAK 说明如表 7.8 所示

表 7.8　ATQA 和 SAK 说明

型　号	ATQA（请求应答）	SAK（选择确认）
FM1208M01	0x0004	0x08

FM1208M01 卡的工作流程如图 7.59 所示。

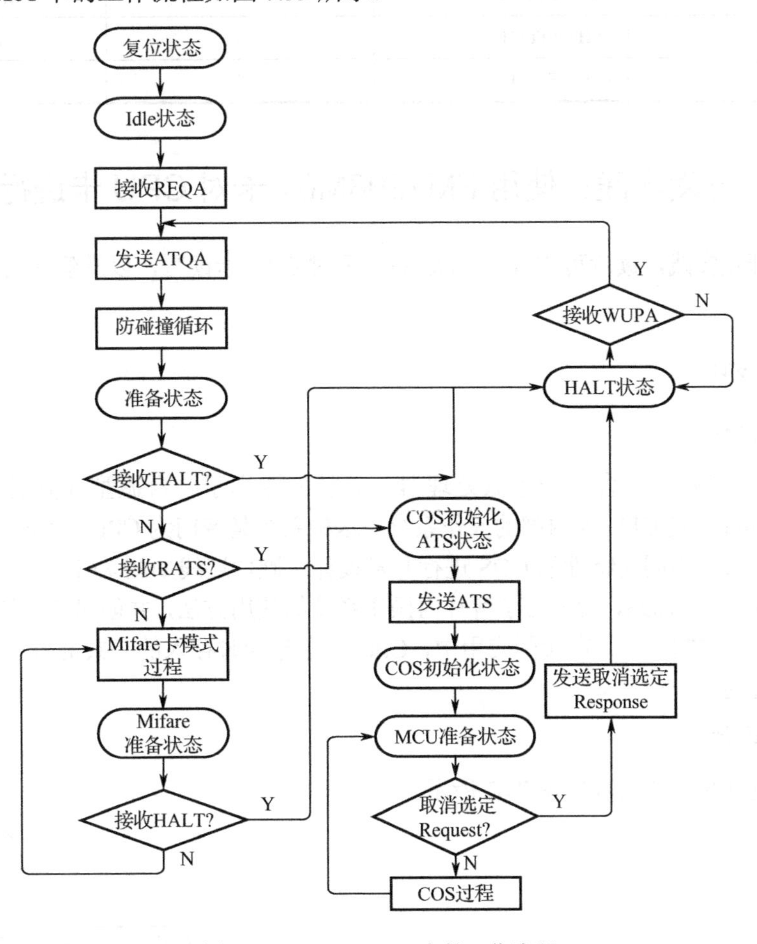

图 7.59　FM1208M01 卡的工作流程

FM1208M01 卡的存储器包括片内存储器和片外存储器。片外存储器包括程序存储器和数据存储器，数据存储器的容量为 8 KB，其中 1 KB 分配给 Mifare1 接口使用，7 KB 分配给 CPU 卡使用，如图 7.60 所示。

（2）FM1208M01 卡的片外存储器地址分配空间如表 7.9 所示。

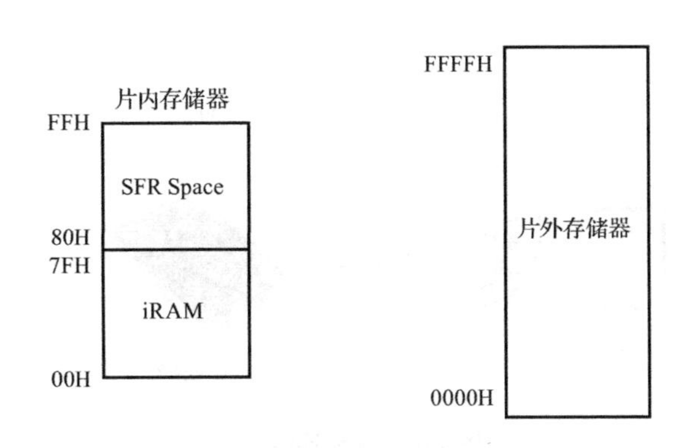

图 7.60　FM1208M01 卡的存储器配置

表 7.9　FM1208M01 卡的片外存储器地址分配空间

编　号	存储单元地址	存储空间/KB	说　明
1	0000H～9FFFH	40	程序存储器
2	A000H～DFFFH	16	数据存储器
3	E000H～EFFFH	4	XRAM
4	F000H～FFFFH	4	寄存器组

7.3.2　开发实践：使用 FM1208M01 卡对 CPU 卡进行读写

通过本开发实践，读者可掌握在 COS 系统下对 CPU 卡读写，以及建立文件和密钥的方法。

1．开发设计

1）硬件设计

CPU 卡是指芯片内含有一个微处理器，其功能相当于一台微型计算机。COS（Chip Operating System）是 CPU 卡内部的操作系统，这种系统是专门为 CPU 卡而开发的，可根据应用范围可以选择不同的特性的 COS 进行开发设计。硬件连线如图 7.61 所示。

通过 CPU 卡的 COS，读者可了解片内操作系统的使用方法，并创建 DF 文件、二进制文件，以及读写二进制文件。在实际应用中，CPU 卡在建卡时存入的公共资料信息就是用二进制文件来实现的。

2）流程设计

读写二进制文件的流程如图 7.62 所示。

图 7.61　硬件连线

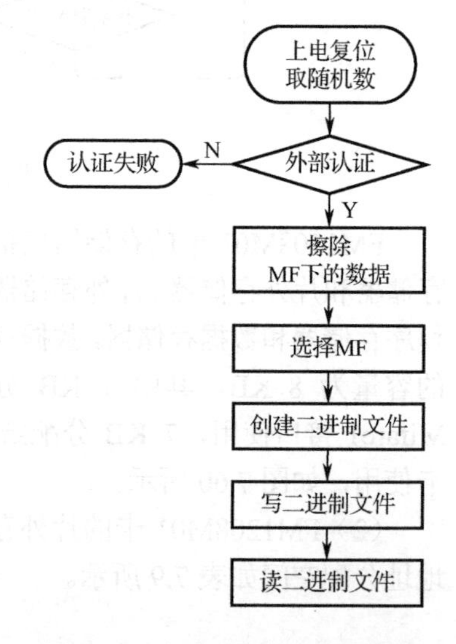

图 7.62　读写二进制文件的流程

读写CPU卡的命令如下。

（1）命令与应答结构如表7.10所示。

表7.10　命令与应答结构

命令与应答结构1								
命令	CLA	INS	P1	P2	00			
应答	SW1	SW2						
命令与应答结构2								
命令	CLA	INS	P1	P2	Le			
应答	Le字节的DATA	SW1	SW2					
命令与应答结构3								
命令	CLA	INS	P1	P2	Lc	DATA		
应答	SW1	SW2						
命令与应答结构4								
命令	CLA	INS	P1	P2	Lc	DATA	Le	
应答	Le字节的DATA	SW1	SW2					

指令功能含义如表7.11所示。

表7.11　指令功能含义

命　令	功　能
CLA	指令类别
INS	指令类型的指令码
P1 P2	命令参数
Lc	数据域 DATA 长度，该长度不可超过 239 B
DATA	数据域或应答数据域
Le	要求返回数据长度，Le为00表示返回卡中最大数据长度，该长度不可超过 239 B
SW1 SW2	卡执行命令的返回代码（状态字）

（2）状态字SW1和SW2的意义。任意一条命令的应答至少由一个状态字（2 B）组成，状态字说明了命令处理的情况，即命令是否被正确地执行。表7.12所示是部分状态字的意义，具体可以查阅FMCOS用户手册。

表7.12　部分状态字的意义

SW1 SW2	意　义
9000	正确执行
6281	回送的数据可能错误
6283	选择文件无效，文件或密钥校验错误
63CX	X表示还可重试的次数

续表

SW1 SW2	意　义
6400	状态标志未改变
6581	写 EEPROM 不成功
6700	错误的长度
6900	CLA 与线路保护要求不匹配
6901	无效的状态

当 SW1 的高半字节为 9，且低半字节不为 0 时，其含义依赖于相关应用；当 SW1 的高半字节为 6，且低半字节不为 0 时，其含义与应用无关。

（3）部分命令列表如表 7.13 所示。

表 7.13　部分命令列表

编　号	指　　令	指令类别	指令码	功能描述	兼容性
1	EXTERNAL AUTHENTICATE	00	82	外部认证	ISO&PBOC
2	GET CHALLENGE	00	84	取随机数	ISO&PBOC
3	SELECT	00	A4	选择文件	ISO&PBOC
4	READ BINARY	00	B0	读二进制文件	ISO&PBOC
5	READ RECORD	00	B2	读记录文件	ISO&PBOC
6	GET RESPONSE	00	C0	获取响应数据	ISO&PBOC
7	UPDATE BINARY	00/04	D6/D0	写二进制文件	ISO&PBOC
8	UPDATE RECORD	00/04	DC/D2	写记录文件	ISO&PBOC

2. 开发实施

1）软件及卡片介绍

（1）将阅读器模块通过 USB 串口线连接到计算机，连接成功后阅读器的蜂鸣器将会发出 1 s 左右的声响，同时指示灯变为绿色，约持续 1 s（后面操作中所有步骤蜂鸣器都会发出声响，且指示灯都会变色）。

（2）打开 FM1208 Demo 软件，单击“Connect”按钮后将卡片放在阅读器上方，单击“Reset”按钮即可查看到卡片信息，如图 7.63 所示。

（3）卡片是有密码的，密码为“FFFFFFFFFFFFFFFF”，在对卡片进行操作之前必须复位卡片。

2）外部认证

（1）外部认证需要从卡片中取 4 字节的随机数，通过软件进行加密运算认证。如果为新卡，则可以直接取 4 字节的数字加密认证；如果是使用过的卡，首先需要擦除 MF 下的数据。

（2）本项目以新卡来进行操作，首先从卡片中取 4 字节的随机数。发送命令为“0084000004”，其中，“00”为指令类别（CLA），“84”为指令类型的指令码（INS），“0000”为命令参数（P1、P2），“04”为要求返回数据长度（Le），如图 7.64 所示。

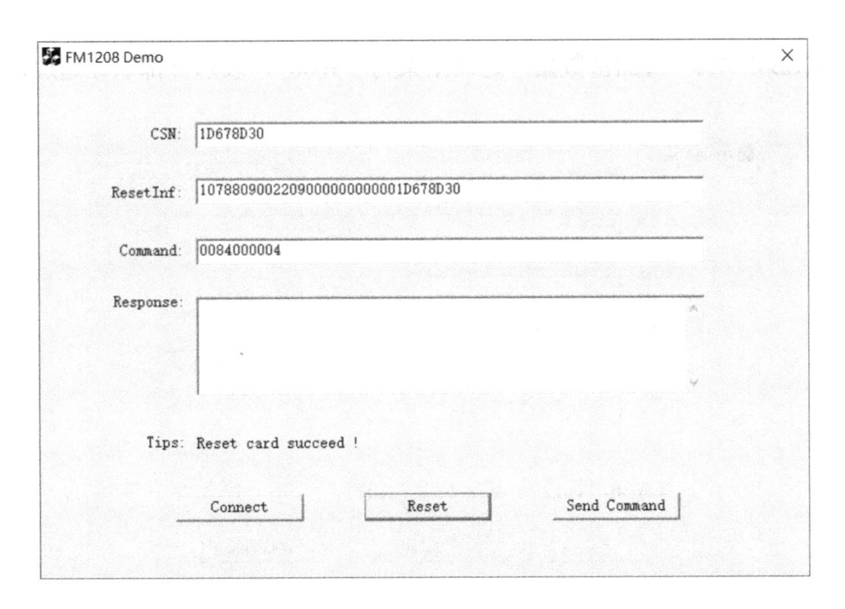

图 7.63　查看卡片信息

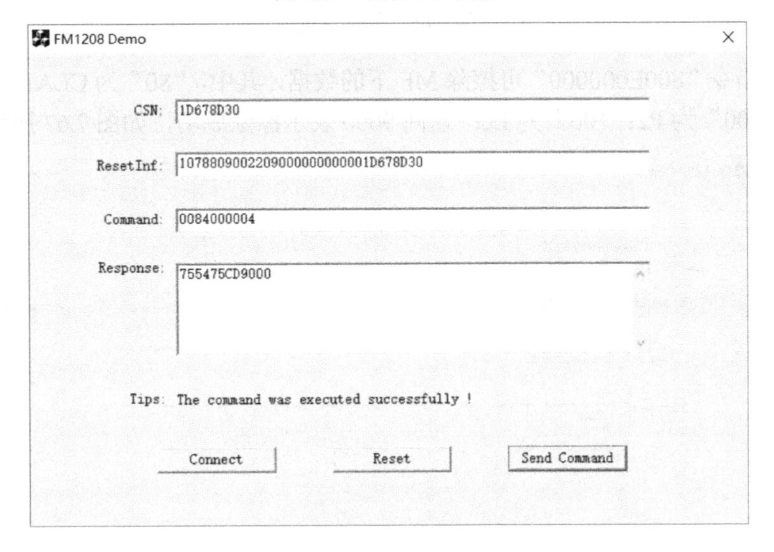

图 7.64　取随机数的命令

返回结果的前 4 个字节为取得的随机数，“9000”为发送命令成功的返回消息。

（3）取得随机数后，用密码“FFFFFFFFFFFFFFFF”对 4 字节的随机数进行加密运算（运算前在随机数后面加 4 字节的“00000000”），如图 7.65 所示。

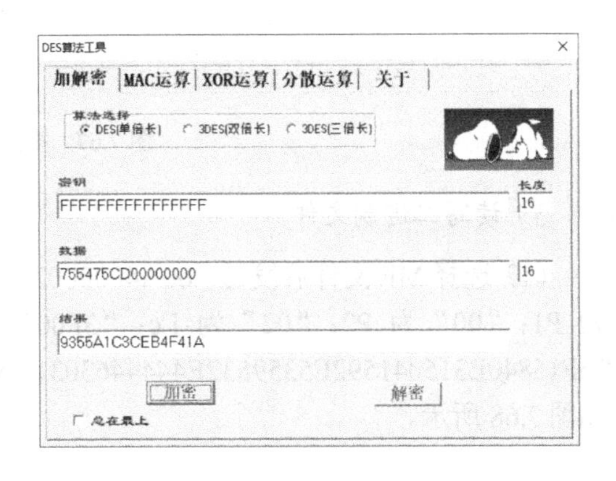

图 7.65　对随机数进行加密运算

（4）在加密结果前加“0082000008”后作为命令发送，即发送“00820000089355A1C3CEB4F41A”，其中，“00”为 CLA；“82”为 INS，“00”为 P1；“00”为 P2；“08”为 Lc；

“9355A1C3CEB4F41A”为加密数据，返回结果为“9000”，表示外部认证通过，如图 7.66 所示。

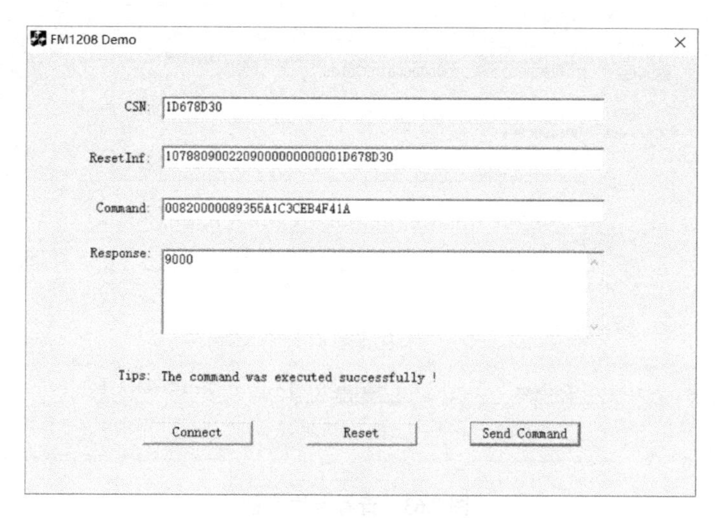

图 7.66　外部认证

（5）发送指令“800E000000”可擦除 MF 下的数据，其中，“80”为 CLA；“0E”为 INS；“00”为 P1；“00”为 P2；“00”为 Lc；返回 9000 表示擦除成功，如图 7.67 所示。

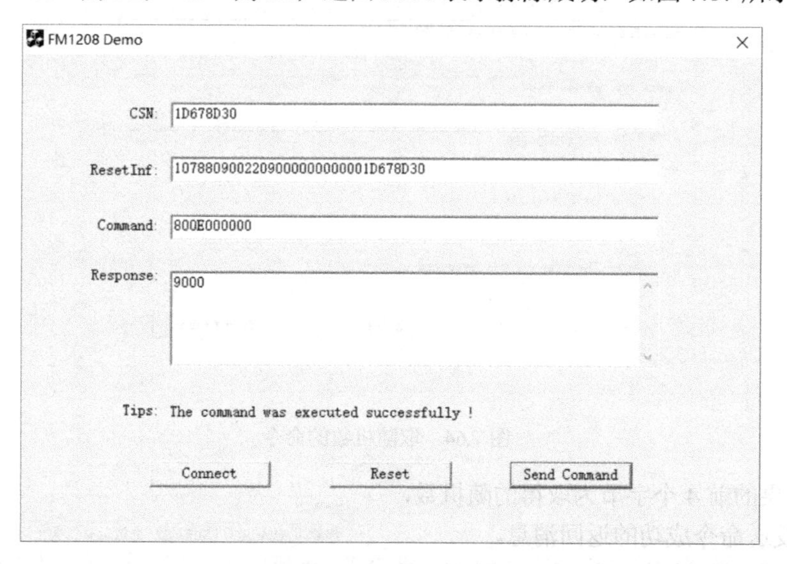

图 7.67　擦除 MF 下的数据

3）读写二进制文件

（1）选择 MF 文件后发送“00A40000023F00”，其中，“00”为 CLA；“A4”为 INS；“00”为 P1；“00”为 P2；“02”为 Lc；“3F00”为 DATA，表示 MF 的文件标识符；返回为“6F15840E315041592E5359532E4444463031A5038801019000”，尾部“9000”表示选择成功，如图 7.68 所示。

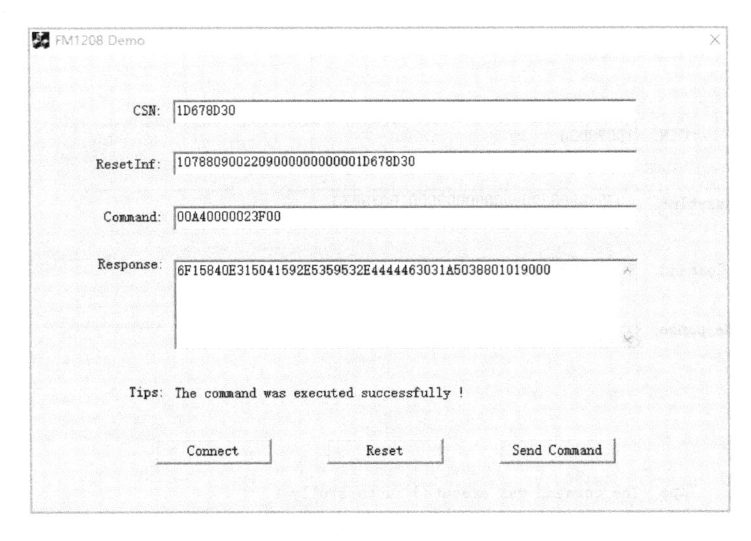

图 7.68 选择 MF 文件

（2）创建二进制文件。发送指令“80E0000107280080F0F0FFFF”，其中“80 EO0”为指令类别 CLA 和指令码 INS；“00 01”为文件标识 ID；“07”为数据域的长度；“28 00 80 F0 F0 FF FF”为数据域；“28”表示二进制文件；“00 80”表示文件空间；“F0”表示读权限可以任意读；“F0”表示写权限可以任意写；“FF”表示固定格式；成功时返回“9000”，如图 7.69 所示。

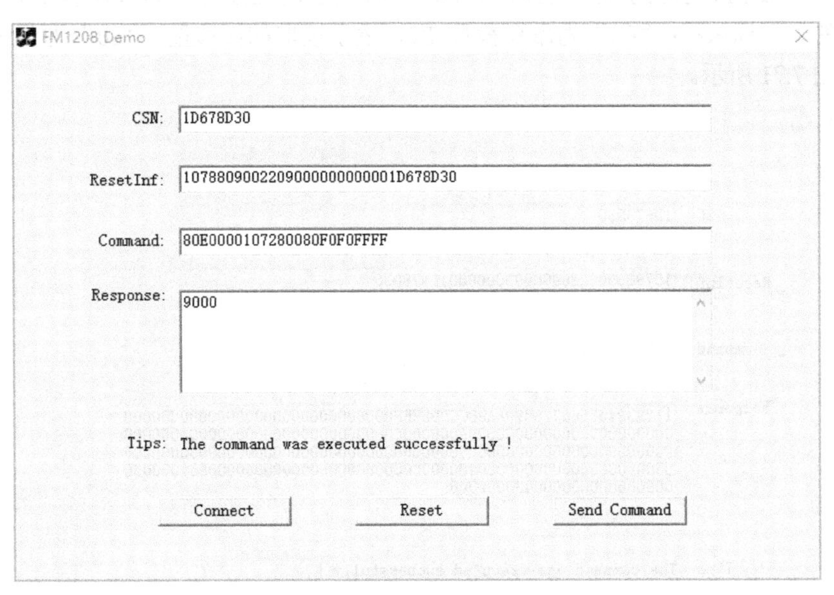

图 7.69 创建二进制文件

（3）写二进制文件。发送指令“00D681000F112233445566778899aabbccddeeff”，其中，“00 D6”为指令类别和指令码；“81”为命令参数 P1，对应的二进制数为 1000 0001，由于高三位为“100”，所以低五位“00001”为要写入的文件标识符；“00”为命令参数 P2，表示写入的偏移量；“0F”为要写入的数据长度，15 个字节；“112233445566778899aabbccddeeff”为要写入的数据；成功时返回“9000”，如图 7.70 所示。

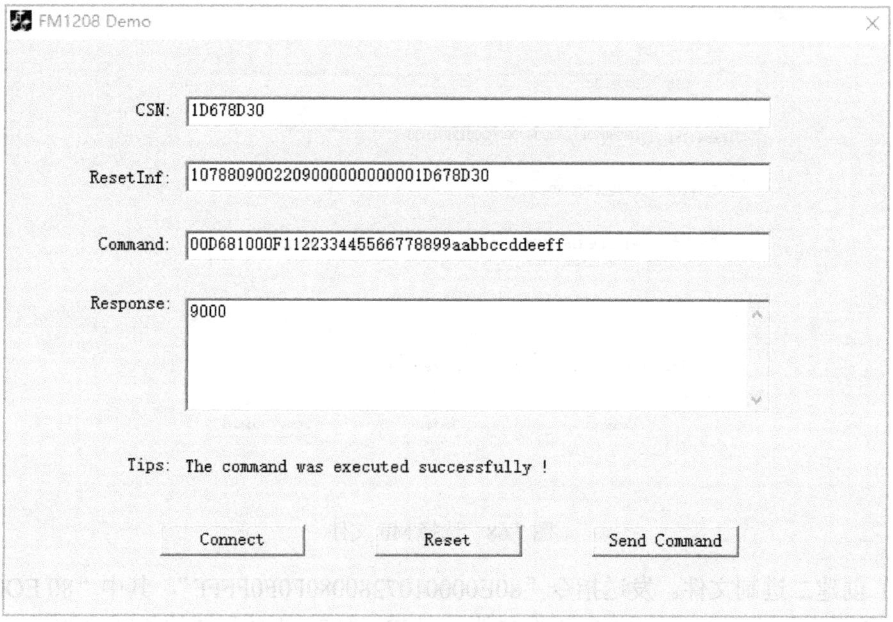

FM1208 Demo

CSN: 1D678D30

ResetInf: 10788090022090000000000001D678D30

Command: 00D681000F112233445566778899aabbccddeeff

Response: 9000

Tips: The command was executed successfully !

Connect　Reset　Send Command

图 7.70　写二进制文件

（4）读二进制文件。发送命令“00B0810080”，其中，“00 B0”为指令类别和指令码；“81”为命令参数 P1，对应的二进制数为 1000 0001，由于高三位为“100”，所以低五位“00001”为要读取的文件标识符；“00”为命令参数 P2，表示读取的偏移量；“80”为要返回的数据长度，如图 7.71 所示。

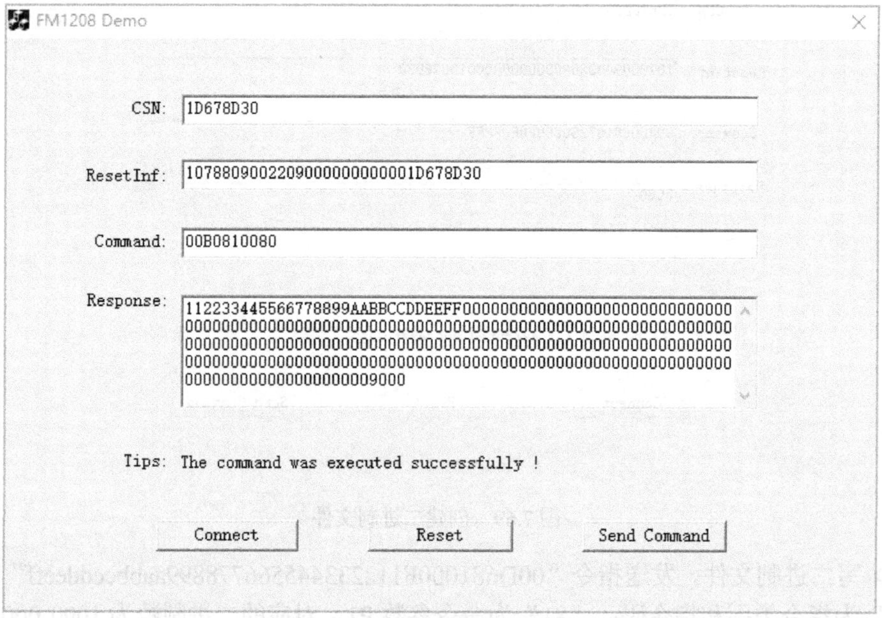

FM1208 Demo

CSN: 1D678D30

ResetInf: 10788090022090000000000001D678D30

Command: 00B0810080

Response:
112233445566778899AABBCCDDEEFF000000000000000000000000000
00000000000000000000000000000000000000000000000000000000000
00000000000000000000000000000000000000000000000000000000000
00000000000000000000000000000000000000000000000000000000000
000000000000000000009000

Tips: The command was executed successfully !

Connect　Reset　Send Command

图 7.71　读二进制文件

（5）如果修改要返回数据的长度，可发送“00B081000F”，成功时返回

“112233445566778899AABBCCDDEEFF9000”，如图 7.72 所示。

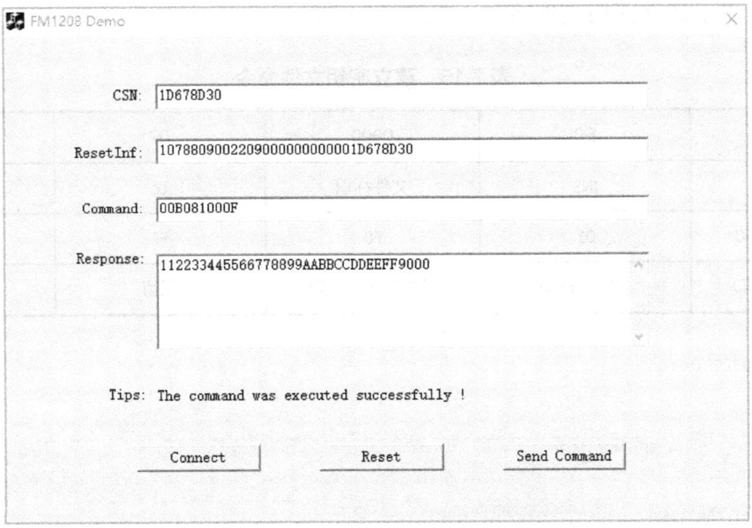

FM1208 Demo

CSN: 1D678D30

ResetInf: 107880900220900000000000001D678D30

Command: 00B081000F

Response: 112233445566778899AABBCCDDEEFF9000

Tips: The command was executed successfully !

Connect　Reset　Send Command

图 7.72　修改返回数据的长度

4）密钥

（1）擦除数据后，可在 MF 文件下建立密钥文件和增加密钥，“3F00”这个目录在出厂时就存在，不可删除，因此可以在此目录下建立密钥文件。首先需要选择此目录，命令为“00A40000023F00”，命令说明如表 7.14 所示，返回结果的最后为“9000”表示成功选择目录，如图 7.73 所示。

表 7.14　选择目录命令

00	A4	00	00	02	3F00
LA	INS	P1	P2	Lc	文件标示符

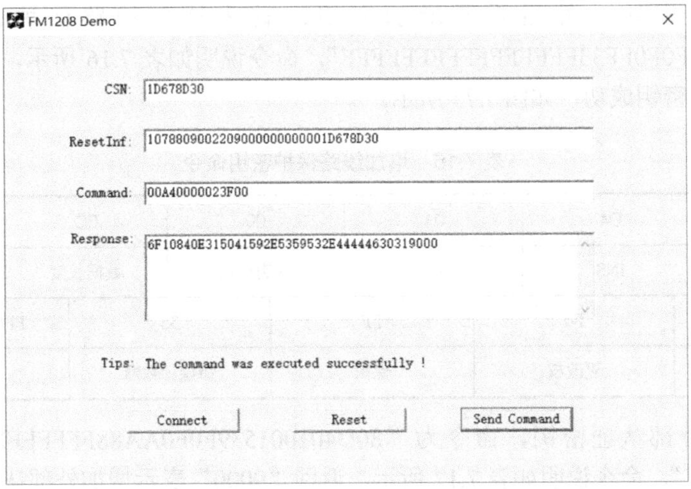

FM1208 Demo

CSN: 1D678D30

ResetInf: 107880900220900000000000001D678D30

Command: 00A40000023F00

Response: 6F10840E315041592E5359532E44444630319000

Tips: The command was executed successfully !

Connect　Reset　Send Command

图 7.73　选择 MF 文件夹

（2）建立密钥文件，命令为“80E00000073F005001F0FFFF”，命令说明如表 7.15 所示。返回“9000”表示建立密钥文件成功，如图 7.74 所示。

表 7.15　建立密钥文件命令

80		E0	0000	07	3F
CLA		INS	文件标识	Lc	密钥文件
00	50	01	F0	FF	FF
文件空间（字节）		短文件标识	增加密钥的权限	保留	保留

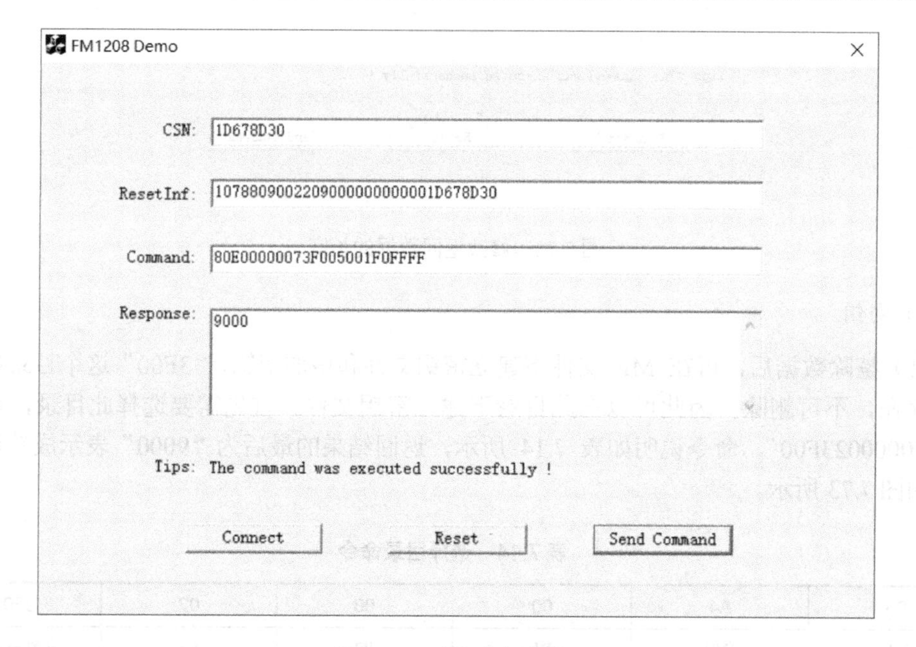

图 7.74　建立密钥文件

（3）建立密钥文件后需要增加密钥。首先增加线路保护密钥，命令为“80D401000D36F0F0FF33FFFFFFFFFFFFFFFF”，命令说明如表 7.16 所示，返回“9000”表示增加线路保护密钥成功，如图 7.75 所示。

表 7.16　增加线路保护密钥命令

80	D4	01	00	0D	36
CLA	INS	P1	密钥标识	数据长度	线路保护密钥
F0	F0	FF	33	FFFFFFFFFFFFFFFF	
使用权	更改权	保留	错误计数器	8 字节的密钥	

（4）增加外部认证密钥，命令为“80D401001539F0F0AA88FFFFFFFFFFFFFFFFFFFFFFFFFFFFFFFF”，命令说明如表 7.17 所示，返回“9000”表示增加外部认证密钥成功，如图 7.76 所示。

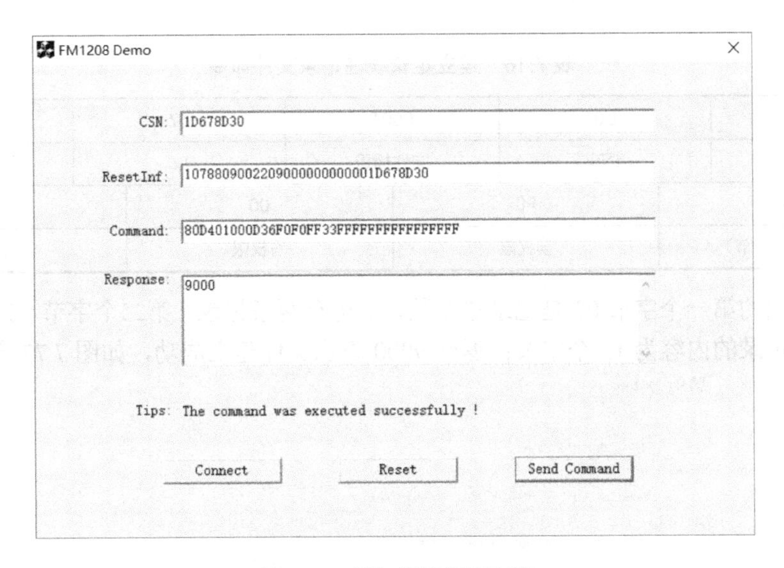

图 7.75 增加线路保护密钥

表 7.17 增加外部认证密钥命令

80	D4	01	00	15	39
CLA	INS	P1	密钥标识	数据长度	外部认证密钥

F0	F0	AA	88	FFFFFFFFFFFFFFFFFFFFFFFFFFFFFFFF
使用权	更改权	后续状态	错误计数器	16 字节的密钥

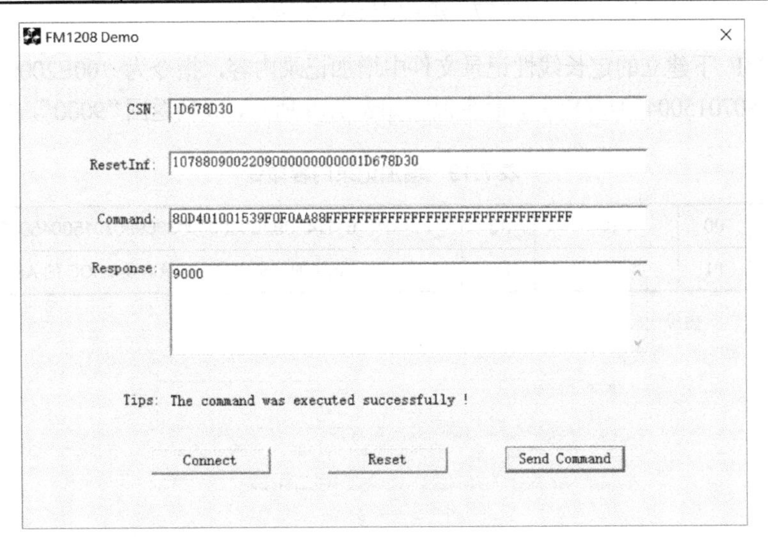

图 7.76 增加外部认证密钥

5）建立文件

（1）CPU 卡的存储空间很大，且都可加密，因此 CPU 卡的保密性特别高。在 CPU 卡中主要有主文件（MF）、目录文件（DF）、基本文件（EF）三中文件类型，首先在 MF 下建立定长线性记录文件，命令为“80E00001072A0213F000FFFF”，命令说明如表 7.18 所示。

表 7.18　建立定长线性记录文件命令

80	E0	0001	07	2A
CAL	INS	文件标识	Lc	定长记录文件

0213	F0	00	FFFF
文件空间（字节）	读权限	写权限	保留

文件空间的第一个字节 02 是记录总个数，即可存两条记录；第二个字节“13”为记录长度，即一条记录的内容为 13 个字节；返回 9000 表示文件建立成功，如图 7.77 所示。

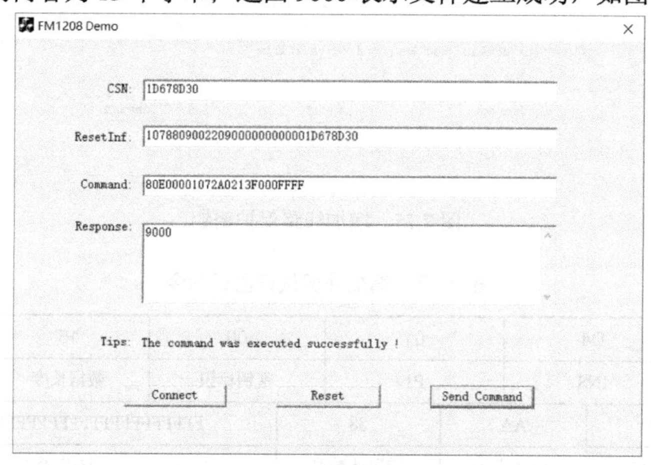

图 7.77　建立定长线性记录文件

（2）在 MF 下建立的定长线性记录文件中增加记录内容，指令为“00E200081361114F09A0000000038698070150045 0424F43”，命令说明如表 7.19 所示，成功返回“9000”，如图 7.78 所示。

表 7.19　增加记录内容命令

00	E2	00	08	13	61114F09A0000000038698070150045 0424F43
CAL	INS	P1	当前文件	LC	记录的信息内容为目录名及 PBOC 的 ASCII 码

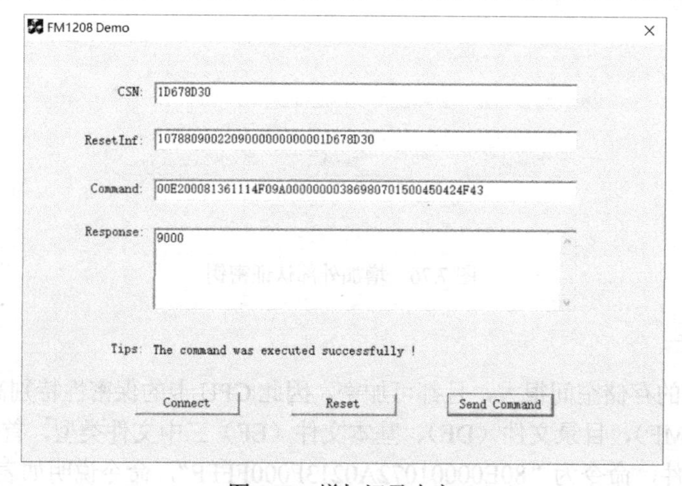

图 7.78　增加记录内容

（3）在MF下建立DF文件的命令为“80E03F011138036FF0F095FFFFA00000000386980701”，命令说明如表7.20所示，返回“9000”表示建立成功，如图7.79所示。

表7.20 在MF下建立DF文件命令

80	E0	3F01	11	38	036F
CLA	INS	文件标识	Lc	目录文件（DF）	文件空间（字节）
F0	F0	95	FFFF	A00000000386980701	
建立权限	擦除权限	应用ID	保留	DF名称	

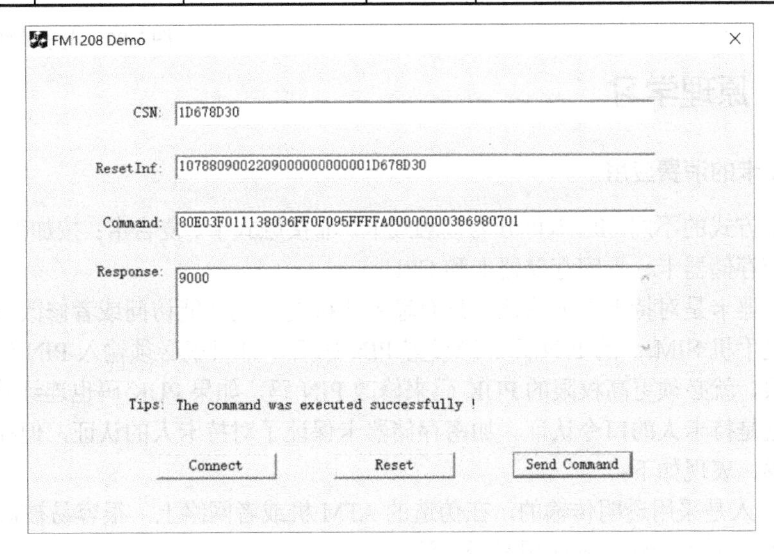

图7.79 建立DF文件

7.3.3 小结

CPU卡内含有一个微处理器，适合用于金融、保险、交警、政府行业等多个领域，具有用户空间大、读取速度快、支持一卡多用等特点。从外形上来看，CPU卡和普通IC卡、射频卡并无差异，但是性能上有了巨大的提升。例如，和普通IC卡比，CPU卡的安全性得到了很大的提高，通常CPU卡内含有随机数发生器、硬件DES、Triple DES加密算法等，配合COS可以达到金融级别的安全等级。本开发实践使用FM1208 Demo软件对CPU卡进行读写、密钥认证等操作，读者可掌握COS外部认证、CPU卡的定长线性记录文件和二进制文件的建立，以及密钥认证等的方法。

7.3.4 思考与拓展

（1）简述CPU卡的结构。

（2）什么是COS？

（3）CPU卡应该怎样读写？

（4）银行卡是CPU卡吗？如果需要用CPU卡实现电子消费系统，试提供解决方案。

（5）不擦除 CPU 卡中的信息，多次新建文件夹并观察结果。

7.4 CPU 卡电子消费应用

目前我国自主设计、制造的 CPU 卡的存储容量已达到了 128 KB，可适用于金融、保险、政府行业等多个领域。例如，CPU 卡可作为电子消费卡，如图 7.80 所示。

图 7.80 电子消费卡

7.4.1 原理学习

1. CPU 卡的消费应用

按照接口方式的不同，IC 卡可分为接触式卡、非接触式卡、复合卡；按加密技术的不同，可分为非加密存储器卡、加密存储器卡和 CPU 卡。

加密存储器卡是对持卡人的认证，只有输入正确的密码才能访问或者修改卡中的数据，最典型的就是手机 SIM 卡的 PIN 码，当设置 PIN 码后，开机就必须输入 PIN 码，如果连续几次输入错误，就必须更高权限的 PUK 码来修改 PIN 码，如果 PUK 码也连续输错，那就只有换卡了，这是持卡人的口令认证。加密存储器卡保证了对持卡人的认证，但在保证系统安全性上还不够，表现如下：

- 密码输入是采用透明传输的，在伪造的 ATM 机或者网络上，很容易被截取；
- 加密存储器卡无法认证应用是否合法；
- 对于系统集成商来说，密码和加密算法都是透明的。

因此，引入了 CPU 卡，CPU 卡在以下三个方面保证了安全：

- 对于人：可进行持卡者合法性认证，持卡者需要输入口令。
- 对于卡：可进行卡的合法性认证，即内部认证。
- 对于系统：可进行系统的合法性认证，即外部认证。

口令认证与 PIN 码相同，下面分别解释卡的合法性认证和系统的合法性认证。

（1）卡的合法性认证： CPU 卡发送随机数给卡（如地铁卡），卡收到随机数后用加密算法加密，将加密后的值传给 CPU 卡，CPU 卡解密后与发送的随机数比较，如果相等，则认为卡合法。

（2）系统的合法性认证： CPU 卡发送随机数给 POS 机自带的卡或者模块，POS 机自带的卡或者模块将随机数加密后，传回 CPU 卡，CPU 卡解密后与发送的随机数比较，如果相等，则认为系统合法，这个过程通常在开机时进行。

在加密和解密过程中，涉及两个因素，一个是加/解密算法，另一个是密钥。加/解密算法是公开的，CPU 卡中的操作系统 COS 由生产商提供，并提供加/解密算法。密钥则有发卡机构掌握，层层发卡，权限不同。

CPU 卡与外界进行数据传输时，若以明文方式传输，数据易被截获和分析，同时也可以对传输的数据进行篡改。为了解决这个问题，CPU 卡提供了线路保护功能。线路保护分为两种，一种是对传输的数据进行 DES 加密，以密文的形式传输，以防止截获分析；另一种是在传输的数据后附加MAC（安全报文鉴别码），接收方收到数据后首先进行校验，校验正确后才予以接收，以保证数据的真实性与完整性。

2. FMCOS协议

1）FMCOS的文件结构

FMCOS的文件系统是由主文件（Master File，MF）、目录文件（Directory File，DF）和基本文件（Element File，EF）组成。MF在FMCOS中唯一存在，在MF下可以有多个DF和EF，每个MF目录下的DF可以存放多个EF和多个下级目录文件，包含下级目录的目录文件称为DDF，不包含下级目录的目录文件称为ADF。

FMCOS的文件结构符合《中国金融集成电路（IC）卡规范》的规定，IC卡中的支付系统应用可以通过选择支付系统环境来激活，从而对目录结构进行访问。从终端的角度来看，与支付系统应用相关的支付系统环境的文件采用一种可通过目录结构访问的树形结构，树的每一个分支都是一个ADF。每个ADF都是一个或多个EF的入口点，ADF及其相关数据文件处于树的同一分支上。

FMCOS的文件结构如图7.81所示。

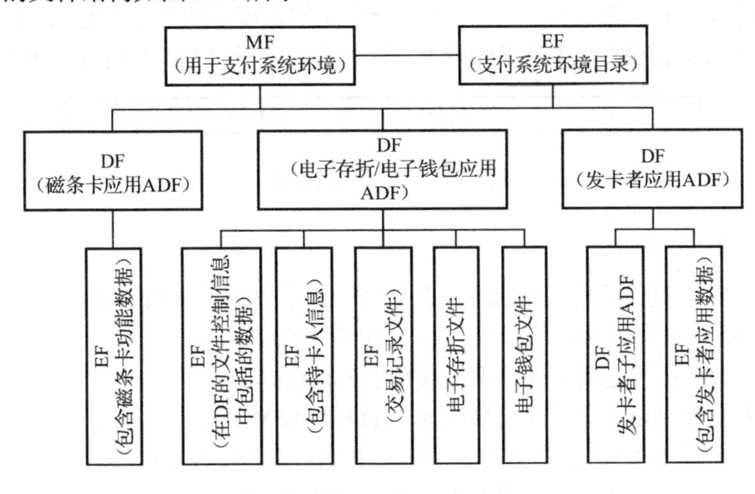

图7.81　FMCOS的文件结构

（1）MF。在FMCOS系统中，MF文件是唯一的，是文件系统的根，相当于DOS的根目录。系统复位后，将自动选择MF为当前文件。FMCOS支持用于支付系统环境应用列表的目录结构，支付系统环境由发卡方通过目录选择。目录结构包括一个必备的支付系统目录文件，以及一些可选的、由DDF引用的附加记录。DF的个数仅受EEPROM空间的限制。

（2）DF。DF相当于DOS的目录，每个DDF下可建立一个目录文件，但不是强制的。任何一个DF在物理上和逻辑上都保持相互独立，都有自己的安全机制和应用数据，可以对其逻辑结构进行访问。可以将单个DF以及其中一个或多个EF当成一个应用，也可以将多个DF以及其中多个EF当成一个应用，在使用IC卡时，用户可以根据不同的应用环境自行定义。

（3）EF。EF用于存放用户数据或密钥，存放用户数据的文件称为工作基本文件，在满足一定的安全条件下用户可对该文件进行相应的操作；存放密钥的文件称为内部基本文件，不可由外界读出，但当获得许可的权限时可在卡内进行相应的密码运算，在满足写的权限时可以修改密钥。

（4）密钥文件（KEY 文件）。即内部基本文件，KEY 文件必须在 MF/DF 下最先被建立，且一个目录下只能有一个 KEY 文件，KEY 文件可存储多个口令密钥、外部认证密钥、DES 运算密钥，每个密钥都是一条 TLV 格式的记录。

（5）二进制文件。二进制文件是一个数据单元序列，数据以二进制为单位进行读写，其中的数据结构由应用者解释。

（6）定长线性记录文件。定长线性记录文件中每条记录的长度都是相同的，数据以记录为单位进行存储，记录长度最大为 248 B。

（7）循环文件。循环文件是具有固定长度记录的环行文件，每条记录都只有一个数据域，记录长度最大为 248 B。应用时只能顺序增加记录，当写记录时，当前写入的为第一条记录，则上一次写入的记录为第二条，依次类推，滚动写入。记录只能在文件头所规定的范围内滚动写入，当写完最后一条记录时将覆盖最先写入的记录。

（8）电子钱包文件。电子钱包文件内部采用专用的结构，由 COS 维护，用于保存电子钱包和电子存折的余额、透支限额等信息。

（9）变长线性记录文件。变长线性记录文件中每条记录的长度在写记录时都是可变的，数据以记录为单位进行存储。在更新记录时，新记录的长度必须与卡中的原有记录长度相同，否则本次更新无效，记录最大长度为 248 B。变长线性记录（TLV）格式如图 7.82 所示。

TAG（标识）	Length（数据长度）	Val（*L*字节数据）

图 7.82　变长记录格式

2）文件的访问方式

主文件（MF）：复位后自动被选择，在任何一级子目录下可通过文件标识 3F00 或 MF 的名称来选择 MF，创建时 MF 的默认名称为 1PAY.SYS.DDF01。

目录文件（DF）：可通过文件标识符或目录名称选择 DF。

二进制文件：在满足读条件时可使用 READ BINARY 命令来读取二进制文件的内容；在满足写条件时可使用 UPDATE BINARY 命令来更改二进制文件的内容。

定长线性记录文件：在满足读条件时可使用 READ RECORD 命令来读取指定的记录；在满足写条件时使用 UPDATE RECORD 命令来更改指定的记录；在满足追加条件时可使用 APPEND RECORD 命令来在文件末尾追加一条记录。

循环文件：在满足读条件时可使用 READ RECORD 命令来读取指定的记录；在满足追加条件时可使用 APPEND RECORD 命令来在文件开头追加一条记录。当记录写满后自动覆盖最早写的记录，最后一次写入的记录，其记录号总是 1，上次写入的记录号是 2，依次类推。

电子钱包文件：在满足使用条件时可使用 GET BALANCE 命令来读取余额，在规定的密钥控制下完成圈存、圈提、消费、取现、修改透支限额等操作。

变长线性记录文件：在满足读条件时可使用 READ RECORD 命令来读取读出指定的记录；在满足写条件时可以使用 UPDATE RECORD 命令来写一条新记录或更改已存在的记录，或使用 APPEND RECORD 命令来在文件末尾追加一条新记录。在执行 UPDATE RECORD 命令来更改已存在的记录时，新写的整条记录长度必须和原来的整个记录长度相等，否则该命令不能成功执行。

KEY文件及其文件中的密钥：每个DF或MF下只能有一个KEY文件，且必须最先被建立，在任何情况下密钥数据均无法读出。当进入DF或MF时，若该目录下无KEY文件和其他文件，则在该目录下可任意建立文件和读写文件而不受文件访问权限的限制。一旦离开该目录后再进入此目录时，将遵循文件的访问权限。

在KEY文件中可以存放多个密钥，每个密钥都是一条可变长度的记录，记录的长度为密钥数据长度加8。例如，Triple DES密钥记录的长度为24 B，Single DES密钥记录的长度为16 B。在满足某个密钥规定的更改权限时，可使用WRITE KEY命令来更改密钥数据。在满足使用权限时，才可使用相应的密钥进行认证或密码运算。密钥具有独立性，用于某种特定功能的加/解密密钥不能被任何其他功能所使用，包括保存在IC卡中的密钥和用来产生、派生、传输这些密钥的密钥。

口令密钥：在满足口令密钥的使用权限时，可用VERIFY命令来核对口令，或使用PIN CHANGE/UNBLOCK命令来更改并解锁口令。在口令密钥通过之后，设置安全状态寄存器的值为该口令密钥规定的后续状态值。口令密钥中提供了错误次数计数器，每次核对口令失败时，错误次数计数器自动减1，当错误次数达到0时，口令密钥被自动锁住。

解锁口令密钥：在满足使用权限时，可通过UNBLOCK命令来核对解锁口令，从而解锁因连续核对口令错误被锁住的口令密钥，同时修改新的口令密钥。解锁口令密钥被锁死后是无法解锁的。

外部认证密钥：在满足使用权限时可使用EXTERNAL AUTHENTICATE命令来进行外部认证，在满足更改权限时可使用WRITE KEY命令来更改密钥。外部认证密钥被锁死后也无法解锁。

3）文件标识符与文件名称

文件标识符是文件的标识代码，用2个字节来表示，在选择文件时只要指出该文件的标识代码，FMCOS就可以找到对应的文件，同一目录下的文件标识符必须是唯一的。

所有文件都可以通过文件标识符以及SELECT命令来进行选择，DF还可以通过目录名称进行选择。短文件标识符选择可以通过READ BINARY、UPDATE BINARY命令的参数P1来实现文件的选择：若参数P1的高三位为100，则低5位为短的文件标识符。例如，若P1为81H，对应的二进制数为10000001，其中高三位为100，则所选的文件标识符为00001。

短文件标识符选择还可以通过READ RECORD、UPDATE RECORD、APPEND RECORD、DECREASE、INCREASE命令的参数P2来实现文件的选择：若P2的高五位不全为0，低三位为100，则高五位为短的文件标识符。例如，若P2为0CH，对应的二进制数为00001100，其中低三位为100，则所选的文件标识符为00001。

只能用五位来决定文件标识符，所以可选择的最大文件标识符为31。若文件需要用短文件标识符进行选择，则建立文件时就需将文件标识符取在1～31（00001～11111）之间。

选择文件后，只要文件存在，该文件就会被置为当前文件，以后可以不用选择而直接对该当前文件进行操作。

3. 命令与应答

1）命令与应答结构

情形一：

命令：	CLA	INS	P1	P2	00
应答：	SW1	SW2			

情形二：

命令：	CLA	INS	P1	P2	Le
应答：	Le 字节的 DATA		SW1	SW2	

情形三：

命令：	CLA	INS	P1	P2	Lc	DATA
应答：	SW1	SW2				

情形四：

命令：	CLA	INS	P1	P2	Lc	DATA	Le
应答：	Le 字节的 DATA		SW1	SW2			

其中，CLA 为指令类别；INS 为指令类型的指令码；P1 和 P2 为命令参数；Lc 为数据域 DATA 长度，该长度不可超过 239 B；DATA 为数据域或应答数据域；Le 为要求返回数据长度，Le 为“00”时表示返回卡中最大的数据长度，该长度不可超过 239 B；SW1 和 SW2 为卡执行命令的返回代码（状态字）。

2）状态字 SW1 和 SW2

任意一条命令的应答至少由一个状态字（2 个字节）组成，状态字用于说明命令处理的情况，即命令是否被正确执行，如果未被正确执行，原因是什么。状态字如表 7.21 所示。

表 7.21　状态字

SW1 SW2	意　义	SW1 SW2	意　义
90 00	正确执行	62 81	回送的数据可能错误
62 83	选择文件无效，文件或密钥校验错误	63 CX	X 表示还可以重试的次数
64 00	状态标志未改变	65 81	写 EEPROM 不成功
67 00	错误的长度	69 00	CLA 与线路保护要求不匹配
69 01	无效的状态	69 81	命令与文件结构不相容
69 82	不满足安全状态	69 83	密钥被锁死
69 85	不满足使用条件	69 87	无安全报文
69 88	安全报文数据项不正确	6A 80	数据域参数错误
6A 81	功能不支持、卡中无 MF 或卡片已被锁定	6A 82	未找到文件
6A 83	未找到记录	6A 84	文件无足够空间
6A 86	参数 P1、P2 错误	6A 88	未找到密钥
6B 00	在达到 Le/Lc 字节之前文件结束，偏移量错误	6C xx	Le 错误
6E 00	无效的 CLA	6F 00	数据无效
93 02	MAC 错误	93 03	应用已被锁定
94 01	金额不足	94 03	未找到密钥
94 06	所需的 MAC 不可用	—	—

当SW1的高半字节为9，且低半字节不为0时，其含义依赖于相关应用；当SW1的高半字节为6，且低半字节不为0时，其含义与应用无关。

4. FMCOS的命令

1）建立文件（CREATE FILE）命令

CREATE FILE命令用于建立文件系统，包括MF、DF和EF，其报文如表7.22所示。

表7.22　建立文件命令的报文

代　码	值
CLA	80
INS	E0
P1	文件标识（File ID）
P2	
Lc	XX
DATA	文件控制信息和DF的名称

命令报文的数据域（DATA）包括文件控制信息，如果建立的文件为DF，则还可能包括DF的名称。DF的名称长度为2～16 B。DF的控制信息如表7.23所示。

表7.23　DF的控制信息（包括MF）

文件类型	文件空间	建立权限	擦除权限	保留字	DF的名称
38	2字节	1字节	1字节	3字节FF	5～16字节

2）外部认证（EXTERNAL AUTHENTICATE）命令

该命令的报文如表7.24所示，此命令执行成功时返回“9000”。

表7.24　外部认证命令的报文

代　码	值	代　码	值
CLA	00	INS	82
P1	00	P2	外部认证密钥标识号
Lc	08	DATA	加密后的随机数（8字节）
Le	不存在		

3）内部认证（INTERNAL AUTHENTICATE）命令

该命令的报文如表7.25所示。

表7.25　内部认证命令的报文

代　码	值	代　码	值
CLA	00	INS	88
P1	00/01/02	P2	DES密钥标识号
Lc	认证数据的长度	DATA	认证数据
Le	不存在		

4）选择文件（SELECT）命令

选择文件命令可通过文件名、文件标识符或选择下一个应用来选择 IC 卡中 MF、DDF 或 ADF。IC 卡的响应报文应由回送文件控制信息（FCI）组成。选择文件命令的报文如表 7.26 所示。

表 7.26　选择文件命令的报文

代　码	值	代　码	值
CLA	00	INS	A4
P1	00	P2	00/02
Lc	XX	DATA	空或文件标识符或 DF 名称
Le	00		

P1=00 表示按文件标识符选择当前目录下基本文件或子目录文件；P1=04 且 P2=02 表示选择当前应用的下一个应用或与当前应用平级的下一个应用；P1=04 表示用目录名称选择 MF、当前目录本身、与当前目录平级的目录或者或当前目录的下级子目录。在任何情况下均可通过标识符“3F 00”或目录名称选择 MF。

该命令执行成功时返回“9000”。

5）增加或修改密钥（WRITE KEY）命令

增加或修改密钥命令的报文如表 7.27 所示。

表 7.27　增加或修改密钥命令的报文

代　码	值	代　码	值
CLA	80/84	INS	D4
P1	XX	P2	密钥标识
Lc	见命令报文数据域	Data	见命令报文数据域
Le	不存在		

增加或修改密钥命令的报文中 P1 可能为以下两种情况，如表 7.28 所示。

表 7.28　WRITE KEY 命令 P1

P1 的值	含　义
01	表示 WRITE KEY 命令是用来添加密钥的
各密钥类型	表示 WRITE KEY 命令是用来更新 P1 中指定类型的密钥的

该命令报文数据域有以下几种功能：

（1）功能 1：增加 DES 加密、DES 解密、DESMAC、内部密钥、消费、圈提、圈存、修改透支限额，如表 7.29 所示。

表 7.29　功能 1

CLA	INS	P1	P2	Lc	DATA					
80	D4	01	密钥标识	0D/15	30/31/32/34/35/3C/3D/3E/3F	使用权	更改权	密钥版本号	算法标识	8 或 10 字节的密钥

（2）功能 2：增加外部认证密钥，如表 7.30 所示。

表 7.30　功能 2

CLA	INS	P1	P2	Lc	DATA					
80	D4	01	密钥标识	0D/15	39	使用权	更改权	后续状态	错误次数计数器	8 或 10 字节的密钥

（3）功能 3：增加口令密钥，如表 7.31 所示。

表 7.31　功能 3

CLA	INS	P1	P2	Lc	DATA					
80	D4	01	密钥标识	07/0D	3A	使用权	EF	后续状态	错误计数器	2～8 字节的口令

（4）功能 4：增加解锁口令密钥，如表 7.32 所示。

表 7.32　功能 4

CLA	INS	P1	P2	Lc	DATA					
80	D4	01	密钥标识	0D/15	3B	使用权	更改权	FF	错误次数计数器	8 或 10 字节的密钥

（5）功能 5：增加文件线路保护、密钥线路保护、重装口令密钥的密钥，如表 7.33 所示。

表 7.33　功能 5

CLA	INS	P1	P2	Lc	DATA					
80	D4	01	密钥标识	0D/15	36/37/38	使用权	更改权	FF	错误次数计数器	8 或 10 字节的密钥

各种密钥的含义如表 7.34 所示。

表 7.34　各种密钥的含义

密钥类型	含　义	密钥类型	含　义
34	内部密钥	36	文件线路保护密钥
38	重装口令密钥的密钥	39	外部认证密钥
3A	口令密钥	3B	解锁口令密钥
3C	修改透支限额	3D	圈提密钥
3E	消费密钥	3F	圈存密钥

6）读二进制文件（READ BINARY）命令

该命令用于读取二进制文件的内容（或部分内容），其报文如表 7.35 所示。

表 7.35　读二进制文件命令的报文

代　码	值	代　码	值
CLA	00	INS	B0
P1	XX	P2	XX
Lc	不存在（CLA=04 时除外）	DATA	不存在（CLA=04 时，应包括 MAC）
Le	XX		

若 P1 的高三位为 100，则低 5 位为短文件标识符，P2 为读的偏移量；若 P1 的最高位不为 1，则 P1 和 P2 为欲读文件的偏移量，所读的文件为当前文件。若 CLA＝00 时，Le 表示要读取的字节数；若 Le =0 则表示读出整个文件内容（最多读出 256 字节）。

7）读记录文件（READ RECORD）命令

该命令用于读取定长线性记录文件、循环文件、变长线性记录文件的内容，IC 卡的响应由回送记录组成。该命令的报文如表 7.36 所示，其中 P1 和 P2 的含义如表 7.37 和表 7.38 所示。

表 7.36　读记录文件命令的报文

代　码	值	代　码	值
CLA	00/04	INS	B2
P1	见表 7.40	P2	见表 7.41
Lc	不存在（CLA=04 时除外）	DATA	不存在（CLA=04 时除外）
Le	表示要读取的字节数		

表 7.37　P1 的含义

类　型	P1 的含义
定长记录文件	记录号，若该文件有 N 条记录，则记录号可以是 1～N
变长记录文件	记录号，若该文件有 N 条记录，则记录号可以是 1～N；记录标识，如按记录标识来读，则 P2 的低 3 位必须为 000
循环文件	记录号，最新写入的记录号为 01，上一条记录的记录号为 02，依次类推

表 7.38　P2 的含义

b8	b7	b6	b5	b4	b3	b2	b1	P2 的含义
X	X	X	X	X	1	0	0	b4～b8 为短文件标识符
0	0	0	0	0	1	0	0	当前文件

8）写二进制文件（UPDATE BINARY）命令

该命令用于写二进制文件，其报文如表 7.39 所示。

表 7.39　写二进制文件命令的报文

代　码	值	代　码	值
CLA	00/04	INS	D6/D0
P1	XX	P2	XX
Lc	XX	DATA	写入文件的数据
Le	不存在		

9）写记录文件（UPDATE RECORD）命令

该命令用于更新定长/变长线性记录文件和循环文件，其报文如表7.40所示。

表7.40 写记录文件命令的报文

代码	值	代码	值
CLA	00/04	INS	DC
P1	P1＝00表示明当前记录，P1≠00，则是指所规定记录的号	P2	见表7.41
Lc	XX	DATA	写入的数据
Le	不存在	—	—

P1为记录号，若该文件有N条记录，则记录号可以是1～N；Lc表示要写入的字节数，若为线路保护，则Lc为写入数据的长度+4字节的MAC；若为加密线路保护，则Lc为加密后数据的长度+4字节的MAC。

表7.41 写记录文件命令中P2的含义

b8	b7	b6	b5	b4	b3	b2	b1	含义
X	X	X	X	X	—	—	—	b4～b8为短文件标识符
0	0	0	0	0	—	—	—	当前文件
1	1	1	1	1	—	—	—	保留
—	—	—	—	—	1	0	0	使用P1中的记录号
—	—	—	—	—	0	0	0	P1指定标识的第一个记录
—	—	—	—	—	0	0	1	P1指定标识的最后一个记录
—	—	—	—	—	0	1	0	P1指定标识的下一个记录
—	—	—	—	—	0	1	1	P1指定标识的上一个记录

循环文件只能用P1=00、P2=03来添加。

10）添加记录文件（APPEND RECORD）命令

该命令用于对定长/变长线性记录文件和循环文件添加记录文件，其报文如表7.42所示。

表7.42 添加记录文件命令的报文

代码	值	代码	值
CLA	00/04	INS	E2
P1	00	P2	见表7.43
Lc	XX	DATA	写入的数据
Le	不存在		

P1为记录号，若该文件有N条记录，则记录号可以是1～N；Lc表示要写入的字节数，若为线路保护，则Lc为写入数据的长度+4字节的MAC；若为加密线路保护，则Lc为加密后数据的长度+4字节的MAC。

表 7.43　APPEND RECORD 命令中 P2 的含义

b8	b7	b6	b5	b4	b3	b2	b1	含　义
X	X	X	X	X	0	0	0	b8～b4 短文件标识符
0	0	0	0	0	0	0	0	当前文件

11）圈存初始化（INITIALIZE FOR LOAD）命令

该命令用于初始化圈存交易，其报文如表 7.44 所示，其报文数据域如表 7.45 所示。

表 7.44　圈存初始化命令的报文

代　码	值	代　码	值
CLA	80	INS	50
P1	00	P2	01 表示用于电子存折；02 表示用于电子钱包
Lc	0B	DATA	1 字节的密钥标识符，4 字节的交易金额，6 字节的终端机编号
Le	10	—	—

表 7.45　命令报文数据域

说　　明	长度（字节）
密钥标识符（圈存密钥）	1
交易金额	4
终端机编号	6

如果圈存初始化命令执行不成功，则只在响应报文中回送 SW1 和 SW2；如果执行成功，则响应报文数据域如表 7.46 所示。

表 7.46　圈存初始化命令执行成功时的响应报文数据域

长度（字节）	说　　明	长度（字节）	说　　明
4	电子存折或电子钱包的余额	2	电子存折或电子钱包联机交易序号
1	密钥版本号（DATA 中第 1 个字节指定的圈存密钥）	1	算法标识（DATA 中第 1 个字节指定的圈存密钥）
4	伪随机数（IC 卡）	4	MAC1

过程密钥由 DATA 中第 1 个字节，即密钥标识符指定的圈存密钥对数据（4 字节的随机数+2 字节的电子存折或电子钱包联机交易序号+8000）加密生成。MAC1 由卡中过程密钥对数据（4 字节的电子存折或电子钱包的余额+4 字节的交易金额+1 字节的交易类型标识+6 字节的终端机编号）加密生成。交易类型标识如表 7.47 所示。

表 7.47　交易类型标识

值	含　义	值	含　义
01	电子存折圈存	02	电子钱包圈存
03	圈提	04	电子存折取款
05	电子存折消费	06	电子钱包消费
07	电子存折修改透支限额	—	—

12）消费交易初始化（消费交易初始化）命令

消费交易允许持卡人使用电子存折或电子钱包的余额进行购物或获取服务，此交易可以在销售点终端（POS 机）上脱机进行，使用电子存折进行的消费交易必须验证口令，使用电子钱包则不需要。消费交易初始化命令的报文如表 7.48 所示，报文数据域如表 7.49 所示。

表 7.48 消费交易初始化命令的报文

代　码	值	代　码	值
CLA	80	INS	50
P1	01	P2	01 表示用于电子存折；02 表示用于电子钱包
Lc	0B	DATA	1 字节的密钥标识符，4 字节的交易金额，6 字节的终端机编号
Le	0F	—	—

表 7.49 消费交易初始化命令的报文数据域

长度（字节）	说　明
1	密钥标识符（消费密钥）
4	交易金额
6	终端机编号

如果消费交易初始化命令执行不成功，则只在响应报文中回送 SW1 和 SW2；如果执行成功，则响应报文数据域如表 7.50 所示。

表 7.50 消费交易初始化命令执行成功的响应报文数据域

长度（字节）	说　明	1	密钥版本号（DATA 中第 1 个字节指定的消费密钥）
4	电子存折或电子钱包旧余额	1	算法标识（DATA 中第 1 个字节指定的消费密钥）
2	电子存折或电子钱包脱机交易序号	4	伪随机数（IC 卡）
3	透支限额	1	密钥版本号（DATA 中第 1 个字节指定的消费密钥）

过程密钥由 DATA 中第 1 个字节，即密钥标识符指定的消费密钥对数据（4 字节的随机数+2 字节的电子存折或电子钱包脱机交易序号+终端交易序号的最右 2 个字节）加密生成。MAC1 由卡中过程密钥对数据（4 字节的交易金额+1 字节的交易类型标识+6 字节的终端机编号+4 字节的终端交易日期+3 字节的终端交易时间）加密生成。消费交易初始化命令执行成功返回“9000”，交易类型标识如表 7.47 所示。

13）消费（DEBIT FOR PURCHASE）命令

该命令用于消费交易，其报文如表 7.51 所示。

表 7.51　消费命令的报文

代　码	值	代　码	值
CLA	80	INS	54
P1	01	P2	00
Lc	0F	DATA	见表 7.52
Le	08		

表 7.52　消费命令的报文数据域

长度（字节）	说　明
4	终端交易序号
4	交易日期（终端）
3	交易时间（终端）
4	MAC1

过程密钥由与消费交易初始化相同的消费密钥对数据（4 字节的随机数+2 字节的电子存折或电子钱包脱机交易序号+终端交易序号的最右 2 个字节）加密生成。MAC1 由卡中过程密钥对数据（4 字节的交易金额+1 字节的交易类型标识+6 字节的终端机编号+4 字节的终端交易日期+3 字节的终端交易时间+9 字节的安全认证识别码）加密生成。

消费命令执行成功时响应报文数据域如表 7.53 所示，如果该命令执行不成功，则只在响应报文中回送 SW1 和 SW2。MAC2 由卡中过程密钥对数据（4 字节的交易金额）加密生成。

表 7.53　消费命令执行时响应报文数据域

长度（字节）	说　明
4	交易验证码（TAC）
4	MAC2

TAC 用内部密钥前/后 8 个字节进行异或运算后的结果对数据（4 字节的交易金额+1 字节的交易类型标识+6 字节的终端机编号+4 字节的终端交易序号+4 字节的终端交易日期+3 字节的终端交易时间）加密生成。消费命令执行成功时返回“9000”。IC 卡可能回送的错误状态码如表 7.54 所示。

表 7.54　IC 卡可能回送的错误状态码

SW1 SW2	含　义	SW1 SW2	含　义
65 81	写 EEPROM 不成功	67 00	长度错误
69 01	命令不接收（无效状态）	69 82	不满足安全状态
69 85	使用条件不满足	6A 81	功能不支持（无 MF 或卡片已被锁死）
93 02	MAC 无效	94 01	金额不足

完成消费交易后，IC 卡从电子存折或电子钱包余额中扣减消费的金额，将电子存折或电

子钱包脱机交易序号加1，并用表7.55所示的数据组成一个记录，保存在电子存折指定的、记录长度为23字节的本地或者异地交易明细文件中。

表7.55 23字节的本地或异地交易明细文件内容

长度（字节）	说　明	长度（字节）	说　明
2	电子存折脱机交易序号（加1前）	3	透支限额
4	交易金额	1	交易类型标识
6	终端机编号	4	终端交易日期
3	终端交易时间	—	—

7.4.2 开发实践：使用CPU卡实现电子消费卡系统

某金融机构需要建立安全级别符合PBOC 2.0及3.0标准的电子消费卡系统，本开发实践使用CPU卡为该机构设计具有多级密钥的电子消费卡系统，可完成安全认证下的圈存、圈提、消费、查余额等功能。

1. 开发设计

CPU卡采用了多种芯片级防攻击手段，基本上不可伪造，能够在内部进行加/解密运算，它所特有的内/外部认证机制以及以金融IC卡规范为代表的专用认证机制，能够完全保证交易的合法性。在认证和交易过程中，CPU密钥不会泄露到外部，每次都是通过加密的随机数来进行交易的。随机数的参与，确保每次传输的内容不同，保证了交易的安全性。在认证和交易过程中所使用的密钥都是在安全的发卡环境中产生并密文安装到SAM卡和用户卡中的，整个过程密钥不外露，非常适合用于电子钱包等应用。

本开发实践采用复旦微电子系列阅读器完成电子消费卡的圈存、消费、增加密钥等工作流程。

1）硬件设计

硬件连线如图7.83所示。

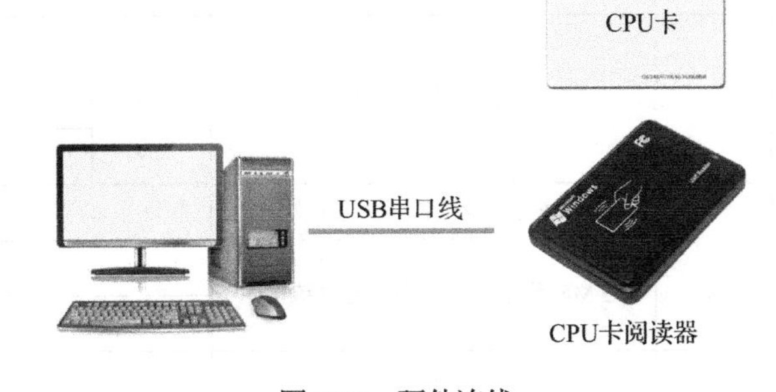

图7.83 硬件连线

2）建立符合PBOC标准的文件结构

具备金融、电子消费功能的CPU卡需满足PBOC 2.0及3.0标准，符合PBOC标准的CPU卡的文件结构如图7.84所示。

MF（3F00）为根目录，不可删除，但它下面的目录、文件可删除。一张空白的CPU卡需要首先创建密钥文件及增加密钥，然后创建定长线性记录文件，最后创建ADF（3F01）。MF（3F00）下可创建多个DF，每个DF下必须创建密钥文件并增加密钥。每个DF都是独立应用的，每个DF下的密钥只管理各自DF下文件的权限。

FM1208卡建立符合PBOC标准结构的步骤如表7.56所示。

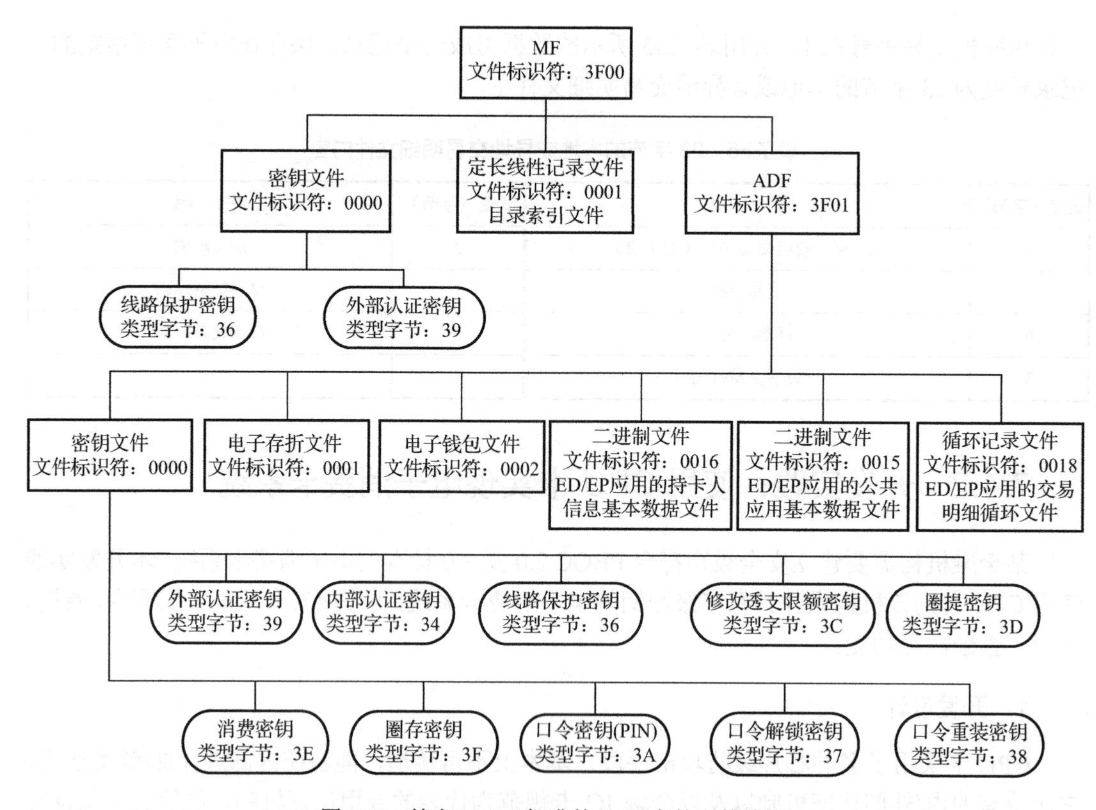

图 7.84　符合 PBOC 标准的 CPU 卡的文件结构

表 7.56　FM1208 卡建立符合 PBOC 标准结构的步骤

步　骤	操 作 内 容	步 骤 分 解	
1	擦除 FM1208 卡中所有的数据	外部认证	
		擦除 MF 下的数据	
2	在 MF 下建立密钥文件并增加密钥	建立密钥文件	
		增加密钥	增加线路保护密钥
			增加外部认证密钥
3	在 MF 下建立定长线性记录文件	—	
4	在 MF 下建立 DF 文件并选择该文件	建立 DF 文件	
		选择 DF 文件	
5	在 DF 下建立密钥文件并增加密钥	建立密钥文件	增加外部认证密钥
			增加内部认证密钥
			增加线路保护密钥
			增加修改透支限额密钥
			增加圈提密钥
			增加消费密钥
			增加圈存密钥
			增加口令密钥（PIN）

续表

步　骤	操 作 内 容	步 骤 分 解	
5	在DF下建立密钥文件并增加密钥	建立密钥文件	增加口令解锁密钥
			增加口令重装密钥
6	在DF下建立公共应用基本数据文件	建立二进制文件（带线路保护读写）	
		写二进制文件（在该文件中写入公共应用基本数据）	
7	在DF下建立ED/EP持卡人基本信息数据的文件	建立二进制文件（带线路保护读写）	
		写二进制文件	
8	在DF下建ED/EP应用的交易明细循环文件	—	
9	在DF下建立电子存折文件	—	
10	在DF下建立电子钱包文件	—	

3）电子消费卡指令

电子消费卡的指令如表7.57所示。

表7.57　电子消费卡的指令

编号	指　　令	指令类别	指令码	功能描述	兼容性
1	VERIFY	00	20	验证口令	ISO&PBOC
2	EXTERNAL AUTHENTICATE	00	82	外部认证	ISO&PBOC
3	GET CHALLENGE	00	84	取随机数	ISO&PBOC
4	INTERNAL AUTHENTICATE	00	88	内部认证	ISO&PBOC
5	SELECT	00	A4	选择文件	ISO&PBOC
6	READ BINARY	00	B0	读二进制文件	ISO&PBOC
7	READ RECORD	00	B2	读记录文件	ISO&PBOC
8	GET RESPONSE	00	C0	取响应数据	ISO&PBOC
9	UPDATE BINARY	00/04	D6/D0	写二进制文件	ISO&PBOC
10	UPDATE RECORD	00/04	DC/D2	写记录文件	ISO&PBOC
11	CARD BLOCK	84	16	卡片锁定	PBOC
12	APPLICATION UNBLOCK	84	18	应用解锁	PBOC
13	APPLICATION BLOCK	84	1E	应用锁定	PBOC
14	PIN UNBLOCK	80/84	24	个人密码解锁	PBOC
15	UNBLOCK	80	2C	解锁被锁定的口令	PBOC
16	INITIALIZE	80	50	初始化交易	PBOC/建设部
17	CREDIT FOR LOAD	80	52	圈存	PBOC
18	DEBIT FOR PURCHASE/CASE WITHDRAW/UNLOAD	80	54	消费/取现/圈提	PBOC
19	UPDATE OVERDRAW LIMIT	80	58	修改透支限额	PBOC

续表

编号	指　令	指令类别	指令码	功能描述	兼容性
20	GET TRANSCATION PROVE	80	5A	获取交易认证	PBOC/建设部
21	GET BALANCE	80	5C	读余额	PBOC
22	RELOAD/CHANGE PIN	80	5E	重装/修改个人密码	PBOC
23	ERASE DF	80	0E	擦除 DF	专有
24	PULL	80	30	专用消费	建设部
25	CHARGE	80	32	专用充值	建设部
26	WRITE KEY	80/84	D4	增加或修改密钥	专有
27	CREATE	80	E0	建立文件	专有

4）关键功能实现流程

对于关键功能，如电子钱包的圈存、消费或读余额等，每一项是否都需要以上所有的步骤呢？下面以电子钱包为例进行说明，圈存流程如图 7.85 所示。

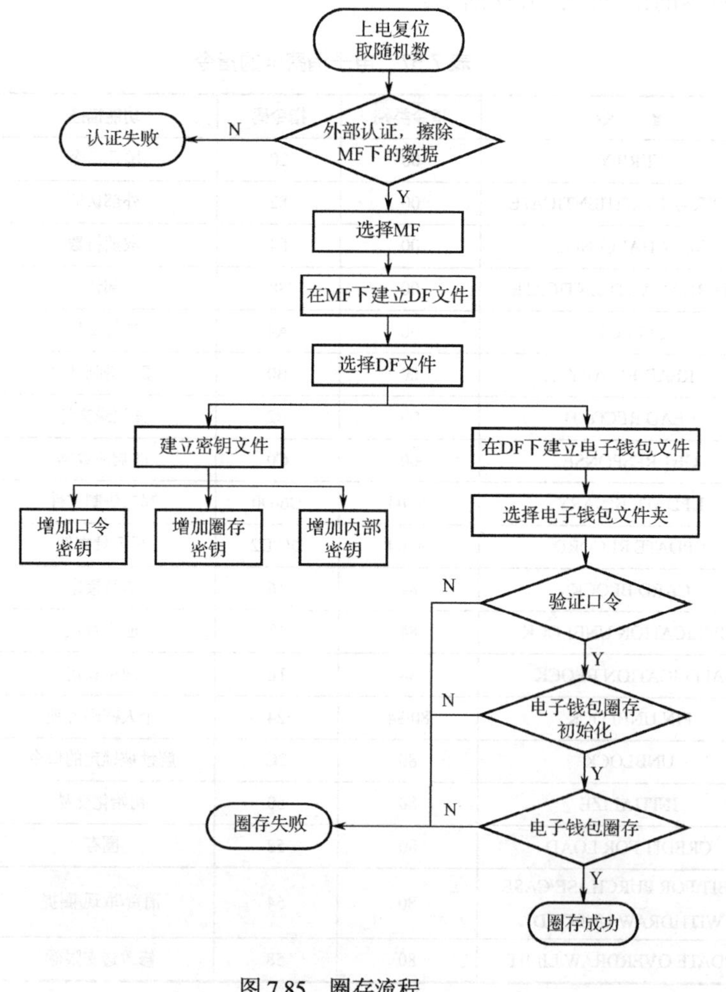

图 7.85　圈存流程

从图 7.85 所示的流程图可以看出，圈存需要三次验证，密钥设置包括口令密钥、圈存密钥、内部密钥。

消费流程如图 7.86 所示。

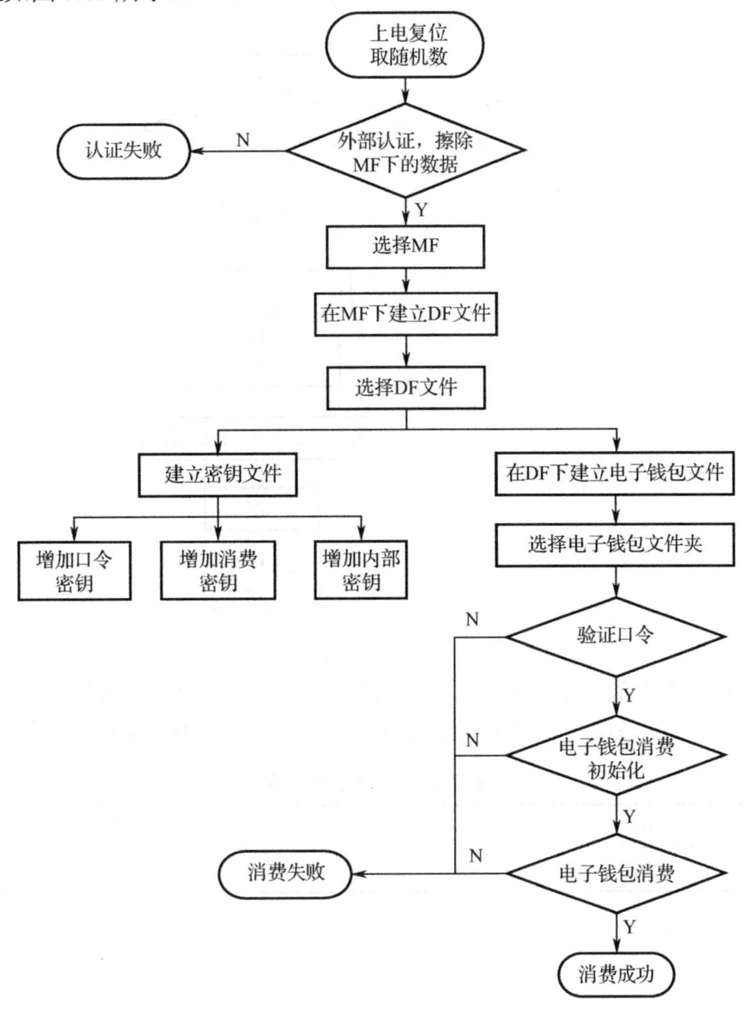

图 7.86　消费流程

从图 7.86 所示的流程图可以看出，消费也需要三次验证，密钥设置包括口令密钥、消费密钥、内部密钥。查余额流程如图 7.87 所示。

查余额只需要通过外部认证后建立 DF 文件、电子钱包文件，不需要口令和密钥。消费或者圈存完成后也可以随时查余额。对于圈存、消费或查余额，如果一张卡已经初次设置过相关功能，再次上电使用时，可从选择 MF 文件这一步开始。如果已经设置过密钥文件，也不必重复设置。

2．开发实施

1）在 DF 文件下建立密钥文件

在上一节中，已经创建好了 DF 文件，在进行电子钱包的设计时，就需要选择这个 DF

文件来进行电子钱包功能的实现。在正确连接完器件后，首先进行外部验证，否则不能对建立的 DF 文件进行操作，外部认证的方法参考上一节的内容。

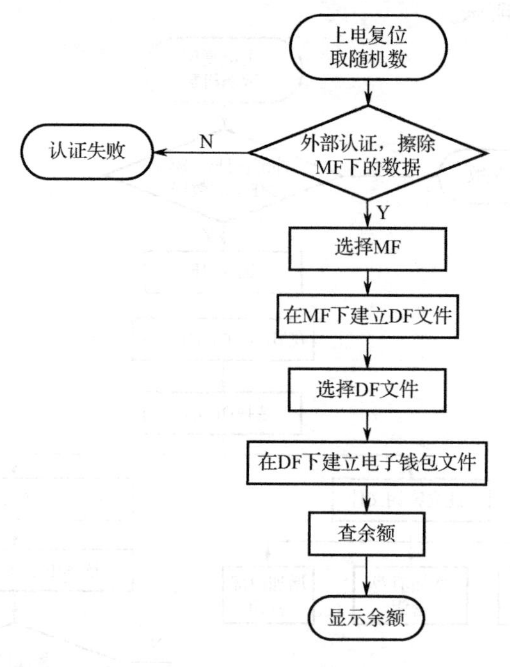

图 7.87　查余额流程

（1）外部认证完成后，选择 DF 文件，命令为“00A40000023F01”，选择文件命令如表 7.58 所示，返回数据的结尾为“9000”表示选择文件成功，如图 7.88 所示。

表 7.58　选择文件命令

00	A4	00	00	02	3F01
CLA	INS	P1	P2	Lc	文件标识

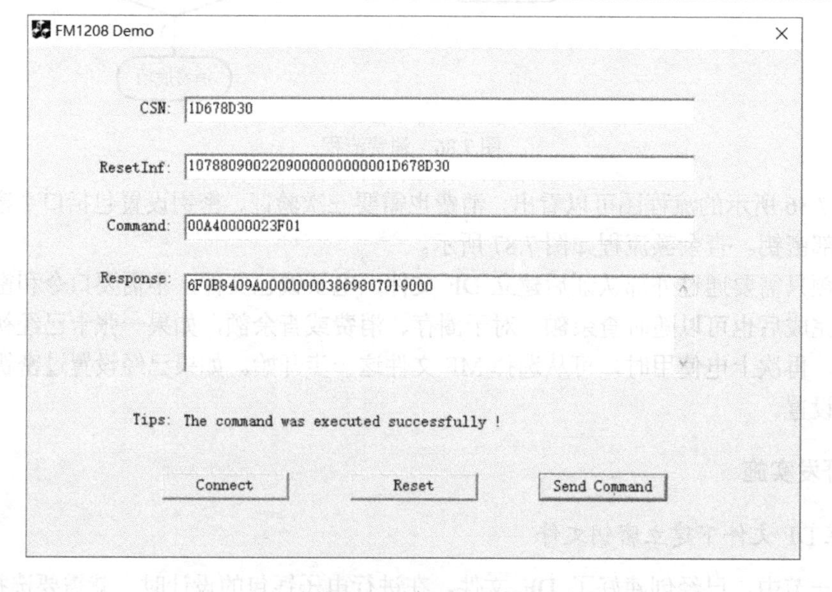

图 7.88　选择 DF 文件

（2）在 DF 下建立密钥文件，命令为“80E00000073F018F95F0FFFF”，如表 7.59 所示。返回“9000”表示密钥文件建立成功，如图 7.89 所示。

表 7.59 建立密钥文件命令

80	E0	0000	07	3F	018F	95	F0	FFFF
CLA	INS	文件标识	Lc	密钥文件	文件空间（字节）	短文件标识符	增加权限	保留

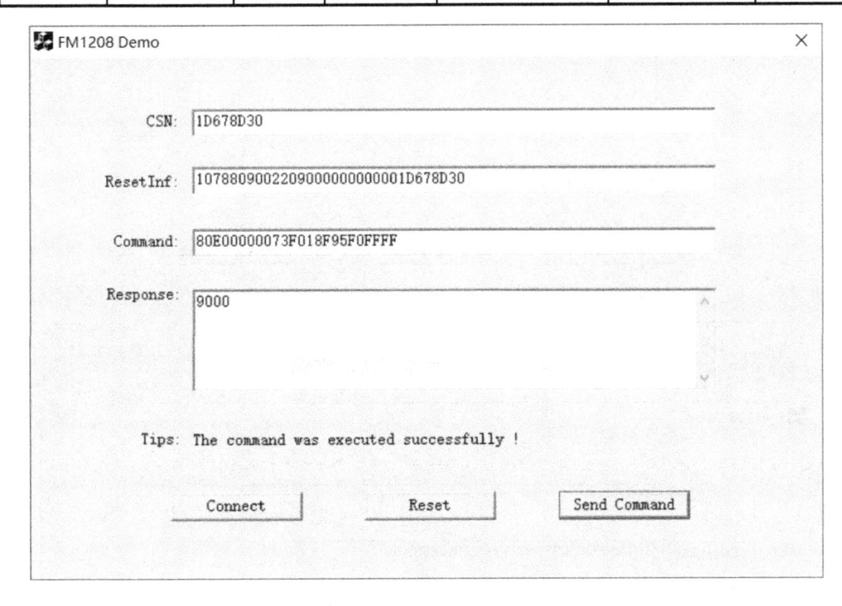

图 7.89 在 DF 下建立密钥

（3）建立密钥文件后可以增加外部认证密钥，增加外部认证密钥的命令为“80D401001539F00244FF39393939393939393939393939393939”，如表 7.60 所示，返回“9000”表示增加外部认证密钥成功，如图 7.90 所示。

表 7.60 增加外部认证密钥命令

80	D4	01	00	15	39
CLA	INS	P1	密钥标识	数据长度	外部认证密钥
F0	02	44	FF	39393939393939393939393939393939	
使用权	更改权	后续状态	错误次数计数器	16 字节的密钥	

（4）增加线路保护密钥命令为“80D401001536F002FF3336363636363636363636363636363636363636”，如表 7.61 所示，返回“9000”表示增加线路保护密码成功，如图 7.91 所示。

表 7.61 增加线路保护密钥命令

80	D4	01	00	15	36
CLA	INS	P1	密钥标识	数据长度	线路保护密钥
F0	02	FF	33	39393939393939393939393939393939	
使用权	更改权	保留	错误次数计数器	16 字节的密钥	

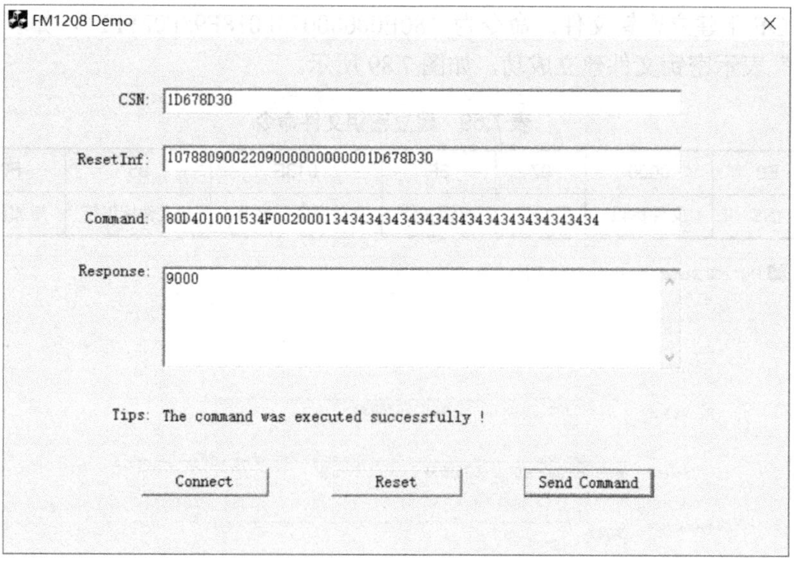

图 7.90　增加外部认证密钥

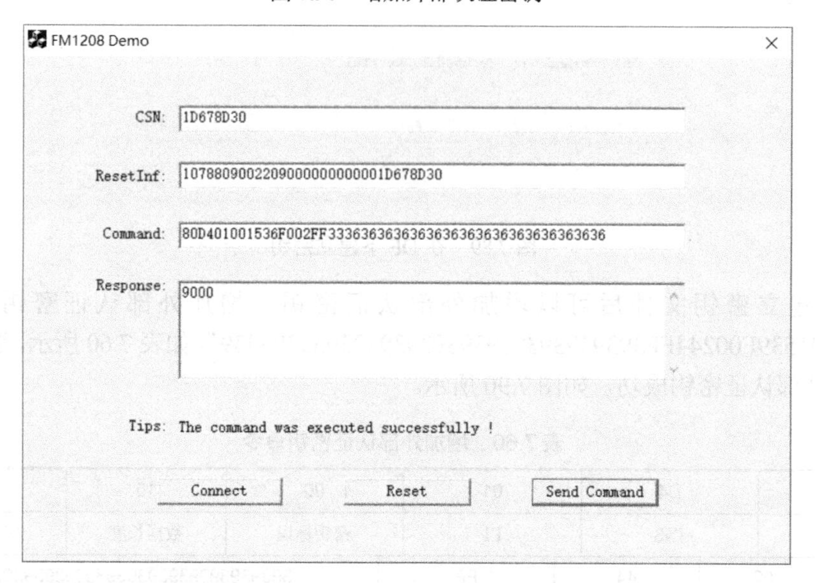

图 7.91　增加线路保护密钥

（5）增加修改透支限额密钥命令为“80D4010215 3CF00201003C023C023C023C023C023C023C023C02”，如表 7.62 所示，执行成功时返回“9000”，如图 7.92 所示。

表 7.62　增加修改透支限额密钥命令

<table>
<tr><td>80</td><td colspan="2">D4</td><td>01</td><td>02</td><td>15</td><td>3C</td></tr>
<tr><td>CLA</td><td colspan="2">INS</td><td>P1</td><td>密钥标识</td><td>数据长度</td><td>修改透支限额密钥</td></tr>
<tr><td>F0</td><td>02</td><td>01</td><td>00</td><td colspan="3">3C023C023C023C023C023C023C023C02</td></tr>
<tr><td>使用权</td><td>更改权</td><td>密钥版本号</td><td>算法标识</td><td colspan="3">16 字节的密钥</td></tr>
</table>

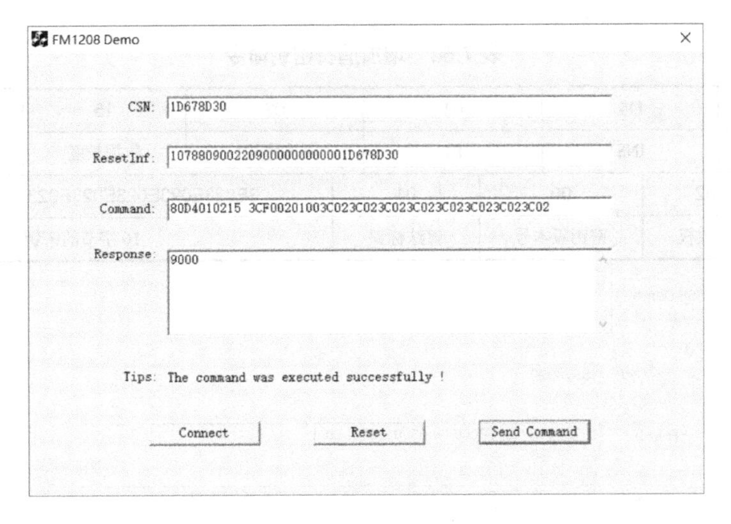

图 7.92 增加修改透支限额密钥

（6）增加圈提密钥命令为“80D40102153 3DF00201003D023D023D023D023D023D023D023D02”，如表 7.63 所示，返回“9000”表示增加圈提密钥成功。如图 7.93 所示。

表 7.63 增加圈提密钥命令

80	D4	01	02	15	3D
CLA	INS	P1	密钥标识	数据长度	圈提密钥
F0	02	01	00	3D023D023D023D023D023D023D023D02	
使用权	更改权	密钥版本号	算法标识	16 字节的密钥	

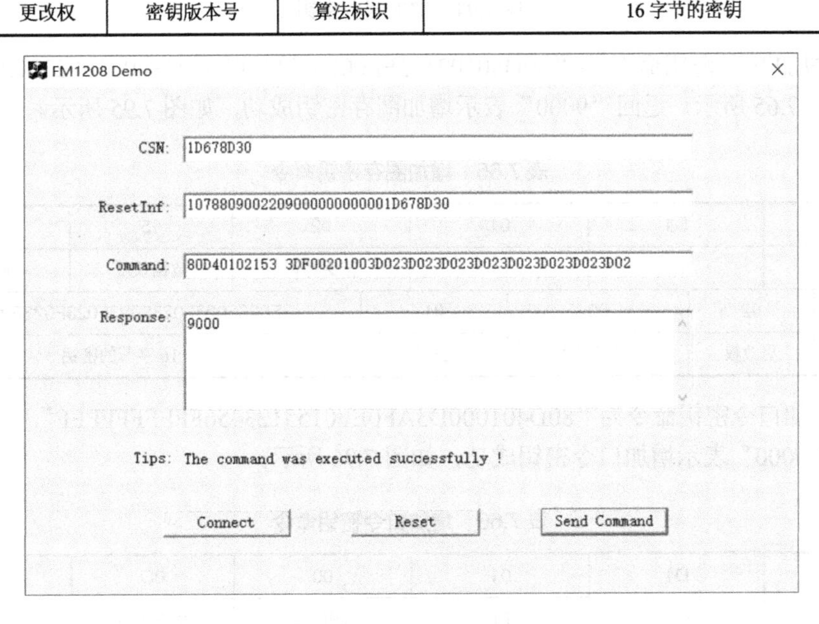

图 7.93 增加圈提密钥

（7）增加消费密钥命令为“80D40102153EF00200013E023E023E023E023E023E023E023E02”，如表 7.64 所示，返回“9000”表示增加消费密钥成功，如图 7.94 所示。

表 7.64　增加消费密钥命令

80	D4	01	02	15	3E
CLA	INS	P1	密钥标识	数据长度	消费密钥

F0	02	00	01	3E023E023E023E023E023E023E023E02
使用权	更改权	密钥版本号	算法标识	16 字节的密钥

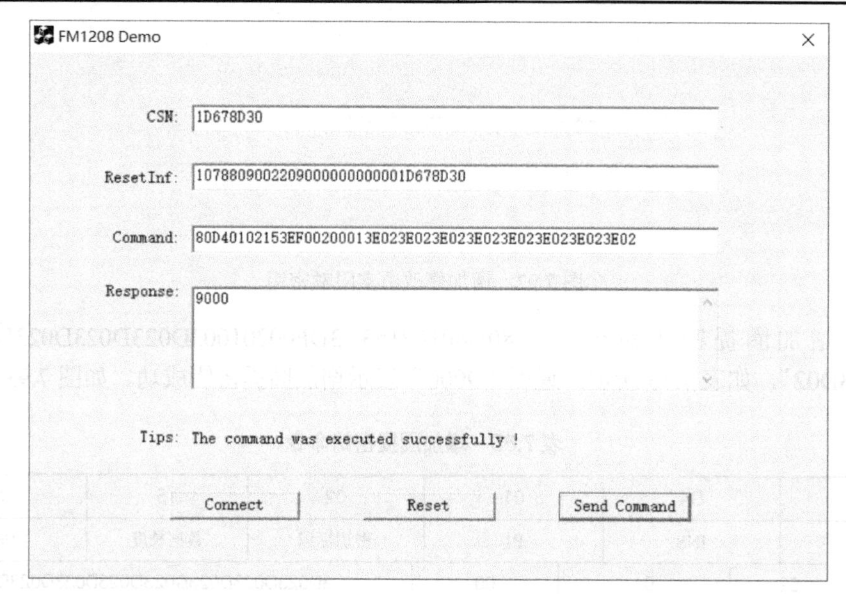

图 7.94　增加消费密钥

（8）增加圈存密钥命令为“80D40102153FF00200013F023F023F023F023F023F023F023F02”，如表 7.65 所示，返回“9000”表示增加圈存密钥成功，如图 7.95 所示。

表 7.65　增加圈存密钥命令

80	D4	01	02	15	3F
CLA	INS	P1	密钥标识	数据长度	圈存密钥

F0	02	00	01	3F023F023F023F023F023F023F023F02
使用权	更改权	密钥版本号	算法标识	16 字节的密钥

（9）增加口令密钥命令为“80D401000D3AF0EF0155123456FFFFFFFFFF”，如表 7.66 所示，返回“9000”表示增加口令密钥成功，如图 7.96 所示。

表 7.66　增加口令密钥命令

80	D4	01	00	0D	3A
CLA	INS	P1	密钥标识	数据长度	口令密钥

F0	EF	01	55	123456FFFFFFFFFF
使用权	—	后续状态	错误次数计数器	3 字节的密钥，后面补 FF

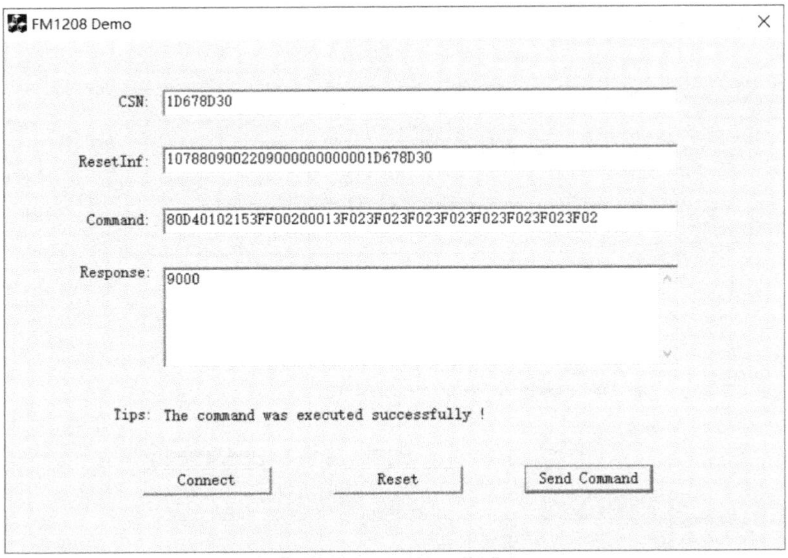

FM1208 Demo

CSN: 1D678D30

ResetInf: 10788090022090000000000001D678D30

Command: 80D40102153FF00200013F023F023F023F023F023F023F023F02

Response: 9000

Tips: The command was executed successfully !

Connect　Reset　Send Command

图 7.95　增加圈存密钥

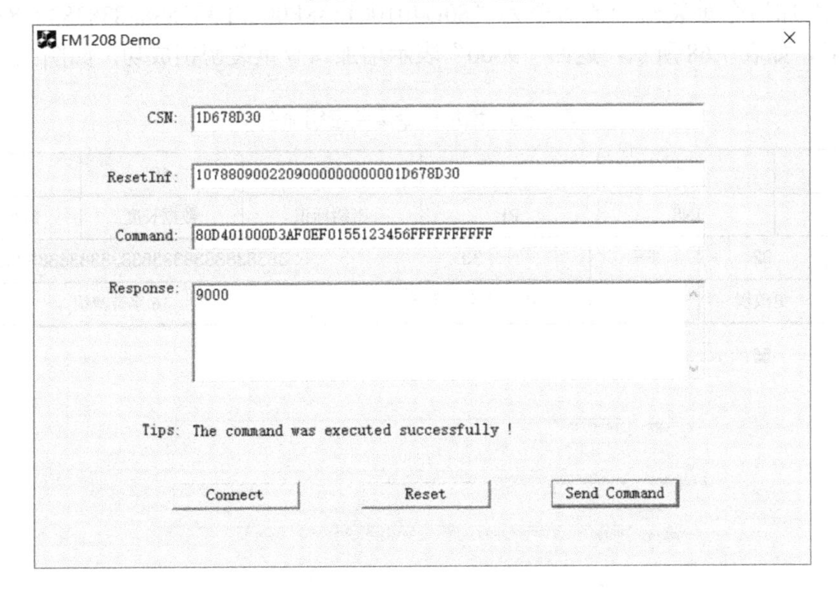

图 7.96　增加口令密钥

（10）增加口令解锁密钥命令为“80D401001537F002FF333737373737373737373737373737373737”，如表 7.67 所示，返回“9000”表示增加口令解锁密钥成功，如图 7.97 所示。

表 7.67　增加口令解锁密钥命令

80	D4	01	00	15	37
CLA	INS	P1	密钥标识	数据长度	口令解锁密钥

F0	02	FF	33	37373737373737373737373737373737
使用权	更改权	—	错误次数计数器	16 字节的密钥

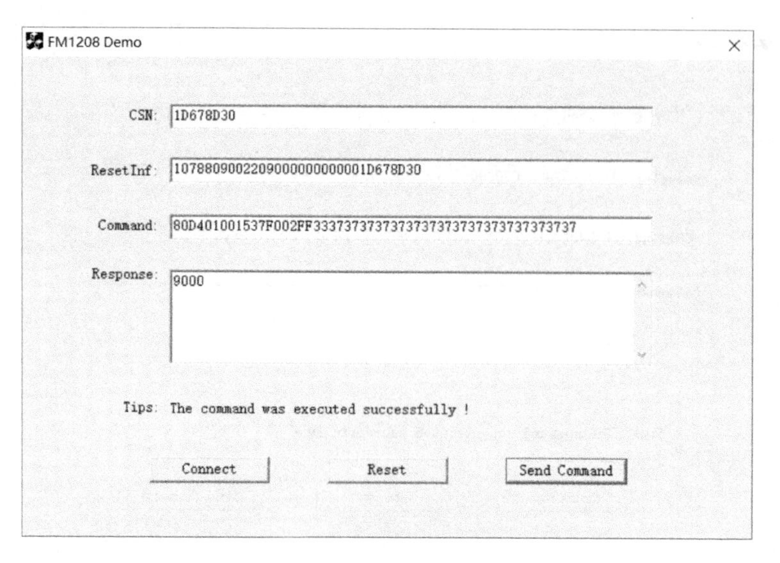

图 7.97　增加口令解锁密钥

（11）增加口令重装密钥的命令为“80D401001538F002FF3338383838383838383838383838383838383838”，如表 7.68 所示，返回“9000”表示增加口令重装密钥成功，如图 7.98 所示。

表 7.68　增加口令重装密钥命令

80	D4	01	00	15	38
CLA	INS	P1	密钥标识	数据长度	口令解锁密钥
F0	02	FF	33	38383838383838383838383838383838	
使用权	更改权	—	错误次数计数器	16 字节密钥	

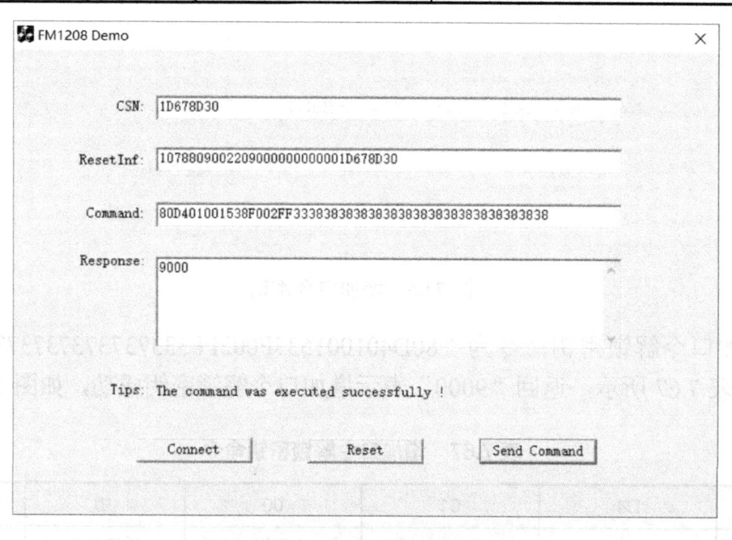

图 7.98　增加口令重装密钥

（12）增加内部密钥的命令为“80D401001534F00200013434343434343434343434343434343434”，如表 7.69 所示，成功时返回“9000”，如图 7.99 所示。

表 7.69　增加内部密钥命令

80	D4	01	00	15	34
CLA	INS	P1	密钥标识	数据长度	内部密钥

F0	02	00	01	34343434343434343434343434343434
使用权	更改权	密钥版本号	算法标识	16 字节的密钥

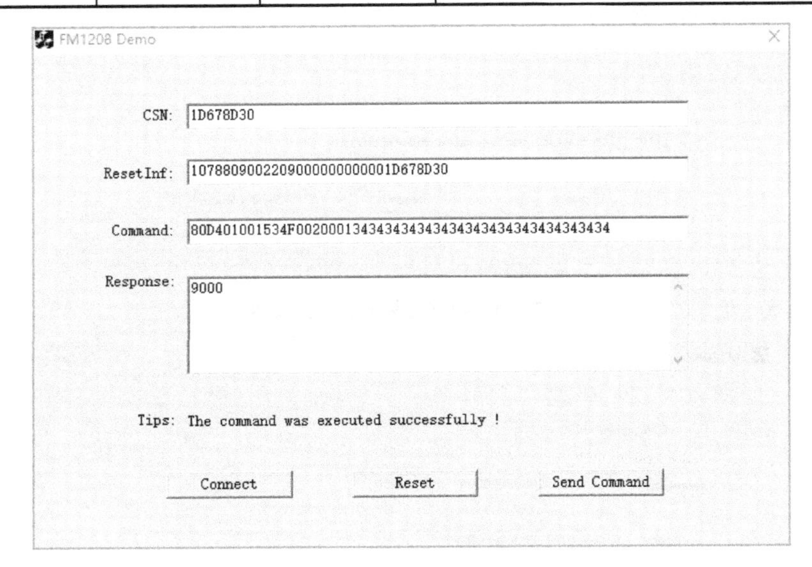

图 7.99　增加内部密钥

2）DF 文件下创建电子钱包文件

（1）在 DF 下建立交易明细记录文件命令为“80E00018072E0A17F1EFFFFF”，如表 7.70 所示，返回“9000”表示建立交易明细记录文件成功，如图 7.100 所示。

表 7.70　建立交易明细记录文件命令

80	E0	0018	07
CLA	INS	文件标识	Lc

2E	0A17	F1	EF	FFFF
循环记录文件	文件空间（字节）	读权限	写权限	保留

（2）在 DF 下建立电子钱包的命令为“80E00002072F0208F000FF18”，如表 7.71 所示，返回“9000”表示电子钱包建立成功，如图 7.101 所示。

表 7.71　建立电子钱包命令

80	E0	0002	07
CAL	INS	文件标识	Lc

2F	0208	F0	00	FF	18
PBOC ED/EP 文件	PBOC	读权限	保留	保留	交易记录短标识

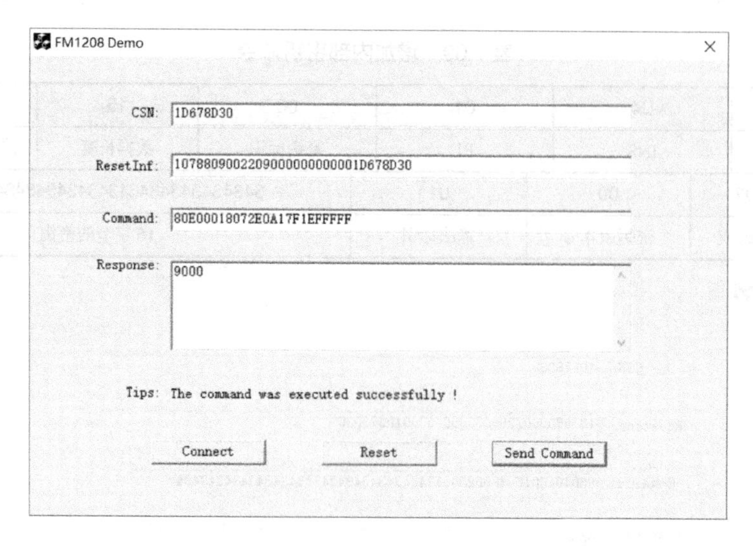

图 7.100　建立交易明细记录文件

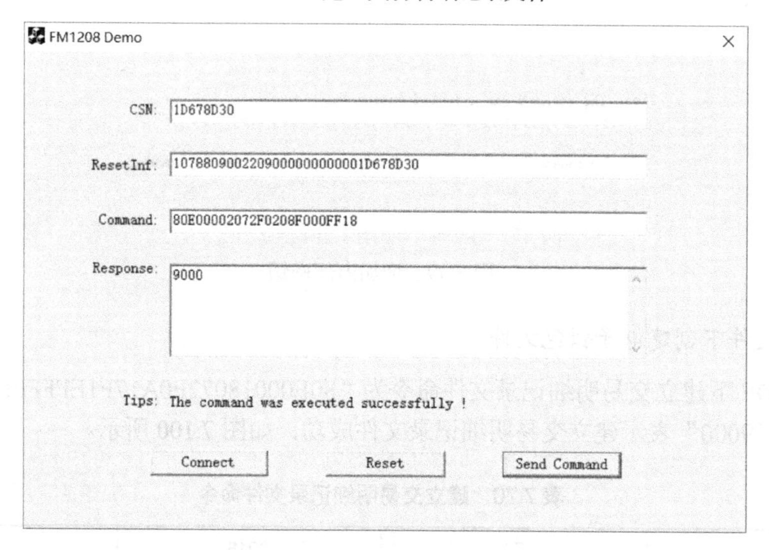

图 7.101　建立电子钱包

3）电子钱包使用

（1）创建完电子钱包之后，首先需要选择电子钱包，命令为“00A40000023F0100”，如表 7.72 所示，返回数据的结尾为“9000”表示选择电子钱包成功，如图 7.102 所示。

表 7.72　选择电子钱包命令

00	A4	00	00	02	3F01	00
CAL	INS	P1	P2	LC	文件标识	Le

（2）接下来需要验证口令（PIN），对于电子钱包、圈存操作，需要验证口令，消费、读余额可以不验证口令。验证口令的指令为“0020000003123456”，如表 7.73 所示，返回“9000”表示验证口令成功，如图 7.103 所示。

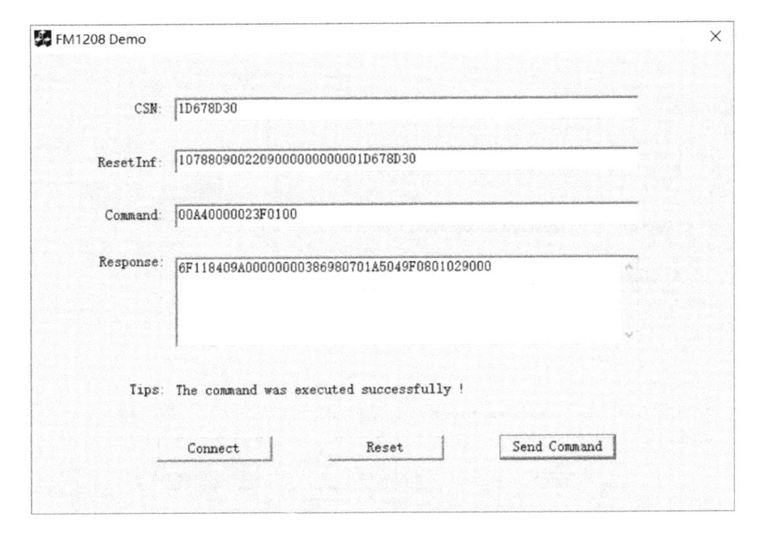

图 7.102　选择电子钱包

表 7.73　验证口令命令

00	20	00	00	03	123456
CAL	ISN	P1	口令密钥标识符	Lc	口令密钥

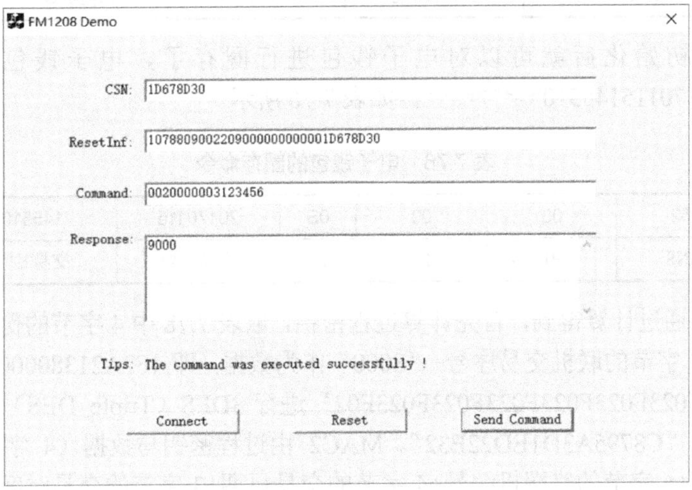

FM1208 Demo
CSN: 1D678D30
ResetInf: 1078809002209000000000001D678D30
Command: 0020000003123456
Response: 9000
Tips: The command was executed successfully !
Connect　Reset　Send Command

图 7.103　验证口令

（3）要想对电子钱包进行圈存，必须先对钱包进行圈存初始化，电子钱包的圈存初始化命令为“805000020B0200000064112233445566”，如表 7.74 所示，返回数据的末尾为“9000”表示圈存初始化成功，如图 7.104 所示，返回数据说明如表 7.75 所示。

表 7.74　圈存初始化命令

80	50	00	02	0B	02	00000064	112233445566
CAL	INS	P1	电子钱包	Lc	密钥标识符	交易金额	终端机编号

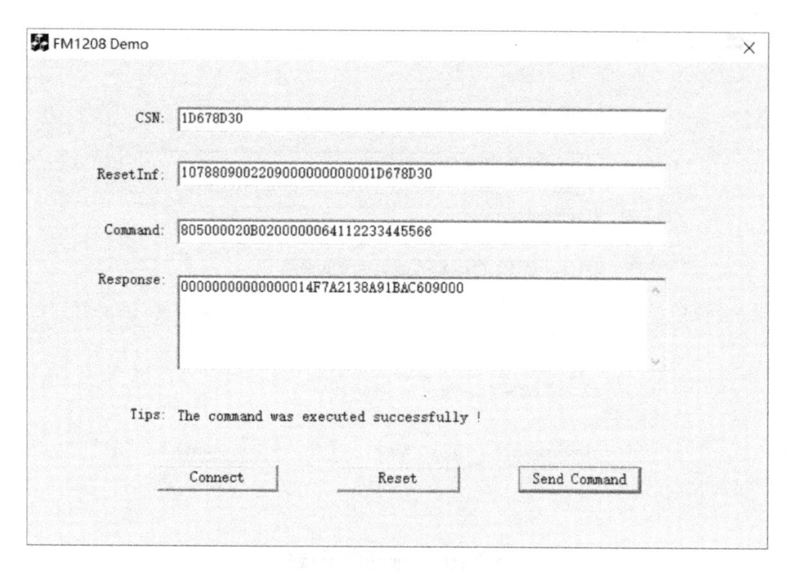

图 7.104　圈存初始化

表 7.75　返回数据说明

00000000	0000	00	01	4F7A2138	8F0E778F
旧余额	联机交易序号	密钥版本号	算法标识	伪随机数	MAC1

（4）圈存初始化后就可以对电子钱包进行圈存了，电子钱包的圈存命令为“805200000B20170115145510********”，如表 7.76 所示。

表 7.76　电子钱包的圈存命令

80	52	00	00	0B	20170115	145510	********
CAL	INS	P1	P2	Lc	交易日期	交易时间	MAC2

MAC2 可以通过计算得到，首先计算过程密钥，取表 7.78 中 4 字节的伪随机数，以 4 字节的伪随机数+2 字节的联机交易序号+“8000”作为数据，即 4F7A213800008000，将其与圈存密钥“3F023F023F023F023F023F023F023F02”进行 3DES（Triple DES）进行加密即可生成，加密结果为“C8795A3D1ED22E32”。MAC2 由过程密钥与数据（4 字节的交易金额+1 字节的交易类型+6 字节的终端机编号+4 字节的交易日期+3 字节的交易时间）进行 MAC 运算得到，即“4F7A213800008000”与“000000640211223344556620170115145510”进行 MAC 运算，MAC2 结果为“D64BBD59”，所以圈存命令为“805200000B20170115145510D64BBD59”，如图 7.105 所示，返回数据的结尾为“9000”表示圈存成功。

（5）消费和圈存一样，也需要初始化。消费初始化的命令为“805001020B0200000002112233445566”，如表 7.77 所示，返回数据的结尾为“9000”标识消费初始化成功，如图 7.106 所示。

表 7.77　消费初始化命令

80	50	01	02	0B	02	00000002	112233445566
CLA	INS	P1	电子钱包	Lc	密钥标识符	交易金额	终端机编号

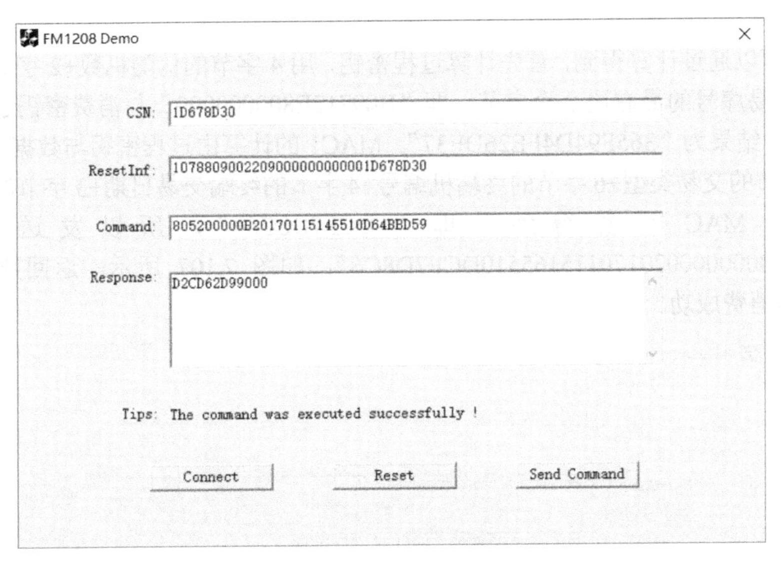

图 7.105　电子钱包的圈存

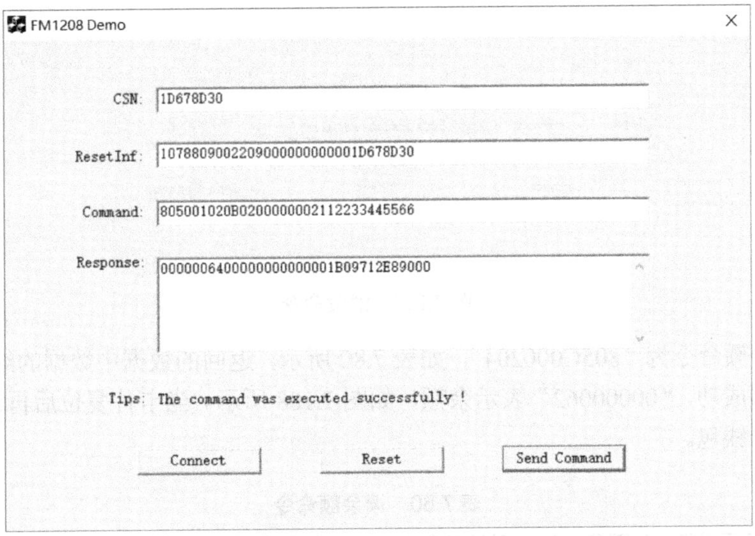

FM1208 Demo
CSN: 1D678D30
ResetInf: 1078809002209000000000001D678D30
Command: 805001020B02000000002112233445566
Response: 000000640000000000000001B09712E89000
Tips: The command was executed successfully !
Connect　Reset　Send Command

图 7.106　消费初始化

返回数据说明如表 7.78 所示。

表 7.78　消费初始化命令返回数据说明

00000064	0000	000000	00	01	B09712E8
旧余额	脱机交易序号	透支限额	密钥版本号	算法标识	伪随机数（IC 卡）

（6）消费命令为“805401000F0000000020170115165510********”，如表 7.79 所示。

表 7.79　消费命令

80	54	01	00	0F	00000000	20170115	16510	********
CLA	INS	P1	P2	Lc	终端交易序号	终端交易日期	终端交易时间	MAC1

MAC1 可以通过计算得到，首先计算过程密钥，用 4 字节的伪随机数+2 字节的脱机交易序号+终端交易序号的最右边 2 个字节，即“B09712E800000000”与消费密钥进行 3DES 加密可以生成，结果为“365F94D4FE26DE37”。MAC1 的计算由过程密钥与数据（4 字节的交易金额+1 字节的交易类型+6 字节的终端机编号+4 字节的终端交易日期+3 字节的终端交易时间）进行 MAC 运算得到，即“DCF7D8C6”，所以发送的命令为“805401000F00000000201701151 65510DCF7D8C6”，如图 7.107 所示，返回数据的结尾为“9000”表示消费成功。

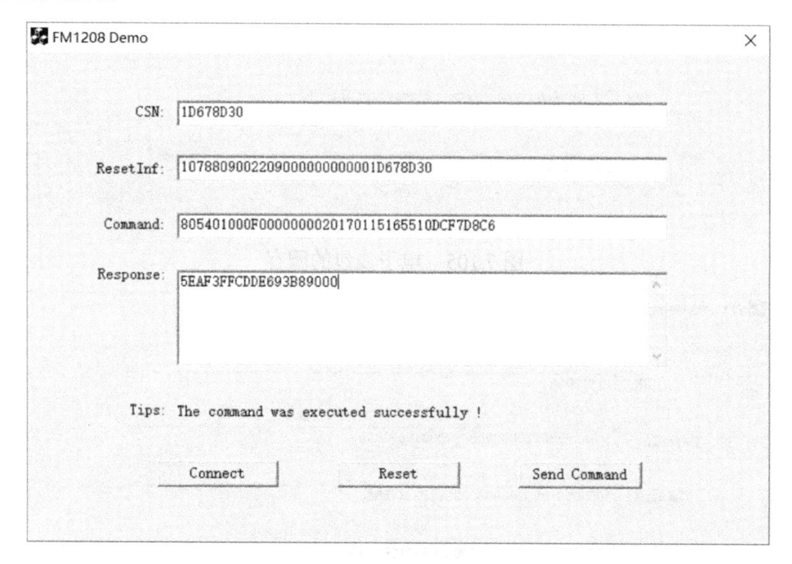

图 7.107 消费命令

（7）读余额命令为“805C000204”，如表 7.80 所示，返回的数据中数据的结尾为“9000”表示读取余额成功，“00000062”表示余额，如图 7.108 所示。当卡片复位后再次读取余额需要先进入电子钱包。

表 7.80 读余额命令

80	5C	00	02	04
CLA	INS	P1	电子钱包	Le

7.4.3 小结

CPU 卡具备较高安全级别，采用动态密码，并且是一用一密，即同一张卡，每次使用时的认证密码都不相同，可有效防止重复卡、仿制卡、非法修改卡上数据/金额等安全漏洞，从而提高了整个系统的安全性，适合用于各种对安全性要求较高的企事业单位以及公交、地铁等社会性应用场合，具有存储空间大、读取速度快、支持一卡多用、安全性高等特点，符合 ISO 非接触式读写标准，支持 PBOC 标准。

通过本开发实践的学习，读者可以使用 FM1208 Demo 软件、按照 PBOC 标准对 CPU 卡进行文件结构的设计，并学会使用三种认证方法：持卡者合法性认证（口令认证）、卡合法性认证（内部认证）和系统合法性认证（外部认证），从而实现安全级别极高的电子消费卡的充值、消费等功能。

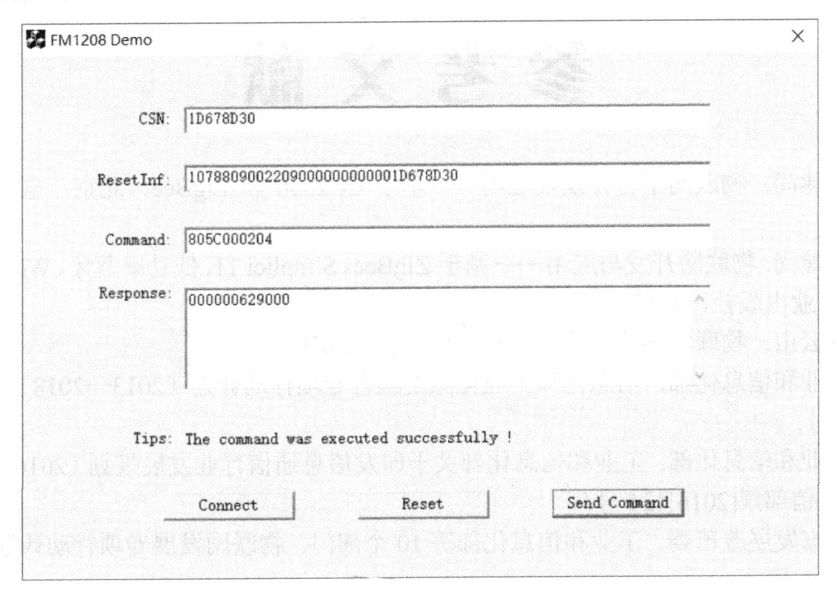

图7.108　读余额

7.4.4　思考与拓展

（1）CPU卡和Mifare1卡有什么区别？
（2）CPU卡用于电子消费时，与普通IC卡和超高频电子标签有什么不同？
（3）如何添加持卡人信息以及一些公共信息（如卡片信息等）？

参考文献

[1] 廖建尚．物联网平台开发及应用——基于 CC2530 和 ZigBee．北京：电子工业出版社，2016．

[2] 廖建尚．物联网开发与应用——基于 ZigBee、Simplici TI、低功率蓝牙、Wi-Fi 技术．北京：电子工业出版社，2017．

[3] 刘云山．物联网导论．北京：科学出版社，2010．

[4] 工业和信息化部．信息化和工业化深度融合专项行动计划（2013—2018）．工信部信[2013]317 号．

[5] 工业和信息化部．工业和信息化部关于印发信息通信行业发展规划（2016—2020 年）的通知．工信部规[2016]424 号．

[6] 国家发展改革委、工业和信息化部等 10 个部门．物联网发展专项行动计划．发改高技[2013]1718 号．

[7] 石宜金．指纹识别技术在学生宿舍管理中的应用[J]．现代计算机（专业版），2017(26):71-75．

[8] 顾陈磊，刘宇航，聂泽东，等．指纹识别技术发展现状[J]．中国生物医学工程学报，2017，36(04):470-482．

[9] 左腾．人脸识别技术综述[J]．软件导刊，2017，16(02):182-185．

[10] 徐晓艳．人脸识别技术综述[J]．电子测试，2015(10):30-35+45．

[11] 禹琳琳．语音识别技术及应用综述[J]．现代电子技术，2013，36(13):43-45．

[12] 蔡卫旭．基于条码编码技术的水声通信技术[D]．华南理工大学，2012．

[13] 刘桔．二维条码编码与译码技术的计算机实现[D]．贵州大学，2008．

[14] 于英政．QR 二维码相关技术的研究[D]．北京交通大学，2014．

[15] 董昌．RFID 阅读器的软件设计及防碰撞算法研究[D]．浙江理工大学，2017．

[16] 徐斌．低频射频识别技术研究[D]．西安电子科技大学，2013．

[17] 熊碧．多标准的高频 RFID 阅读器设计[D]．电子科技大学，2012．

[18] PHYCHIPS．PR9200 RCP Reader Control Protocol User Manual，2015．

[19] 二维码生成原理及解析代码．https://blog.csdn.net/ajianyingxiaoqinghan/article/details/78837864．

[20] 物联网技术：让机器开口“说话”．http://network.51cto.com/art/201507/483443.htm?mobile．

[21] 原来我们常用的公交卡、银行卡是这样工作．IC 卡工作原理轻松学会．http://baijiahao.baidu.com/s?id=1583925324489839762&wfr=spider&for=pc．

[22] 指纹识别到底是什么？为什么大家都喜欢用指纹识别？．http://www.baizhi360.com/article/1312．

[23] 俄中学校园计划引入人脸识别系统．http://top.chinadaily.com.cn/2018-07/03/content_36498319.htm．

[24] RFID 行业应用于追溯的案例解析. http://www.sohu.com/a/239272285_100157096.

[25] 中国金融集成电路（IC）卡与应用无关的非接触式规范. 中国金融集成电路（IC）卡标准修订工作组，2004.

[26] ISO/IEC 14443.

[27] ISO/IEC 15693.

[28] ISO/IEC 18000-6C.